U0547013

王小锡伦理学文集

（第三卷）

王小锡 著

中国社会科学出版社

作者近照

目 录

第一编　道德资本与资本道德

道德与精神生产力 ……………………………………………（3）
再谈"道德是动力生产力" …………………………………（12）
论道德资本
　　——道德资本的概念及其价值实现 ……………………（18）
再论道德资本
　　——道德资本及其功能和作用 …………………………（27）
三论道德资本
　　——道德资本的依附性和独立性 ………………………（41）
四论道德资本
　　——道德资本的经济学解读 ……………………………（53）
五论道德资本
　　——道德资本概念与功能的历史界说与当代理念 ……（64）
六论道德资本
　　——兼评西松《领导者的道德资本》一书 ……………（83）
三谈道德生产力
　　——道德生产力水平的依据和标志 ……………………（99）
七论道德资本
　　——道德资本的基本形态研究 …………………………（109）
八论道德资本
　　——道德在何种意义上成为资本 ………………………（122）

"道德资本"何以可能
　　——对有关质疑的回应 …………………………………（130）
"道德资本"何以可能 ………………………………………（138）
道德生产力何以可能 ………………………………………（140）
道德力影响其他社会力量 …………………………………（143）
九论道德资本
　　——企业道德资本类型及其评估指标体系 …………（145）
道德促进获利与道德物化不可混同 ………………………（153）
论道德与资本的逻辑关系 …………………………………（156）
再论道德资本的合理性 ……………………………………（165）

第二编　企业道德建设

论经济全球化对中国企业的伦理挑战 ……………………（179）
论企业诚信的实现机制 ……………………………………（188）
中国企业伦理模式论纲 ……………………………………（192）
企业诚信及其实现机制
　　——以"海尔"为例 …………………………………（204）
当代中国企业道德现状及其发展策略分析 ………………（213）
企业道德资本的培育与管理 ………………………………（228）
论企业道德管理 ……………………………………………（237）

第三编　经济道德之对话与访谈

"道德也出生产力"
　　——访南京师范大学经济法政学院副院长王小锡 …（249）
人的积极性是发展经济的关键
　　——访南京师范大学经济法政学院副院长王小锡 …（252）
要发财真的就不能讲道德吗？
　　——与南京师范大学经济法政学院副院长王小锡的对话 …（254）
探寻"道德"和"生活"的支点
　　——访经济伦理学家王小锡 …………………………（257）

诚信是一种资本
　　——访南京师范大学公共管理学院院长王小锡 ……………（260）
企业需要培育道德资本
　　——访中国伦理学会副秘书长、南京师范大学公共
　　　管理学院院长王小锡 ………………………………（263）
在善恶间把握经济学的价值 …………………………………（267）
面向全球的"道德资本"研究
　　——访南京师范大学教授、博士生导师王小锡 …………（273）
经济新常态需要道德资本
　　——访中国伦理学会副会长、博士生导师王小锡 ………（277）
经济伦理的当代理念与实践
　　——王小锡教授与科斯洛夫斯基教授学术对话录 ………（281）
经济伦理与企业发展
　　——王小锡教授与恩德勒教授学术对话录 ………………（290）
伦理学的实践意蕴与道德资本
　　——王小锡教授与艾伦·吉伯德教授学术对话录 ………（301）
道德理论应有自身独有的话语权
　　——中美教授关于公民道德建设的学术对话 ……………（308）

第四编　学界评论（著作序言、书评、观点评述）

《伦理学通论》序 ………………………………… 唐凯麟（315）
《伦理学研究纲要》序 …………………………… 宋希仁（319）
《中国经济伦理学——历史与现实的理论初探》序 ………
　　………………………………………………… 孙伯鍨（326）
经济与伦理关系之现代透析
　　——评《中国经济伦理学——历史与现实的理论初探》 ……
　　…………………………………… 刘旺洪　林　海（329）
从伦理学的角度透视经济
　　——读《中国经济伦理学——历史与现实的理论初探》
　　《经济伦理与企业发展》 ……………………… 李志祥（338）

加强经济伦理学研究
　　——为《经济的德性》序 …………………………… 罗国杰（342）
研究中国经济伦理学的创新之作
　　——评《经济的德性》 ………………………………… 龙静云（345）
面向"小康社会"的经济伦理学
　　——读《经济的德性》 ………………………………… 陈泽环（348）
研究思路的突破带来理论观点的创新
　　——读《经济的德性》 ………………… 朱辉宇　姜晶花（356）
经济伦理学研究贵在创新
　　——《经济的德性》评介 ……………………………… 王泽应（360）
道德是精神生产力
　　——对一种批"泛生产力论"的反批判 … 郭建新　张　霄（365）
一部经济伦理学研究的创新之作
　　——评王小锡教授等著的
　　《道德资本论》 ………………………… 王泽应　贺志敏（378）
伦理学园一新葩
　　——读《道德资本论》 ………………………………… 龙静云（382）
"道德资本"研究的意义及其学科定位
　　——王小锡教授"道德资本"研究述评 ……………… 钱广荣（386）
多重视阈中的道德生产力
　　——兼驳"泛生产力论"的观点 ……………………… 张志丹（395）
论道德作为一种生产力
　　——兼评王小锡教授的"道德生产力"概念 ………… 钱广荣（407）
《道德资本与经济伦理——王小锡自选集》序一 ……… 罗国杰（417）
《道德资本与经济伦理——王小锡自选集》序二 ……… 唐凯麟（421）
论"道德资本"之依据……………………… 郭建新　尹明涛（423）
"道德资本"概念的本体论澄明
　　——驳对道德资本的误读 ……………………………… 张志丹（432）
王小锡与他的经济伦理思想研究 ………………………… 武东生（436）
王小锡的道德经 …………………………………………… 郑晋鸣（448）
道德资本理论的开创性研究
　　——读王小锡教授著《道德资本研究》 ……………… 张　露（450）

道德是一种资本
　　——读王小锡教授著《道德资本研究》 ············ 范渊凯（452）
经济与道德关系的哲学思考
　　——评王小锡教授的《经济伦理学——经济与
　　　　道德关系之哲学分析》 ················· 王淑芹（456）
凡有经济必有道德 ······························· 章海山（461）
文以载道，美以彰德
　　——读王小锡教授著《德与美》 ············· 范渊凯（463）
打开道德资本的逻辑之门 ·················· 李建华（468）
道德资本研究引领经济伦理学科发展
　　——读王小锡教授的《道德资本论》 ········· 刘　琳（470）
乡愁式尺牍与时代的缩影
　　——读《德与美》 ······················· 姜晶花（475）
王小锡：美之道德与道德之美 ·············· 郑屹扬（478）
从《道德资本论》的国际传播看中国学术"走出去" ··· 常延延（488）

附　　录

附录一　学术简况 ······························· （503）
附录二　学术影响（专家短评）················· （510）

第一编

道德资本与资本道德

道德与精神生产力

马克思在提出"精神生产力"概念的同时给予了明确的内涵揭示，这对我们认识作为精神生产力方面的科学的道德在社会生产力发展进程中的作用具有十分重要的意义，在我国当前进行的社会主义市场经济建设中亦有着重要的实践指导意义。

一 马克思的"精神生产力"指的是什么

马克思主义的历史唯物主义认为，"生产力当然始终是有用的具体的劳动的生产力"[①]，它是由"物质生产力和精神生产力"构成的，马克思在《1857—1858年经济学手稿》中谈及货币问题时说："货币的简单规定本身表明，货币作为发达的生产要素，只能存在于雇佣劳动存在的地方；因此，只能存在于这样的地方，在那里，货币不但决不会使社会形式瓦解，反而是社会形式发展的条件和发展一切生产力即物质生产力和精神生产力的主动轮。"[②] 这就说明，在对全部生产力的理解中，不能缺少或忽视生产力的精神因素。

而且，忽视甚或不承认精神生产力的存在，物质生产力也不可理解。因为"自然界没有制造出任何机器，没有制造出机车、铁路、电报、走锭精纺机等等。它们是人类劳动的产物，是变成了人类意志驾驭自然的器官或人类在自然界活动的器官的自然物质。它们是人类的手创造出来的人类头脑的器官；是物化的知识力量。固定资本的发展表明，一般社会知识，已经在多么大的程度上变成了直接

[①]《马克思恩格斯全集》第23卷，人民出版社1972年版，第59页。
[②]《马克思恩格斯全集》第46卷（上册），人民出版社1979年版，第173页。

的生产力，从而社会生活过程的条件本身在多么大的程度上受到一般智力的控制并按照这种智力得到改造。它表明，社会生产力已经在多么大的程度上，不仅以知识的形式，而且作为社会实践的直接器官，作为实际生活过程的直接器官被生产出来"①。事实上，物质的生产力是依靠精神的生产力才得以成立或形成的。否则，"没有人的作为'主观生产力'及其观念导向，生产力将是'死的生产力'，不能成为'劳动的社会生产力'"②。正如马克思曾经强调的，"人本身单纯作为劳动力的存在来看，也是自然对象，是物，不过是活的有意识的物，而劳动本身则是这种力的物质表现"③。这就是说，可以作为物的生产力的物如果不渗透进精神的因素就不能使其成为社会劳动生产力，只是一种物的存在而已。所以劳动资料和劳动对象离开了人和人的精神（意识）支配，就不能成为进入生产过程并成为生产力要素。

马克思的精神生产力是相对于物质生产力而提出的，因此，精神生产力也就是马克思在同样意义上使用的"一般生产力"的概念。它是指由知识、技能和社会智慧构成的科学。④ 为此，马克思也多次强调，生产力中包括科学，指出"［不变资本的］这种再生产到处都以固定资本、原料和科学力量的作用为前提，而后者既包括科学力量本身，也包括为生产所占有，并且已经在生产中实现的科学力量"⑤。

当然，作为科学力量的一般生产力或精神生产力只有与物质生产力相结合并发挥作用才能成立或显现。因此，在马克思的理论中，物质的生产力和精神的生产力是相辅相成、辩证统一的。

---

① 《马克思恩格斯全集》第46卷（下册），人民出版社1980年版，第219—220页。
② 王小锡：《再谈"道德是动力生产力"》，《江苏社会科学》1998年第3期。
③ 《马克思恩格斯全集》第23卷，人民出版社1972年版，第228—229页。
④ 参见《马克思恩格斯全集》第46卷（下册），人民出版社1980年版；《马克思恩格斯全集》第26卷（第一册），人民出版社1972年版。
⑤ 《马克思恩格斯全集》第46卷（下册），人民出版社1980年版，第285页。

二 道德是精神生产力

既然精神生产力是指生产力中的科学因素或科学力量,那么,道德应该是精神生产力的方面。

作为精神生产力或一般生产力的科学和科学力量,理应包括自然科学和社会科学。马克思在阐释生产力概念时,侧重论及了自然科学知识在生产力中的角色和地位,但他并没有排除生产力中的社会科学知识。正如马克思曾经指出过的"生产力的这种发展,归根到底总是来源于发挥着作用的劳动的社会性质,来源于社会内部的分工,来源于智力劳动特别是自然科学的发展"[①]。马克思在这里提到的"智力劳动"肯定不仅仅是自然科学,否则就没有必要强调"特别是自然科学"的意涵。马克思在《资本论》中更明确地指出:"一个生产部门,例如铁、煤、机器的生产或建筑业等等的劳动生产力的发展,——这种发展部分地又可以和精神生产领域内的进步,特别是和自然科学及其应用方面的进步联系在一起。"[②]邓小平发展了马克思主义的生产力理论,他提出"科学技术是第一生产力"并明确指出,科学当然包括社会科学,还专门强调"马克思主义是科学"。

就自然科学和社会科学两者来说,各有其特殊的经济和社会价值。没有社会科学的发展,人们也确实难以弄清楚研究自然科学的目的与价值。假如人和人类不懂得自身的存在及其存在的意义,那就谈不上确立崇高的价值取向和艰苦奋斗精神,这样的话,自然科学的发现和发展何来动力呢?

在社会科学领域中,道德或道德科学有着自身独特的角色和作用。古希腊哲学家早就从不同的角度表述了在社会科学中道德科学是核心科学、目的性科学的观点。我国两千多年的思想文化发展史,其道德特性是显而易见的,为此,蔡元培先生曾把研究道德科学的伦理学称作"我国唯一发达之学术",研究的"范围太广"。并说:

[①] 《马克思恩格斯全集》第25卷,人民出版社1972年版,第97页。
[②] 《马克思恩格斯全集》第25卷,人民出版社1972年版,第97页。

"我国以儒家为伦理学于大宗。而儒家,则一切精神界科学,悉以伦理为范围。哲学、心理学,本与伦理有密切关系。我国学者仅以是为伦理学之前提。其他曰为政以德,曰孝治天下,是政治学范围于伦理也;曰国民修其孝弟忠信,可使制挺以挞坚甲利兵,是军学范围于伦理也;攻击异教,恒以无父无君为辞,是宗教学范围于伦理也;评定诗古文辞,恒以载道述德眷怀君文为优点,是美学亦范围于伦理也。我国伦理学之范围,其广如此。"① 这就足以说明,道德或道德科学在我国古代社会科学的发展进程中始终处在举足轻重的地位。

在当代,道德和道德科学仍然是社会科学之核心和基础学科,其主要理由有三。一是尽管社会科学都以人和人类社会为研究对象,但道德和道德科学研究最基本的问题是人和人际关系的存在和完善与协调问题,这是人和人类社会正常存在和发展的前提。而其他社会科学仅仅研究人和人类社会现象的某个领域和某个方面。二是道德和道德科学既是理论学科又是应用学科,道德和道德科学离开了社会实践,其理论往往容易成为说教,故它是典型的实践性理论学科。三是道德和道德科学是研究和开启其他社会科学之门的重要"钥匙"。人和人际关系是一切社会科学研究的制高点,作为研究人的完善和人际关系和谐之规律的道德和道德科学是其他社会科学的重要基础理论学科,甚至有的是社会科学学科发展的先导性学科。

由此,我们可以得出这样一个理论思路,即精神生产力是作为科学的一般生产力,一般生产力包括自然科学和社会科学,社会科学中包括道德和道德科学,因此,道德也是精神生产力,推而论之,道德也是生产力。

三 作为精神生产力的道德如何转化成社会劳动生产力

道德在转化成社会劳动生产力过程中有其独特的功能和展示方式。

---

① 蔡元培:《中国伦理学史》,商务印书馆1999年版,第1—2页。

首先，作为意识形态的道德，它一般不能直接渗透到生产力各要素中去发挥作用。但它可以影响劳动者，决定劳动者以什么样的姿态投入生产过程，以何种精神状态使得"死的生产力"变成社会劳动生产力。它可以影响生产关系的存在方式，从而影响生产力内部要素之间的联系方式及其作用程度。

前面已经提到，物质的生产力是依靠精神的生产力才得以成立或形成的，然而作为精神生产力和意识形态的道德在作用于"死的生产力"过程中，其功能是其他社会意识形态无法替代的。

一方面，作为意识形态的道德是社会生活中完善人和人生、和谐人际关系的客观规律的反映，它通过对社会现象尤其是社会道德现象的学理分析，向人们展示社会生活中不受任何主客观因素影响或干扰的"应该的那个应该"，同时，说明坚持道德"应该"与提高生活质量和加快社会发展进程的关系，从而让人们真正懂得人和社会理性存在方式是什么，应该怎么做才能实现理性存在。这是主体投入生产过程并让人和物充分发挥其增值能量的应有的前提条件。一个没有道德"灵魂"的人，是不可能最大限度地去激活死的生产力的，当然也就谈不上发展生产力。

另一方面，作为意识形态的道德是价值科学，它要揭示人生理性发展趋势和社会完美发展方向。作为生产力第一要素的劳动者，假如能接受并把握作为意识形态的道德，他就会适应社会发展要求，确立崇高的人生价值取向。这样，人们也就必然以积极的姿态投入生产过程，除最好地发挥自身能量外，还会主动地改造生产工具和更新生产设备。否则，有的人往往只顾及眼前利益或自身的利益，而不愿意去做近期看不到效益但从长远来看更有利于生产水平提高的固定资产更新等的事。换句话说，作为生产力水平重要标志的生产工具的发展有赖于人的精神，尤其需要有对民族、对社会负责的专注于发展生产力的精神境界。

再一方面，作为意识形态的道德属于上层建筑，尽管对生产力的作用是间接的，但是，道德在一定条件下起着决定作用。毛泽东同志曾指出："诚然，生产力、实践、经济基础，一般地表现为主要的决定的作用，谁不承认这一点，谁就不是唯物论者。然而，生产关系、理论、上层建筑这些方面，在一定条件之下，又转过来表现其为主要的决定的作用,这也是必须承认的。"① 这里的"决定"作用看上去不能直接作为生产力的精神要素,其实不然,因为,作为意识形态的政治、法律、宗教、艺术、哲学等,它总是以各种不同的方式,程度不同地在影响着劳动者的头脑及其观念,影响着劳动者的生活方式和生存态度。更何况,作为意识形态的道德,它是教导人如何做人的学问,是人和人生应有责任的理论概括,直接或间接地影响着劳动者对自身作为生产力要素角色的认识和作为生产力第一要素的劳动态度。

同时,"人在生产中既和生产力紧密相连,又和生产关系紧密相连,既是生产力的要素,又是生产关系的主体,所以,调动人的积极性对生产力的发展有重要意义。要把生产中人的积极性调动起来,在相当程度上有赖于在生产关系中人与人的矛盾的解决,有赖于人们在生产中的地位和物质利益关系的正确处理"②。然而,生产关系中人与人的矛盾的解决,以及在生产力中人的地位和物质利益关系的正确处理,又有赖于对道德即"应该的那个应该"的正确理解和把握。

事实上,生产力本身的发展也有赖于生产力内部各要素之间的合理联系和理性存在,即是说,劳动者与劳动工具、劳动对象如能实现合理的理性的结合,生产力才会正常发展。假如人成了作为劳动工具的机器的附属物,或者劳动工具和生产资源不属于劳动者,劳动者与它们是被动的、被迫的、不合理的结合,这样,生产力的存在和发展将会受到严重影响。而要实现生产力内部各要素之间的合理联系和理性存在,需要建立符合道德和理性要求的生产关系,更需要劳动者的道德认知水平和道德协调措施。不知道道德为何物的"缺德"之人,也就难以把握自身与生产力其他要素的关系及其处置方式。其实,说到底生产力内部人与物的结合方式就是一定意义上的人与人关系的生存和协调方式。由此说明,作为劳动者,对作为意识形态的道德的认识把握,将直接影响甚或制约着生产力的发展。

---

① 《毛泽东选集》第1卷,人民出版社1991年版,第325页。
② 刘贵访:《论精神生产力》,广西人民出版社1994年版,第106页。

因此，作为意识形态的道德的存在和作用的发挥始终离不开人的"头脑"，总是以其特殊方式伴随着生产力的存在和发展。

其次，作为人的品质或品性的道德，在人进入生产过程并发挥作用时，道德也就直接转化成生产力。没有人的"主观生产力"的参与，"死的生产力"不可能成为社会劳动生产力。而没有人的基本的道德素质，人作为生产力第一要素在进入生产过程中就处在被动状态，在发挥劳动资料和劳动对象的能量时，往往也是没有动力、没有目标，"死的生产力"不能最大限度或最好状态地被激活。

一方面，生产力水平的提高与否，其主要标志是物质性的，但人的素质尤其是道德素质是决定性因素。"假如人不能作为真正的或完美意义上的人而存在，甚至成为一个消极被动甚至反动的'存在物'，那么不管技术设备有多好、物质资源有多丰富，其生产力水平注定是提不高的。"[1] 因此，"只有在充分认识到自身的存在及其存在的意义，明确并确定崇高生存价值取向的基础上，人才能树立一种不断进取精神，创造生产力发展的核心和基础的条件"[2]。这就是说，人的思想品质直接制约着生产力的发展水平。

另一方面，生产力水平高低不仅仅是从生产力要素本身的静态中来衡量的，还要从生产力要素发挥能量的大小和好差及其所获得的成果来观察。而这又须从人的角度切入来分析，因为，其他生产力要素是由于人的参与才使其能成为生产力。劳动者本身和劳动工具、劳动对象的能量发挥大小和好差与劳动者的品性即对人和对社会的负责精神有直接的关系。劳动者的责任心强，劳动工具就能最大限度地发挥能量，劳动对象也就能最好地被利用。就制造一个具体的劳动产品来说，劳动者全身心投入，不仅保证了产品质量，而且实现了最低消耗，客观上也能缩短单位产品的社会必要劳动时间而降低产品成本。由此我们可以说，人的道德品质也能直接创造财富。这也再一次说明，道德是生产力直接的重要的因素。

再一方面，生产力中的劳动者是一个群体，所有劳动行为都是人的群体行为。生产力水平及其生产力的发展离不开劳动者之间关

---

[1] 王小锡：《论道德资本》，《江苏社会科学》2000 年第 3 期。
[2] 王小锡：《论道德资本》，《江苏社会科学》2000 年第 3 期。

系的协调和协作。而道德是劳动者之间关系协调和协作的重要手段和重要的理论依据。在现时代，劳动者之间关系尤其是利益关系的协调和协作的原则应该坚持公平与效益的统一，唯此才能最大限度地调动广大人民群众的劳动积极性。否则，挫伤了广大人民群众的积极性，首先受到影响的是生产力本身。因此，发展生产力离不开道德教育、道德协调和道德建设。

四 道德是精神生产力命题的思考前提

对道德是精神生产力和道德是生产力这一命题的探讨，无疑将拓展伦理学尤其是经济伦理学的理论视野，并进而促进这一学科的基础理论研究和实际应用。为使道德是生产力这一观点得到更充分的认识和探讨，并使作为生产力因素的道德在经济建设中发挥重要的作用，我们有必要明确几种思考角度。

第一，道德是精神生产力或道德是生产力的提出，仅仅是指道德是生产力中的重要内容或因素，在生产力的发展过程中，它起着独特的精神功能的作用。如前所述，它还在生产力发展过程中起着不同于其他社会科学的特殊作用。道德是精神生产力或道德是生产力，绝不是指游离于生产力之外的一种生产力。如果当作独立的生产力来认识，这要么就成了"二元论"者，要么就违背了马克思主义的物质第一性、意识第二性的哲学基本观点。

第二，道德或道德科学在精神是生产力和道德是生产力的命题中有着特定的内涵，至少应该从两方面来把握：一是这里的道德或道德科学是指科学的道德，它既是社会道德生活规律的正确反映，又应该符合社会历史的发展要求；二是道德或道德科学具有历史性，在不同的历史时期，它要反映或符合当时的社会发展要求。否则，过时了的不符合历史发展要求的道德甚或腐朽没落的道德不仅不能成为生产力的精神内涵或因素，反而必然地影响或阻碍生产力的发展。

第三，道德是生产力，是指道德在生产力的发展中起着作用力，同时，作为精神生产力在作用于物质生产力过程中又起着社会劳动生产力的作用。这样一来，我们同样可以把方针、政策、政治、法律甚至哲学等也看成生产力的内涵或因素。当然，它必须是科学的理论或理念，同时也必须作用于物质生产力。

同时要指出的是，尽管精神生产力可以有多种表现形式，但道德与之不同，"尤其是社会主义道德作为一种理性法则或理性精神，它理应渗透在方针、政策、政治、法律之中，不内含社会主义理性法则或理性精神的方针、政策、政治、法律是不可思议的，甚或是落后、被动的"①。

第四，"道德万能"与"道德作用无所不在"不能相提并论。道德万能论的错误在于任意夸大道德的功能和作用，似乎社会各方面事业的发展都是由道德起着决定作用的。这最终有可能滑向精神决定论的谬误。而承认道德作用无所不在是指只要有人和人际关系存在的地方，道德都在程度不同地发挥着作用。充分利用道德的特殊功能，将有利于社会各方面事业更好更快地发展。道德的两大本质指向或基本目标是实现人生的完善和人际关系的和谐协调。目标逐步实现的过程，也意味着社会将不断完善和加快的过程，问题是我们能不能自觉地开展道德教育和道德建设，并使之全面服务或作用于社会主义建设事业。

（原载《江苏社会科学》2001年第2期，人大复印报刊资料《伦理学》2002年第3期全文转载）

---

① 王小锡：《再谈"道德是动力生产力"》，《江苏社会科学》1998年第3期。

再谈"道德是动力生产力"

周荣华同志的《论道德在生产力发展中的作用》（载《南京理工大学学报》（社会科学版）1997年第4期。以下简称"周文"）一文，对我曾提出的"道德是动力生产力"的观点提出质疑。为进一步阐明我的这一经济伦理观，并给道德的经济意义以更充分的认识，我觉得很有必要对周文的观点做一述评和回答。

周文认为，道德虽然对生产力的发展有着这样那样的作用，但不是"动力"生产力。首先，周文针对我从生产力内部各结构要素地位和作用的分析来论证"道德是动力生产力"的观点，他一方面认为"如果我们把生产力中的人与物的关系归结为人与人的关系，再把人与人的关系归结为道德关系，由此得出只能用道德来调节人的经济活动，这样就会出现用道德规范取代经济规则的状况，就会无视经济规律，最终会导致经济的停滞，阻碍生产力的发展。在过去的计划经济条件下，就是抓思想道德促生产，强调人们的思想觉悟，道德水平对发展经济的作用，结果违反了经济规律，使我国的生产力发展缓慢，生产力的发展受到阻碍"。周文在这里曲解了我的论证理由，把我认为的道德在生产力各要素间协调起着举足轻重甚或决定性作用理解为"只能用道德来调节人的经济活动"。这不在同一角度思考问题的商榷实乃文不对题。而且，周文明确地将道德和道德规范与经济发展、生产力发展对立起来，似乎讲道德就会违背经济规律。这不仅抹杀了道德的作用，而且从根本上忽视了经济及经济规律的伦理含义以及道德与经济的逻辑联系。[①] 我并不主张只是

[①] 对此问题的认识我已在本人拙著《中国经济伦理学——历史与现实的理论初探》（中国商业出版社1994年版）和《社会主义道德的经济意义》（《光明日报》1996年12月5日）等系列研究论文中做过阐述。

用道德来发展经济，更不同意道德万能论。但是，不讲道德或是说没有明确的经济目的、没有崇高的价值取向的经济行为、没有和谐的人际关系和协作精神，或是说不择手段来发展经济，这难道是正常的社会经济行为吗？道德与经济是相辅相成的，不讲道德的经济是畸形经济。除了周文提到我的两篇文章中关于道德与经济发展有着必然的逻辑联系等论证观点外，我这里要强调的是，在生产力发展过程中，人的积极性和能量的发挥程度、劳动工具的改造和使用效率、劳动对象的认识和改造力度等，往往直接取决于人的思想觉悟、价值取向和社会理想以及劳动态度。马克思曾指出："人本身单纯作为劳动力的存在来看，也是自然对象，是物，不过是活的有意识的物，而劳动本身则是这种力的物质表现。"[①] 这就是说，没有人的作为"主观生产力"及其观念导向，生产力将是"死的生产力"，不能成为"劳动的社会生产力"。并且，社会人际的协调和协作的自觉性如何往往直接影响着生产力发展水平。马克思曾说过："这里的问题不仅是通过协作提高了个人生产力，而且是创造了一种生产力，这种生产力本身必然是集体力。"[②] 周文同时认为，"如果仅仅因为道德在人们的经济活动中起了一些作用，就把它上升到动力生产力的高度，那么像正确的方针、政策、法律甚至哲学等，它们在生产力的提高上也是非常重要的，那么，我们也可以说，政治是'动力生产力'，法律是'动力生产力'等"。这种推论并非不可，因为这些都是精神生产力的一种表现形式。但是这些都与道德不同，尤其是社会主义道德作为一种理性法则或理性精神，它理应渗透在方针、政策、政治、法律之中，不内含社会主义理性法则或理性精神的方针、政策、政治、法律是不可思议的，甚或是落后、被动的。这恰恰进一步说明，社会主义生产力的动力因素是道德。

其次，周文指出，"道德并不是生产力发展的动力，这不仅是因为道德对生产力不能起到动力源的作用，而且也是因为生产力的动力系统是一个道德所建构不了的动力结构。人要生存，就必须首先满足自己的吃、穿、住等方面的物质需要，为此，人就必须向自然

[①]《马克思恩格斯全集》第23卷，人民出版社1972年版，第228—229页。
[②]《马克思恩格斯全集》第23卷，人民出版社1972年版，第362页。

界索取，这就遇到了社会与自然的矛盾，正是这个矛盾作为一种客观力量推动着生产力的发展，而随着生产力的发展，又使这一矛盾得到暂时的解决。这一矛盾表现在生产力内部，就是人与物的矛盾，这一矛盾的运动便构成了生产力的内在动力。"在这里，周文认为生产力的内在动力或动力因素是人与物的矛盾。我不否认人与物的矛盾的不断解决是生产力不断发展的基本前提之一。然而，人与物的矛盾谁来解决？如何解决？解决到什么程度？不言而喻，这一矛盾是在人的一定思想指导下来解决的。正如马克思所说："单个人如果不在自己的头脑的支配下使自己的肌肉活动起来，就不能对自然发生作用。正如在自然机体中头和手组成一体一样，劳动过程把脑力劳动和体力劳动结合在一起了。"①尽管，人的头脑的产生及其作用的发挥，决定于社会存在，但是，人的社会知识、人的意志在一定程度上直接制约生产力发展水平。马克思曾指出："自然界没有制造出任何机器，没有制造出机车、铁路、电报、走锭精纺机等等。它们是人类劳动的产物，是变成了人类意志驾驭自然的器官或人类在自然界活动的器官的自然物质。它们是人类的手创造出来的人类头脑的器官；是物化的知识力量。固定资本的发展表明，一般社会知识，已经在多么大的程度上变成了直接的生产力，从而社会生活过程的条件本身在多么大的程度上受到一般智力的控制并按照这种智力得到改造。它表明，社会生产力已经在多么大的程度上，不仅以知识的形式，而且作为社会实践的直接器官，作为实际生活过程的直接器官被生产出来。"②

由此可见，从根本上体现人的头脑素质的道德必然会有效地促进人与物的矛盾的解决。正如周文所说，"如果一个人所具有的道德素质是适合社会经济发展趋势的，那么，他的体力与智力就能够发挥积极的作用，推动生产力的发展"。"这就是说，劳动者的道德素质并不是可有可无的，它规定着劳动者体力和智力发生作用的方向。""在生产过程中，一个人的道德热情高，责任心强，他就会更加专注于工作，他的才智就会得到更好的开发。如果一个人道德素

---

① 《马克思恩格斯全集》第 23 卷，人民出版社 1972 年版，第 555 页。
② 《马克思恩格斯全集》第 46 卷（下册），人民出版社 1980 年版，第 219—220 页。

质低，人生观消极，工作就缺乏干劲，他的潜力就不能很好地发挥出来。"事实上，周文提出的生产力的动力结构观点，说明的也是由于人的需要而产生的人的主观动机影响甚至支配着人与物的矛盾的解决，而这种动机很大程度上反映人的追求和理想，是实实在在的道德行为。

再次，周文针对我从人的素质分析来论证"道德是动力生产力"的观点，不同意"人的道德素质是基础性素质和核心素质"，认为，"对生产力要素中的劳动者来说，他们的素质中对生产力作用最大、最根本的素质是智力素质，其中处于基础性地位和核心地位的是科学技术素质"。大家知道，科学技术是第一生产力，是生产力发展的重要动力，而我提出的"道德是动力生产力"并不与之相矛盾。这一方面，科学技术理应包括社会科学，科学的道德是对社会生活规律的正确概括，它对生产力内部各要素间关系的协调无疑有着重要的导向和促进作用；另一方面，科学技术的发展也是绝对离不开人类对人的完美的追求和奋斗精神的。正如周文所说，"科学家们之所以能在科学上做出发明创造，推动生产力的进步，与他们的献身精神、创新精神是紧密联系在一起的"。因此，影响生产力发展的直接动因是科学技术，而动力源应该是人的道德境界及其崇高的价值取向。

就周文提出的几点商榷意见来看，其观点基本上是自相矛盾的。而且，为了否认"道德是动力生产力"的"动力"内涵，把道德在生产力发展中的作用一定要说成"辅助性的"或"方向盘和调速器"的作用，这只是在做文字游戏。其实，作者在理解道德作用时，基本上没有弄清和把握道德的两大本质指向和社会目的，即人的完善及其主体自觉和人际和谐及其社会合力的形成；同时也没有能弄懂自然科学和作为价值学科的道德其各自在社会运行尤其是生产力发展过程中的角色及其作用，只是通过机械的逻辑推论来否认"道德是动力生产力"。即便如此，周文的第三部分关于道德在生产力发展中的作用的论述，恰恰以其自身的理解论证了"道德是动力生产力"。

周文对于"道德是动力生产力"观点的否认，与其文中的一些模糊甚或错误的观念不无关系。第一，周文把人类两种对立的道德混为一谈。文章说,"人类进入阶级社会以后,生产力比原始社会提高了,但这种生产力的提高似乎是以道德的败坏为代价换来的。在社会主义条件下,特别是在社会主义初级阶段,生产力虽然得到了一定的发展,道德也取得了进步,但由于旧的腐朽的道德影响仍然存在,所以也不能笼统地说道德是生产力发展的动力"。文章还说,"如果说,道德是生产力的动力,这些不利于经济发展的道德何以成为动力呢?"从这里可以看出,周文没有弄清"道德是动力生产力"之"道德"特性。人类道德确实存在理性和非理性、科学与腐朽之分,存在着劳动人民道德和剥削阶级道德之本质区别。然而,我所说的道德只能是指理性的、科学的和劳动人民的道德,只要不是立场问题,谁也不会将非理性的、腐朽的和剥削阶级道德包含在"道德是动力生产力"这一命题的"道德"概念中。更何况,我有关研究经济伦理学的系列论文也都明确了我们提倡的道德是社会主义道德。

第二,周文认为,"道德作为意识形态和上层建筑其根源是社会经济关系,其最终的根源是生产力,因此,应该说生产力是道德进步的根本动力。如果说道德是生产力的动力,那正好是颠倒了道德与生产力的关系"。道德作为社会意识形态,它当然不是凭空杜撰的。道德决定于社会经济和生产力,生产力是道德发展的最终动力。但是,我的"道德是动力生产力"命题强调的是生产力的动力因素,并不像周文所理解的把道德作为游离于生产力之外来推动生产力发展的一种力量。马克思在《1857—1858 年经济学手稿》一书中提到,生产力有物质的生产力和精神的生产力,道德理所当然是精神生产力的一种表现形式。既然道德本身是生产力,这就根本不存在"颠倒了道德与生产力的关系"问题。

第三,周文将道德与道德热情等同,并将道德热情与科学技术对立起来。周文认为,强调"道德是动力生产力",就必然导致依靠道德热情发展生产力,忽视科学技术在生产力中的作用,这就不可能使生产力得到较快的发展。这应该说是一种错误的逻辑推理。作为生产力动力因素的道德,它体现的是人的主动性、积极性、创造性和最佳协调性,它不仅仅是"道德热情",即便如此,也没有理由说明依靠道德热情发展生产力就必然忽视科学技术在生产力中的作用。相反，应该是道德热情或道德觉悟越高，越会重视科学技术的作用，越会自觉投身于科学技术的研究和应用之中。

第四，周文认为"社会的道德是多领域的，家庭道德、个人私德，甚至公共场所的公德等对生产力的作用并不明显，不可能成为动力生产力。因此，'道德是动力生产力'的观点是没有普遍意义的，是不科学的。"这是理论常识的错误。社会道德尽管是多领域的，但不管什么领域的道德，它只能是人的素质的体现。恰恰是道德在各领域对人发挥作用，才能全面提高人的道德觉悟，从而更充分发挥人们在生产力发展中的动力作用。因此，社会道德的全面进步，才是生产力加速发展的真正动力源。

最后，我引用周荣华同志在文中的一段话来作为总结，即"道德决定着劳动者体力、智力使用的方向。一个人有体力，有智力，并不一定对生产力起到推动作用，这就要看体力与智力用在什么地方。虽然我们讲的是生产力结构中的劳动者，他们的体力和智力都用于生产劳动之中，但他们的体力和智力到底对生产力起推动作用，还是起破坏或阻碍作用，这就取决于人的道德素质了"。

（原载《江苏社会科学》1998年第3期）

论道德资本
——道德资本的概念及其价值实现

资本的形式和内容是多种多样的,有实物资本、货币资本、人力资本等。在经济运作过程中,人力资本起着决定性的作用。[①] 诺贝尔经济学奖获得者、美国经济学家西奥多·W. 舒尔茨曾指出:"设想某一经济体系拥有土地和可进行再生产的物质资本,包括如同美国现在所可能拥有的生产技术,但是它的运转却受到下列的各种约束:不可能有人取得任何职业经验;没有受过任何的学校教育;除了所居住地区的信息之外,谁也不拥有任何别的经济信息;每个人都受其所在环境的巨大约束;人们的平均寿命仅仅为 40 岁。在这样的情况下,经济生产肯定会悲剧性地大大下降。除非通过人力投资使人的能力显著地提高,低水平的产出必定会与极其僵硬的经济组织同时并存。"[②] 然而,与人力资本直接关联的道德资本,又影响或制约着人力资本的效益的获得。人的创新能力的提高、劳动技能的加强等,有赖于人的正确的价值取向和科学道德精神与道德实践。因此,就经济运行过程来看,道德是且必然会是投入生产过程的重要资本。为什么"作为世界经济强国的美国,还有欧洲发达国家,搞了几百年的市场经济,突然发现自己根本不懂什么是经济,还处在类似于近代医学创立之前的中世纪医学水平上!"[③] 其中重要原因之一是他们始终没有弄懂道德在生产过程中的特殊能力。

---

① 参见赵曙明《企业人力资源管理与开发国际比较研究》,人民出版社 1999 年版。
② [美]西奥多·W. 舒尔茨:《论人力资本投资》,吴珠华等译,北京经济学院出版社 1990 年版,第 19 页。
③ 陆晓禾:《走出"丛林"——当代经济伦理学漫话》,湖北教育出版社 1999 年版,第 17—18 页。

一　资本与道德资本

资本是经济学范畴，在资本主义条件下，资本是能带来剩余价值的价值。在社会主义条件下，由于其经济制度决定了资本是能带来利润的体现为实物和思想观念的价值。由此可见，在现时代，"资本是一种力，是一种能够投入生产并增进社会财富的能力"。"科学的伦理道德就其功能来说，它不仅要求人们不断地完善自身，而且要求人们珍惜和完善相互之间的生存关系，以理性生存样式不断地创造和完善人类的生存条件和环境，推动社会的不断进步。这种功能应用到生产领域，必然会因人的素质尤其是道德水平的提高，而形成一种不断进取的精神和人际和谐协作的合力，并因此促使有形资产最大限度地发挥作用和产生效益，促进劳动生产率的提高。"[①]因此，道德也是资本。当然要指出的是，道德在生产过程中成为资本，它一定是科学的道德。道德资本有三方面特点。

1. 道德资本是无形的，它是人力资本的精神层面和实物资本的精神内涵

首先生产过程的主体是人，人是在生产过程中发挥作用并获得利润的核心资本。假如人仅仅作为实物资本投入生产过程[②]，那么，整个生产过程就无法运作，效益和利润也就无从谈起。事实上，任何东西只要不与人结合起来投入生产，那就无所谓"资本"，至多是作为资产或资源而存在。而以劳动者身份投入生产的人，并不只是一个"经济人"，"传统经济学理论将经济活动的主体抽象为'经济人'，并以此作为经济分析的前提。由自利动机驱使追求自身利益最大化，是'经济人'概念的基本内涵。然而，实际活动中的经济活动主体是负有经济、社会和环境责任的'道德人'，有着远比'经济人'丰富的内涵"[③]。因此，人在生产过程中一定是受到一定的意

---

① 王小锡：《21世纪经济全球化趋势下的伦理学使命》，《道德与文明》1999年第3期。
② 这是不可能的，人只要投入生产过程就是"活劳动"体。这里仅仅是为说明问题而进行的假设。
③ 此段话是陆晓禾对美国经济伦理学家观点的综述，见陆晓禾《走出"丛林"——当代经济伦理学漫话》，湖北教育出版社1999年版，第46页。

识支配和价值导向的,人的道德觉悟直接影响和制约着人的劳动积极性和人的劳动能量的释放。

其次,实物资本在生产过程中发挥多大效益,获得多少利润,往往取决于劳动者的价值取向和对自身和社会的负责精神。海尔集团的洗衣机近年来能在欧洲市场打开销路,其中重要原因之一正如外国经销商所说,海尔集团生产的洗衣机符合欧洲人的生活要求和生活习惯。同样是洗衣机,许多外国经销商一改往日只销售日本洗衣机为现在只销售我国海尔集团生产的洗衣机。这里有集团对自身利益、国家利益和对欧洲人生活需求负责的精神。没有这一优势,海尔集团生产的洗衣机也就没有欧洲市场占有率的提高,也就没有更多的效益和利润。由此可见,道德资本比起实物资本来说意义更加重大。因此,道德在使实物资本成为资本的同时能最大限度地激活实物资本,它是获取利润的基础。

2. 道德资本是渗透型、导向型和制约型资本

首先,道德资本不是独立存在资本,它渗透在生产过程的各个方面和多种层面,以它独特的独立的价值功能发挥着作用。生产过程从一定意义上说是人们的思想或精神的物化过程。社会历史发展过程也说明了,一个文盲充斥或一个道德觉悟低下的民族,其生产过程有着明显的盲目性和仅仅为了活命的目的性,不可能产生更大的效益或利润。假如生产的出发点和生产目的有着崇高的价值取向,生产过程又渗透着劳动者的责任意识,以及在分配、交换、消费中贯穿着对任何正当利益负责的理性精神,其效益不只是利润的增加,更在于扩大再生产在更新阶段的实现和扩大再生产过程理性水平的进一步提高。这就使得道德成了生产本身的重要内涵,道德也成了生产的需要,成了生产获取利润的重要条件。这在社会主义市场经济条件下完全应该而且可以做得到。

其次,道德资本是"精神资本"或"知识资本"的一种,其特殊性就在于道德具有超前性(理想性)或导向性,它作为资本投入生产过程必然会形成一种其他资本无法替代的"力"。它作为一种看不见的理性之手或理性力量,能促使所有投入生产过程的资本实现理性化运作,牵引着人们实现利润的最大化。邓小平提出的让一部分人和一部分地方先富起来,并带动后富的人和地方,最终实现全

国人民的共同富裕，这既是我国经济建设的目标，也是社会主义道德建设的目标。作为经济层面的道德理想，它推动着经济建设的快速发展，同时也实现着各个个人的正当利益和全国人民的共同利益。这是社会主义道德资本作用力尤其是导向力的集中体现。

最后，道德资本在生产过程中起着独特的协调和制约作用。生产过程需要有和谐的人际协作关系，需要有合乎理性的制度与规范。这是道德作为资本投入生产过程的又一特殊的内容和作用方式。社会主义市场经济从本质上来说是法制经济、是规范经济，但这绝不是自然生成的。"应该"是一回事，实际的可能又是一回事。只有发挥道德作为资本的特殊功能，才能实现社会主义市场经济的正常运行。否则，社会主义市场经济将会成为无序经济。因此，通过道德协调，促使社会生产关系的理性存在和人际合力的形成，促使道德制度化，这不仅能使生产过程的各个环节和方方面面最大限度地产生效益，而且能使投入生产过程的资本实现互补，最大限度地实现利润。有的企业家认为和谐的人际关系也是资本，合理的制度能产生效益这是不无道理的。

3. 道德资本的形成是缓慢的、艰巨的

道德资本的形成有一个独特的过程，其独特性就在于，首先，道德资本形成与道德认知水平和道德觉悟的提高是相一致的。道德资本在生产过程中要发挥作用，其基本前提是作为生产活动主体的人必须充分认识道德为何"物"，明白科学道德是什么。同时，真正将道德责任作为自己的行为出发点和行动"坐标"。然而，道德自觉并不是一蹴而就的，它有一个由道德认识不断深化，经过道德意志的培养，逐步强化道德信念的过程。由此可见，道德认知水平和道德觉悟的提高是缓慢而长久的过程。

其次，道德资本形成是一项系统工作。它需要学校、家庭、社会等各方面的精心培育，尤其需要加强社会公德、职业道德和家庭美德教育。同时，道德资本形成还有赖于经济和科技文化教育的发展。经济不发达或科技文化教育水平低，势必影响人们道德认知水平和道德觉悟的提高。就一个生产企业来说，需要不断地加强"硬件"和"软件"建设，促使道德资本的形成。就硬件建设来说，应该完善工厂环境和工作条件等。就软件来说，应该完善工厂管理制度和生产运作机制，创造良好的道德和文化氛围等，尤其需要加强道德教育力度，以各种有效措施，促进全体员工道德觉悟和企业道德水准的提高。

最后，道德资本形成是一个十分艰巨的过程。在社会主义市场经济条件下，多种经济成分并存，有可能形成各种不同的价值观和价值取向；同时，西方不同的道德观念也在不断地影响人们的社会生活，这就给道德资本形成增加了复杂性。一些企业之所以出现不讲信誉、坑害顾客的败德行为，与他们不懂道德、不讲道德和唯利是图、损人利己的价值观有着密切的关系。因此，这就需要我们在道德资本的形成过程中，分清良莠、扬善抑恶，真正使科学道德成为生产过程的重要的作用力。

二 道德资本价值的实现

如前面所说，道德作为资本投入生产过程，其作用力无处不在，它在促进产品质量提高的同时也能缩短单位产品的社会必要劳动时间。作为理性无形资本，道德资本投入生产过程后不断地在实现着有形效益，同时还在更完善意义上实现着自身。[①] 笔者将从四个主要方面来分析。

1. 人的道德素质与生产力水平

生产力水平的提高与否，其主要标志是物质性的，但人的素质是决定性因素。社会主义的生产力中的人都已作为"主人"的身份而存在着，人真正成了社会和自然的主宰。因此，人尽管是首先作为活动着的物质而存在，但人的素质将直接决定着人的创造性劳动的自觉性和经济发展的速度。假如人不能作为真正的或完美意义上的人而存在，甚或成为一个消极被动甚至反动的"存在物"，那么不管技术设备有多好、物质资源有多丰富，其生产力水平注定是提不

[①] 投入生产过程的道德资本，随着社会生产关系的不断发展和完善，道德也在不断地得到发展和完善。这是因为，科学的道德从来都是社会物质生活条件决定的，生产关系的发展和完善，必然地会促进道德的不断发展和进步。而且，道德也只有投入社会主义的生产过程，才能不断得到升华。否则，容易出现"道德教条状态"。

高的。然而，人的素质是复杂的多方面的，它包括人的身体素质、心理素质、文化素质、思想政治素质和道德素质等。在这些素质中，人的道德素质是基础性素质和核心素质。只有在充分认识到自身的存在及其存在的意义，明确并确定崇高生存价值取向的基础上，人才能树立一种不断进取的精神，创造生产力发展的核心和基础的条件。同时也才能协调生产力内部各要素之间的理性协调。为此，我们完全有理由相信，人的道德觉悟和道德品质也是生产力的重要因素，谁具备了科学道德素质，谁就将会在生产过程中取得更多更好的效益和利润。

2. 管理道德与企业活力

管理在本质上是管人，而"泰罗制"式的把人当作机器的管理方法绝对不适应我国现代企业的发展要求。"一个不尊重人性的企业，是人的个性和活力被疏远被低估的企业。这样的企业，实际上是一个由提供劳动力来交换金钱的场所，无法实现和展开人性"[①]，在社会主义市场经济条件下，这样的企业将会逐步失去它生存的时间和空间。

现代化的管理应该是以人为本的管理，它充分体现管理中的道德性，唯此才能促使企业员工同心协力，实现生产的正常运转。

首先，实现人格平等，激发全体员工的活力。企业管理工作者的一个基本目标是要统一员工的思想，调动员工的积极性，圆满地实现企业发展的指标。然而，这一基本目标的实现需要员工树立主人翁精神。这样一来，一方是管理工作者，一方要树立主人翁精神，应当如何处置？笔者认为，企业管理工作者应展示既是领导又不像领导的形象。说是领导，他应该统揽全局，有效指挥；说不像领导，他应该努力倡导和实现与员工的人格平等，要以自己的实际行动来说明，企业的所有成员，只有分工不同，没有贵贱之分。因此，企业管理工作者应该从尊重员工入手，在努力为员工服务的同时，广泛征求员工意见，变"管理全员"为"全员管理"，即企业管理工作者的管理目标、管理内容、管理方法和手段是全员集体智慧的结晶，企业实际是在全体员工的思想观念引导下运作。一些企业经营

[①] 王成荣主编：《中国名牌论》，人民出版社1999年版，第67页。

不好，其中重要原因之一是管理工作者以"领导"自居，员工成了被动的只受支配的劳动者，管理工作者与员工之间形成了"鸿沟"，员工的积极性受到挫伤。一旦前后两者情绪对立，管理失效，那企业失去的不仅是活力和利润，最终完全有可能走向死胡同。

其次，坚持利益公平，获取更大效益。员工的切身利益是员工工作中关注的焦点，员工的劳动积极性来自自身利益的最大限度地获得和全体员工利益的公平合理的兑现。因此可以说，不懂得他人的利益，就不懂得管理。一个合格的企业管理工作者，他首先考虑的是员工利益和利益的协调。员工利益的实现程度（已得利益占企业效益和自身应得利益的比重）和员工利益协调的公平程度，往往与企业未来利润的实现成正比。一个正当利益不能正常获得的员工是不可能全身心投入工作的。为此，对员工的切身利益处置随便，甚至严重不公，那能力最强的管理者终究是管理的失败者。

最后，身先士卒以身作则。企业管理工作者的形象直接联系着企业的命运。一个尽心尽责的管理工作者能让员工在他身上看到希望，即使企业暂时遇到困难或挫折，员工们也会发扬团队精神，勤力同心，努力工作。假如企业管理工作者让员工感觉到整天忙于无为的应酬，忙于捞取一己私利等，那必将严重挫伤员工的积极性。这样的企业管理工作者实际上在起着增加企业负担、提高产品成本、降低企业利润的负面作用。因此，在社会主义市场经济条件下，不管是什么性质的企业，管理工作者应充分认识到管理者的自身行为是无声的命令、无形的杠杆。企业的效益和利润直接受制于管理者本身。

3. 道德含量与产品质量

产品是物，但任何产品都是精神化了的物。首先，任何产品都是按照人的一定的科技文化认识水平和技术路径设计的。正由于此，同样是酒瓶，啤酒瓶和其他酒瓶所要求的质量就不一样；同样是自行车，一种产品就是一个不同的品牌，诸如此类，可以说，有多少类产品就有多少不同的文化和技术物化体。其次，任何产品也都是人的道德觉悟或道德素质的物化体，而且产品中的道德含量最终决定着产品的质量。同时产品的特性，除了科技文化因素外，更重要的还取决于产品的道德性。产品的道德含量和道德性主要的是由产品的"人性设计"和制作产品的责任心以及产品生产的基本理念等要素构成的。

首先,产品的"人性设计"主要地应体现在关注人的生理和心理等需求,"注重人的自然属性,使新产品在物质技术上符合使用要求,同时按照人的精神需求,使新产品获得艺术设计,在其外观的审美质量上满足人的求美享受"。"具有完全、可靠、方便、舒适、美观和经济等功能。"① 例如,制作一只玻璃茶杯,最好是双层真空杯,这样,倒进开水既不烫手,心理上也不紧张,用者有一种舒适感和满意感。这种杯子尽管在价格上要高出一般玻璃杯好几倍,但仍然有人选择价格贵的买。这说明,产品设计越是接近人的生理和心理等需求越有销路,也越能赚钱。

其次,产品设计是一回事,制作又是一回事。即是说,产品设计好了不等于就能造出符合设计要求的产品,不等于高质量的设计就有高质量的产品。为用户着想、对用户负责的精神应该渗透在制造产品的各个环节和各个方面。严格地说,一个欲创名牌、求发展的企业,生产过程中不应该出现不合格产品,一旦出现,也应该不出厂门,不销售给顾客。我国许多知名企业都有过销毁不合格产品的经历,一来告示社会,本企业生产的产品均是合格产品,二来教育企业员工,合格产品是企业员工责任心、良心的结晶。

之所以国内的和国外的一些知名企业很受用户欢迎,根本原因在于人们从该企业产品质量就能够理解到企业的理性精神和员工的严谨认真的工作态度。因此,这些企业不用借助广告也能推销产品,这也是在情理之中的事。

最后,企业的利润并不仅仅在于产品质量好坏,更在于企业的优质低价的经营理念。日本松下公司的"自来水哲学"的经营理念,是松下公司赢得国际市场的重要法宝。该公司的经营目标是要像生产自来水一样,产品越来越好,价格越来越低。这是对用户负责的精神在产品中的集中体现。产品的价格虽然不是随产品质量提高而提高的,但产品质量却因价格没涨而相对地提高了。事实上职工的进取精神和认真态度,客观上在提高了工作效率的同时也相对降低

---

① 胡正祥:《中国产品人性设计》,广州出版社1994年版,第7页。

了产品成本。

4. 信誉与市场占有率

信誉能赚钱，这是毋庸置疑的命题。德国著名学者马克斯·韦伯在概括资本主义精神时，引用了以下观点，"切记，信用就是金钱。如果有人把钱借给我，到期之后又不取回，那么，他就是把利息给了我，或者说是把我在这段时间里可用这笔钱获得的利息给了我。假如一个人信用好，借贷得多并善于利用这些钱，那么他就会由此得来相当数目的钱"。"善待钱者是别人钱袋的主人。谁若被公认是一贯准时付钱的人，他便可以在任何时候、任何场合聚集起他的朋友们所用不着的所有的钱。"① 这一观点对于企业生产经营过程来说是同样的道理，人们相信某种企业的产品并乐于购买就等于向该企业"送钱"。正因为这一点，在德国，无论是大型企业奔驰公司，还是中小企业，都认为企业卖的不仅仅是产品，而且是在卖信誉，并认为卖信誉比卖产品更重要。

我国许多知名企业深知信誉与市场占有率、市场占有率与利润的关系，把信誉视作企业的生命。一方面将信誉的建立落实到生产产品的全过程，确保产品质量的万无一失。另一方面将信誉建立在销售服务的全过程。他们将企业信誉作为最大限度地实现利润的根本。同时，他们也深知，失去信誉，也就丧失了企业的生存条件和生存理由。为此，江苏省著名的春兰集团推出了"金牌保姆服务"、伯乐集团推出了"全过程无忧无虑服务"、小天鹅集团推出了"12345"服务准则，都产生了良好的社会效益和经济效益。几年前曾有报载，介绍某知名冰箱厂在同类厂家的冰箱订货数量均下降的情况下，唯独该厂订货数量上升，其原因是该厂奉行不合格产品不出厂的宗旨，从而赢得了顾客的信任，提高了该产品的市场占有率。对此，我们可以说，企业信誉虽无价，但它能带来巨大的经济效益。

（原载《江苏社会科学》2000 年第 3 期，人大复印报刊资料
《伦理学》2000 年第 8 期全文转载）

---

① ［德］马克斯·韦伯：《新教伦理与资本主义精神》，于晓等译，生活·读书·新知三联书店 1987 年版，第 33—34 页。

再论道德资本
——道德资本及其功能和作用

笔者曾率先撰文对道德是不是一种资本、道德作为资本所具有的三大特点以及道德资本价值实现的存在样态进行了较为系统和全面的理论探讨,并初步从功能角度对道德资本给予概念诠释,认为道德作为资本范畴,是一种力,是一种能够投入生产并增进社会财富的能力。本文旨在继承上次研究的课题,试图从概念界定、功能与作用等层面,对道德资本做进一步的学理透视,以期引起学界同仁对"道德资本"这一崭新的道德范畴的关注和研究。

一 道德资本的概念界定

要明确界定"道德资本"的概念内涵和适用范围,有必要先了解"资本"范畴的本真意蕴。这是因为不仅现代西方经济学与国内几乎所有政治经济学教科书对"资本"范畴的定义大相径庭,而且马克思本人在《1857—1858年经济学手稿》与最后完成并公开出版的《资本论》中对"资本"范畴的诠释亦存在很大差异,甚至在《资本论》中,马克思对"资本"范畴的阐述也有"一般性"与"特殊性"之别。

首先,从现代西方经济学和国内现有政治经济学教科书对"资本"范畴的定义来看。美国著名经济学家、诺贝尔经济学奖获得者萨缪尔森在其名著《经济学》中曾对"资本"下过这样的定义:"资本一词通常被用来表示一般的资本品,它是另一种不同的生产要素。资本品和初级生产要素的不同之处在于:前者是一种投入,同时又是经济社会的一种产出。"而"资本品表示制造出来的物品,这种物品可以被用来作为投入要素，以便从事进一步生产"。① 在这里，萨缪尔森的话包涵了两层意思：一是资本是一种生产要素，它与劳动和土地等初级生产要素一样，共同参加经济过程，生产出经济物品；二是资本不仅是一种投入性的生产要素，而且是一种可以被生产出来，又能重新投入生产的流动性生产要素，具有保值与增值的功能。由此可见，萨缪尔森对"资本"范畴的界定只局限于资本的实物形态与自然属性，忽略了它的价值形态与社会属性。与此相反，国内"几乎所有的政治经济学教科书都这样定义：资本是剥削雇佣劳动而带来剩余价值的价值，它体现着资本家对雇佣工人的剥削关系。"② 显然，国内教科书对"资本"范畴的界定比较注重资本的价值形态和社会属性，并将其作为资本主义经济的特有范畴。

其次，从马克思本人在《1857—1858 年经济学手稿》与最后完成并公开出版的《资本论》中对"资本"范畴的诠释来看。在《1857—1858 年经济学手稿》中，马克思是从简单的、一般的范畴与具体的、特殊的范畴之间关系的视角来研究资本一般，并未把它作资本主义的特有范畴。在这个手稿中，马克思一方面将资本作为简单的一般范畴进行理论抽象，蒸馏出资本范畴的一般规定与本质特征。马克思认为："在这里作为必须同价值和货币相区别的关系来考察的资本，是资本一般，也就是使作为资本的价值同单纯作为价值或货币的价值区别开来的那些规定的总和。"③ 而那些规定性的总和概括起来就是：资本"它只有不断地增殖自己，才能保持自己成为不同于使用价值的自为的交换价值"，④ 同时由于价值的自我保存依赖于自我价值的增值过程，因此，资本从最一般、最抽象的角度来诠释，就是一种在经济过程中能够自我保值、增值的独立化价值；另一方面，马克思在这个手稿中又将资本作为具体的特殊范畴来研讨，试图揭示资本作为"一种现实存在"在资本主义生产方式中的

---

① ［美］保罗·萨缪尔森、威廉·诺德豪斯：《经济学》，高鸿业译，中国发展出版社 1992 年版，上册，第 88 页。
② 白光编著：《现代政治经济学基础理论教程》，中国人民大学出版社 1998 年版，第 281 页。
③ 《马克思恩格斯全集》第 46 卷（上册），人民出版社 1979 年版，第 270 页。
④ 《马克思恩格斯全集》第 46 卷（上册），人民出版社 1979 年版，第 226—227 页。

社会本质，剥离出资本背后所隐藏的资本与雇佣劳动的剥削关系。然而，在《资本论》中，马克思不再使用在手稿中曾经使用的"资本"一般的含义，而将资本认作资本主义的特有概念，侧重于从社会经济关系和阶级关系的视角指认"资本"范畴的社会属性和价值形态。

最后，从马克思在《资本论》中对"资本"范畴的阐述来看。虽然马克思在《资本论》的创作过程中几易其稿，但最终仍把《资本论》的研究对象确定为"资本主义生产方式以及和它相适应的生产关系和交换关系"①，这就决定了整个《资本论》对"资本"范畴界定的着力点不在"资本一般"，而在"资本特殊"。马克思在《资本论》第1卷中曾这样写道："资本来到世间，从头到脚，每个毛孔都滴着血和肮脏的东西"②，"一旦有适当的利润，资本就胆大起来。如果有10%的利润，它就保证到处被使用；有20%的利润，它就活跃起来；有50%的利润，它就铤而走险；为了100%的利润，它就敢践踏一切人间法律；有300%的利润，它就敢犯任何罪行，甚至冒绞首的危险"③。为了进一步阐释"资本"范畴的特殊性，马克思曾专门在《雇佣劳动与资本》一文中论述道："资本也是一种社会生产关系。这是资产阶级的生产关系，是资产阶级社会的生产关系。"④ 由此可见，马克思在《资本论》中对"资本"范畴的探究主要是与资本主义社会形态联系在一起的，目的是揭示资本对雇佣劳动的剥削关系，为无产阶级革命提供锐利的思想武器，因而具有很强的时代性。尽管马克思在《资本论》中对"资本"范畴的界定重在"资本特殊"，但他并未否认"资本一般"的存在。比如，他认为：资本总是以货币为前提的，但货币不等于资本，"作为货币的货币和作为资本的货币的区别，首先只是在于它们具有不同的流通形式"，"商品流通的直接形式是 W—G—W，商品转化为货币，货币再转化为商品，为买而卖。但除这一形式外，我们还看到具有不同

---

① 《马克思恩格斯全集》第23卷，人民出版社1972年版，第8页。
② 《马克思恩格斯全集》第23卷，人民出版社1972年版，第829页。
③ 《马克思恩格斯全集》第23卷，人民出版社1972年版，第829页。
④ 《马克思恩格斯选集》第1卷，人民出版社1972年版，第363页。

特点的另一形式 G—W—G，货币转化为商品，商品再转化为货币，为卖而买。在运动中通过后一种流通的货币转化为资本，成为资本，而且按它的使命来说，已经是资本"①。这也就是说，马克思事实上承认通过流通，用来自我增值的货币就是资本，而它并不一定要与资本主义所有制与社会形态相联系。

在对"资本"范畴内涵做出界定之后，马克思又根据资本在生产剩余价值中的不同作用将资本分为可变资本与不变资本，即在生产过程中只发生价值转移而不改变自身价值的用于购买厂房、机器、燃料、原材料等生产资料的资本与在生产过程中能创造出新价值的用于购买劳动力的资本，这实际上是马克思对"资本"概念外延的界定。此外，马克思还提出过"生产力中也包括科学"，也就是说，科学由于在促进生产力发展方面具有实现经济物品保值、增值的功能，因而也可以成为资本。

通过以上分析，我们可以对"资本"范畴进行学理界定：所谓"资本"，从内涵上，它是指投入经济运行过程，能够带来剩余价值或创造新价值，从而实现自身价值保值、增值的一切价值实体和价值符号；从外延上，它既包括资金、厂房、机器设备、劳动力、能源等一切实物形态的价值实体，又包括科学技术、管理、制度、社会意识形态等非实物形态的价值符号。一句话，凡是能创造新价值的有用物均可构成资本。由此顺推，我们可以对"道德资本"进行进一步的概念诠释。所谓"道德资本"，从内涵上，它是指投入经济运行过程，以传统习俗、内心信念、社会舆论为主要手段，能够有助于带来剩余价值或创造新价值，从而实现经济物品保值、增值的一切伦理价值符号；从外延上，它既包括一切有明文规定的各种道德行为规范体系和制度条例，又包括一切无明文规定的价值观念、道德精神、民风民俗等。从表现形态来看，道德资本在微观个体层面，体现为一种人力资本；在中观企业层面，体现为一种无形资产；在宏观社会层面，体现为一种社会资本。②从功能发挥来看，道德资本与其他资本不同，它不仅是促进经济物品保值、增值的人文动力，

---

① 《马克思恩格斯全集》第 23 卷，人民出版社 1972 年版，第 168 页。
② 参见罗能生《经济伦理：现代经济之魂》，《道德与文明》2000 年第 2 期。

而且是一种社会理性精神，其最终目标是实现经济效益与社会效益的双赢。

二　道德资本的功能与作用

现代市场经济的启动与运作过程，不仅仅是生产销售、资金运转、风险投资、经营策划等纯经济行为的操作过程，而且是一个十分繁杂的，蕴含着政治、法律、道德等多种因素相互作用、交叉影响的社会性行为的整合过程。它不仅需要诸如生产资料、生产对象、生产者等实物形态的资本投入，而且也需要诸如科学技术、管理制度、社会意识形态等非实物形态的资本介入，而道德正是社会意识形态的主要组成部分，因此"就经济运行过程来看，道德是而且必然会是投入生产过程的重要资本"[①]。

既然道德资本是投入经济运行过程，实现经济物品保值、增值的资本，那么它在生产性谋利中又是如何运作的呢？马克思曾把社会生产过程分为生产、分配、交换、消费四个环节，他说："我们得到的结论并不是说，生产、分配、交换、消费是同一的东西，而是说，它们构成一个总体的各个环节、一个统一体内部的差别。生产既支配着生产的对立规定上的自身，也支配着其他要素。过程总是从生产重新开始。"[②] 也就是说，生产、分配、交换、消费作为四个既相互联系又相互区别的环节共同构成经济运行过程的整体，其中生产环节又决定其他环节，是整个经济运行过程的逻辑起点。因此，要深入理解道德资本的本真意蕴还必须进一步考察其在生产、分配、交换、消费四大环节中的功能与作用。

从生产环节来看，道德资本的功能和作用主要体现在三个方面。（1）道德资本的运作有利于确保作为生产起点的生产目的的双赢性。任何社会的生产都是有目的的，没有目的的社会生产是不存在的。作为经济活动的生产目的与作为其他社会活动的目的相比，其根本不同点在于生产活动以盈利、实现利润最大化为第一目标，以

[①] 王小锡：《论道德资本》，《江苏社会科学》2000年第3期。
[②] 《马克思恩格斯全集》第12卷，人民出版社1962年版，第749页。

经济效益和经济效率为达到目的的第一衡量尺度,以如何用最少投入获得最大产出为经营决策的第一指挥棒,因而生产活动的首要目的是实现已投入的生产要素的保值、增值。然而,作为经济行为主体,想实现自身利益最大化,必须考虑愿意与其交换产品的另一方的愿望与需求及其强烈程度,把自我的利益追求与另一方的需要满足结合起来,这样才能实现其生产产品的"惊险的跳跃"。无数事实证明:某种产品能否为生产者带来预期利润,最终取决于能否为消费者所接受;某种产品能给生产者带来多大利益,最终取决于它在多大程度上代表了消费者的现实和潜在需要。① 因此,作为经济活动的生产目的除了自我盈利外,还应兼顾他利的满足。但在现实生活中,经济主体往往对自身利益的考虑和追求要大于对其他方乃至整个社会利益的顾及和满足,甚至为了实现自身利益不惜损害其他方和社会整体利益,而道德资本的运作功能正在于不断地以有声的社会舆论、无声的个体良知引导生产者从自利与利他的互利出发,使生产目的具有双赢性。

(2) 道德资本的运作有利于确保运用于生产过程的生产手段的人本性。所谓生产过程是指生产者利用生产手段作用于生产对象,并且产生一定生产结果的过程。在生产过程中,生产者动用什么样的生产手段以及如何运用生产手段不仅决定着人们改造自然、征服自然的广度和深度,同时也决定着人们所获取的物质资料的质量和数量,而且还反映出不同时代、不同境遇下人们劳动生产效率的高低和资源配置的好坏,因而生产手段越先进、运用越合理、操作越科学,在给定约束条件下,生产出的产品质量就越高、产品数量就越多。从作用对象来划分,生产手段可分为专门作用于物的生产工具和专门作用于人的狭义管理方法以及既可作用于物,又可作用于人的广义管理手段。在生产过程中,人是生产的主导因素。如果没有人的参与、没有劳动者与生产资料的相结合,那么任何现实的生产都是不存在的,因而对人的管理就必然成为生产手段运用于生产过程、创造经济绩效的核心因素。长期以来,由于受西方"泰罗制"管理模式的影响,一些企业的管理者在生产手段的运用上不善于

---

① 参见郭夏娟《市场营销行为的道德意蕴》,《浙江社会科学》1999 年第 5 期。

"以人为本",只把以劳动者身份投入生产过程的人当作与劳动对象、劳动资料一样的物来对待,把企业只当作"一个由提供劳动力来交换金钱的场所"①,其结果极大地挫伤了企业员工的生产积极性,严重妨碍了企业生产效率的提高和经济利润的实现。因此,为改变企业管理者在生产过程中"见物不见人"的状况,必须要依赖道德资本的有效运作,使他们在运用生产手段管理人的时候多一点"人性"色彩,让人在自主、自由和平等、愉悦的状态下,发挥最佳劳动效能。

(3) 道德资本的运作有利于确保作为生产结果的生产产品的生态性。所谓产品的生态性是指作为生产结果的生产产品不仅要具有满足消费者本人的有用性,而且要具有对消费者以外的其他人和社会以及自然环境的无害性。厉以宁先生在分析生产效率时曾提出:"难道不管生产出什么样的产品,都等于社会生产有一定的效率吗?假定生产出来的东西是对人体健康有危害的,使环境遭受污染的产品,难道也表明生产有效率吗?不生产这些产品,效率不更高吗?"② 由此可见,衡量一个企业生产效率的高低,不能仅仅看其产品是否适销对路,是否满足一定人群的特殊价值偏好以及生理和心理需求,而且要看其产品是否有伤社会风化、是否会破坏生态平衡、是否会危及人类持续发展,否则生产帮人治病的良药与生产使人堕落的毒品就不会有本质的区别。因此,在生产过程中,道德资本的功能在于不断告诫生产者要注重其生产产品的生态性。

从分配环节来看,道德资本的功能和作用主要表现在两个方面。(1) 道德资本的运作有利于凸显市场分配的"效率优先",重在把蛋糕做大。在经济学中,分配有广义与狭义之分:从广义上讲,分配是指生产条件的分配和生产产品的分配;从狭义上讲,分配是指生产产品的分配,其中由活劳动创造的新价值而构成的国民收入的分配是其主要内容,因而通常意义所指的分配是指国民收入在社会成员中的分配。在市场经济条件下,社会成员的收入分配是按照效益分配的原则来进行的,也就是说,它根据各个作为生产要素供给

---

① 王成荣主编:《中国名牌论》,人民出版社1999年版,第67页。
② 厉以宁:《经济学的伦理问题》,生活·读书·新知三联书店1995年版,第3页。

者的经济主体所提供的生产要素的质量和数量来决定其获取收入份额的多少。在这里,决定收入分配有两个方面:一是经济主体所提供的生产要素必须符合市场需要,否则其供给是无效的,收入也就无从取得;二是经济主体所提供的生产要素必须与市场需要相匹配,少则满足不了需要,多则造成浪费,导致供给低效,减少应得收入。因此,在变动不居、充满竞争的市场中,经济主体要想在收入分配上有所得、得许多,就必须不断根据市场需要及其需要程度,调整生产要素的供给量,提高生产要素的利用率。由此可见,在市场分配中,效率是优先的。人们只有想方设法不断提高劳动生产率,合理配置和充分利用各种资源,把蛋糕生产出来,并把它尽量做大,这样人们才可能有蛋糕可分,才可能分得相对多些。否则便无蛋糕可分,或即使有蛋糕可分,也只能分得很少。长期以来,由于受"不患寡而患不均"的平均主义思想影响,不少人有意、无意地在分配上追求收入的绝对平均和财产的绝对均等,抹杀了人们在自然生产条件(人的气质、天赋等)、社会物质条件(家庭环境、财产占有、教育及就业条件等)和现实生产条件(自然地理环境等)的差别,割裂了人的主观努力程度与生产效率高低的必然联系,结果极大挫伤了经济主体的劳动积极性,从而引发有限劳动资源和生产资料的浪费,导致整个社会劳动生产率降低。因此,在分配环节上,人们需要道德资本的有效运作,需要道德从理论上为人们大胆地追求"效率优先"提供价值论证和道义支撑,并在实践中消除平均主义,从而有效地调动人们的生产积极性。

(2) 道德资本的运作有利于克服交换过程中的伦理缺陷。美国经济学家罗纳德·丁·奥克森指出:"经济思想的核心是交换这一概念,该概念表示经济关系,即市场模型中人与人的基本关系。交换基于双方之间明确的补偿。"① 然而,通向交换主体之间明确补偿的道路却并不是平坦的。

首先,由于信息不对称,容易产生交易欺诈。在交换过程中,交易双方由于所处地位不同,因而对交易对象信息的把握就存在着

---

① [美] V. 奥斯特罗姆:《制度分析与发展的反思——问题与抉择》,王诚等译,商务印书馆1992年版,第109页。

很大差异：一方面卖方对交易对象的质量、性能、结构、特征、同类产品价格等信息相当了解；另一方面买方对交易对象的相关资讯却知悉甚少或者根本不知。在这种情况下，卖方为了自身利益的实现就有可能不讲道德，对买方或故意"隐瞒信息"，或散布虚假信息，使买方上当受骗。

其次，由于履约过程存在诸多不确定因素的干扰，容易产生信用危机。任何一个成功的交换都包含两个过程：一是达成契约的过程；一是履行契约的过程。如果说达成契约凭借以诚相待，那么，履行契约则依赖彼此的相互信任及其程度，因为只有彼此相互信任，才能自觉为对方所用，以实现互利目的。然而，在履约过程中，由于存在诸多不确定因素的干扰，往往造成履约程序复杂和监督履约成本过高，因而会导致交易双方彼此信任度降低，甚至出现信用危机。

最后，由于买方市场存在，容易造成卖方间的不正当竞争。在买方市场条件下，不同卖方为了实现自身盈利的目的，必然采取各种方式增加自己的影响力，吸引更多的买者，使自己在竞争中立于不败之地。然而，就在这残酷的竞争过程中，少数卖方往往会放弃对交易规则的遵循，采取违反道德的不正当竞争方式，直接或间接地给同行制造麻烦和困难，迫使竞争对手退出竞争。正因为在交换过程中存在诸多伦理缺陷，因此，离开道德资本的运作，正常的交换秩序将无法维持。

（3）道德资本的运作有利于内化交换结果的负外部效应。所谓外部效应，按照西方制度经济学代表人物诺思的解释是"当某个人的行动所引起的个人成本不等于社会成本，个人收益不等于社会收益时，就存在外部性"[①]，也就是说，某种经济活动所产生的影响并不一定在其自身的成本或收益上表现出来，但会给其他经济主体乃至整个社会带来好处或坏处。当其结果能给他人或社会带来好处时，被称为外部经济（正外部效应），反之，则被称为外部不经济（负外部效应）。长期以来，人们对交换结果的研究往往仅囿于交换双方的利益实现，而对其可能对非交换方所产出的外部效应却熟视无睹，

---

① 卢现祥：《西方新制度经济学》，中国发展出版社 1996 年版，第 59 页。

这种状况直到新古典经济学的著名代表人物庇古那里才有所改变。其实，任何交换行为都会对非交换方产生这样或那样的影响，呈现或正或负的外部效应。比如，A 生产面包，B 生产皮衣，两者相互交换，从内部效应来说，满足各自对食物和衣服的需求，从外部效应来说，则促进了社会经济发展。再如，A 贩毒，B 吸毒，两者相互交换，从内部效应来说，满足了各自对毒品和赚钱的需求，从外部效应来说，则败坏了社会风气。因此，在交换过程中，必须依托道德资本的有效运作，提高交易双方的道德素质，从而使交换结果的负外部效应实现"零存在"。

从交换环节来看，道德资本的功能和作用主要表现在三个方面。（1）道德资本的运作有利于纠正交换动机的逐利失范。从一般意义上说，交换是经济主体从满足自身需求的动机出发，凭借手中掌握的、具有满足他人需求的物品和劳务，通过互通有无以实现互利互惠的理性选择过程。在市场经济条件下，无论哪种意义上的交换行为，都蕴含着经济主体的双重动机：一方面无论经济主体做出怎样的理性选择，满足自身需求和效用最大化永远是交换行为价值取向的最终决定者和评判者；另一方面由于市场环境充满竞争，单纯自利的交换行为往往难以实现经济主体的交换需要，经济主体必须把自身的利己需求推及与其交换者，满足与其交换者的利己需要，这样才能实现自身的目的。倘若经济主体只想从别人那里获取而不想或不愿给别人提供些什么，那么，在自由交换的市场经济中别人便有正当理由不同他发生关系，因而交换的本质必然是自利与他利的结合即互利。在实际交换过程中，经济主体总要面临着自利与利他的双重选择，总力求寻找自身利益满足和与其交换者利益满足的均衡点。尽管在通常情况下，经济主体能理性地驾驭自利的野马，以利他为手段，实现互利目的。但是，在暴利的诱惑下，经济主体心中的利益天平会发生倾斜，大大强化交换行为的为己性，弱化为他性，导致损人利己。因此，道德资本的运作功能不仅是常态下对交换主体的理性关照，更是非常态下的对交换主体逐利失范的伦理纠正。

（2）道德资本的运作有利于维护社会分配的"兼顾公平"，力求把蛋糕分好。所谓"分好"，是指国民收入在社会成员之间分配达到一种均衡和合理的状态。它包括两层含义：一是收入本身是否达到均衡合理，是否体现了"效率优先"，是否体现了个体收入与其所提供的生产要素的效益相挂钩，从而为经济发展提供持久动力；二是分配成员之间的收入差距是否达到均衡和合理，是否体现了"兼顾公平"，是否体现了政府基于维护社会稳定的需要而对收入分配进行强制调节，从而为经济发展提供安全网和减震器。厉以宁先生曾在《经济学的伦理问题》一书中把市场分配称为第一次分配，把政府主持下的社会分配称为第二次分配，他认为"第一次分配在市场经济的环境中进行，着重的是效率，效率优先将在这里体现出来。第二次分配是在政府主持下进行的，既要注意效率，又要注意公平，既要有利于资源的有效配置，又要有利于收入分配的协调"①。因此，就整个社会而言，在坚持"效率优先"的前提下，要"兼顾公平"。否则一味追求效率优先，置社会公平于不顾，纵容收入分配差距无限扩大，无视贫富分化日趋严重，从而使弱势群体无法满足最基本的生存需求，其结果必然影响社会的稳定有序，而"社会的不安定又导致经济发展的受阻碍，导致效率的增长缓慢、停滞或下降，导致人均收入水平的降低或难以提高"②。由此可见，人们在通过提高劳动生产率把蛋糕尽量做大之后，在社会分配领域，还要注意发挥道德资本的功能，努力协调分配各方利益，力求把蛋糕分好。既要保证那些对社会有不同贡献的成员获得不同的利益，在收入分配上拉开一定的差距，以便进一步激发人们为社会创造更多的财富；同时又要把收入分配差距控制在不至于引发社会动荡的范围内，为社会所有成员提供最起码的生活保障，因为"社会主义的本质，是解放生产力，发展生产力，消灭剥削，消除两极分化，最终达到共同富裕"③。

从消费环节来看，道德资本的功能和作用主要表现在两个方面。（1）道德资本的运作有利于刺激需求、拉动经济、摆脱"消费瓶颈"的制约。与分配一样，消费也有广义与狭义之分：从广义上讲，

---

① 厉以宁：《经济学的伦理问题》，生活·读书·新知三联书店1995年版，第21页。
② 厉以宁：《经济学的伦理问题》，生活·读书·新知三联书店1995年版，第30页。
③ 《邓小平文选》第3卷，人民出版社1993年版，第373页。

消费既包括生产消费又包括生活消费；从狭义上讲，它是指生活消费，即人们通过使用消费资料（产品和劳务）满足自身生活需求的行为和过程。日常语言中所使用的消费概念是从狭义上去界定的。从社会再生产的视阈来看，消费作为所有生产的最终目的（斯密语）具有承前启后的效应，它不仅"替产品创造了主体"，而且"创造出新的生产的需要"。① 如果消费环节遭遇障碍，没有创造出相应的生产需求和销售市场，出现有效需求不足，那么，整个社会再生产将无法正常运作，经济发展也必然受阻，因而从某种意义上讲，消费对社会再生产和经济发展在特定条件下具有决定性的瓶颈制约作用，这种作用在过剩经济时代表现得尤为突出。据有关材料显示，自进入 20 世纪 90 年代末期以来，我国国民经济已告别了短缺常态，跨入了以买方市场为特征的过剩经济时代。这种过剩不仅表现为生产能力的过剩，出现产品大量积压；而且表现为生产要素的过剩，出现失业、下岗人数增多和资金大量闲置，于是刺激需求、拉动经济、摆脱消费瓶颈制约作用便成为国家宏观调控的重要政策指向。② 近几年来，我国政府虽然出台了许多诸如连续多次调低利率、住房货币等政策，但与预期的效果仍有很大差距，究其原因，我们认为主要是由于人们把注意力过多地聚焦于消费中的经济承受力，而忽略了消费中的伦理承受力。其实，消费不仅取决于人们的经济承受力，即人们能不能或有多大可能的经济支付能力，它构成消费的物质基础；而且消费也取决于人们的伦理承受力，即人们愿不愿或有多大愿望去支付，它构成消费的观念形态。尽管经济承受力决定着伦理承受力，但伦理承受力对经济承受力具有反向互动作用，解决了前者并不意味着后者的必然解决，也就是说，具有一定经济消费能力的人，并不一定愿意消费或愿意多消费。如果人们不能形成与过剩经济时代相适应的消费伦理，即使国家再三提高人们的经济收入，恐怕也未必能从根本上改变目前消费领域中出现的有效需求不足的状况。因此，道德作为一种资本，其在消费领域中的首要功能就是要重塑人们的消费理念，从思想道德观念上为国家的刺激内需、

---

① 《马克思恩格斯全集》第 12 卷，人民出版社 1962 年版，第 741 页。
② 参见陈淮《过剩经济：挑战中国》，《新华文摘》1998 年第 10 期。

拉动经济的宏观调控政策提供有力的伦理支撑和心理援助。

（2）道德资本的运作有利于建构"自主性消费理念"，摒弃"丰饶中的纵欲无度"，促进经济可持续发展。所谓"自主性消费理念"，是指一种以自我实现和提高生活质量为目的，以放弃各种与可持续发展相悖离的享受性和挥霍性物质消费为核心内容的消费伦理观念。① 这种消费理念主要包括两层含义。首先，它是一种主动性消费。与传统"宁俭勿奢"的被动性消费理念不同，自主性消费理念一方面立足于为生产创造需求、为生产提供市场、以发展生产力和推动社会进步为目标；另一方面着眼于为市场主体创造财富、为市场主体提供服务、以满足人性需要和促进人性发展为导向，因而它既反对过分抑制需求，又反对过分无视人性需要，主张变被动消费为主动消费，不断提高人们的生活水平和质量。其次，它是一种合理性消费。一方面，就个人自身消费而言，它主张量入为出，即个人的消费支出必须与个人的收入、财力、物力相适应，当然这时所指的个人收入不仅包括他的现期收入、以前积蓄，也包括他的预期收入②；另一方面，就个人消费的社会效应而言，它主张适度消费，即在资源的社会供给量既定的条件下不过多地占用和消耗该资源，同时对超出必要消费之界限的挥霍性的物质欲望与物质享受做出自愿的限制与放弃，从而维护生态平衡和促进经济可持续发展。长期以来，在消费领域中一直存在两种表面似乎对立，然而本质却殊途同归的片面消费理念：一是前面所提到的"宁俭勿奢"的消费理念，这种消费理念由于孕生于生产不足、经济短缺的自然经济时代，因而把生产与消费绝对对立起来，目的在于将人们的消费需求压低到最低限度，以建构"尽量少消费、最好不消费、迫不得已才消费"的被动性消费理念来维护社会的长治久安；二是以享受性和挥霍性为主导的消费理念，这种消费理念由于是在中国过剩经济时代和西方消费主义思潮东侵的双重背景下萌发的，因而盲目强调消费对生产的刺激作用，目的在于把对人的消费欲望的满足扩大到社会生产

---

① 参见甘绍平《论消费伦理》，《天津社会科学》2000年第2期。
② 参见周中之《消费的伦理评价与当代中国社会的发展》，《毛泽东邓小平理论研究》1999年第6期。

与个体生理所能承受的极限，以建构"丰饶中的纵欲无度"的感官刺激性（消极性）消费理念来促进经济的增量发展。从表面上看，这两种消费理念似乎是对立的，一个过分压抑人性的物质需求，一个过分放纵人性的需要满足，然而就其本质而言，都是把人不当作"人"，把人降低到只有物质需求的"动物"水平。因此，在消费领域，要想建立与现代市场经济相适应的消费理念，必须充分发挥道德资本的功能，排除以上两种片面消费理念对建构自主性消费理念的干扰，从而把提高生产力和改善大众生活水平有机地结合起来。

（原载《江苏社会科学》2002年第1期，人大复印报刊资料《伦理学》2002年第9期全文转载，《中国社会科学文摘》2002年第3期全文转载，与杨文兵合撰）

三论道德资本

——道德资本的依附性和独立性

"道德资本"的理论阐述,得到了理论界广泛而积极的回应。笔者认为,它的提出既是对传统的"资本"概念做超经济学分析的直接产物,更是因应经济和伦理相结合的要求而出现的必然结果。为了更好地界定这一范畴,厘清人们关于此范畴的诸多疑惑,笔者将从道德资本的二重性出发,在更为充分和广阔的意义上对长期以来形成于人们头脑中的对资本的固有认识进行革新,并对道德资本这一新的理论范畴进行系统阐释,力求对人们关于"道德资本"的理解有所裨益。

一 道德资本的依附性

由于自身特有的性质,道德资本相对于有形资本具有依附性,即它不能完全游离于有形资本及其运作而独立存在和正常运营。所谓有形资本是指其价值与使用价值在现实上融为一体,通过一定的流通能够给所有者带来经济利益的价值实体,主要包括实业资本、金融资本和产权资本等。科学地认识道德资本的依附性不仅是深入理解"道德资本"概念的基本要求,也是道德资本发挥其自身独特功能的基础。而这种依附性主要体现在四个方面。

第一,道德资本运营的直接目的是促成有形资本的增值。资本运营的直接目的是获得价值的增值,道德资本的运营也不例外,只不过它的资本增值体现为有形资本的增加。如若道德资本的运营最终只局限于形而上的玄思,则其必将因为失去了技术有效性而被抛弃。正基于此,有些学者提出:"无形资本的使用价值体现在其他有形资本上，要得到无形资本的使用价值，就必须将无形资本和有形资本结合起来。"① 即认同无形资本（包含道德资本）必须要"物化"为有形资本才具有其现实价值。当然，这种"物化"不是捷·卢卡奇所指之"物化"，而是指道德资本通过参与资本运作的整个过程，发挥自身的独特功能，进而在资本循环的过程中不断促进有形资本的保值和增值。同样，布尔迪厄在谈到文化资本（包含道德资本）② 时认为转换是必然的和必需的，他认为"资本依赖于它在其中起作用的场③，并以多少是昂贵的转换为代价，这种转换是它在有关场中产生功效的先决条件"④。而转化的真正内涵就是道德资本在其发挥作用的区域和过程中最终促成有形资本的增值。同时，他还批评了"经济主义"和"符号学主义"两种偏颇的观点⑤，确认了非物质资本转化为物质资本的可能性。事实上，依附于有形资本的道德资本只有通过自身的运作，发挥自身的独特功能，在终极意义上转化为有形资本，或最终促进有形资本于实质性价值层面的增值，才会获得自身存在的现实意义，并真正得到社会的承认和重视。而有形资本的运作从内在性上也需要道德资本的渗透和作用发挥，并将因为道德资本的加入而最大程度和最优化地实现自身价值的增值。可以讲，道德资本的依附性最为本质的体现就是其运营的直接目的是促成有形资本的增值，并由此获得道德资本于精神和物质两方面的双重价值。

第二，道德资本的投入依赖于有形资本的投入。道德资本的投

---

① 雷霖、刘倩：《现代企业经营决策——博弈论方法应用》，清华大学出版社 1999 年版，第 222 页。

② 布尔迪厄认为要科学地"解释社会世界的结构和作用"，就应"引进资本的所有形式"，并将资本分为"经济资本""文化资本"和"社会资本"三种基本的形态。按他的解释，道德资本从某种意义上看，是包含在"文化资本"之中的。（参见 [法] 布尔迪厄《文化资本与社会炼金术——布尔迪厄访谈录》，包亚明译，上海人民出版社 1997 年版）

③ 布尔迪厄认为："从分析角度看，一个场也许可以被定义为由不同的位置之间的客观关系构成的一个网络，或一个构造。"（参见 [法] 布尔迪厄《文化资本与社会炼金术——布尔迪厄访谈录》，包亚明译，上海人民出版社 1997 年版）

④ [法] 布尔迪厄：《文化资本与社会炼金术——布尔迪厄访谈录》，包亚明译，上海人民出版社 1997 年版，第 192 页。

⑤ 参见 [法] 布尔迪厄《文化资本与社会炼金术——布尔迪厄访谈录》，包亚明译，上海人民出版社 1997 年版。

入是科学运作道德资本的前提，而道德资本的投入必须依赖有形资本的投入，即道德资本的投入要伴随着有形物质，包括各种人力、物力和财力的消耗。具体地说，这种物质形态的有形资本的介入主要有三个方面。首先是道德教育的实施。只有进行有效的道德教育，才能系统地提高企业员工的道德素养，实现道德资本的有效投入。它主要包括家庭、学校、相关组织、社会四个层面的道德教育。而要进行有效的道德教育则必然要借助一定的物质工具，即需要各种物质的或有形的教育资源的投入、耗费。其次是道德实践的完成。企业员工只有通过道德实践的过程，才能将道德律令内化为道德信念，实现道德资本的有效投入。事实上，作为实践精神的道德必然要付诸现实行动，但不论道德行为具有怎样的高尚性，其行为本身要顺利完成就离不开一定的物质中介，仅仅存在于思想中的道德行为是毫无意义的，甚至是不能被称作"道德行为"的。而在道德实践过程中的物质中介总是以有形资本投入的形式，即企业投入人力、物力或财力去创设的。最后是社会道德环境的营造。道德资本的投入离不开人及其道德水平的提高，也就离不开社会道德环境的营造。一方面是道德软环境的建设，包括社会道德氛围的营造、社会道德评价体系的建立、社会信用体系的创设等；另一方面是道德硬环境的建设，包括人性化公共设施的设立、富含道德意蕴的公共艺术品的设置等。不用赘述，道德软环境和道德硬环境的建设都离不开企业在人力、物力和财力上的投入。离开了这些投入，道德环境建设必然失去物质上的支持而丧失其现实性。事实上，我们在承认道德资本本身具有继承性和传递性之外，更应认识到道德资本的投入实质上必然依托于独立于自身之外的有形资本的投入。道德资本在投入上的特殊性充分地反映出自身具有的依附性。

第三，道德资本价值的实现依赖于原有资本的运作过程。运动性是资本的重要特征，一切资本都必须存在于运动之中。有形资本要实现保值、增值就必须进入资本运作过程，道德资本要实现自身独有的价值也必须活动起来，参与运作。所不同的是，道德资本不能脱离实物形态的资本而单独地进行资本运营并完全独立地实现自身的价值，它一定要参与到原有的资本运作过程，即以有形资本运作为主体的资本运作过程中去。笔者于《再论道德资本》一文中，在研究道德资本的运作机制时曾指出"道德资本的运作机制,从本质上讲,就是其在生产、分配、交换、消费四大环节中的功能发挥"①。可以讲,以实物形态的经济物品为基础的生产、交换、分配和消费过程是有形资本实现保值、增值的过程,同时也是道德资本发挥功能并实现价值的过程。道德资本在生产环节"确保生产目的的双赢性、生产手段的人本性、生产产品的生态性";在分配环节使分配更合理;在交换环节能够"纠正交换动机的趋利偏失、克服交换过程中的伦理缺陷、内化交换结果的负外部效应";在消费环节促使各类消费行为更加理性,进而促进经济的持续稳定发展。② 当然,这些功能的发挥都必须以道德资本参与有形资本的运作过程中为前提,脱离了原有的资本运作过程,道德资本的功能将无从发挥,其价值也必然得不到实现。事实上,道德资本存在的价值实际就是直接参与有形资本的运作过程,并在不同的经济运行环节中发挥自身的独特功能,最终实现有形资本和自身在不同维度上的价值增值。这种对有形资本运作过程的依赖正是道德资本依附性的一个重要体现。

第四,道德资本正常运作依赖于相关要素的支持。道德资本的依附性还体现为其运作要顺利进行必须得到相关要素的支持和保障。从微观、中观、宏观三个不同视角出发,我们就能够认识到人的道德素质、企业伦理状况和社会大环境这三类要素是支持和保障道德资本正常运作的相关要素。首先,在微观层面,离开了人及人的道德素质就不存在道德资本。道德资本的运营必然是以人为本的资本运营,离开了人的资本运作是没有意义的,也是不存在的。特别是在完善的市场经济条件下,企业要发展,道德资本要真正发挥其固有的功能,就必然呼唤具有较高道德素质的现代企业家的出现。可以讲,道德资本和人具有天然的不可分割性,道德资本与人及其道德素质的紧密结合是其存在和实现价值的必然要求。其次,在中观层面,道德资本参与资本运作,实现有形资本的保值、增值必然依赖相关社会组织的伦理状况的改善。一个企业伦理水平低下的公司

---

① 王小锡、杨文兵:《再论道德资本》,《江苏社会科学》2002年第1期。
② 王小锡、杨文兵:《再论道德资本》,《江苏社会科学》2002年第1期。

在现实上必将忽略道德的作用，漠视道德资本的应有地位。在企业中，道德资本的功能要充分发挥就应得到企业伦理，特别是企业管理伦理的支持和保障。企业管理伦理的提高能够使企业在经济实践的过程中更为科学地、自觉地开发道德资本、运作道德资本，从而实现道德资本功能的充分发挥。换句话说，企业伦理特别是管理伦理水平的提高与道德资本功能的发挥是互为因果的关系。最后，在宏观层面，道德资本的出现有赖于社会大环境的支持。经济发展到一定水平，社会发展到一定水平，得到其他社会规范（法律、政治制度）的支持，道德资本的出现和发挥作用才会成为可能。一个制度本身使得不道德行为能够带来利益增进的社会，是道德受到冷落的社会，是道德资本失去用武之地的社会。

二 道德资本的独立性

道德资本在参与现代市场经济的各个运作过程时，始终要与有形资本的运作相统一，要内蕴于实物形态资本的操作过程，并通过生产、分配、交换、消费四大环节发挥自身的功能，实现其固有的价值。但道德资本却不仅仅具有其依附性，更具有其独立性。道德资本之所以具有独立性，是由于它具有与传统"资本"概念有别的某些特殊性。可以说，正是这些特殊性使道德资本表现出相对于其他资本类型所特有的独立性。科学地解析道德资本的特殊性，因类制宜地运作道德资本，才能真正实现道德资本的价值，发挥道德资本的功能。

第一，道德资本的投入具有广泛性。道德资本的独立性在其投入上将表现为独特的广泛性。从理论和实践的角度都可以发现，与其他类型的资本投入仅仅局限于一定企业、产业、领域有所不同，道德资本的投入具有广泛性，即不论是什么企业均自觉不自觉地进行了道德资本的投资。同时，企业在进行道德资本投入时还被赋予持续追加的要求，即企业往往被要求不断地追加道德资本，以更优化的方式运作道德资本，否则道德资本的功能将得不到有效的发挥，更有甚者，这种对道德资本的漠视将逐渐消解原有道德资本投入所带来的各种无形和有形的收益。究其原因，可以从主客观两方面去探寻。客观方面，社会环境形成的外在压力迫使企业必须不断地追加道德资本。一个企业要使自身利益获得最优化的实现就必须因地制宜地投入道德资本，并科学地运营它，即发挥道德在经济活动中的作用。引用博弈论的方法来分析，以典型的"囚徒的困境"（Prisoner's Dilemma）为例，每一个囚徒都有两种策略，同时他们每个人都有一个"严格占优"的个人策略，即无论其他囚徒采取什么样的做法，这一策略都能使自己的目标最大化（己方收益不低于对方收益）。"但是，如果每个人都采取不同于占优策略的策略（更合作的策略），他们的目标反而能够得到更大的满足。"① 可以讲，来自社会环境的外在约束及企业对自身利益的考虑迫使企业在实际经济活动中采取更合作、更诚信的做法。广而言之，企业进行道德资本投资的广泛性和不断追加性有其必然的客观原因。而从主观方面来看，企业在追求物质利益的同时，也有精神方面特别是道德领域的追求。企业的存在不仅仅具有其经济意义，也有其精神意义，将在社会中扮演特定的道德角色，承担一定的道德义务。企业是由人组成的，人是有其特有追求的，而其较高层次的追求几乎全部内含于道德领域。所以，社会中的人及由人组成的企业在进行物质谋利的同时，也能从自主、自觉意义上去投入道德资本。

第二，道德资本的运作具有优化性。道德资本的独立性在运作上将表现为其运作具有优化性，即道德资本的运作能够激活有形资本；能够促成有效率的"毗邻效应"②的实现；能够在更广阔的意义上促使企业实现规模经济。

首先，道德资本运作的优化性表现为道德资本对有形资本的激活。马克思在论述资本的总公式时，开篇就讲："商品流通是资本的起点。商品生产和发达的商品流通，即贸易，是资本产生的历史前提。世界贸易和世界市场在十六世纪揭开了资本的近代生活史。"③ 可以讲，资本要"活"，要不停运动，不然就不称其为"资本"。道

---

① [印]阿马蒂亚·森：《伦理学与经济学》，王宇、王文玉译，商务印书馆2000年版，第82—83页。
② [美]艾伦·布坎南：《伦理学、效率与市场》，廖申白、谢大京译，中国社会科学出版社1991年版，第31页。
③ 《马克思恩格斯全集》第23卷，人民出版社1972年版，第167页。

德资本的运作具有优化性，能够激活有形资本，提升其活动性，加快资本的运行速度。发挥道德资本的功能就能增强企业员工的凝聚力和主人翁意识，进而促进企业有形资本的合理运营，也能通过提高企业信誉等途径盘活企业原有资产。总之，一方面，与其他无形资本一起运作，道德资本就能起到四两拨千斤的作用，即人们通常所言"以无形资产盘活有形资产"。另一方面，道德资本参与经济运行，能够避免资本边际收益递减的出现。如现实的经济运行所反映，资本收益在一定情况下并没有出现所谓资本边际收益递减的情况。这被20世纪80年代以来的新增长理论解释为技术进步的结果，但不可否认的是，道德资本功能的发挥也是且必定是造成这种情况出现的因素之一。首先，技术的进步使得人们能够在拥有同样多的货币资本时，购买到技术含量比以前高的生产机器，获得比以前高得多的效率，从而避免生产机器使用不充分的发生和资本收益递减的出现。同样，道德资本参与经济运行能够使生产者以优于以往的组织形式和更为积极主动的状态投入生产活动中，同样能够提高生产效率，避免资本收益递减的出现。其次，道德资本在深层次上决定了技术进步的方向和实际利用的程度。道德资本的运作影响到人，进而影响到科学技术的发展和利用。事实上，人的道德素质提高了，则科学技术的研发就更为活跃、技术向产品的转化就更为通畅、科技产品的利用就更为合理。换句话说，道德资本运作的水平越高，道德资本的功能就发挥得越好，经济增长的可能性就越大。

其次，道德资本运作的优化性表现为"毗邻效应"的有效性。一方面，道德资本在运作过程中，自身将具有普遍有效的"毗邻效应"，同时能够优化经济活动中的某些无效率的"毗邻效应"，将之转换为有效的"毗邻效应"。艾伦·布坎南在《伦理学、效率与市场》中提道："市场的批评者们一直认为，毗邻效应（或外差因素）的普遍性和严重性是市场不能取得有效结果的关键所在。"[①] 毋庸质疑，消极的外差因素会导致市场的无效率，如"在确定一化学产品的平均价格时，如果把生产总费用（包括人们由于呼吸被污染的空

---

① ［美］艾伦·布坎南：《伦理学、效率与市场》，廖申白、谢大京译，中国社会科学出版社1991年版，第31页。

气而不得不花费的费用）都考虑进来,那么这一产品的实际费用就比可能计入的费用更大"①。而道德资本的运作能够重新唤醒人们对以往忽略掉的第三者费用的重视,使人们从更负责、更长远的角度去看待和解决这些问题,进而克服无效率"毗邻效应"的产生。另一方面,"积极的外差因素(有益的第三者效应)也是无效率的"。如接种疫苗的有益效应不仅是对本人有益,其他没有接种疫苗的人也能从中"获益"(接触疾病的概率降低了)②,即所谓"搭便车"。而道德资本的"毗邻效应"不仅具有有效性,而且能在本身运作过程中发挥积极功能,优化外差因素,防止"搭便车"现象发生。道格拉斯·C. 诺思在运用经济学的方法研究制度及其变迁时,提道:"我是在讨论由家庭和教育灌输的价值观念,这些观念导致人们限制他们的行为,以至于他们不会做出像搭便车那样的行为"③,并认为解决"搭便车"问题的最优方式是求助于伦理道德的力量,因为只有这种方式是经济可行的和卓有成效的。可以说,把道德作为一种资本来经营,使之真正发挥道德资本的功能,将会为解决"搭便车"现象提供一种最经济可行的方法。

再次,道德资本运作的优化性还表现为促使企业实现规模经济。道德资本运营能使企业在内部和外部两个层面实现适度的资本扩张,进而实现规模经济。规模经济的基本含义是指"在其他条件不变的场合,随着投入的增加,产出以高于投入的比例增加"。"规模经济形成的主要原因在于成本降低。"④ 在企业内部,一方面良好的道德资本运作能够培养员工的主人翁意识,调动员工的主动性,从而以低成本提高劳动生产率,扩大生产和产出规模。另一方面能使企业凭借良好的社会形象和品牌,利用企业原有的知名度与美誉度,引导消费者对新产品、新品牌产生认可和信任,进而将消费者对固有

---

① [美] 艾伦·布坎南:《伦理学、效率与市场》,廖申白、谢大京译,中国社会科学出版社1991年版,第31页。

② [美] 艾伦·布坎南:《伦理学、效率与市场》,廖申白、谢大京译,中国社会科学出版社1991年版,第31—32页。

③ [美] 道格拉斯·C. 诺思:《经济史中的结构与变迁》,陈郁、罗华平译,上海三联出版社1991年版,第50—51页。

④ 秦法萍:《企业资本扩张的意义及应注意的问题》,《学习论坛》2000年第7期。

企业的信任感传递到新产品和新品牌上,加快新产品、新品牌的市场定位和被消费者认同的速度,从而在实现产品名牌化、系列化和规模化的同时降低新产品、新品牌被消费者接受的费用,促成企业向内拓展的规模经济的实现。在企业外部,一方面可以利用道德资本运作带来的先进的企业文化和优良的企业声誉,增进合作伙伴对自身企业的信任,促成合作伙伴与自己建立良好的、长期的、固定的合作关系,既扩大规模又有效降低一系列的联系成本,从而促成企业实现规模经济。另一方面,道德资本渗透在其他形态的资本之中得以合理运作,使企业获得优良的社会形象,创出社会影响广泛的品牌。企业可以通过形象或品牌的有偿转让,迅速扩大自己的经济规模,打破扩大经济规模必须投入有形资本的定式,实现规模经济。

第三,道德资本在资本市场上的运作具有规范性和引导性。首先,对资本市场进行规范,使其理性化。道德资本的独立性在资本市场的运作中将表现为对资本市场的规范并使其理性化。应该承认,我国的资本市场还有待于进一步的规范,诸如投资者诉讼赔偿机制较为缺乏、"圈钱"运动较为盛行等情况还普遍存在。特别是银广夏事件发生后,广大投资者对一些中介机构的独立公正性和某些上市公司的信用度产生了巨大的怀疑。可以讲,我国的股市在某种意义上是以"筹资"为主导的,资本市场上投机要多于投资。我们的目标是要塑造一个以"投资"为主导的运行良好的资本市场,而资本市场中信息不对称状况的普遍存在是我们面对的主要的和不得不解决的问题。于信息经济学方面有巨大贡献的乔治·阿克洛夫(George Akerlof)在研究"柠檬市场"(旧货市场)时提出信息严重不对称会造成违反一般经济学理论中价格曲线解释的逆向选择的后果[1],并最终极大地抑制市场的活跃程度。如果我们要防止中国的资本市场成为一个尴尬的"柠檬市场",就必须解决信息不对称的问题,而理论和现实都证明,道德资本的运作将有利于这一问题的解

---

[1] 一般经济学理论中价格曲线的解释认为,商品的价格上升,则市场需求减少,购买者减少;商品的价格下降,则市场需求增加,购买者增加。如果一个市场上买卖双方信息严重不对称,就会出现逆向选择,即商品的价格下降,市场需求却减少,购买者减少。

决。实际上，道德资本功能的发挥将带来中介机构从业人员职业道德素养的提高，使得中介机构能够独立公正地出具财务、审计报告，保证投资者获得信息的真实可靠性；同时将规范上市公司的各种经济活动，使得公司的运作过程规范、合理，并使投资者能够比较清楚地了解其公司的各方面状况，消除由于信息不对称给投资者带来的各种疑虑。一旦信息不对称问题得到很好的解决，资本市场上的欺骗行为将被极大地避免，投资者也将不再局限于投机行为而转向真正的投资，资本市场最终将获得巨大发展。

其次，对投资者进行引导，投向具有社会责任心的公司。道德资本的独立性反映在资本市场上，还表现为其将对投资者的投资方向做出独特的引导。道德资本的运作已经不仅仅局限在依附于物质资本的形式，作为一种同物质资本同样重要的资本形式，道德资本的运作已经以道德指数的形式反映出来。英国伦敦股票交易所和《金融时报》共同拥有的《金融时报》股票交易所国际公司于2001年7月31日推出8种名为"FTSE4GOOD"的"道德指数"。在解释推出道德指数的原因时，《金融时报》股票交易所国际公司的行政总裁梅克皮斯表示，他们是应投资者的要求推出这种指数的。他说："我们推出该指数的原因，是由于投资方在选择投资对象时，越来越多地希望挑选那些有社会责任感的公司。近期，投向这方面的资金是以往的4倍。"[1]"道德指数"以社会公德的一定标准来衡量和选择企业，鼓励投资者把资金投向具有社会责任，有较高道德水准的公司，这一做法使得道德资本的运作更具现实性和可操作性。表面上是公司道德指数的高低在引导投资者的投资方向，而实际上真正引导投资者投资方向的是这些公司道德资本的运作状况。特别是在新经济条件下，"衡量企业价值的不再是企业所拥有的资产和资金，而是企业的市盈率。而决定企业市盈率的不是投资者预期，而是企业拥有的'眼球率'（price-to-eyeball-ratio），亦即'注意力'"[2]。而这种"注意力"很大程度上取决于企业的道德指数。那些道德资本投入多、运作好的公司会具有较高的道德指数，能够吸引更多的投

---

[1] 刘桂山：《英国推出"道德"股指》，《经济参考报》2001年7月12日。
[2] 张锐：《新经济运行的典型特征》，《经济与管理研究》2000年第5期。

资，并在资本市场上得到良好的回报，即体现为融资规模的扩大和股票价格的提高。相反，那些持有"缺德有利""持义无利"想法，道德资本投入较少、运作不良的公司其道德指数会降低，将吸引不了投资者的兴趣，其股票价格最终将暴跌。

第四，道德资本价值的实现具有多维性。道德资本的独立性在其价值实现上将表现出多维性。道德资本的依附性决定了道德资本运营的直接目的是促成有形资本的增值，但有形资本的增值或物质形态的经济物品的增加并非道德资本价值实现的唯一表现。事实上，道德资本通过科学的运作，能够在不同维度上实现自身的价值。首先，道德资本价值的实现表现为物质形态上的经济物品的保值和增值。道德资本得以科学的运营，完整地发挥自身的功能，就能够实现在有形资本意义上的保值和增值，包括实业资产的增进、金融资本的增值和产权资本的优化和增进等。这是道德资本存在和参与运作的根本原动力。其次，道德资本价值的实现也表现在自身于价值层面的进步。这种道德资本自身的增进主要表现在各种有明文规定的道德规范体系的完善和道德制度条例的合理化、可行化；各种无明文规定的道德精神、道德信念和道德观念等与时代发展不断地趋同化。再次，道德资本价值的实现还表现为促使了无形资本的增值。所谓无形资本是指"资本化的无形资产，是指特定主体控制的，不具有实物形态，对生产经营与服务能持续发挥作用，并能在一定时期内为其所有者带来经济利益的资产"[①]，道德资本在社会效益上的价值实现将优化企业的社会形象，增加消费者对企业文化的认同感，提高企业的声誉。在企业内部，特别是在人力资源上，道德资本价值实现将表现为企业职工个人道德素质的提高，企业职工间人际关系的和谐，企业整体凝聚力的增强，也将提高企业员工的责任感，进而促进企业专利权、专营权的科学运用等。道德资本也能从精神层面提高企业科技人员的积极性和创造性，进而能够提高科技发明的速度和合理化程度，提高科技转化为现实生产力的速度，促进企业专利技术的不断增加等。

[①] 雷霖、刘倩：《现代企业经营决策——博弈论方法应用》，清华大学出版社1999年版，第221页。

第五，道德资本效益的产生具有长期性和持久性。道德资本效益的产生必须历经一个较其他类型资本更长期的过程，也将发挥比其他类型资本更为持久的积极影响。在《论道德资本》一文中，笔者已经系统地阐述了道德资本实现的长期性，这里要强调的是道德资本效益的产生不仅需要经过一个长期的过程，其效益作用的发挥同样具有持久性，能够为企业带来相对长远的影响。首先，道德资本效益的产生由于其形成需要经过"一个独特的过程"，所以"道德资本形成是缓慢的、艰巨的"。[1] 一种具有积极意义的美德的形成和完善及人们道德水平、道德自觉的提高必须要经历一个相对长期的过程，即道德资本的形成要花费比积累一般资本更多的时间。而要促成道德资本在多维度的价值实现就更要经过一个复杂、缓慢的运作过程。其次，道德资本效益的产生具有持久性。道德资本渗透在其他形态的资本之中运作并得以实现价值的一个表现就是企业名牌的创立。而名牌一旦产生，就会因为它所具有的优势而长时间地给企业带来经济效益。实践也证明，一旦一个企业在社会中塑造了良好的企业形象，将给该企业带来持久的、长期的积极影响。相反，漠视道德资本的企业可能遭遇的打击也将是致命的。具有代表性的例子是：2001年11月28日，美国标准普尔公司将安然公司（Enron）的企业信用等级降至B1级，穆迪公司将其降为B2级，并表示可能再次调低。安然公司股价一天之内跌去85%。[2] 可以讲，道德资本的效益发挥需要经过一个较其他资本更长的时间，但将发挥比其他资本更为持久的积极效益。但忽视道德资本的投入和运作，或否认道德在经济活动中的作用，则会给企业带来灭顶之灾。

（原载《江苏社会科学》2002年第6期，人大复印报刊资料《伦理学》2003年第2期全文转载，与朱辉宇合撰）

---

[1] 王小锡：《论道德资本》，《江苏社会科学》2000年第3期。
[2] 参见张海洋《信用评级影响很大》，《环球时报》2002年1月7日。

四论道德资本
——道德资本的经济学解读

几年前，拙文《论道德资本》[①] 中首次提出了并阐述了"道德资本"范畴，而后又在"再论"和"三论"中对"道德资本"做了进一步的研究和阐述。这一范畴被提出并阐述以后，在学界引起了关注，有些学者对其呼应、质疑、讨论，使得对道德资本问题的研究逐步走向深入。本文则主要从经济学的角度对"道德资本"范畴进行进一步的探究，以更好地揭示道德资本的合理内涵，就教于同行专家学者。

一 广义资本观与道德资本

"资本"是经济学的一个极为重要的语汇。撇开社会制度的特殊规定性，资本的一般属性是指投入商品与服务的生产过程并能够创造社会财富的能力。具体地说，资本是经过投资而来的，任何投资都是以增加经济主体未来创造财富的能力为其根本目的的。投资是流量，其结果形成资本这一存量。换言之，资本就是由投资累积而得到的未来创造财富的能力的具体体现，因此，资本体现了创造财富的能力，这就构成了现代社会中资本的基本内涵和本质属性。

那么，资本的外延又是什么呢？应该说，在资本是"创造社会财富的能力"这一内涵之下，资本的外延既可以是传统理论所认为的物化的或货币化的物质资本与货币资本，也可以是非物化的存在，比如现在理论界已经没有什么异议，也都已经接受的"人力资本"

[①] 参见王小锡《论道德资本》，《江苏社会科学》2000 年第 3 期。

范畴[1]；既可以是有形的物力、财力与人力，也可以是无形的增进社会财富的能力。这就是说，除了物质资本、货币资本、人力资本这些被公认的也可以显形存在的资本范畴以外，资本还包括所谓的无形资本。无形资本包括管理学中标志企业核心竞争力的"知识资本"、社会学的关键范畴"社会资本"以及我们将要着力论述的"道德资本"等，这些无形资本是符合资本的一般属性的。因为这些无形资本都存在于一般生产过程之中，并且都能够增加经济主体创造社会财富的能力。

"道德资本"范畴的提出，其坚持的是广义资本观，而广义资本观的立足点正是资本的这种"创造社会财富的能力"的一般属性。在经济思想史中，广义资本观的出现和演变是首先从人力资本思想的产生和演变开始的。我们可以通过考察人力资本思想以及理论的由来而将道德资本纳入广义资本观下的资本理论中来。

先于舒尔茨与贝克尔等人，从配第起，到后来的亚当·斯密、H.冯·屠、欧文·费雪、马歇尔等经济学家，早已经把人当作"资本"来看待了，只是由于人力投资很少被纳入经济学的正规的核心内容之中，而使得资本观只限于物质资本与货币（金融）资本两方面。但是，在西方经济思想史中，规范的人力资本理论一直到第二次世界大战以后才由凭借人力资本理论而获得诺贝尔经济学奖的美国经济学家西奥多·W.舒尔茨以及加里·贝克尔创立。舒尔茨认为，一种客观存在，"假如它能够提供一种有经济价值的生产性服务，它就成了一种资本"[2]。由此出发，随着人的知识技能和综合素质的提高，人既能内涵地扩大生产能力、提高生产效率，也能够提供有经济价值的生产性服务，因而，可以初步地说存在人力资本，广义"资本"概念中就应当包括人力资本。

在我国，长期以来，我们所接受的"资本"概念是生产关系层

---

[1] 自被马克思称为"政治经济学之父"的配第起，经济学就开始重视人力在经济运行和发展中的作用，配第的名言是"土地是财富之母，劳动是财富之父及其能动的要素"，配第不讲"土地是财富之母，劳动是财富之父"，而加上"能动"二字，意味深长。当然，现代人力资本理论还是在第二次世界大战以后由舒尔茨所奠定的。在人力资本理论的视野里，人力资本就是蕴含在人自身中的创造财富的能力，这一能力包括人所具有的知识、技能以及身体健康状况。

[2] ［美］西奥多·W.舒尔茨：《论人力资本投资》，吴珠华等译，北京经济学院出版社1990年版，第68页。

次上的。学习过马克思主义政治经济学的人都知道：资本是带来剩余价值的价值；资本不是物，而是资本家与工人之间特定的生产关系；生产资料（物）之所以成为资本就是因为它是这种特定的生产关系的物化形式，即物化的生产关系；资本是一个特定的历史范畴，资本所体现的资本主义的生产关系，固然比起封建社会是历史进步，但资本主义生产关系这一"外壳"终究不能包容革命性的生产力的发展而趋于消亡。如此等等。

事实上，我们所认识的生产关系层次上的"资本"并不是马克思主义资本观的全部。《政治经济学批判（1857—1858年草稿）》是马克思在19世纪50年代起重新开始研究政治经济学的重要成果。在其中，马克思指出："节约劳动时间等于增加自由时间，即增加使个人得到充分发展的时间，而个人的充分发展又作为最大的生产力反作用于劳动生产力。从直接生产过程的角度来看，节约劳动时间可以看作生产固定资本，这种固定资本就是人本身。"[①] 马克思是在"（c）生产资料的生产由于劳动生产率的增长而增长。资本主义社会和共产主义制度下的自由时间"[②] 这一节中写下这段话的。马克思说道："直接的生产过程本身在这里只是作为要素出现。生产过程的条件和物化本身也同样是它的要素，而作为它的主体出现的只是个人……他们在这个过程中更新他们所创造的财富世界，同样地也更新他们自身。"[③]

我们认为，"固定资本就是人本身"这一断语无疑是马克思的资本观的进一步拓展。很显然，马克思在此所得出的作为"固定资本"的人类能力的充分发展的论断是以抽象掉资本主义生产关系而代之以直接的生产过程为前提的。正如马克思把直接的生产过程中充分发展了的人本身称为"固定资本"一样。人力资本成为资本的一种形态，使得经济发展中的资本范畴的内涵与外延成为广义资本，而且人力资本还是广义资本的核心。马歇尔早就说过："资本大部分是由知识和组织构成的……知识是我们最有力的生产动力。"[④] 而从经

[①] 《马克思恩格斯全集》第46卷（下册），人民出版社1980年版，第225页。
[②] 《马克思恩格斯全集》第46卷（下册），人民出版社1980年版，第220页。
[③] 《马克思恩格斯全集》第46卷（下册），人民出版社1980年版，第226页。
[④] ［英］阿尔弗雷德·马歇尔：《经济学原理》上卷，朱志泰译，商务印书馆1981年版，第157页。

济发展的后续能力——资本积累角度看，舒尔茨也指出："人力资本概念为广义的资本积累理论奠定了基础。"①

再回到"道德资本"范畴。本着兼容的学术态度，那么，在广义资本观的视野里，我们同样可以认为，道德是"财富之父及其能动的要素"的劳动力使用过程中的要素；道德是"能够提供一种有经济价值的生产性服务"的一种能力；道德也是人本身这一"固定资本"的构成要素，更进一步说，道德是"人力资本的精神层面和实物资本的精神内涵。"② 既然"资本大部分是由知识和组织构成的"，道德作为人对人自身完善和人际关系和谐规律及其行为规范的认识和把握，是人对自身与其所处社会环境的"知识"及适应能力，当然也是资本的有机组成部分。所以，"道德资本"范畴及其理论体系也应该是作为"广义的资本积累理论"的一个有机组成部分而存在的。在资本理论中，道德资本理论是应该占有一定的位置的。

二 作为制度资源的道德资源

一种物，或者一种存在，欲成为资本，首先必须具备资源的一般属性。道德是一种资源吗？

我们知道，道德是人们对人自身完善和人际关系和谐规律及其行为规范的认识和把握，是交易个体所自觉遵循的社会伦理规范与准则。无疑，按照新制度经济学的理论框架，制度就是规则，就是用于约束人们交易行为的规范与准则，因此道德也就是一种制度，是有别于主要包括法律制度在内的"正规约束"的所谓"非正规约束"。③ 在讨论道德问

---

① ［美］西奥多·W. 舒尔茨：《论人力资本投资》，吴珠华等译，北京经济学院出版社1990年版，第93页。
② 王小锡：《经济的德性》，人民出版社2002年版，第85页。
③ 我们认为，在新制度经济学中将法律与道德分别视为"正规约束"和"非正规约束"的说法是有问题的。按照新制度经济学的逻辑，"正规约束"是人们有意识创造出来的一系列政策与规则，从法律到个别契约都被归入此类，按照逻辑上的"排除法"，将道德（属于意识形态）归入"非正规约束"无疑就是说道德不是人们有意识地创造出来的用以约束人们行为的规则，这是不符合社会经济运行和发展的现实的。良好的道德体系显然不是自然形成的，它同样需要创造、建设与维护，也需要有意识地构建推进良好道德体系建设的"惩罚"机制。在现实社会生活中，社会道德约束机制的构建绝不是渐进的无意识的，道德建设是社会主义精神文明建设的重要内容，否认道德的"正规约束"的性质其实也对道德在社会经济生活中的重要性的某种意义上的否定，借此，我们提出应该对新制度经济学中关于制度的这一"正规约束"和"非正规约束"的分类进行重新的认真研究，本文对这一问题不做深究。关于"正规约束"和"非正规约束"的理论阐述参见［美］道格拉斯·C. 诺斯《制度、制度变迁与经济绩效》，上海三联书店1994年版。

题的时候，我们必须提到制度，这是因为，在我们看来，包括道德与法律在内的制度其实也是社会经济运行和发展中的资源。

一般来说，"资源配置"范畴中的"资源"总是指称具有稀缺性的经济资源——土地（自然资源）、资本（物质资本）、人力资源等。我们认为，制度也是对经济运行和发展极为重要的一种要素和资源，并且具有其自身的特殊属性。[①] 我们可以将资源分成两大类：一类是可以独立存在的资源，如土地、资本和人力；另一类则是指不能独立存在的资源，如技术、组织、道德与制度。

那么，制度何以成为一种资源呢？首先，所有资源始终是作为投入来看待的。从任何一种社会生产过程看，制度或规则也是一种重要的"投入"。没有一定的有序规则，任何生产只能是"鲁滨孙式"的生产，而生产过程的社会性（包括家庭生产与经营所显现的社会性）必然要求引入适合于这种生产过程的有序规则，不管这种规则是正规的条文制约（法律与法规）还是非正规的社会习惯（道德与习俗）。

其次，所有资源的使用都是需要成本的。在不同的生产与交易过程中，制度与规则的引入和设立，也需要不同水平的设立与维持成本。正如诺斯所说："要界定、保护产权及实施合约是要耗费资源的。"[②] 制度的设立为生产过程提供了原始制度资源，而新制度的引入则标志着制度的变迁与创新，但不管是制度的设立还是制度的变迁，都必须为之而耗费一定数量的非制度资源。更具体地说，微观经济主体在设立和变更其制度规则时，必然会产生一定水平的直接成本，而宏观的社会制度变迁实际上意味着社会经济主体之间的利益调整和重组，在大多数时候会产生一定水平的社会成本。因而，从总体上说，制度是一种有成本的稀缺资源，制度的配置和运用总是需要付出一定的成本和代价。

最后，最为关键的是，不同质资源的不同配置方式将会导致不

[①] 关于制度资源的特殊属性的论述，可参见华桂宏《有效供给与经济发展》，南京师范大学出版社2000年版。

[②] [美] 道格拉斯·C. 诺斯：《制度、制度变迁与经济绩效》，上海三联书店1994年版，第84页。

同的经济绩效。不同制度资源之间的差异性也将会影响经济绩效。

从微观层次看，现代西方新制度经济学中的交易费用理论的要旨就在于分析制度与制度变迁是如何决定和影响在非零交易费用世界中的交易费用水平的。的确，制度对交易费用水平构成了显著影响并进而影响经济效率，我们所熟知的"科斯定理"就说明了资源配置的效率与（产权）制度有密切关系。制度影响交易费用的途径主要在于增减经济主体所面临的不确定性、外部性、机会主义行为等重要参数的水平。值得注意的是，制度对交易费用水平的影响还可以通过改变交易方式来进行。一般认为，企业是对价格机制的替代，企业的设立由于减少了大量的市场交易费用而实现了资源配置效率的提高。但是，企业的设立并不必然会带来效率改进。这不仅是因为拥有同等非制度资源的同类型企业具有效率差异，而且是因为有时分立或撤销企业也将带来效率的提高。其实，企业的设立与变更的实质是将外部的市场交易转化成企业的内部交易，内部交易制度和规则的合理与否将导致交易费用的增减，并且，它还进而影响组织的合理性程度，而使资源配置呈现出"X 效率"或"X 非效率"格局。① 对于这一格局的分析，《论道德资本》一文中曾从"道德资本价值的实现"的角度分别就"人的道德素质与生产力水平""管理道德与企业活力""道德含量与产品质量"以及"信誉与市场占有率"四个方面对道德如何影响资源配置效率做了较为详细的论述。②

从宏观上看，不同的制度框架对长期经济成长和发展的影响非常巨大。诺斯的一个非常著名的论点就是，"一个有效率的经济组织在西欧的发展正是西方兴起的原因所在"。而"有效率的组织需要在制度上做出安排和确立所有权以便造成一种刺激，将个人的经济努力变成私人收益率接近社会收益率的活动"。③ 其中，制度与规则对

---

① ［美］道格拉斯·C. 诺斯在《制度、制度变迁与经济绩效》中指出，制度对经济绩效的影响比制度单纯对或主要对交易费用水平构成的影响要复杂得多，实际上，技术、制度、组织、转换费用与交易费用之间的影响是相互的和交叉的。

② 王小锡：《论道德资本》，《江苏社会科学》2000 年第 3 期。

③ 参见［美］道格拉斯·C. 诺斯、罗伯特·托马斯《西方世界的兴起》，厉以平、蔡磊译，华夏出版社 1989 年版。

经济发展与效率的影响是比组织更具基础性和前提性的。诺斯的目的是要否定大多数经济史学家所认为的技术创新是西方经济成长的主要原因的观点。我们当然不能全部接受诺斯的观点，他犯了"矫枉过正"的错误，但诺斯的论断还是给予了我们深刻的启示：对于一国经济发展而言，制度资源与其他可资利用的非制度资源一起，遵循着"木桶效应"的规律。假如制度不健全、规则无序，那么，非制度资源再丰富、投入再多，也不能使一国的生产可能性边界持续扩张，总体资源配置效率也难以改进，这时，制度的缺失将严重地制约着经济发展；相反，制度的变革与创新将使经济发展摆脱"木桶效应"规律的制约，从而成为经济发展的重要源泉。

通过上面关于制度的资源属性的简单讨论，我们可以发现，作为制度的一部分的道德也是一种资源。

正是因为任何一个非"鲁滨孙式"的特定社会经济体的生产都需要在一定的规则下才得以开展，所以特定的道德体系成为必要。而且，适合这一特定经济体运行与发展的社会道德规范的形成直至发生作用并不是一朝一夕的事情，我们可以把道德的变迁看作社会变迁中的最不容易变化的"慢变量"。社会道德规范的形成也不是不需要任何投入的自在之物，恰恰相反，道德体系及其作用的发挥、社会道德水平的提高、社会文明与社会进步都是要靠"建设"出来的，换言之，道德体系的营造是要花费大量的资源代价的。道德体系一旦形成，就开始在经济的微观和宏观层面发挥其独特的作用。良好的道德体系首先作为一种有效的社会约束，还作为一种十分有效的"激励机制"，它将有效抑制"机会主义"动机与行为，通过限制"道德风险"而减少"机会主义"行为所造成的社会经济资源配置的效率损失。相反，如果道德规范体系没有有效地建立起来，那么，"木桶效应"规律将不以我们的意志为转移地发挥"作用"，我们没有必要去精确估价我国直到目前为止的社会经济转型期中"缺德"和"失信"行为给社会资源配置所造成的损失，但是，在我国的经济运行与发展中，缺乏道德和失去诚信的代价也太大了。从宏观角度看，20多年来出现的若干经济滑坡现象，多多少少与人们不懂经济运行中的道德力有关；从微观角度看，大凡在竞争中倒闭的企业，相当多的情况都与它们缺乏道德和失去诚信有关。

在社会经济制度结构或制度安排体系内，法律与道德是共同起作用的，所以我们在提及制度资源的时候，还必须重视法律与道德起作用的过程、效果的联系与区别。简而言之，经济分析法学（也叫"法与经济学"）已经对法律与社会经济发展的影响以及与法律制度自身的效率进行了大量的研究。结果表明法律是可以保障产权、防止胁迫、消除意见分歧、减少不合作的损失来降低交易成本并进而提高资源配置效率和推进经济发展的。值得我们注意的是，与法律相比，道德还应该是一种更为重要和更为经济（具有更高经济效率）的资源。在交易过程中，仅仅遵守法律是不够的，良好的商誉才是获得更多市场价值的资源，一个企业的兴旺发达，靠的绝不仅仅是法律，而是靠信誉和诚实。如果普遍的缺乏诚信，那么确实可能会造成"法不责众"，有感于此，茅于轼先生说道："契约必须建立在信用可靠的基础之上，缺乏信用而光有法律保障的契约，其作用即使不等于零，也要大打折扣。"[1] 事实上，就是在经济分析法学家看来，法律也是一种"奢侈品"。在社会经济秩序的治理和规范中，法律的制定与运用十分昂贵。立法成本暂且不说，而法律的运用确实有如考特和尤伦所感叹的那样："没有人知道法律纠纷消耗了多少社会财富！"[2]

这样，相比较而言，道德作为非强制性的、内省的、正向激励的社会规范与准则，确实是社会经济运行和发展中的更宝贵、更经济的资源。与物质资源、货币资源以及人力资源可以成为资本资源的道理在本质上一样，道德也是一个运行有序和发展有效的社会经济体、生产总过程、交易过程和秩序中必不可少的并且带来巨大经济效率的资本资源——道德资本资源。

三 道德资源何以成为道德资本的经济逻辑

道德资源为什么可以被称为"道德资本"？这还需要我们提供符

---

[1] 茅于轼：《中国人的道德前景》，暨南大学出版社 2003 年版，第 141 页。
[2] ［美］罗伯特·考特、托马斯·尤伦：《法和经济学》，张军等译，上海三联书店 1994 年版，第 659 页。

合经济学逻辑的合理解释。

我们曾经反复论证过,在社会财富创造的过程中,也就是在包括生产、分配、交换与消费等在内的生产总过程之中,道德是无处不在并起着独特的作用的,经济中充满了德性,而且经济中的德性具有"依赖性""独立性""渗透性""导向性"等特性。① 进一步说,仅仅说明在经济中充满德性,这对于论证道德资本的存在性和功能性还是不够的,我们还应该对道德在社会经济发展中的作用进行"实证"分析,即着力论证道德资本对于社会经济运行和发展的不可缺少的作用,阐述道德资本对于社会生产和社会财富创造来说具有其独到的功能。

首先,自在的不加约束的生产总过程与交易过程存在着极大的交易成本。在生产总过程中,人和人之间交互作用时必须耗费一定的资源代价,这种代价被新制度经济学称为"交易成本"。这里的"交易"一词是广义的,实际上就是指人和人之间的交互作用,在经济领域内的"交易"也远比"交换"的含义来得深刻,在某种意义上说,交易过程就是广义的生产总过程,因为两者的实质都是指在创造财富过程中人们之间的交互作用与互动关系。交易成本通常包括三个部分:搜寻信息的成本、谈判和签订契约的成本,以及维持契约得以有效完成的成本。无疑,人们之间的交易过程是在信息不完备和有限理性的条件下展开的,撇开搜寻信息的成本不论,缺乏约束的自在交易过程将没有规则可言,交易过程和交易结果变得充满了不确定,最为典型的后果已经被信息经济学加以深刻揭示,那就是:"逆向选择"和"道德风险"。这就引入了约束与激励机制存在的必要性,道德约束与道德激励显然是其中不可或缺的内容。

其次,道德是有效减少机会主义行为的约束机制。在交易过程中,每一方的动机以及未来的行为都具有不确定性,因此,交易成本的产生的一个非常重要的来源就是交易各方侵害对方利益的"道德风险"行为。在现实经济生活中,不可否认的是,人是自利的,如果没有有效的道德约束,那么,试图"免费乘车"的"机会主义"行为将盛行,使得交易无法完成,交易成本非常之大。

---

① 参见王小锡《经济的德性》,人民出版社2002年版,第三编"道德资本与企业伦理"。

从一般意义上说，道德之所以具有生产性，正是因为在生产总过程中，道德资源的利用可以减少人和人之间交互作用以"交易成本"作为集中体现的物质资源的耗费与代价。道德与法律都是制度资源，他们的利用共同构成了对交易主体的有效约束。无疑，如果在交易过程中具有有效的道德约束，那么，交易成本将会大为降低，道德对资源配置效率的作用就显得很关键了。

最后，道德的利他本质构建了交易各方的自律机制和激励机制。我们可以说，道德，它与其他经济资源的投入一样，通过渗入经济运行的整个过程，通过构建对交易各方的有效的自律机制，降低交易成本，提高资源配置效率，加速社会财富的创造，从而使其获得了与其他资本资源一样的创造社会财富的能力，获得了资本的一般属性。

道德之成为资本，正是因为其构成了对交易各方的有效约束。交易各方遵循共同认可的交易规则，进而在一定的道德规范与准则下，交易过程被规范和有序开展。道德在本质上体现为"尽责"，因此，在以"利己"为目的的经济交易过程中"嵌入"来自交易各方——"经济人"——所遵循的一致的道德规范，将会使得利己的目的和利他的行为统一起来，既能够满足他人需要，又能够实现自身价值。实际上，在有序运转的市场经济中，在良好的道德规范约束下，任何交易一方也只有首先满足交易的另一方的需要之后，才能够实现自己的目的。孔子有云："己所不欲，勿施于人。"（《论语·颜渊》）我们可以套用这一用语格式，道德的激励在于：己欲所求，必先予人。生产者如果不能够向购买者提供满足其有效需求的商品或者服务（这一行为在本质上是具有利他属性的），又怎么能够实现其所生产的商品与服务的价值，从而实现其自身的主观利益呢？

再进一步地，我们甚至可以说，在有序的市场经济中，没有利他（尽责）的行为，则没有更好的利己的结果，而这利他（尽责）的行为背后的动机则来源于良好的道德规范、道德约束和道德激励，来源于道德资本的独到功能的有效发挥。

总之，正是由于道德具有特定的约束与激励功能，防止了交易过程中的"道德风险"，减少了经济中的人为的不确定性，降低了交易成本，进而提高了资源配置的效率，加速了社会财富的创造，道德才具备了资本的一般属性，成为宝贵的制度资源，也最终有理由成为广义资本的一部分——道德资本。

（原载《江苏社会科学》2004年第6期，人大复印报刊资料《伦理学》2005年第2期全文转载，与华桂宏合撰）

五论道德资本
——道德资本概念与功能的历史界说与当代理念

"道德资本"是近年来出现的、引起过较大争议的一个新概念,引起争议的主要原因在于:"道德资本"概念可以展开来表述为一个判断,即"道德是一种资本",其中暗含了两个基本概念:一个是"作为资本的道德",一个是"道德形态的资本",这两个基本概念似乎背离了人们对"道德"和"资本"概念的传统理解。不过,笔者认为,"道德资本"概念正是传统"道德"和"资本"概念历史发展的时代产物。本文的目的正在于揭示"道德资本"概念的历史形成及其时代意义,在更深层面上说明道德独特的工具性功能及其在经济建设中的作用。

一 从"道德的目的性功能"到"道德的工具性功能"

"作为资本的道德"与"一般意义上的道德"最主要的区别在于对道德功能的不同理解。在一般意义上,道德[①]具有两大功能:一个是目的性功能,它通过明确人和社会的意义及其目的,赋予道德主体以应该为依据的责任,并提供以规范为形式的道德约束;另一个是工具性功能,它是在道德主体自觉把握以应该为依据的责任的基础上,以其他事物的存在和发展为目的,提供能够促进这些事物

---

① 这里所说的"道德",是指在一定历史阶段符合历史发展规律和要求的道德,在现阶段更是指科学意义上的道德。

存在和发展的道德支撑，并以此体现道德存在的理由或价值。① 事实上，在经济领域，资本从一开始就作为工具存在，作为获取利润的工具存在，人们之所以想拥有更多的资本，并不是被资本本身吸引，而是想通过它来获取更多的利润。"作为资本的道德"将道德首先视为一种工具，视为获取利润的工具，从"一般意义上的道德"到"作为资本的道德"，最主要的变化在于突出道德对于获取利润和经济发展的工具性功能。

将道德视为获取利润和经济发展的工具，似乎背离了人们对道德功能的传统理解，因为在一部分人看来，道德主要承担的不应该是工具性功能，而应该是目的性功能。不过，道德观念的发展历史却表明：承认和突出道德在经济发展中的工具性功能，正是道德观念发展的基本趋势之一，也是现代社会发展的根本要求之一。

在传统道德观念中，道德的目的性功能被放在首位，道德的工具性功能处于边缘地位，工具性功能完全服从于目的性功能。这主要表现在三个方面。

第一，从研究主题来看，传统道德观念最关注的主题是一个人或群体存在的最高目的和终极意义，这一主题就确立了道德的目的性功能在整个社会中的主导地位。传统思想家们提出的主要问题是：什么样的人是合乎道德的人？什么样的生活是合乎道德的生活？什么样的社会是合乎道德的社会？这些问题的核心只有一个：人存在和生活的最高目的是什么？亚里士多德恰如其分地表达这个意思，他提出了"最高的善"② 这个概念。在他看来，一切行为和选择，都以某种善为目的，目的可以区分为从低到高的不同层次，善也可以区分为从低到高的不同层次，居于目的链顶端的、为自身而被期求的目的就是"最高的善"。这个"最高的善"，也就是终极目的，它对于其他一切社会行为都具有终极性的约束力，因而，以"最高的善"为主要内容的道德必然要承担更多的目的功能。在古希腊罗

---

① 关于"道德的双重功能"，参见李志祥《经济伦理学研究的双重向度》，《伦理学研究》2006 年第 1 期。
② [古希腊] 亚里士多德：《尼各马可伦理学》，苗力田译，中国社会科学出版社 1990 年版，第 2 页。

马和中世纪时期，思想家们大都遵循着亚里士多德式的大伦理学思考方式：先提出一个处于最高地位的道德目标，再以这个道德目标去统率各种社会领域中的行为和选择。中国儒家学者同样如此，他们将道德推及社会生活的各个方面，在"义利观"上反复强调"义高于利"和"以义制利"的思想。

第二，从伦理学与其他社会学科的关系来看，伦理学高高凌驾于其他社会科学之上，这一学科格局同样表明，伦理学的主要功能是确定人类存在的最高目的，而其他所有学科则研究和提供实现这一最高目的的各种必需手段。亚里士多德在提出了"最高的善"之后接着指出，以最高善为对象的政治学"属于最高主宰的科学，最有权威的科学"，它让"其余的科学为自己服务"，包括战术、理财术和讲演术在内的其他科学都隶属于政治学。① 伦理学统率其他学科的情况在此后一直延续，伊壁鸠鲁甚至让自然科学都从属于伦理学，他在将"好"定义为免除痛苦之后指出："如果天空中的怪异景象不会使我们惊恐，死亡不令我们烦恼，而且我们能够认识到痛苦和欲望是有界限的，我们就根本不需要自然科学了。"② 而以《国富论》闻名的亚当·斯密仍然是在"道德哲学教授"这一头衔下从事经济学研究，这一情况表明：即使到了 18 世纪的英国，经济学仍然只是伦理学中的一个分支。在儒家传统思想中，这种学科关系更为明显，"正、诚、格、致、修、齐、治、平"的成人模式表明：只有以伦理道德为研究对象的伦理学才是最根本的学科，其他学科所需要做的就是将伦理道德从个人推及家庭和社会。

第三，即使从工具性功能的角度谈道德，发挥工具性功能的道德也是与道德目的紧密联系在一起的，即它们主要是服务于道德目的，而不是服务于脱离道德的其他目的。在传统道德观念中，道德也可以作为工具而存在，但是，作为工具的道德主要是实现道德目的的工具，而不是实现其他社会目的的工具。柏拉图在界定"勇敢"

---

① ［古希腊］亚里士多德：《尼各马可伦理学》，苗力田译，中国社会科学出版社 1990 年版，第 2 页。

② ［古希腊］伊壁鸠鲁、［古罗马］卢克莱修：《自然与快乐：伊壁鸠鲁的哲学》，包利民等译，中国社会科学出版社 2004 年版，第 39 页。

概念时指出，真正的勇敢是指"一个人的激情无论在快乐还是苦恼中都保持不忘理智所教给的关于什么应当惧怕什么不应当惧怕的信条"[1]。在这里，"理智所教给的关于什么应当惧怕什么不应当惧怕的信条"就提供了一个道德目的，而"勇敢"正是服从于这一道德目的并且有利于实现这一道德目的的道德工具。柏拉图的思想与中国儒家思想不谋而合，孔子在谈到"勇"时同样指出："见义不为，无勇也。"（《论语·为政》）真正的"勇"，是从属于仁义并且推动仁义实行的有力工具。

进入近代社会以后，各门社会科学纷纷从大伦理学中独立出来，它们在强调"价值"与"事实"相区别的基础上，把价值问题从各自的领域中清除出去，转而确立了道德色彩相对淡化的独立目的，以此来摆脱伦理道德的束缚。在这种情况下，发挥目的性功能的道德的绝对统治地位开始受到冲击，发挥工具性功能的道德开始慢慢脱离道德目的的束缚，它们不再只服务于纯粹的道德目的，也开始为各门独立学科的独立目的提供道德工具。

在政治学领域内，饱受非议的意大利人马基雅维利最先搁置了道德的目的性功能而强调道德的工具性功能。他在谈到君王之术时提出，一个成功的君王，必须"既是一头最凶猛的狮子又是一只极狡猾的狐狸"[2]。在这里，"成功的君王"从道德上讲是中性的，他可能是善的，也同样可能是恶的；它可能给民众带来幸福，也同样可能给民众带来灾害。因此，使一个人成为成功君王的品质，也就脱离了道德目的的束缚，只作为一种纯粹的道德工具而起作用。也就是说，勇敢（"狮子一样的凶猛"）和智慧（"狐狸一样的狡猾"）之所以值得提倡，并不是因为它们有利于实现某一个道德目的，而仅仅是因为它们有利于实现一个政治目的。因此，马基雅维利主义的冲击意义在于：他将政治与伦理彻底分离开来，"力求说明为达到既定目的所需用的手段，而不讲那目的该看成是善是恶这个问题"[3]，从而开辟了结合伦理学与政治学的另一条道路：不同于"伦

---

[1] ［古希腊］柏拉图：《理想国》，郭斌和、张竹明译，商务印书馆1994年版，第170页。
[2] ［意］马基雅维利：《君主论》，潘汉典译，商务印书馆1996年版，第95页。
[3] ［英］罗素：《西方哲学史》下卷，何兆武、李约瑟译，商务印书馆2003年版，第18页。

理政治"的"政治伦理"。"伦理政治"追求"合乎伦理性质的政治","政治伦理"则寻求"合乎政治要求的伦理"。

因做同样事情而饱受非议的另外一个重要人物是荷兰人曼德维尔。曼德维尔的名著《蜜蜂的寓言:私人的恶德,公众的利益》以"私人的恶德,公众的利益"为副标题,向世人揭露了这样一个事实:"只要经过了正义的修剪约束,恶德亦可带来益处;一个国家必定不可缺少恶德,如同饥渴定会使人去吃去喝。纯粹的美德无法将各国变得繁荣昌盛;各国若是希望复活黄金时代,就必须同样地悦纳正直诚实和坚硬苦涩的橡果。"① 曼德维尔受人非议之处在于:他的思想从表面上看为恶德做出了合理性辩护,因而有可能进一步激化恶德的泛滥,但同样不可否认的是,曼德维尔给后人留下这样一个思考问题的方式:为了创造一个物质繁荣昌盛的社会,我们到底需要什么样的道德?很显然,这里所说的"道德",就是实现物质繁荣昌盛的一种手段。

马基雅维利和曼德维尔的思想,后来被实证社会学家们整理成了他们的主导思想之一,即"价值中立"原则。"价值中立"原则要求研究者在分析某一社会现象时,应该把价值评价和道德情感放在一边,只是从实证的角度分析什么的手段将导致什么样的目的,而不问这个目的是合乎道德的,还是不合乎道德的。韦伯提出:"经验科学无法向任何人说明他应该做什么,而只是说明他能做什么——和在某些情况下——他想要做什么。"② 实证社会学家们试图通过"价值中立"原则将包括终极目的在内的道德评价从各门经验学科中驱逐出去,以保证社会科学研究的"科学性"。

在这样一种思想大潮中,经济学家们也努力清洗经济学研究中的道德判断因素,转而确立属于自己的经济目的。马歇尔比较明确地表达了这一思想,他在《经济学原理》一书中提出:"日常营业工作的最坚定的动机,是获得工资的欲望,工资是工作的物质报酬。

---

① [荷]伯纳德·曼德维尔:《蜜蜂的寓言:私人的恶德,公众的利益》,肖津译,中国社会科学出版社2002年版,第28页。
② [德]马克斯·韦伯:《社会科学认识和社会政策认识中的"客观性"》,载韩水法编《韦伯文集》上,韩水法、莫茜译,中国广播电视出版社2000年版,第8页。

工资在它的使用上可以是利己地或利人地用掉了，也可以是为了高尚的目的或卑鄙的目的用掉了，在这一点上，人类本性的变化就发生作用了。但是，这个动机是为一定数额的货币所引起的，正是对营业生活中最坚定的动机的这种明确和正确的货币衡量，才使经济学远胜于其他各门研究人的学问。"① 这就是说，为什么样的道德目的而使用工资，已经被排除在经济学研究之外，只有不带道德色彩的获取工资才构成了经济学研究的主题。对这一研究方法做出过明确表述的代表人物是约翰·内维尔·凯恩斯和罗宾斯。凯恩斯提出："政治经济学的功能是观察事实，发现事实后面的真相，而不是描述生活的规则。经济规律是关于事实的本来面目的定理，而不是现实生活的实际规范。换句话说，政治经济学是科学，而不是艺术或伦理研究的分支。在竞争性社会体制中，政治经济学被认为是立场中立的。它可以对一定行为的可能的后果做出说明，但它自身不提供道德判断，或者不宣称什么是应该的，什么又是不应该的。"② 罗宾斯同样表示："不幸的是，这两个学科从逻辑上说似乎只能以并列的形式联系在一起。经济学涉及的是可以确定的事实；伦理学涉及的是估价与义务。"③ 诺贝尔经济学奖获得者阿马蒂亚·森对这一局面的总结是："可以说，随着现代经济学的发展，伦理学方法的重要性已经被严重淡化了。"④ 其实，经济学排斥道德判断因素，表面上是经济学的"纯净"，实质上是经济学科发展中的倒退。

经济学中的"价值中立"原则仅仅只是清除了发挥目的性功能的道德，他们仍然保留了发挥工具性功能的道德。经济学家们割断了道德工具与道德目的之间的联系，让道德工具转过来成为服务于经济目的的工具。他们不再关心经济生活的道德目的，但很关心经济生活中的道德工具，即哪些道德对于经济发展具有重要意义。对

---

① [英] 阿尔弗雷德·马歇尔：《经济学原理》上卷，朱志泰译，商务印书馆1994年，第35页。

② [英] 约翰·内维尔·凯恩斯：《政治经济学的范围与方法》，党国英、刘惠译，华夏出版社2001年版，第8页。

③ [英] 莱昂内尔·罗宾斯：《经济科学的性质和意义》，朱泱译，商务印书馆2000年版，第120页。

④ [印] 阿马蒂亚·森：《伦理学与经济学》，王宇、王文玉译，商务印书馆2000年版，第13页。

经济学家来说，一种品质或行为为什么是道德的，这不属于他们的研究范围，他们只关心一件事：从有利于经济发展的角度看，什么样的道德才应该是被提倡的。强调道德工具对于经济发展的意义，在亚当·斯密那里已经有所体现。他对"节俭"美德的分析，就不是源于什么样的欲望是必要而且合理的这样一个伦理学视角，而是源于是否有利于经济发展这一经济学视角。亚当·斯密很明确地指出："资本增加，由于节俭；资本减少，由于奢侈与妄为。"① 凯恩斯后来为"奢侈"翻案时也采用了同样的方法，只不过他所借助的工具是"有效需求"理论，而不是"资本积累"理论。

在思想史上，明确强调道德的经济工具功能的人当数马克斯·韦伯。韦伯的宗教社会学主要分析了由宗教提供的各种道德对于资本主义发展的影响，这实际上是以资本主义发展这一目的重新检视了各种各样的宗教道德。韦伯发现，不同宗教在资本主义兴起过程中扮演了不同的角色，有些宗教促进了资本主义发展，有些宗教却阻碍了资本主义的兴起。究其原因，在于不同宗教所提倡的伦理精神，与资本主义所要求的伦理精神是否相合。韦伯的结论是，最能促进资本主义发展的是新教伦理，新教伦理所提供的包括禁欲精神和进取精神在内的"天职"观念，正好构成了资本家和雇佣工人的精神内核。他说："集中精神的能力，以及绝对重要的忠于职守的责任感，这里与严格计算高收入可能性的经济观，与极大地提高了效率的自制力和节俭心最经常地结合在一起。这就为对资本主义来说是必不可少的那种以劳动为自身目的和视劳动为天职的观念提供了最有利的基础：在宗教教育的背景下最有可能战胜传统主义。"②

韦伯的新教伦理分析开辟了这样一种新视角：首先确定一个非道德性的目的，再寻求有利于实现这一非道德性目的的各种道德因素。在现代经济学理论中，比较好地继承这一研究思路的是制度经济学。自从科斯分析了企业的组织成本之后，制度经济学家们就发

---

① ［英］亚当·斯密：《国民财富的性质和原因的研究》上卷，郭大力、王亚南译，商务印书馆1994年版，第310页。
② ［德］马克斯·韦伯：《新教伦理与资本主义精神》，于晓等译，生活·读书·新知三联书店1992年版，第45页。

现，制度才是推动社会发展和经济发展的重要因素。诺思强调指出："决定经济绩效和知识技术增长率的是政治经济组织的结构。人类发展的各种合作和竞争的形式及实施将人类活动组织起来的规章的那些制度，正是经济史的中心。"① 那么，什么是"制度"呢？简单地说，制度就是"人类相互交往的规则"②，毫无疑问，道德规则是所有交往规则中最为基础的规则。制度经济学家们分析道德的基本思路是：寻找最能降低合理制度组织成本的道德，以最终推动经济和社会的发展。福山在《信任：社会道德与繁荣的创造》一书中表明："一国的福利和竞争能力其实受到单一而广被的文化特征制约，那就是这个社会中与生俱来的信任程度。"③ 这就明确揭示出了"信任"这样一种制度道德在社会发展中的重要性。

制度经济学的出现，最终为伦理学研究提供了这样一种分析道德的全新方法：将道德视为经济发展的一个必要而且有效的手段，突出道德的工具性功能。"作为资本的道德"概念正是这一全新分析视角的产物。其实，道德的目的性功能与工具性功能是不可能截然分开的，也不是天生排斥的。没有目的性功能所提供的目的、责任和约束，道德就不能称为道德；反过来，没有工具性功能所提供的现实意义，道德就难以显示其现实价值。

二 从"实物资本"到"道德资本"

单纯从字面上看，"资本"与"道德资本"的区别在于："资本"体现资本一般，它涵盖各种形态的资本；"道德资本"体现资本特殊，它仅仅包括道德形态的资本。因此，"道德资本"概念的意义仅在于通过缩小概念的外延来进一步明确"资本"概念。不过，如果从"资本"概念的发展史来看，我们就会发现"道德资本"概

---

① ［美］道格拉斯·C. 诺思：《经济史上的结构和变革》，厉以平译，商务印书馆 2005 年版，第 21 页。
② ［德］柯武刚、史漫飞：《制度经济学：社会秩序与公共政策》，韩朝华译，商务印书馆 2002 年版，第 35 页。
③ ［美］弗兰西斯·福山：《信任——社会道德与繁荣的创造》，李宛蓉译，远方出版社 1998 年版，第 12 页。

念具有深刻得多的意义:"资本"概念在其初期并不是指资本一般,而同样是指资本特殊,是指实物形态的资本。"道德资本"概念把非物质形态的道德纳入资本之内,其意义并非缩小了"资本"概念的外延,而是补充扩大了它的外延。

从古典政治经济学开始,"资本"就成为一个非常重要的经济学概念。古典政治经济学家在分析经济活动的构成要素时基本上采取了"三分法":资本、劳动和土地。资本由资本家提供,相应的收入是利润;劳动由工人提供,相应的收入是工资;土地由地主提供,相应的收入是地租。不过,随着现代化和工业化的发展,资本不断入侵土地,资本家不断战胜地主,土地在生产中的重要性越来越低,于是,土地这一因素被并入资本之中,整个经济活动出现了马克思所说的"二元对立":资本与劳动的对立,资本家和工人的对立,利润和工资的对立。在后人看来,这个经济学体系中的"资本"至少具有三个特征。

第一,资本必须是能够支配整个利润生产过程,从而使利润生产过程体现为资本自我增值过程的总体性资本。尽管后人都承认资本是"期望在市场中获得回报的资源投资"[①],但古典政治经济学家和马克思在谈到资本时都潜在地强调一点:资本不仅能够生产利润,而且必须自行生产利润,资本生产利润的过程必须体现资本的自我增值过程。资本的自我增值是这样实现的:资本首先化身为生产所需要的各个要素,一方面是以不变资本形式出现的劳动资料,一方面是以可变资本形式出现的生活资料(即劳动),然后是这些资本化身的自我运动,即由生活资料控制的劳动运用劳动工具对劳动对象进行加工改造,其结果是生产出包括利润在内的商品。从表面上看,利润好像是各种生产要素相结合的产物,从实质上看,利润生产的过程完全是资本的"独舞"。马克思有一段话说得很清楚:"如果把自行增殖的价值在其生活的循环中交替采取的各种特殊表现形式固定下来,就得出这样的说明:资本是货币,资本是商品。但是实际上,价值在这里已经成为一个过程的主体,在这个过程中,它不断

---

① [美]林南:《社会资本:关于社会结构与行动的理论》,张磊译,上海人民出版社2005年版,第3页。

地变换货币形式和商品形式，改变着自己的量，作为剩余价值同作为原价值的自身分出来，自行增殖着。既然它生出剩余价值的运动是它自身的运动，它的增殖也就是自行增殖。"① 因此，古典政治经济学家与马克思所说的"资本"都是指自行增值的资本，是指作为"不变资本"与"可变资本"之和的总体资本。有所不同的是，"自行增值"在古典政治经济学家看来是利润生产，而在马克思看来是剩余价值生产。资本的总体性特征意味着：只有能够独立生产利润的东西才能称为资本，利润生产过程的每一个必需要素都不能独立称为"资本"。具体说来，利润生产过程离不开生产资料、土地和劳动，但这些东西都不是独立的资本，因为这其中的每一个要素都不能独立生产利润。

第二，资本在其抽象形式上表现为货币，而在其具体形式上表现为充当生产要素的各种实物。抽象出来的资本在起点上可以表现为一定量的货币，在一个周期的终点上仍然可以表现为一定量的货币。但在整个利润生产过程中，货币必须化身为生产过程所必需的各种要素，即它首先化身为一定量的生产资料和生活资料，前者包括劳动对象和劳动工具，后者包括工人的生活必需品，然后化身为一定量的商品。在这里，无论是货币，还是生产资料和生活资料，还是包含着利润在内的最终商品，都象征着或具体体现为一定的、有形的实物。正是在这个意义上，古典政治经济学家和马克思的资本被后人称为"实物资本"。要指出的是，"实物资本"概念意味着：不能以有形实物形态出现的东西，比如说制度、法律、文化等利润生产过程的必需因素，就有可能被排除在"实物资本"范围之外。"实物资本"概念与总体性"资本"概念密不可分，它们的结合就使利润生产过程体现为有形物质财富的自我增值过程。当然，马克思曾深刻地指出，所有经济物的本质是人与人之间的经济关系，因此，换个角度说，经济关系最终仍然必须通过一定的有形实物体现出来。马克思的"实物资本"有其深刻的内涵。

第三，实物资本具有可以与所有者相分离的客观独立性。实物资本是作为与"人"相区别的"物"存在的，也是作为外在于

---

① 《马克思恩格斯全集》第44卷，人民出版社2001年版，第180页。

"人"的"物"存在的。尽管所有的实物资本都有其所有者,但实物资本可以与其所有者相对独立地存在。获取、占有和转移实物资本对所有者来说,仅仅意味着外在物质财富的增减变化,人自身则没有发生任何变化。尽管马克思曾经强调指出,资本家是资本的人格化,但利润生产过程很明确地体现为:一方面是自我增值的实物资本不断地进行形式转换;另一方面是看着资本自我增值的资本家纹丝不动。实物资本的相对独立性意味着,只有可以外在于人而独立存在的东西才有可能是资本,而那些内在于人、与人不可分离的东西将被排除在"资本"范围之外。

后人在把古典政治经济学家和马克思的"资本"概念统称为"传统资本"概念或"实物资本"概念之后,对这一"资本"概念进行程度不同的批判。较早提出异议的是人力资本论者。他们认为,如果资本主要是指以自然资源为基础的实物资本,并且资本是推动社会经济发展的主要力量,那么一个必然成立的推论是:拥有自然资源最多的国家就应该是经济发展最快、生产利润最多的国家。但这个推论与事实情况明显不符,事实情况是:拥有自然资源很少的一些国家能位居发达国家之列,而拥有自然资源丰富的众多国家却停留在发展中国家水平。由此出发,人力资本论者提出,真正决定一国财富增长速度的因素,既不是自然资源,也不是机器,也不完全是科学,而是人口质量。舒尔茨的结论是:"改善穷人福利的生产决定性的要素不是空间、能源和耕地,而是人口质量的提高和知识的进步。"[①] 这就是说,与实物资本相比,人力资本是一种更为重要的资本。

人力资本论者试图改变了人们对资本的传统理解,他们更倾向于用边际分析方法来理解资本。他们首先分解出利润生产的各种要素,然后再分析每一个要素的边际投资及其边际收益,他们认为,一个生产要素能不能成为一种资本,就取决于这种生产要素方面的边际投资能否带来一定的边际利润。舒尔茨提出:"我相信,在考虑经济增长时需要确定投资方法。按这种方法,就可通过投资来增加

[①] [美]西奥多·W. 舒尔茨:《人力投资》,贾湛、施伟译,华夏出版社1990年版,第1页。

资本量，追加资本的生产性服务就可使收入增加，这正是经济增长的关键所在。……因而对全部追加投资进行核算便可全面协调地解释资本量的边际变化、由资本带来的生产性服务的边际变化、收入的边际变化以及随之而来的增长。"①

在这样一种资本视角下，人力资本理论提出：人口质量也是一种资本。因为在人口质量方面的投资也可以带来一定的利润。无论是对健康、儿童教育、成人教育以及技能培训方面进行投资，都能生产出超过投资成本的利润。舒尔茨指出："我对人口质量的分析方法是，把质量作为一种稀缺资源来对待。这意味着它具有经济价值，获得它需要成本。人的行为决定着一段时间内人们获得的人口质量的类型和数量。分析这种行为的关键，是追加质量的收益和获得它的成本之间的关系。当收益超过了成本时，人口质量就提高了。"②

需要说明的是，将人力本身视为一种资本并要求进行人力投资的思想，在马克思那里已经有所体现，因为生产剩余价值的可变资本就体现为劳动力（即人力），马克思的"主观生产力"和"精神生产力"概念的提出，关注的就是人在投入生产过程中的作用。"科学技术是第一生产力"③ 这一论断中也蕴含了人力投资思想。

人力资本理论把人口质量视为一种资本，试图从三个方面突破传统"资本"概念。第一，"人力资本"概念试图突破总体性资本的束缚，把利润生产过程中的必需因素也视为资本。实物资本可以自行生产利润，可以化身为各个生产要素，而人力资本不能独立生产利润，只能作为一个生产要素而存在。实物资本尽管从抽象形式上表现为一定量的货币，但在利润生产过程中可以转化为生产过程中的一切要素，它完全通过自身的物质转换而产生利润，整个资本增值过程都是资本的物质形式转换。人力资本尽管也会参与利润生产的全过程，但是在利润生产过程中，人力资本仅仅体现在劳动者身上，包括生产资料在内的诸多生产要素都不是人力资本的物质化

---

① ［美］西奥多·W. 舒尔茨：《人力资本投资：教育和研究的作用》，蒋斌、张蘅译，商务印书馆1990年版，第6页。
② ［美］西奥多·W. 舒尔茨：《人力投资》，贾湛、施伟译，华夏出版社1990年版，第9页。
③ 《邓小平文选》第3卷，人民出版社1993年版，第274页。

身。因此，整个利润生产过程并不能体现人力资本的自行增值过程。而人力资本之所以被视为一种资本，仅在于一点：在其他生产因素相对不变的情况下，对人口质量进行投资可以带来超出投资成本的利润。因此，把人口质量视为资本，开启了分析各种生产要素资本性的大门：利润生产过程中的每一种要素，都有可能作为一种独立的投资对象，只要投资成本低于投资收益就可以了。

第二，"人力资本"概念试图突破有形实物这一形态限制，把无形的东西也纳入资本中来。最终来源于自然资源的实物资本是一些有形的实物，而在人力资本中，存在着大量的无形的因素。人力资本理论所说的人口质量，主要包括人的身心健康情况、受教育程度、所掌握的知识和技能等，在这些东西中，如果说身体健康情况还带着有形实物资本的特色，那么，心理健康、受教育程度、知识和技能等则完全是无形的、观念性的东西。当人力资本理论确认了这些无形之物同样能带来经济利润时，它实际上使资本完全摆脱了形态的制约，即一种东西，只要能带来经济利润，不管是有形的还是无形的，都可以称为资本。

第三，"人力资本"概念试图突破资本独立于人而存在的限制，将完全内化为人之组成部分的东西也视为资本。实物资本是一种独立于人之外的实物，它可以为任何人所拥有，也可以以一定的法律手段而自由转移。人力资本则完全内化为人力资本所有者的组成部分，它与所有者无法分离。由于人力资本与所有者不可分离，在人力资本的形成过程中，所有者必须亲身参与，身体力行，才能确实改善自己的人口质量，在人力资本形成之后，它也无法被所有者自由转移给另一个人。

以人力资本理论为基础的人力资源管理理论则从企业管理的角度进一步扩充了"人力资本"概念，它将人才招聘、员工激励、技能培训等有助于提高员工生产能力的东西，都纳入了人力资本。对人力资源管理理论来说，只要是有利于提高员工劳动生产率的措施，都可以视为一种人力资本投资，这就大大发展了以人为载体的"人力资本"概念。

在人力资本理论广开了"资本"的大门之后，"文化资本"理论也随之出现。以布尔迪厄为代表的文化资本论者发现：文化其实也是一种资本。文化资本论者指出，个人通过学校学习或其他途径接受统治阶级指定的价值观念，也可以在市场上获得超出一般人的财富。布尔迪厄指出："形成这一区分的特殊象征性逻辑，为大量占有文化资本的人额外地提供了对其物质利润和象征利润的庇护：任何特定的文化能力（例如，在文盲世界中能够阅读的能力），都会从它在文化资本的分布中所占据的地位，获得一种'物以稀为贵'的价值，并为其拥有者带来明显的利润。"① 布尔迪厄的"文化资本"概念带有强烈的意识形态色彩，因为他认为文化资本之所以能带来利润，完全是统治阶级出于意识形态考虑而给予奖励的结果，其目的是将统治阶级的文化观念推广为整个社会的文化观念。此后的文化资本论者则逐渐剔除了这一因素，他们以经济学的成本收益方法分析文化，认为获取一定文化资本所带来的收益可以超过获取成本，从而在经济学意义上确定了文化的资本性。一位文化资本论者分析道："从某种意义上说，如果一项文化制度，如一种特定的语言或两性的分工，能对一个社会产生未来收益，并且创造和维持该项制度要付出昂贵的代价，那么这项制度就可被视为文化资本的一种形式。"②

"文化资本"与"人力资本"有很多相似之处，比如说在内容上，二者有一定的重叠，布尔迪厄所提出的"文化资本"三形态③，其第一种形态（即"具体的形态"）就被后人指认为人力资本的内容，人力资本理论在其发展过程中也明确把文化资本纳入其中；在形式上，二者都强调以观念形态出现的、无形的东西。

但是，"文化资本"与"人力资本"有更多的不同之处："人力资本"概念侧重资本的载体，强调资本的载体是"人"，只要包含在人之中而与生产效率有关的东西都可以纳入人力资本之中；而

---

① ［法］布尔迪厄：《文化资本与社会炼金术——布尔迪厄访谈录》，包亚明译，上海人民出版社1997年版，第196页。
② ［美］克利斯朵夫·克拉格、索姗娜·格罗斯、巴得·斯哥茨曼：《文化资本与经济发展导论》，吴丹译，载薛晓源、曹荣湘《全球化与文化资本》，社会科学文献出版社2005年版，第222—223页。
③ 布尔迪厄认为，文化资本可以区分为三大形态：一种是具体的状态，以个体文化形式存在；一种是客观的状态，以文化产品形式存在；一种是体制的状态，以文化制度形式存在。

"文化资本"概念侧重于资本的内容,强调资本的内容是文化,只要是以文化为其内容并且可以提高收入的东西都可以纳入文化资本之中,如被具体化的个人文化观念、被客观化的文化艺术作品、被制度化的社会文化制度等,都属于文化资本范畴之列。人力资本主要是将自然科学技术和社会科学技术内化为个人的知识和技能,从而可以直接提高劳动者的劳动生产效率;文化资本更侧重于人文科学和文化观念,它从一开始就是指人文价值观念的个人化、物化和制度化。

其实,较早体现文化资本思想而没有提出"文化资本"概念的是第二次世界大战后兴起的企业文化理论。企业文化理论要求培养企业的文化氛围,提出要塑造企业的各种理念:如社会理念、管理理念、营销理念等,在这一系列要求中存在一个问题:企业为什么要发展企业文化?不可否认,企业不可能为了文化而发展文化,只能是为了获得更多的利润而发展企业文化。在建设企业文化的企业家眼里,企业文化就是一种资本,发展企业文化就是在进行文化资本投资,这种投资所带来的利润将超过所需花费的成本。这种思想正好暗合了文化资本论的观点。

从"实物资本"到"人力资本",破除了资本的总体性特征、有形性特征和独立性特征,从"人力资本"到"文化资本",又揭示了文化观念可以具有的资本性质。至此,"道德资本"概念的基础已基本确立,因为文化的内核就是道德。将道德纳入资本范围之内,实际上是"资本"概念不断扩展的必然结果,也是经济成为社会生活中心的必然要求。

三 "道德资本"概念的意义

从道德的目的性功能走向工具性功能,从"实物资本"走向"道德资本","道德资本"概念确实是创新性的概念,这种创新并不是以空想为基础的文字游戏,而是对社会实践发展的自觉的、理论的把握。在概念创新的背后,是社会实践发展的强烈要求。

在传统社会,由于科学技术的局限,人能够从自然界获得的财富是有限的,能够被满足的人类需求也是有限的。有限财富和有限需求这种实践状况决定了当时的理论主题：人们必须从理论上说明有限需求论，必须说明在人类所拥有的各种需求中，哪些需求是合乎道德而可欲的，哪些需求是超出道德而不可欲的。这些问题最终都要由目的性道德来解决的，即从终极价值上确定有限需求和有限满足的道德性。当然，为了获得有限财富以满足有限需求，也需要一定的工具性道德，比如说勤劳、节俭、友爱等，但这些工具性道德在当时无疑处于道德体系的边缘，从属于有限需求这一目的性道德。

进入近代社会以后，随着科学技术的进步，人对自然的改造几乎达到一种为所欲为的地步，人所能创造的物质财富也呈现出无限增长的势头。在无限财富的实践生活中，人对财富的欲望被彻底解放了，真正达到了另一种"所欲即可欲"的地步。在这种情况下，欲望本身的道德性证明已经下降为一个次要的理论问题，真正的理论问题在于：如何才能提供最大限度的财富以满足人类最大限度的欲望。

在现代化进程中，财富增长开始以资本自行增值的方式占据历史舞台的中心位置，财富和资本取得了对各种社会事物的重新解释权。它们首先需要夺回在传统社会中被伦理化了的经济阵地。抢夺的方式就是剥下经济实物的宗教和道德外衣，重新恢复经济实物的经济本性，抢夺的结果就是以"实物资本"概念为自己建立最稳固的根基。当财富和资本稳固了自己的经济阵地之后，又将自己的势力伸入了传统的非经济领域。财富增长和资本变成了一种"以太之光"，这种"以太之光"射向各个社会生活领域，对各种社会事物进行属于它的重新解释。在财富增长和资本的重新解释下，各种社会事物都呈现出不同于过去的面貌，都将自己服务于财富增长的一面及其本身利益机制的一面彻底地显露出来。"人力资本"概念和"文化资本"概念正是资本改造各种社会事物的成果。

资本介入各种非经济领域，道德也不可避免地受到了一定程度的影响。在世俗化的大潮中，道德尽管仍然担负着赋予世界以意义的崇高地位，但由于其特殊功能和作用，它也不可避免地要显露出资本的一面。在物质财富和资本的统治下，道德不再抽象地高高凌驾于一切社会事物之上，它像其他社会事物一样，也被置于经济财富的运作过程中,并做出相应的调整,以便为经济发展作出最大的贡献。"道德资本"概念正是这一道德状况的理论化。

因此,"道德资本"概念的理论和实践意义在于它把握了经济发展是当今社会发展的中心这一现实。当今世界的主题是发展,发展的核心是经济发展,尽管近年来包括社会发展在内的全面发展已经形成了一定的力量,但不可否认,全面发展的主动力仍然在于经济发展。既然经济发展是时代的主题,那么,在现实生活中,就应当尽力发掘能够促进经济发展的诸多因素,调动一切能够促进经济发展的力量。"道德资本"概念正是顺应这一时代要求,指明道德对于促进经济发展的工具性作用,从更开阔的层面上寻求有利于经济发展的道德因素。

既然理论的发展趋势和实践的发展趋势都在指向道德资本,那么为什么还有一些人不愿意接受"道德资本"概念呢?笔者认为,这主要是由于部分人心中存在这样一个疑问:作为资本的道德还是道德吗?把道德视为一种工具,是否有损道德的纯洁性呢?进一步说,把道德当作获得经济利益的手段,是否会导致道德的虚假性?

舒尔茨在倡导"人力资本"概念时也碰到过类似的问题。他发现,很多人不愿意接受"人力资本"和"人力投资"这样的概念,主要是因为他们认为把人本身当作一种投资对象会有损人格。他说:"把人类视为能够通过投资来增加的财富是同根深蒂固的道德准则相违背的。这就像把人又贬低成一种纯粹的物质因素,贬低成某种类似财产的东西。因而,一个人倘若把自己看成一种资本货物,那么纵然这并不损害他的自由,也会贬低他的人格。有一段时间,一位像 J. S. 穆勒一样有身份的人坚持认为,不应把一个国家的人民当作财富看待,因为财富仅仅是为人而存在的。但是,穆勒肯定错了;他认为财富仅仅是为人而存在的,可是人力财富的概念同他的想法一点也不矛盾。人通过对自身投资便能扩大自己可资利用的选择范围。这正是自由人可以增加自身福利的一个途径。"[①] 当"道德资本"概念重新面临"人力资本"概念所面临过的问题时,我们的回

---

① [美] 西奥多·W. 舒尔茨:《人力资本投资:教育和研究的作用》,蒋斌、张蘅译,商务印书馆1990年版,第23—24页。

答是肯定的:"道德资本"概念与"人力资本"概念一样,不仅不会有损人的自由和人格,有损道德的纯洁性,相反,它会增强人的自由和人格,促进道德的全面发展。

第一,将道德视为资本,是强调道德的工具性功能,要求培育符合经济发展需求的道德因素,可以为经济生活中的道德建设打下最真实而牢固的基础。历史唯物主义很明白地告诉我们:利益,也只有利益,才是道德产生的真正基础。与个人的自我利益和社会的集体利益相一致的道德,最终都将被人们接受,尽管这一接受过程可能是一个艰难的、漫长的过程;而与个人的自我利益和社会的集体利益相脱节的道德,最终必将被人们抛弃,尽管这一道德可能会在某一时期得到纵容。历史已经证明,道德要求与利益要求完全脱节的时期,也就是伪君子和双面人大量流行的时期。道德资本论所要求的道德必须起到资本作用,必须能够促进经济的发展,因而它正是经济生活所要求的道德,是与现实利益相一致的道德。倡导这种道德不会产生"说一套、做一套"的局面,反而能够真正促进道德的生活化。因此,将道德视为一种资本,探求能够促进经济发展的道德,是推动经济与道德内在结合的一条最为有效的主要途径。

第二,将道德视为资本,仅仅意味着要重新对待以前被相对忽视的工具性道德,要重新摆正工具性道德与目的性道德的关系,并不意味着道德仅仅只能作为资本而起作用。正如亚当·斯密提出"经济人"概念并不是要取代和否定"社会人"概念一样,"道德资本"概念从来没有取代和否定一般道德的意思,它只想指明被以前伦理学研究相对忽视的一个方面:即道德也有资本的一面,也负担着促进经济发展的工具性功能。毫无疑问,道德应该而且必须具备目的和工具两大功能,但在以经济发展为主题的今天,道德的目的性功能固然重要,道德的工具性功能则显得更为迫切。因此,提出"道德资本"概念,并不是要否认道德的目的性功能,而是要在承认道德的目的性功能的基础上,进一步强化道德的工具性功能研究,以为经济发展提供道德方面的有力支持。

第三,将道德视为资本,强调经济运作过程中经济主体的"觉悟"程度和主体与主体之间协调的理性水平直接影响和制约着经济的效益和发展速度,这不仅没有贬低道德、没有损害道德的崇高性和纯洁性,反而说明了道德无可替代的、特殊的作用。"道德资本"概念并没有涉及"什么是道德"这一问题,因而没有改变道德概念的外延,它涉及"道德可以起什么作用"这一问题,并且强调道德对于经济发展的工具性功能。在现时代,起工具作用并促进经济发展的科学道德,当然可以是崇高而纯洁的。事实上,"道德资本"概念通过阐释道德可以具有的资本功能,说明经济发展中道德资本的无可替代性,进一步明确和扩充了道德的现实意义。总之,发展道德资本论,培育具有工具性功能的道德,将产生经济建设和道德建设的"双赢"结局:一方面,经济建设将由于道德资本的介入而获得更全面的资源;另一方面,道德建设也将由于道德资本的发展而获取更深刻的影响。

(原载《江苏社会科学》2006年第5期,人大复印报刊资料《伦理学》2006年第10期全文转载,与李志祥合撰)

六论道德资本
——兼评西松《领导者的道德资本》一书

自从我 2000 年发表《论道德资本》一文以来，我又分别和我的同仁发表了系列文章论述道德资本，并撰写出版了《道德资本论》一书，先后多角度地论证了道德资本的概念、存在依据、基本特征、作用机理和作用形式等，受到学界的关注。有的学者对有关道德资本理论给予了充分的肯定，但有的学者认为道德资本没有存在的理由，有的并撰文提出质疑。这有必要对道德资本问题进行更深入的研究。不久前出版的由西班牙阿莱霍·何塞·G.西松著的《领导者的道德资本》（于文轩、丁敏译）一书，以其独到的视角论述了道德资本的内涵、特点、管理和作用方式等，具有明显的理论启迪意义和实践参考价值。

一 何谓道德资本？

道德资本是什么？道德资本有无存在的理由？这是我研究道德资本问题中反复论及的问题。针对不同意见和质疑，结合对西松著作的评述，再做以下分析。

1. 资本有不同社会背景的多维度的解读

道德可以成为资本，从解析资本就可以做进一步确认。首先要说明的是，资本在资本主义条件下是能够带来剩余价值的价值，这是资本的本质所在。西松在其《领导者的道德资本》一书中忽视了马克思的这一些经典思想。因此，他的道德资本思想有其局限性。因为在特定的社会制度下，社会通行的道德有理性与非理性之分，道德是否能成为资本要做具体分析，同时，在特定的社会制度下，资本不一定是道德的，或者说资本不一定具有道德意义。只有在真正通行公正、平等、自由的社会主义公有制度下，道德的资本意义和资本的道德价值才可达到真正的统一。

当然，西松在书中已经看到了资本的主体性特点。他指出："斯密认为，资本是生产性财富，能够产生收益，被储备起来用于将来——这一点与即期消费不同。"① "大众商业学习惯于将资本理解为财富的同义词，并将财富理解为一种储备，而不是其中的特定的种类或者一部分。在商人和财务人员看来，资本是财富的净价值，是扣除了负债之后的资产。"② 总之，"起初，资本几乎总是与财富和财产相联系"③。"但财富本身并不代表资本，资本也不一定必然会带来收入。"④ 因为，"仅仅拥有资源、资产或者财富是不够的；人们还必须能够将这些财富资本化"⑤。即"资本如果不以产权的形式适当地体现，就难以实现其资本的功能"⑥。而且"财富转化为财产权或者资本的条件无疑存在于物理的资产之上，但此种转化本身是人类思想和诚信的成果。换言之，没有人类的介入，就不会产生财产权或者资本，因为我们的智力影响对于财产化和资本化的过程至关重要：在资源之上把握并且赋予其社会经济信息。然而令人吃惊的是，在经济学发展史中的相当长的时间里，劳动——即人类对于财富生产的杰出贡献——被视为游离于资本甚至直接对立于资本的一种要素。有理由说，这也是卡尔·马克思的最主要观点"⑦。

西松的观点是深刻的，他指出，由于财产权不明晰，财富尤其

---

① ［西班牙］阿莱霍·何塞·G. 西松：《领导者的道德资本》，于文轩、丁敏译，中央编译出版社2005年版，第7页。
② ［西班牙］阿莱霍·何塞·G. 西松：《领导者的道德资本》，于文轩、丁敏译，中央编译出版社2005年版，第7页。
③ ［西班牙］阿莱霍·何塞·G. 西松：《领导者的道德资本》，于文轩、丁敏译，中央编译出版社2005年版，第6页。
④ ［西班牙］阿莱霍·何塞·G. 西松：《领导者的道德资本》，于文轩、丁敏译，中央编译出版社2005年版，第8页。
⑤ ［西班牙］阿莱霍·何塞·G. 西松：《领导者的道德资本》，于文轩、丁敏译，中央编译出版社2005年版，第10页。
⑥ ［西班牙］阿莱霍·何塞·G. 西松：《领导者的道德资本》，于文轩、丁敏译，中央编译出版社2005年版，第10页。
⑦ ［西班牙］阿莱霍·何塞·G. 西松：《领导者的道德资本》，于文轩、丁敏译，中央编译出版社2005年版，第11页。

是无产权无制度程序的财富不可能实现资本化。财富转化为财产权，才能发挥资本功能，资产才有可能成为资本，"因为它使人们能够以一种便捷的方式，对资源在经济上有价值的方面进行识别、描述、掌握和组织"①。同时，财富转化为资本的过程一定是财富所有者在一定的思想指导下，以诚信为价值取向或行为原则，通过劳动生产使财富增值的过程。这些思想说明，一方面，资本虽然是货币是实物，但它应该有明确的归属；另一方面，资本成其为资本，只有按照人的意图运作到生产过程才能被说明或实现。可惜的是，西松似乎在全书都没有进一步展开论述资本的关系性本质，对资本的精神层面（如思想、道德等）与物质层面的逻辑关系没有做系统而深刻的哲学分析。这也许跟指导思想和基础理念有关。尽管如此，能有一家之说已经是很有意义了。

其实，资本的关系性本质表明在私有制条件下，财富或资产所有者在将财富或资产投入生产过程时，其目的一定是靠他人劳动使财富增值，而且是尽可能多地积聚再投入的财富，尽可能少地支出维持再生产所需的条件。资本在社会主义公有制条件下，其基本目的也应该是财富增值，但公有制在其本质上来说，财富的投入与支出是平衡的、理性的，尤其是在使用财富时始终关注绝大多数人的利益。

就是在私有经济活动中的资本增值的财富的流向或使用也要受到符合社会主义制度要求的指导或限制。

同时，资本的物质层面的作用是靠资本的精神层面的作用来实现的，也许西松的关于财富资本化是人类思想和诚信的成果的思想与我的观点不完全是一回事，但是，作为对特殊资本的道德资本的存在的认同，我们是共通的。同时，西松也认同知识资本、人力资本、社会资本等的存在，在此基础上认同道德资本的存在也是顺理成章了。

2. 道德资本即美德？

道德资本是什么？我在《论道德资本》一文中认为，道德资本

---

① ［西班牙］阿莱霍·何塞·G. 西松：《领导者的道德资本》，于文轩、丁敏译，中央编译出版社2005年版，第10页。

是指道德投入生产并增进社会财富的能力，是能带来利润和效益的道德理念及其行为。① 西松的定义有不同，他认为："道德资本可以被定义为卓越优秀的品格，或者拥有并实行特定的社会背景下认为适合人类的各种美德。如今，道德资本的含义亦可被表述为'诚信'，即一种让人联想到值得他人依靠或者信赖的人格上的健全性和稳定性的品质。具备美德或者优秀的品质可以被视为道德资本，这不仅因为它们是一种财富形式，而且还因为它们是在个人身上积累和发展起来具有生产力的能力或者力量，其积累和发展途径是在时间、努力和其他方面的投资，其中也包括在资金方面的投资。"② 在这里，西松的定义很具理论价值，第一，他把道德资本定义为"卓越优秀的品格"，同时，认为道德资本可表述为"诚信"，而将"卓越优秀的品格"与"诚信"相提并论，这是本书之特定话语背景下的精当提示。因为，诚信尤其是被西松界定为"一种让人联想到值得他人依靠或者信赖的人格上的健全性和稳定性的品质"之诚信是推动资本增值的重要杠杆。第二，他认为道德资本是"拥有并实行特定的社会背景下认为适合人类的各种美德"。这里他应用了"特定的社会背景""适合人类"等词语，这是明智之举，因为，美德有时代性和民族性，唯此才不至于"泛化"作为资本的道德。第三，他指出人的美德或优秀的品质被视为道德资本，不仅是因为它们是一种财富，更是因为它们是具有生产力的能力或力量。这里讲到了道德之所以为资本的一个重要前提或依据。事实上，道德或美德，或优秀的品质等，它们只是可能的道德资本，或者至多是没有进入生产过程之前的道德资产，还不能把道德，或美德，或优秀的品质等同于道德资本。为此，西松以上关于道德资本的定义尚需斟酌，否则就会是"道德可以被定义为道德资本""道德资本可以被视为道德"的具有严重语病的概念表述。

3. 道德资本的表现形式及其本体

道德资本之道德，是投入生产过程并能增进社会财富的有用的

---

① 参见王小锡《论道德资本》，《江苏社会科学》2000 年第 3 期。
② ［西班牙］阿莱霍·何塞·G. 西松：《领导者的道德资本》，于文轩、丁敏译，中央编译出版社 2005 年版，第 41 页。

道德或称科学的道德，这样的道德一定是一定社会生活中道德"应然"的体现，作为资本的道德也就是经济活动中的"应该"。下面的西松对此的思维角度虽特别，但在情理之中。他说："幸福在一定意义上代表了道德资本的确定的表现形式。幸福就是最大的道德资本，这种资本只会不断的积累和收益，而不会有任何损耗。对这种道德资本的使用并不会使之变少，相反会更加促进它的增长。体现为幸福的道德资本一经养成，就不会受到任何未来的风险，而且价值将变得更加内在，而不是简单的工具性。积累道德资本就是在追求幸福。"[1] 西松接着表达了亚里士多德的思想，即"一种真正幸福的生活要追求一种本身具有意义的事物，而且最好是一种对人类最高的、终极的善的目标"[2]。因此，"在幸福的最佳状态，只有收获和享乐，没有任何损失或风险。幸福作为道德资本，价值是本体性的而非工具性的"[3]。

西松把幸福作为道德资本的表现形式，并指出价值是幸福的本体。以这样的角度来理解幸福，是在更深层面上说明道德资本由于其进取性、导向性、完善性之特点而有充分的存在理由。

当然，幸福作为道德范畴有其时代性和阶级性，作为道德资本表现形式的幸福应该是体现为一定社会的生活追求之"应当"的幸福。

4. 道德资本的完美性决定了其作用和效益的"正向性"特点

道德资本在经济运行过程中，它不存在随着利润和效益的增加或减少而增加投入或撤出投入的问题。这是因为道德资本是精神资本，其作为资本存在时就意味着作为经济活动主体的人已经具备优秀的品德，同时也表明实物资本或货币资本已经在按照人的一定的价值取向和善的目标在运作。否则，道德资本就不能成立。既然如此，就不需考虑道德资本的退路问题，它永远只会起促进经济发展

---

[1] [西班牙] 阿莱霍·何塞·G. 西松：《领导者的道德资本》，于文轩、丁敏译，中央编译出版社2005年版，第189页。

[2] [西班牙] 阿莱霍·何塞·G. 西松：《领导者的道德资本》，于文轩、丁敏译，中央编译出版社2005年版，第190页。

[3] [西班牙] 阿莱霍·何塞·G. 西松：《领导者的道德资本》，于文轩、丁敏译，中央编译出版社2005年版，第195—196页。

的作用。尽管有时实物资本或货币资本投入后的效益不明显，甚至有时会亏本，但这不可能是道德资本的原因。倒是道德资本会因高尚的经济活动主体及其价值取向，努力改变实物资本或货币资本的投资方式或投资去向，进而获得效益和利润的增值。而且，有时实物资本或货币资本因经济不景气、经营不善时撤出原投资渠道时，此举动本身往往是道德资本在发挥着引导、协调作用。

西松在这一问题上观点鲜明，解释也较为有理，他认为，"道德资本不能像其他形式的资本那样具有善恶二重性或者同等的效用"，"它永远不会被用于罪恶的目的"。① 它的"一个显著特征就在于不会引发任何损失"②。他还说："道德资本或者美德在一个人身上得到体现的同时不会排他，也不会消耗，美德具有'正外部性'。这意味着：一个人美德的增加不意味着另外人的美德的减少；事实上，如果要阻止一个人从自己美德中获得收益，比之相反要难得多。同样地，如果一个人的美德只能够使自己受益，那么，基于'公共物品'的属性，我们可以认定美德已经出现缺失。由于我们常常能够从别人的美德中获益而不需要我们付出任何成本，因此市场机制是不能解释美德的。"③ 这里的关于"市场机制是不能解释美德的"结论是精当的表述，作为道德资本，它的确不存在买卖关系、交换关系，也不存在消耗、亏本之类的经济现象，它只有进取、协调、完善、发展之功用。尽管西松此观点很值得赞赏，但他在谈"作为道德资本的美德"时，思维逻辑上出现了漏洞，他说："道德资本与人力资本、知识资本、文化资本或者社会资本不同，这些形式的资本仅从有限的方面去完善个人，例如从健康、知识、智力或者技能等方面，或者通过获得有利的人际交往、形成人际关系实现；但道德资本却非常不同，它将人作为一个整体进行全面的完善。道德资本不会使人更加有力、更加聪明、更加节俭（相反，它会使人更加慷

---

① ［西班牙］阿莱霍·何塞·G. 西松：《领导者的道德资本》，于文轩、丁敏译，中央编译出版社 2005 年版，第 46 页。
② ［西班牙］阿莱霍·何塞·G. 西松：《领导者的道德资本》，于文轩、丁敏译，中央编译出版社 2005 年版，第 130 页。
③ ［西班牙］阿莱霍·何塞·G. 西松：《领导者的道德资本》，于文轩、丁敏译，中央编译出版社 2005 年版，第 216—217 页。

慨）；它甚至不会使人必然在商业上取得成功。但是，道德资本却可以使人成为人类的优秀分子。这并不是说，具有较丰富的道德资本的人必定会丧失强健的体魄、健康和智慧，或者必须要放弃商业利益；而只是说，具有较丰富的道德资本的人不会较易地以牺牲其优秀的道德品质为代价，去追求健康、知识、社会关系或者利润。"① 这里，西松似乎把道德资本作为完全独立的资本来看待，并把道德资本与其他形式的资本分开，甚至对立，这是片面的甚至错误的观点。因为，道德资本不是以独立资本身份在经济运作过程中发挥作用的，它的"渗透型"特征决定了它必须依托人的言行、实物资本、管理制度等才能发挥应有的作用。② 同时，其他形式的诸如人力资本、知识资本、文化资本和社会资本等，它们的存在和作用的发挥都离不开道德资本的独特的功能；人的健康、知识、智力和技能等水平的提高也并不是与道德资本无关。认为"道德资本不会使人更加有力、更加聪明、更加节俭；它甚至不会使人必然在商业上取得成功"，这更是形而上学的，并在西松书中是自相矛盾的理论观点。

5. 行动才有道德资本意义

行动才有道德资本的意义。这是西松著作中表达的关于道德资本的一个重要观点。西松指出："开发道德资本的关键，在于充分利用人类自身在行动、习惯以及性格这三个操作层面上所具有的动力。在这些层面中，行动是最基本的构成要素，可以被视为道德资本的基础货币。这就意味着，除非付诸行动或者产生结果，否则人类的活动将不具有道德上的意义。"③ 还说："道德资本主要依赖于行动，这意味着，首先，无论思想或者观念多么不可或缺，但它们本身都是不够的。领导力，或者个人或其所在组织的道德资本的增长，其本身并不是一种理论，而是一种艺术，一种实践。"④ 他还特别强

---

① ［西班牙］阿莱霍·何塞·G. 西松：《领导者的道德资本》，于文轩、丁敏译，中央编译出版社 2005 年版，第 41 页。
② 参见王小锡《论道德资本》，《江苏社会科学》2000 年第 3 期。
③ ［西班牙］阿莱霍·何塞·G. 西松：《领导者的道德资本》，于文轩、丁敏译，中央编译出版社 2005 年版，第 62 页。
④ ［西班牙］阿莱霍·何塞·G. 西松：《领导者的道德资本》，于文轩、丁敏译，中央编译出版社 2005 年版，第 84 页。

调,"道德资本由行动构成,这意味着,仅具有行动能力——或者仅能够依理智行事——是不够的。除此之外还需要真正地运用此种能力","而非仅仅对行动能力的拥有"。①

西松的观点揭示了道德资本的重要特征,因为道德意识不管有多完美,道德规范不管有多系统,假如没有付诸行动就不能形成道德资本。

这里要进一步分析的是,道德付诸行动意味着什么?西松在书中论述不够,甚至没有涉及,这也是西松在书中许多地方学理透视和逻辑分析的严密性不够所致。西松的道德资本依赖于行动的观点,强调的是思想观念或道德本身不能成为道德资本。但要确认的是,思想观念或道德一旦付诸行动,思想观念或道德也属于道德资本要素。因此,西松的道德资本"其本身不是一种理论",如果改为"其本身不只是一种理论"更为妥帖。同时,思想观念或道德付诸行动,不能只理解为一般道德活动,还应包括由思想观念或道德指导下的诸如生产管理、销售服务、企业制度建设等经济活动中。而且,一般的诸如讲文明礼貌、助人为乐、保护环境等道德行为,如果不与经济活动相联系、不在经济发展或利润提高过程中发挥一定的作用就不能成为道德资本。

二 道德资本的作用及其运作方式

道德资本的作用及其运作方式,在我和我的同仁的一论至五论道德资本的文章中以不同维度多有论述,就道德资本的作用来说,一方面它影响和决定着经济活动主体或称生产者的价值取向、劳动态度和行为方式等,另一方面它协调着经济运作过程中各种利益主体的关系,以特有的道德力促进代表着各种利益的群体和群体与群体之间的关系始终处于理性生存与和谐状态,并产生增进社会财富的特殊的能力。

道德资本的基础作用是增强领导的道德。西松的《领导者的

---

① [西班牙]阿莱霍·何塞·G.西松:《领导者的道德资本》,于文轩、丁敏译,中央编译出版社2005年版,第85页。

道德资本》一书，重点关注了"领导者"，他认为领导力来自道德力，"领导力是一种存在于领导者与其被领导者之间的双向作用的、内在的道德关系。在领导关系中所涉及的双方——领导者和被领导者——通过相互作用，在道德上相互改变和提升。由此，在道德上的领导就成为主要的领导途径，基于此，个人及其所服务的组织都具有伦理道德性。领导力丰富了个人道德，使个人道德不断成长，并有助于形成良好的组织文化"①。西松从领导者的领导力角度，强调了"领导力的核心是伦理道德"②，而且，西松的一系列论述都表明，缺德的领导者是会丧失信任和权威的领导者。事实上，更进一步思考，领导者缺乏道德力，也就没有感召力，其自身也必然不具有道德分析力、道德组织力，更不会懂得道德在经济运作过程中的渗透机制。因此，缺乏道德力的领导，在其管辖范围内的经济活动必然会削弱甚至丧失道德资本的作用。西松在本书重点研究了领导者的道德资本，其理论的切入点是十分有其学术价值和实践指导意义的。

西松认为作为道德资本的领导者的道德力，首先要求领导者在道德上合格，并且，"优秀的领导者的必备条件是，不仅要在道德上合格，同时还要在职业上合格或者高效"③。其次要求领导者同时具备服务型和仆人型领导方式，"服务型领导体现了领导力思维方式上的重大变革，因为其强调领导者对组织及其员工的深层次的道德责任"，"应当认可员工就其自己的工作做出决定的权利，以及其影响组织的目标、组织、制度的能力"。"仆人型领导与服务型领导相比更具革命性，它颠覆了传统的领导力思维模式，否认领导者的特殊地位和干预的权力。仆人型领导者不仅应当认可组织中其他人的利益，而且他还有义务超越自己的利益以更好地服务于他人的要求。仆人型领导者的义务是，为受其领导的人提供成长和发展的机会；

---

① ［西班牙］阿莱霍·何塞·G. 西松：《领导者的道德资本》，于文轩、丁敏译，中央编译出版社 2005 年版，第 50 页。
② ［西班牙］阿莱霍·何塞·G. 西松：《领导者的道德资本》，于文轩、丁敏译，中央编译出版社 2005 年版，第 49 页。
③ ［西班牙］阿莱霍·何塞·G. 西松：《领导者的道德资本》，于文轩、丁敏译，中央编译出版社 2005 年版，第 48 页。

他还应当提供机会，使被领导者能够通过在组织中的工作，获得物质和道德上的收获。"[①] 最后要求领导者确立信任理念。因为，没有信任，"就不会有对话，不会有理解，不会有合作，不会有商务，不会有社区"，"由相互信任发展起来的社会凝聚力降低了交易成本，推动了创业活动，并促进了经济的竞争性"。[②] 西松的观点是深刻的。说到底，一个具备道德力的领导者，或者说，领导者要积聚更多更好的道德资本，他应该是"道德型"的领导者，应该具备人格平等、群众或职工至上的理念，应该是群众智慧的集大成者，更是道德楷模等。大凡等级观念强烈的领导者或善于玩弄权术的领导者，他一定是平庸、无能之辈，是缺乏甚至丧失道德资本的重要根源。

道德资本的核心作用是促进经济活动主体的道德觉悟提高和崇高的价值取向的确立。因为，经济是人的经济，全部经济活动过程都是人的思想观念和道德的外化、物化的过程。所以，道德资本的作用不同于其他形式资本的作用，道德资本的首要的、直接的任务是解决资本的精神层面的问题。一是提高人们的道德觉悟，二是完善经济行为规范，三是明确行动方向和行为价值取向。可以说，没有经济活动主体的道德觉悟，不仅道德资本不能产生，而且其他资本也不能顺利获得应该获的效益或利润。甚至"缺少了道德资本，其他形式的资本都很容易由企业的优势转变为其衰败之源"[③]。西松在书中用美国安然公司等企业作为例证，说明企业丧失道德资本就将丧失其他资本。我国的一些企业（有的是老字号企业），经营不景气甚至倒闭，究其根本原因是经营者缺乏基本的道德觉悟、丧失信誉、缺少道德资本所造成的。

道德资本的直接作用是提高产品质量或降低产品成本，获得更多收益。我曾在《论道德资本》一文中论述过这一观点，这里要强调的是，一般情况下，企业具备道德资本就能保证产品质量。但是，

---

① ［西班牙］阿莱霍·何塞·G. 西松：《领导者的道德资本》，于文轩、丁敏译，中央编译出版社2005年版，第50—51页。
② ［西班牙］阿莱霍·何塞·G. 西松：《领导者的道德资本》，于文轩、丁敏译，中央编译出版社2005年版，第52页。
③ ［西班牙］阿莱霍·何塞·G. 西松：《领导者的道德资本》，于文轩、丁敏译，中央编译出版社2005年版，第56页。

企业发展是一个经营过程和经营链条,产品质量好不一定能获得预期效益或利润,当然,也有可能获得比预期更好的效益或利润。假如企业能在销售产品后很好地兑现服务承诺,那就会扩大企业产品的市场占有率,加速产品销售和资金流转速度,获得更多的利润,这相对来说就又提高了产品质量;假如企业不能在销售产品后很好地兑现服务承诺,那就会缩小企业的产品的市场占有率,放慢产品销售和资金流转速度,就会减少利润获得,这就相对来说降低了产品的质量,提高了产品成本。

三 道德资本的培育与增强

道德资本形成的前提是经济活动主体具备一定的道德觉悟,并在经济活动中指导或影响经济行为。如果仅仅是懂得一些道德知识,或者仅仅是社会明确了善恶价值标准及其行为规范体系,这还不足以形成道德资本,因为道德要求没有成为经济活动主体的自觉意识或没有在经济活动中发生作用并促使财富增值,道德的资本功能就没有发挥,也就无所谓道德资本。因此,培育人们的道德品格是培养和增强道德资本的重要途径之一。

事实上,道德资本不是实物资本,它需要通过培育来不断得到增强。西松认为:"努力培养美德,即是为道德资本增加投资股。"[1]

西松在前面提出行为是道德资本的基础货币的基础上,提出要培养人的习惯,有创见地认为习惯能使道德资本不断增加和延续。他认为"习惯产生于人类自愿行为的反复","如果行为可以视为道德资本的基础货币,构成了账户的本金,那么习惯就可以看作行为产生的福利。习惯就是人类反复的自发行为所产生的道德资本"[2]。西松在这里把习惯作为道德资本,不无理由,但把道德资本称为"人类反复的自发行为所产生的",这里的"自发行为"概念不清,

---

[1] [西班牙]阿莱霍·何塞·G.西松:《领导者的道德资本》,于文轩、丁敏译,中央编译出版社2005年版,第155页。

[2] [西班牙]阿莱霍·何塞·G.西松:《领导者的道德资本》,于文轩、丁敏译,中央编译出版社2005年版,第97页。

会引起误解，假如把"自发行为"改成"自觉行为"，观念表述就更会清楚。

　　西松提出习惯形成需要两个条件。一是时间。他认为"时间意味着一定的性能和状态持续存在"①。我认为这一条件作为理论观点没有多大的实际意义，可以忽略不计。西松是在强调"习惯总是通过行为的反复出现而逐渐形成的"得出时间的条件，这是常人都能体会到的显而易见的事实，可以说，以时间作为专门的条件来叙述显得多余而失去理论力度。其实，视角和语词稍作转变，即可把"习惯总是通过行为的反复出现而逐步形成的"客观事实，由强调时间改变为强调行为的反复锤炼，强调不断实践的重要性更有理论力度。二是自由。西松把自由分为物理自由、心理自由和道德自由三个层面，认为物理自由"意味着个人所处的环境开放，运动自如"，心理自由"是指一个人做出选择时，不受任何外来因素的支配，而只依赖于他的主观意愿"，道德自由"是一种超越个人自然状态的更强大的自由，道德自由来自个人的美德和善德习惯"。②他评论说，"物理自由和心理自由均属'消极自由'，是指不受到外来力量干涉的自由。而道德自由则是一种'积极的自由'"③，是"更强大的自由"。西松在这里是为了强调道德自由的本质特征而提出物理自由和心理自由的概念，并与之相比较。问题是依据西松对物理自由和心理自由的解释，这种自由客观上不存在，而且说到底，"消极自由"就是不自由。我指出这一问题的意思是强调自由只能是在把握自然和社会客观发展规律并按客观规律行动的真正的自由，因为，只有这样理解才能真正懂得"善德习惯"的培养与自由的关系，换句话说，只有依据道德生活规律而获得的自由，即所谓的"道德自由"，才能养成作为道德资本的习惯。

　　为培养美德，为道德资本增加投资股，西松在强调"习惯的性

---

① ［西班牙］阿莱霍·何塞·G. 西松：《领导者的道德资本》，于文轩、丁敏译，中央编译出版社 2005 年版，第 111 页。
② ［西班牙］阿莱霍·何塞·G. 西松：《领导者的道德资本》，于文轩、丁敏译，中央编译出版社 2005 年版，第 112 页。
③ ［西班牙］阿莱霍·何塞·G. 西松：《领导者的道德资本》，于文轩、丁敏译，中央编译出版社 2005 年版，第 112 页。

质代表了一种优于其他活动的道德资本"的基础上，认为"习惯并非道德资本形成和发展中的最终决定因素"，"但是人的性格往往发挥着比习惯更大的影响力"。① 这是因为，性格是由习惯塑造的，"我们可以把性格或文化称为道德资本中的债券。债券是政府或公司用来实现资本增值的一种金融工具。投资者延迟消费而购买债券，为的就是在若干年后收取红利。只有经过了特定期间后，他才可以收回利润和最初的资本"②。"性格和文化与债券类似，是一种长期投资的结果，通常意味着主体多年来坚持不懈的努力。不过一旦形成，他们就不会轻易发生改变，也不会随便丢失。他们所产生的风险很小。这是由于他们是主体多年来自由和理性的结果，体现出了主体的良知和意愿，深植于主体的习惯之中。与债券不同的是，性格和文化可以在低风险的同时保持较高的收益率。一旦一个人的习惯完全形成他的性格，他就不仅能够做得更多更好，而且可以养成其他与之相关的习惯，并相辅相成，不断实现自我完善。"③

对西松的观点做简要概括的话，那就是培育和增强道德资本需要培养"善德习惯"，道德资本增加投资股需塑造性格。这是形成道德资本的一个中心问题，西松用"习惯""性格"的视角来论述道德资本的培育和增强问题是立足于应用的独到的有价值的研究思路。

要指出的是，西松仅仅从人或"企业作为人"的人格角度研究道德资本的培育和增强问题，似乎思路不周延，尽管人的习惯的养成和性格的塑造需要多种因素的加入或配合，但有些条件还是需要专门的关注和创制。一是要创造其他形式资本的道德理念的可渗入性。企业制造某产品首先是需要一定的技术和文化参数，同时一定的道德理念要能影响或改变按技术和文化参数常规所设计的产品，使之更适合人的生产和生活需求。同时，道德理念要能在产品制造的全过程进行有效的指导、规范和监督。二是要研究道德资本的作

---

① [西班牙] 阿莱霍·何塞·G. 西松：《领导者的道德资本》，于文轩、丁敏译，中央编译出版社 2005 年版，第 127 页。
② [西班牙] 阿莱霍·何塞·G. 西松：《领导者的道德资本》，于文轩、丁敏译，中央编译出版社 2005 年版，第 129 页。
③ [西班牙] 阿莱霍·何塞·G. 西松：《领导者的道德资本》，于文轩、丁敏译，中央编译出版社 2005 年版，第 130 页。

用机理和机制，并使之成为可操作的程序和制度，否则，即使人们已具备高尚的道德觉悟，并已形成西松所说的"习惯"与"性格"，那也不可能使道德成为道德资本。三是道德资本的形成与发展需要道德付诸实践，然而道德"却需要适当的社会文化背景或者社区环境"才能够付诸实践。因此，培育和增强道德资本不能忽视对社会文化背景和社会环境的净化与完善。

四 道德资本的管理

西松在书中提出了道德资本管理问题，这的确是从理论到实践都需要考虑的课题。管理不好道德资本就意味着道德资本的效益会降低，甚至可能丧失道德资本。

西松指出，"管理道德资本的最佳战略，是投资于追求善德的生活方式"①。因为，"一个人的生活方式融合了他的感觉、行为、习惯和性格；人的生活赋予结构和存在意义"②。他同时指出，公司的生活方式或称"公司的历史"如同个人生活方式一样。西松主张以"追求善德的生活方式"来实现道德资本的管理，这是很有见地的观点。因为，管理道德资本首先要存有道德资本，否则，管理道德资本就无从谈起。而"投资于追求善德的生活方式"，是西松主张在更广泛的意义上即人或企业的全方位生活方式上培养道德觉悟，实践公正、节制、勇敢、谨慎的美德，实现最大量或最好的"道德资产"。

西松同时认为，要实现对道德资本的有效管理，要能够衡量道德资本。他认为，对道德资本有两种"衡量战略"，"一个是间接衡量，针对缺乏道德资本所产生的后果；另一个是直接衡量，针对存在道德资本时的后果"③。西松认为，针对缺乏道德资本所产生的后

---

① ［西班牙］阿莱霍·何塞·G. 西松：《领导者的道德资本》，于文轩、丁敏译，中央编译出版社 2005 年版，第 194 页。
② ［西班牙］阿莱霍·何塞·G. 西松：《领导者的道德资本》，于文轩、丁敏译，中央编译出版社 2005 年版，第 195 页。
③ ［西班牙］阿莱霍·何塞·G. 西松：《领导者的道德资本》，于文轩、丁敏译，中央编译出版社 2005 年版，第 205 页。

果分析的间接衡量,是指通过对员工的流动率、旷工率和懒散等行为和对员工的诸如殴打、袭击、杀人、盗窃、故意或疏忽盗用公司资源等违法犯罪行为的定量分析,通过对员工生活质量、快乐程度、宗教信仰、价值取向等负面因素的定性分析,了解道德资本的缺少量。① 由此推理,我想西松针对缺乏道德资本所产生的后果分析的结果,自然会形成如何消除后果,培育和增强道德资本的理念和举措。西松的直接衡量是指"公司层面上人力资本适格水平、人力资本忠诚度、人力资本满意度指数以及公司氛围指标等"②的定性指标分析。具体说来,可以衡量公司和个人社会责任、环境责任和伦理责任,衡量公司吸引、激励和留住人才的能力,衡量公司有效留住客户群、增强员工忠诚度和投入度的声誉,衡量企业家是否"强调团队合作、以客户为中心、欣赏公平竞争、不断创新、富有主动性"③。他的直接衡量道德资本的定量分析包括"人力资本收益、人力资本投资回报和人力资本附加价值"④。直接衡量道德资本,不仅能从中了解道德资本的现状或现有量,而且同样能了解道德资本的缺损,从而厘清管理道德资本的经验和教训,并为积累道德资本货币更有效地选择道德资本投资股。

西松的道德资本的管理理念是对当代企业经营管理思想的重要的突破,它的崭新的视角开拓了当代企业经营管理的新领域。

当然,道德资本的管理是一项系统工程,从道德资本管理的内容、道德资本管理的方法和途径到道德资本管理的目标等都需要有明确的计划,并且要从思想道德观念与实践操作、从公司与个人、从矫正与投资等方面来考虑道德资本管理策略和举措。而且,在不同的国度、不同的地区和不同的企业,道德资本的管理有不同的要求,甚至有的有本质的区别,这就更需要有针对性地规划道德资本

---

① 参见[西班牙]阿莱霍·何塞·G. 西松《领导者的道德资本》,于文轩、丁敏译,中央编译出版社2005年版。
② [西班牙]阿莱霍·何塞·G. 西松:《领导者的道德资本》,于文轩、丁敏译,中央编译出版社2005年版,第211页。
③ [西班牙]阿莱霍·何塞·G. 西松:《领导者的道德资本》,于文轩、丁敏译,中央编译出版社2005年版,第212页。
④ [西班牙]阿莱霍·何塞·G. 西松:《领导者的道德资本》,于文轩、丁敏译,中央编译出版社2005年版,第219页。

管理方案，以促使实现道德资本的高效管理。

  在我国，当务之急是要全面地盘点企业道德资本。诸如企业的经营理念和经营目的、企业领导的道德素质、企业职工的道德品质、企业制度的道德化、企业文化的道德性、企业道德环境、企业产品蕴含的人性要求、企业与其他企业的合作诚意、企业产品售后的服务承诺及其兑现、企业的社会责任意识、企业的道德与道德资本管理等，都应该有一个清晰而深刻的分析，唯此才有可能更多更好地积累道德资本，并充分发挥道德资本的应有的作用，不断增强现代企业的核心竞争力。

（原载《道德与文明》2006 年第 5 期，人大复印报刊资料
《伦理学》2007 年第 1 期全文转载）

三谈道德生产力
——道德生产力水平的依据和标志

我曾经在《经济伦理学论纲》一文中首次提出"道德生产力"的概念，并论证了道德是生产力，而且是动力生产力的观点，在《再谈道德是动力生产力》《道德与精神生产力》①等文章中，我试图多角度地说明道德生产力的存在依据及其理论和实践价值。我的关于道德生产力的系列文章发表以后，受到学术界同仁的关注，有的学者或撰文或在学术会议发言提出了不同意见，我也及时给予了学术回应；同时有的学者在认同我的关于道德生产力的观点的基础上，撰文或深化或拓展了我的观点。今天我以"三谈道德生产力"为题进一步阐释我的观点，与学界同仁交流。

一 道德是生产力水平和发展潜力的重要因素

生产力的核心和基础是劳动者或劳动力，因此，生产劳动过程是人的活动或作用过程，就是作为"主观生产力"和"社会的劳动生产力"的实现过程。换句话说，"单个人如果不在自己的头脑的支配下使自己的肌肉活动起来，就不能对自然发生作用。正如在自然机体中头和手组成一体一样，劳动过程把脑力劳动和体力劳动结合在一起了"②。因此"我们把劳动力或劳动能力，理解为人的身体即活的人体中存在的、每当人生产某种使用价值时就运用的体力和智

---

① 上述三文分别于《江苏社会科学》1994年第1期、《江苏社会科学》1998年第3期、《江苏社会科学》2001年第2期。

② 《马克思恩格斯全集》第23卷，人民出版社1972年版，第555页。

力的总和"①。这就是我在以往论文中多次指出的，生产力内含人的知识和智力，推而论之也必然内含人的道德知识和道德境界。

为此，考量生产力水平不能不考察作为劳动者的道德素质及其发挥的作用。而且，考量生产力水平有静态与动态之别，厘清这两点将有助于我们充分认清道德在生产力的发展进程中的不可或缺性。

首先，就静态意义上来说，生产力水平是既定的，"因为任何生产力都是一种既得的力量，以往的活动的产物。所以生产力是人们的实践能力的结果，但是这种能力本身决定于人们所处的条件，决定于先前已经获得的生产力，决定于在他们以前已经存在、不是由他们创立而是由前一代人创立的社会形式"②。这当然包括社会意识形式。就最能说明生产力水平的劳动产品来说，它是人的活动的产物。"在劳动过程中，人的活动借助劳动资料使劳动对象发生预定的变化。过程消失在产品中。它的产品是使用价值，是经过形式变化而适合人的需要的自然物质。劳动与劳动对象结合在一起。劳动物化了，而对象被加工了。在劳动者方面曾以动的形式表现出来的东西，现在在产品方面作为静的属性，以存在的形式表现出来。"③ 而劳动也好，产品也好，都是人的精神的外化物（动态或静态）。恩格斯曾说："劳动包括资本，此外还包括经济学家想也想不到的第三要素，我指的是简单劳动这一肉体要素以外的发明和思想这一精神要素。"④ 马克思后来也明确指出："生产力的这种发展，归根到底总是来源于发挥着作用的劳动的社会性质，来源于社会内部的分工，来源于智力劳动特别是自然科学的发展。"⑤ 无疑，恩格斯的"发明和思想"即"精神要素"和马克思的"智力劳动"都必然包含着人的思想境界和道德价值取向。没有作为劳动和劳动产品的"灵魂"的道德，那劳动和劳动产品将是不可思议的行为和东西，生产力水平也将是没有价值依据的抽象概念。

既定的生产力水平主要是指劳动资料的技术含量及其功能、劳

---

① 《马克思恩格斯全集》第 23 卷，人民出版社 1972 年版，第 190 页。
② 《马克思恩格斯全集》第 27 卷，人民出版社 1972 年版，第 477—478 页。
③ 《马克思恩格斯全集》第 23 卷，人民出版社 1972 年版，第 205 页。
④ 《马克思恩格斯全集》第 1 卷，人民出版社 1956 年版，第 607 页。
⑤ 《马克思恩格斯全集》第 25 卷，人民出版社 1974 年版，第 97 页。

动对象的认识、开发和利用程度、劳动者的整体素质和劳动技能等。第一，就劳动资料的技术含量及其功能来说，生产工具先进性程度主要是指生产工具的驾驭和改造自然界的最高能力。在利用先进生产工具驾驭和改造自然界的过程中，必然有着如何驾驭、为谁服务等问题。也就是说，社会科学知识尤其是道德智慧是先进生产工具的"精神依托"，马克思说："自然界没有制造出任何机器，没有制造出机车、铁路、电报、走锭精纺机等等。它们是人类劳动的产物，是变成了人类意志驾驭自然的器官或人类在自然界活动的器官的自然物质。它们是人类的手创造出来的人类头脑的器官；是物化的知识力量。固定资本的发展表明，一般社会知识，已经在多么大的程度上变成了直接的生产力，从而社会生活过程的条件本身在多么大的程度上受到一般智力的控制并按照这种智力得到改造。它表明，社会生产力已经在多么大的程度上，不仅以知识的形式，而且作为社会实践的直接器官，作为实际生活过程的直接器官被生产出来。"① 第二，就劳动对象的认识、开发和利用程度来说，人们的道德视角下的生态意识将直接影响劳动对象的开发、利用的合理性问题。劳动产品的多寡不是生产力水平的标志，如有的矿产资源虽然开发多了，物质资源的绝对值增加了，但就利用矿产资源的技术力量还不能充分利用矿产资源并有可能浪费的情况下，这实际是生产力发展水平相对低下的表现。第三，就劳动者的整体素质和劳动技能来说，"没有人的作为'主观生产力'及其观念导向，生产力将是'死的生产力'，不能成为'劳动的社会生产力'"②，同时，没有人的道德理念和道德举动，生产力的先进性就难以体现，因为，先进的生产力必须要有具备先进的或科学的道德价值取向的人。哪怕生产资料最丰富最先进，离开了先进的人，没有精神追求的人，生产力就难以发展。所以，作为"主观生产力"的人是衡量生产力水平的重要依据。

其次，就动态意义上来说，生产力的水平应该理解为一个过程。既有的生产力水平不是既有的劳动者和生产资料就能说明的，因为

---

① 《马克思恩格斯全集》第46卷（下册），人民出版社1972年版，第219—220页。
② 王小锡：《再谈"道德是动力生产力"》，《江苏社会科学》1998年第3期。

体现生产力水平的劳动产品等是劳动和劳动对象结合并发生作用而形成的。然而，在对劳动对象的认识和作用过程中，假如只顾眼前利益，忽视长远利益；只顾个人或小团体利益，忽视集体（民族和国家）利益；只顾人的片面的生存需求，忽视自然生态、社会生态、自然社会生态等，那么，看上去丰富的劳动产品，从"过程"意义上来说，由于非理性的甚或缺德的对自然资源的过度开发，往往是劳动产品越丰富，越是造成生产力水平的停滞或降低，在一定意义上是对生产力的破坏。

动态视角下的生产力水平很大程度上取决于人们的精神力和道德力。前面已经提到，既有的物质的生产力必然内含着人的参与和人的思想和道德的支配，否则，物质的生产力之为生产力或生产力水平就无法理解和正确把握。同时，生产力的发展水平是一种可能，是一种趋势，是一种潜在的生产力，它更离不开人的思想和道德。一方面，思想力和道德力影响劳动和劳动生产率。人们的思想觉悟、道德素质直接制约着劳动的质量和劳动的效率。很难想象缺乏进取精神的人群，会有理想的劳动生产率。即使有丰富而又先进的生产资料，也会由于缺乏进取精神而形成浪费式的生产效率。马克思说，"人本身单纯作为劳动力的存在来看，也是自然对象，是物，不过是活的有意识的物，而劳动本身则是这种力的物质表现"[①]，还说，"人类支配的生产力是无法估量的。资本、劳动和科学的应用可以使土地的生产能力无限地提高。……科学又日益使自然力受人类支配。这种无法估量的生产能力，一旦被自觉地运用并为大众造福，人类肩负的劳动就会很快地减少到最低限度"[②]。马克思在这里既强调了包括社会科学在内的科学的作用，更强调了"被自觉地用来为大众造福"的精神境界对于发展无穷无尽生产力的重要性。另一方面，基于道德理念的生态意识，决定着潜在的生产力能否充分地发挥和发展。前面已经提到，过度的资源开发从宏观和"过程"意义上来说，是对生产力的削弱甚或破坏，因此，生产力发展或发展生产力虽然看上去似乎是纯物质活动现象，其实质是生态道德或经济道德

---

① 《马克思恩格斯全集》第 23 卷，人民出版社 1972 年版，第 228—229 页。
② 《马克思恩格斯全集》第 3 卷，人民出版社 2002 年版，第 463—464 页。

行为，是生产力发展与否的根本之所在。可以说忽视甚或破坏生态的不道德行为，即使轰轰烈烈，即使暂时效益凸现，最终受损的是生产力发展的速度。再一方面，生产力发展受到一定社会制度的制约，社会制度适应生产力的发展要求，将会促进生产力的发展，反之，不合理的制度将阻碍生产力的发展。道德化的制度是科学的理性的制度，是生产力发展的前提条件。马克思曾经提到制度与科学的关系，他说："但是在一个超越于利益的分裂（正如同在经济学家那里利益是分裂的一样）的合理制度下，精神要素当然就会列入生产要素中，并且会在政治经济学的生产费用项目中找到自己的地位。"① 为此，只有不断加强道德意识，不断完善社会制度，才能不断发展社会生产力。

二 道德会促进人的发展和关系的完善，而促进人的发展和关系的完善是生产力水平的重要标志

在马克思生产力概念中，从来都具有人的位置，将人从马克思的生产力概念中驱赶出去不是马克思主义。当然我们承认，马克思说过的"生产力当然始终是有用的具体的劳动的生产力"②，但这并非生产力"与人无涉"的充分理由。马克思还曾明确指出，要"把物质生产变成在科学的帮助下对自然力的统治"，"要发展人的生产力"③，事实上，"科学这种既是观念的财富同时又是实际的财富的发展，只不过是人的生产力的发展即财富的发展所表现的一个方面，一种形式"④。同时，人是关系之人，生产力是人的生产力也就意味着生产力是关系的生产力。因此人和人的发展、关系的完善是生产力发展的重要标志。

首先，人是社会生产的基础、内容和结果，考察社会的生产力

---

① 《马克思恩格斯全集》第1卷，人民出版社1956年版，第607页。
② 《马克思恩格斯全集》第23卷，人民出版社1972年版，第59页。
③ 《马克思恩格斯全集》第9卷，人民出版社1961年版，第252页。
④ 《马克思恩格斯全集》第46卷（下册），人民出版社1980年版，第34—35页。

水平首要的而且是最根本的是要考察人的发展状况。"依照马克思的话，社会的生产过程，无论是在资本主义制度下，还是在共产主义制度下，总是把作为社会关系主体的人作为自己最终的产品和结果"①，事实上，"生产之所以首先被称为社会的生产，是因为社会或者作为社会的文化历史的生物的人的生产始终是生产的最终结果，所有其余的东西——无论是生产的产品、劳动条件，甚至直接的生产过程——毕竟都只不过是一些因素，即人们实施自己的社会存在自身不断的运动过程的工具和物质装备。在这个意义上，社会生产始终是自我生产，在这种生产中，'人不仅像在意识中那样理智地复现自己，而且能动地、现实地复现自己，从而在他所创造的世界中直观自身'。所以，承认生产方式在社会发展中起决定作用是不够的，还必须认识到人本身就是社会生产的基础"②。以上的观点是有道理的。因此，人理所当然是社会生产力水平的主要标志。既然如此，应该弄清楚作为生产力水平主要标志的人的发展的标志是什么。我认为，作为生产力发展重要标志的人和人的发展是一个内容丰富而又有精神和物质两个层面的考察视角的特殊领域。其中德、智、体、心、能等应该是考察的主要内容。这里我要强调的是，人的道德素质是人的发展的基础性标志、核心标志。这不仅是因为人的智力、体力、能力等的正常而有效地发挥需要有一定的道德境界支配和协调，更需要有明确而崇高的人生价值取向不断地引导人去追求并实现人生目标。为此，适应时代要求的社会生产一定能生产出与时代同进步的道德人。

其次，人是关系之人，既然社会生产是"社会的人的生产"，这就意味着社会生产也是人的关系即社会关系的生产。考察一个社会的生产力水平还应该考察社会关系的和谐状况，以其特有的角度说明社会生产力的发展水平。并由此进一步观察作为生产力水平主要标志的人的道德觉悟及其作为生产力的作用。对此，托尔斯蒂赫有

---

① ［苏］托尔斯蒂赫：《精神生产——精神活动问题的社会哲学观》，安起民译，北京师范大学出版社1988年版，第79页。

② ［苏］托尔斯蒂赫：《精神生产——精神活动问题的社会哲学观》，安起民译，北京师范大学出版社1988年版，第81页。

其视角独特的比较深刻的见解,他说,"不仅提高生产物质财富的数量和质量(这仅仅是初始条件),而且不断完善人们之间的关系即人本身,这都已成为社会主义制度下社会生产发展的规律。如果不考虑到,社会主义社会中社会生产的增长和不断完善,只有在人日益广泛地掌握自己的社会关系并在更高的基础上再生产这些关系的过程中才能实现,也就是说,只有在人们不断地改变和完善自己的关系即社会个人自身的过程中才能实现的话,那么,就无法理解这种社会生产的增长和不断完善的动态"。他还说,"以社会个人的发展为主要目的的社会生产的形成,就标志着超出以前划分开物质生活生产和意识生产的界限。其高级形态的意识——科学、艺术、道德、哲学——就成为人们自己现实社会生活生产的不可分离的组成部分,成为所有的人和每一个人实际的社会变革活动的必要条件。劳动人民群众的高度觉悟、充沛的精神和充实的生活是他们表现出社会生产积极性的经常起作用的因素。人越是成为自己社会关系的创造者、社会发展的真正主体,人的物质实践活动就在越大的程度上获得精神活动的性质,也就是说,这种活动不仅要求体力,而且要求脑力的发展和紧张活动"①。托尔斯蒂赫在这里不仅指出社会生产力水平的提高要有完善的人和完善的关系,而且特别强调,包括道德在内的高级形态的意识是实现完善的人和完善的关系的必不可少的条件。

最后,生产力是一个由多种要素结合在一起的综合概念,而且,各要素之间的结合关系说到底是人与人之间的关系,考察社会的生产力水平就同时应该考察生产力内部关系的道德状态。我曾经指出②,生产力本身的发展也有赖于生产力内部各要素之间的合理联系和理性存在,即是说,劳动者与劳动工具、劳动对象如能实现合理的理性的结合,生产力才会正常发展。假如人成了作为劳动工具的机器的附属物,或者劳动资料和生产资源不属于劳动者,劳动者与它们是被动的、被迫的、不合理的结合,这样的生产力内部的不协调状况,势必严重影响生产力的存在和发展。而要实现生产力内部

---

① [苏]托尔斯蒂赫:《精神生产——精神活动问题的社会哲学观》,安起民译,北京师范大学出版社1988年版,第316—317页。

② 参见王小锡《道德与精神生产力》,《江苏社会科学》2001年第2期。

各要素之间的合理联系和理性存在，需要建立符合道德和理性要求的生产关系，更需要劳动者的道德认知水平和道德协调措施。不知道道德为何物的人，也就难以把握自身与生产力其他要素的关系及其处置方式。因此，说到底生产力内部人与物的结合方式就是一定意义上的人与人关系的生存和协调方式，也是一种道德存在方式，生产力水平的考察离不开基本的道德理念。

三 对道德生产力质疑的质疑

我在1994年初提出"道德生产力"概念以后，同仁的质疑或认同使得该问题的研究一直在不断深入。观点的不同有多种原因：有的是基于不同的学科理念，有的是基于不同的理论认知，有的是基于不同的研究方法等。为了进一步深入研究道德生产力问题，我将针对最基本的概念上的不同观点做一回应与交流。

首先，生产力是什么？有的作者认为"生产力根本就不是什么东西"，并认为它是"某种东西的某种属性"，"按我们一般的生产力定义，就是社会生产中劳动者所具有的改造自然、获取物质生活资料的能力，是人的一种属性，反映的是人与自然的关系，如果要说明这种关系的大小、强弱，即所谓量化，那么可以说生产力是一种关系量，用科学的语言说是一种能量"，"是人这种特殊的物质所具有的一种属性，是一种能量"。因此，作者接着认为，把生产力当成某种东西，即把人当成生产力，把与人的生产直接相关的生产、劳动对象等物质要素当成生产力，把与人间接相关的诸如科学技术、生产的组织形式、管理、教育，乃至社会科学、伦理道德等都当成生产力，这样，生产关系、上层建筑的内容也成了生产力。这种思路是错误的。[1] 其实，以上观点偷换了一个概念，即生产力是什么与什么是生产力不是一回事，说生产力是一种属性或能量没有错，但因此就说明生产力不是什么东西，并由此得出结论说"生产力不是物，也不是精神"[2]。这样一来，反而把生产力抽象成无法把握的虚

---

[1] 胡友静、李蕾：《关于生产力的新认识》，《江西教育学院学报》2005年第2期。
[2] 胡友静、李蕾：《关于生产力的新认识》，《江西教育学院学报》2005年第2期。

幻的东西。问题是生产力是什么的生产力，作为生产劳动过程的属性或能量是哪里来的。就现有的认识平台来说，生产力要么是物质生产力，要么是精神生产力。其实，持"生产力根本就不是什么东西"的作者也认为，"生产力是人这种特殊的物质所具有的一种属性，是一种能量"，"而能量是依附于物质实体的，是物质的属性"[①]，因此，生产力一定是某种东西（物质和精神）的生产力。马克思的关于"资本的生产力""个人生产力""物化生产力""人的生产力""生产力属于劳动的具体有用形式"等概念和命题，都说明了这一点。当然，该作者还强调，即使这样，"只能说某物具有能量，不能说某物是能量"。其实物质生产力和精神生产力概念中的"物质"和"精神"在一定的话语背景中完全可以被理解成"具有能量"或"是能量"。

当然，要进一步说明的是，物质和精神不等于生产力，即生产力不是物质和精神本身。以生产工具为主要内容的劳动资料在没有进入生产过程以前都是"死的生产力"，只有进入生产过程，在作为"主观生产力"的人的作用下，物质和精神才可能成为生产力的要素。

其次，物质生产力和精神生产力如何理解？就物质生产力来说，一是指生产物质产品的能力，二是指以生产工具为主要内容的劳动资料的生产能力，它既可以生产物质产品，也可以生产精神产品。按照马克思主义的观点，生产也是人和社会关系的再生产，这其中包括精神和精神产品的生产和再生产。就精神生产力来说，一是指生产精神产品的能力，二是指以科学、思想、道德为主要内容的进入生产过程的生产能力，它既可以指导和影响生产物质产品，也可以指导和影响生产精神产品。这里要说明的是，物质生产力和精神生产力不是可分离的两种生产力，据我所知，至今也没有哪位学者把精神生产力当作独立的生产力来看待。事实上，物质生产力只有作为精神生产力的科学、思想、道德等在进入生产过程并发挥作用（激活作为死的生产力的劳动资料等）时，物质生产力作为劳动的社会生产力才得以成立；同样精神生产力只有进入生产过程并指导或

---

① 胡友静、李蕾：《关于生产力的新认识》，《江西教育学院学报》2005 年第 2 期。

影响物质和精神生产时才得以体现。为此,物质生产力和精神生产力是相辅相成的两大生产力要素。

最后,道德是不是生产力?对于这一理论问题,一直以来讨论比较热烈。一个带本质性的质疑结论是,有的作者认为道德生产力的错误在于过分强调生产力的作用,动摇了历史唯物主义的存在基石。[①] 我认为这是对道德生产力观点的错误理解所得出的错误结论。一方面,有作者认为道德生产力不是独立的生产力,它不存在生产力意义上的作用。我曾强调,道德生产力作为精神生产力,它不是游离于劳动的社会生产力之外的独立的生产力,它是生产力的因素或要素。同时,前面已经提到,没有精神生产力的物质生产力是不能成立的,它只能是"死的生产力"。我还曾强调,精神生产力离开了物质生产力,精神生产力将是没有意义的虚词。另一方面,有作者认为最终决定社会意识形态的是生产力,如果认为道德也是生产力,那就颠倒了决定与被决定的关系。其实,我主张道德生产力,是说明人的完善和人际关系和谐对于物质生产力存在和发展的特殊而又不可替代的作用,强调道德在生产力中的能动作用,这从何谈"动摇了历史唯物主义的基石?"强调物质生产力和精神生产力的辩证关系和相互作用,并在一定的话语背景中凸现道德生产力的能动作用,这恰恰是历史唯物主义的基本观点和思维方法。

(原载《伦理学研究》2008 年第 2 期,人大复印报刊资料《伦理学》2008 年第 6 期全文转载)

[①] 参见李敏《道德生产力研究综述》,《资料通讯》2005 年第 7、8 期。

七论道德资本
——道德资本的基本形态研究

近十年来,笔者以系列研究成果阐述了道德资本问题,尤其是多视角地探讨并强调了道德资本的功用问题,可以肯定地说,"缺少了道德资本,其他形式的资本都很容易由企业的优势转变为其衰败之源"[①]。理论、历史和现实一再证明这一点。道德资本作为一种特殊的资本,不仅具有一般资本的特点,而且具有自身的特质。正如一般资本根据性质、作用和功能可以分为不同的资本形态一样,道德资本也同样具有不同的资本形态,它至少有道德制度形态、理性关系形态、主体觉悟形态、道德产品形态四种主要形态。研究和阐述道德资本的四种形态,有助于我们以新的视角来认识道德资本及其具体存在形式,并进而更好地把握道德资本的运作机制。

一 道德制度形态

道德制度形态是道德资本的具有根本性意义的基本形态。社会中存在着诸多规范和约束,有些是"有形"的,有些是无形的。制度是一种"有形"的规范形态。如果没有制度的保障,经济的运转和企业的营运就无从谈起。因此,制度是经济运行过程正常化、程序化和高效化的基本保障。但制度本身是为了人并服务于人的,应该具有某种价值合理性,因而,理性的制度本身不可能游离于道德之"应该"之外,它应该是道德化(道德性)的制度,即道德制

[①] [西班牙]阿莱霍·何塞·G. 西松:《领导者的道德资本》,于文轩、丁敏译,中央编译出版社2005年版,第56页。

度。所谓道德的制度化或者制度的道德化，实际上是在寻求道德与制度的良性互动，而非在绝对对立的两极之间来思考道德与制度的关系，不然，就很可能得出"道德不是制度、制度无须道德"的极端结论。

从某种意义上说，如果一项道德制度能通过规范或制约人的行为，促进经济社会利益的增加，那么这项制度就可被视为具有道德资本意义。因此，道德制度也是道德资本。而且，道德制度形态的道德资本在发挥作用过程中具有决定性意义，一旦制度缺乏道德性，甚或制度成了摧残人性、扭曲人际关系的工具，那么，采取任何手段的任何经济活动将达不到预期效益，甚至正常的经济活动会被破坏。美国学者诺思的话从一个侧面说明制度对经济效益的重要性，他说："决定经济绩效和知识技术增长率的是政治经济组织的结构。人类发展的各种合作和竞争的形式及实施将人类活动组织起来的规章的那些制度，正是经济史的中心。"① 加以引申，我们认为道德制度更有其特殊的经济作用。

历来有人认为，市场无伦理，经济无道德，制度无人性，几个世纪以来理论家们宣称公司是一个"非道德"的实体，因此公司无需承担道德责任就是这一观点的具体体现。然而与之相反，今天的社会赋予了公司应有的道德责任。管理和制度"伦理无涉"的时代宣告终结了，"主管们开始重视公司道德，不再只是把它作为一种装饰或特殊嗜好，而是把它作为有效管理的有机组成部分，涉及公司运营的方方面面"②。这就是经济活动中所谓商务管理上的"价值的回归"。这种"价值的回归"就是马克斯·韦伯语境中的"文化"回归，因为他认为，利益驱动行为，文化（以宗教的形式）决定行动的方向。而我认为，道德引导行动的合理性，因而它是一种重要的制度资源。作为制度资源的道德实现制度化后有何作用？一般而言，它可以对人的行为进行必要的约束，没有这种必要的约束，生

---

① ［美］道格拉斯·C. 诺思：《经济史上的结构和变革》，厉以平译，商务印书馆 2007 年版，第 21 页。
② ［美］林恩·夏普·佩因：《高绩效企业的基石》，杨涤等译，机械工业出版社 2004 年版，第 25—26 页。

产经营活动的自由是难以实现的。概要说来，道德化的制度对于企业经营活动①的功能主要有二。

其一，从企业外部来说，它是一种有效减少机会主义行为的约束机制。在交易中，双方行为具有不确定性，交易成本产生甚或增加的一个非常重要的来源就是交易双方侵犯对方利益的"道德风险"行为。道德制度可以制约搭便车的机会主义行为的发生。所以，交易过程中必要的道德制度约束，交易成本就会降低。进而言之，道德制度的"应该"特质构建了交易各方的自律机制和激励机制，减少了交易成本，增加了互利收益。

其二，从企业内部来说，一方面有了必要的道德制度的约束，就可以促使劳动效率提高、经济效益增加、资源利用率更加充分和良好生态环境和社会生态的形成。因此，"经理们所确定的伦理氛围对于其组织的成功也是关键的"②。另一方面道德制度约束可以保证产品的人性化程度和产品销售后的服务承诺兑现程度。再一方面，道德制度约束可以保证人性的完善和人的全面自由发展的实现。正如西松所言："研究所得的主要的最终产品，或者说研究结果，并非一种独立的人造物品，而是一种日常道德习惯。个人从中获得的是一种美德，因此，从这个意义上也可以说，自我生产的过程同时也是一种自我完善的过程。"③ 这就是说，理性企业行为创造的不只是物品，更造就人的完善。而理性企业行为的基本前提是不断完善道德制度。

今天，以各种诸如经济的、政治的、社会的、环境的和安全的维度展开的全球性的拓展中，道德资本是必备的。然而，我们如何将道德的观点融入企业管理制度和经济决策过程中去呢？佩因认为，有四个问题代表着四个模式，这四个问题是：我们的目标是什么？我们应该做什么样的人？我们亏欠别人什么？我们有什么权利？与

---

① 这里的企业经营活动是广义上的理解，它包括各类企业经营活动和企业经营活动全过程，在一定意义上可以说，企业经营活动就是经济活动的代名词。

② [美] 丹尼斯·J. 莫贝利：《作为管理德性的可信性与有良心》，载 [美] 金黛如《信任与生意》，陆晓禾等译，上海社会科学院出版社2003年版，第195页。

③ [西班牙] 阿莱霍·何塞·G. 西松：《领导者的道德资本》，于文轩、丁敏译，中央编译出版社2005年版，第121页。

此相对应的四个模式分别是：其一，目的——这一行动是否是为一个有价值的目的服务；其二，原则——这一行动是否与有关的原则一致；其三，人——这一行动是否尊重了可能牵涉的人的合法权益；其四，权力——我们是否有权利采取这一行动。① 如果按照上述四个模式来决策和制定制度，其实也就是在实现道德制度化即进行"道德资本"的创制了。这就是说，道德制度的终极价值追求是企业责任或企业道德。对于何为企业道德，西松指出："在基本的道德资本货币生产过程中，主要的美德是公正：一种持续而坚定的意志，依法为公司的关系人以及公司的每位股东提供其所应得的一部分。公正使公司尊重他人的权利，与他人之间建立起一种和谐的关系，促进平等和友善的氛围。"② 这应该是制度化道德之本。当然，就我国当今的道德理念来说，企业道德制度化之道德就是爱国、公正、诚信、人道、友善等。

二 理性关系形态

理性关系形态是道德资本的主体性维度的基本形态。作为道德指向的人与人之间以及人与社会之间的理性关系的形塑，它将直接决定着企业经济活动的成败与效益，这就是作为理性关系形态的道德资本。它的主要功能通过协调人际关系，减少人际"摩擦消耗"，提高生产效率和资源的利用率，说到底，它能够产生"1+1>2"的巨大经济效益。

首先，企业内部理性关系的建构助推道德资本的形成。企业内部理性关系可以减少人际关系的"摩擦消耗"，走向人际的和谐，实现人际生态。同时，体现理性人际关系之道德是社会关系的润滑剂，"就凭着他们被信任、被爱着这一事实，那些不值得我们去信任或去

---

① 参见［美］林恩·夏普·佩因《高绩效企业的基石》，杨涤等译，机械工业出版社 2004 年版。
② ［西班牙］阿莱霍·何塞·G. 西松：《领导者的道德资本》，于文轩、丁敏译，中央编译出版社 2005 年版，第 217 页。

爱的人或许也会变得可信和可爱"①。这种信和爱主导下的人际生态是一种特殊的道德力。

企业是由复杂的主体构成的，由扮演着各种角色的主体之间相互交往和合作共同构成企业实体。同时，企业内部有着复杂而严密的分工，即使是简单的产品也往往由许多人的共同的协作才能完成。因此，员工之间既存在竞争关系，又存在合作关系，没有竞争的合作和没有合作的竞争都是不可想象的。需要强调的是，尤其是在现代化、集约化的大生产条件下，理性关系形态会使员工树立起现代性的竞争理念，即"竞合"（CO-Coptetion）的理念。这一理念的养成会直接促进生产活动和经济交往活动朝着理性、自觉的方向发展，从而提高生产效率和劳动效率。

但是，有些企业和公司，长期以来由于受到西方"泰勒制"管理模式的影响，管理手段是以"物"为本而非以"人"为本，只是把以劳动者身份投入生产过程中的人当作"物""会说话的工具"来对待，企业异化为"一个由提供劳动力来交换金钱的场所"②，损害了员工的人格，挫伤了其工作的积极性，难以发挥最佳劳动效能。"见物不见人"且目光短视的企业已逐渐为市场所淘汰。相反，许多企业尤其是一些跨国公司工作场所的设计非常人性化和合理，它能融工作、教育和休闲于一体，这本身就是构建理性关系形态的必要条件，因而受到了人们的称道，并引领企业人性管理的潮流。而且，事实上，大凡管理和竞争理性化的企业，一定是"和谐生财"的企业。

其次，在企业外部，企业关系包括企业之间的关系以及企业与其他社会因素（个人、集团、社会等）之间的关联。企业外部关系的和谐协调可以使企业最大限度地利用可能共享的资源，发挥资源自身的最大效益。如前所述，"竞合"理念不仅对于企业内部员工，而且对于企业之间都是适用的。合作是共赢的基础。比如，企业竞标已经成为企业生存和发展的基本活动形式，而就业主的利益来说，

---

① ［美］费尔南多·L. 弗洛里斯、罗伯特·C. 所罗门：《信任的再思考》，载［美］金黛如：《信任与生意》，陆晓禾等译，上海社会科学院出版社2003年版，第76页。
② 王成荣主编：《中国名牌论》，人民出版社1999年版，第67页。

因为竞标项目内容比较庞杂,任何一家企业都无法独自完成。化整为零,分项招标,引入竞争机制,有利于控制项目质量、进度和造价;就竞标单位来讲,大家都有一次公平竞争的机会,如果"入围"的话,又多了一次合作的机会,大家各用所长、优势互补、利益共享。这就告诉我们,竞争和合作的统一,就是道德人和经济人的统一,这样就由原来竞争中的"我赢你输"的对抗性、排斥性的思维方式变为"我赢你也赢"的合作性的思维范式,在企业之间就会构建和生成一种理性关系形态,并有效促进企业发展的道德资本。

同时,企业和社会之间的理性关系也是道德资本形态的表现。和谐合作能够充分利用各种可以利用的资源,也能够充分协调各种力量,最大限度地创造物质和精神财富。我们在社会是理性的这一假定的基础上,认为企业首先要承担必要的社会道德责任,也只有这样,企业才能使得与社会的交往关系成为增益的依据和条件。

当然,企业内外部理性关系的成熟及其作用发挥的程度取决于关系各方尤其是企业本身社会责任意识的强弱。关于企业有何社会责任的问题有三派观点:一是"利润优先论",认为企业以"赚钱"为正业,对社会只有经济责任,其他责任都服从于经济责任或在经济责任之中;二是"伦理优先论",认为企业具有法人地位与道德人格,其社会责任是包括直接经济责任以外的责任,如企业对环保、政府和公众、顾客和雇员的责任等;三是"调和论",主张从动态的社会系统来考察企业的社会责任。实际上,企业社会责任是一个动态的概念,关键是要在让企业承担社会责任与不让承担过多责任之间保持必要的张力。只有企业承担了必要的社会道德责任,在企业和社会之间就会构建和生成一种理性关系,这进而会生成所谓企业形象和"信誉",而拥有良好商业信誉的企业和没有良好信誉的企业在竞争中的地位是具有质性差异的。信誉直接决定企业在竞争中的成败。良好的信誉会使得企业立于不败之地。换个角度说,企业信誉是达到相互之间信任、合作的根本,是实现理性关系并促进增益的前提,正如西松所说:"信任降低交易成本,并且是解决协同行动问题的关键。"① 美国学者福山考察了"信任"这种道德资本，也认为若在某一社会网络内形成了普遍的信任感，则这一网络内任意两个社会成员之间的合作（交易），比他们在一个充满不信任感的社会网络内的合作（交易），将花费更少的交易费用。②

当然，应该看到，作为理性关系形态的道德资本的形成和建构受到诸多内外部因素的影响，因而其运作机制也就更难、更复杂。

三　主体觉悟形态

主体觉悟也是道德资本的主体性维度的基本形态。如果说，制度化形态和理性关系形态的道德资本是着眼于主体之间的关系、环境、交往和博弈等复杂的互动关系的话，那么，主体觉悟形态的道德资本就是着眼于主体的崇高的价值取向和积极的人生态度。

人是文化的携带者，更是道德的承担者。主体觉悟形态的道德资本主要体现在从事生产、经营和服务活动的主体身上。其实，这样说法并不确切，因为经济活动主体的主体不单是载体（被动的、机械的），同时还是主体（主动的、创造性的）。换言之，从事现实经济活动的人，不是莱布尼茨（Gottfried wilhelm Leibniz，1646－1716）语境中的"单子"，而是正如恩格斯所说的，"在社会历史领域内进行活动的，是具有意识的、经过思虑或凭激情行动的、追求某种目的的人；任何事情的发生都不是没有自觉的意图，没有预期的目的的"③。既然人的活动不是一种纯粹的自发冲动，那么，可以说，从事经济活动的人的活动也是必定具有其目的性和针对性的。

因此，问题不在于活动的有无目的性，而在于这些目的性本身是否具有合理性，它们是否合理以及合乎什么"理"？按照理性行为假设即古典经济学中的理性人假设这一西方主流经济学的立足点和根本前提，凡是符合自利最大化（或者称之为帕累托最优）的行为，

---

① ［西班牙］阿莱霍·何塞·G. 西松：《领导者的道德资本》，于文轩、丁敏译，中央编译出版社2005年版，第28页。
② 参见［美］弗兰西斯·福山《信任——社会美德与繁荣的创造》，李宛蓉译，远方出版社1998年版。
③ 《马克思恩格斯选集》第4卷，人民出版社1995年版，第247页。

就是理性行为，而不符合这一"金律"的都是非理性的。代表这一逻辑悬设的典型模型是经济学界所谓"囚徒困境"的博弈论理论。其实，"囚徒困境"的博弈论理论仅仅是个人理性，而个人理性的结果可能导致集体的非理性。① 退一步说，即便是集体理性（不同层面），的确也需要道德的追问。由是观之，作为主体觉悟形态的道德资本就必须介入，实现对于经济行为本身真正的理性宰制功能。②

首先，主体觉悟形态的道德资本决定了人生价值取向，从而决定了劳动态度和劳动积极性，就会解决经营活动的价值取向问题。作为主体觉悟形态的道德资本，反映的是经济活动主体的主观精神状态和理性行动力。作为主体觉悟形态的道德资本的缺失，实物资本在生产过程中能够产生的效益就会大打折扣。同时，道德资本的其他三种形态，即理性关系形态、制度化形态、物化形态的构建和再生产也会受到根本性的制约。作为主体觉悟形态的道德资本所反映的经济活动主体的主观精神状态和理性行动力集中体现为主体的负责精神、道德责任精神，尤其是社会责任精神和道义精神。主体具备道德资本，或者说主体内含着主体觉悟形态的道德资本，就会具有对于经济活动的高度"阅读"能力，能够理性审视自身、现实交往对象和经济对象之间的关系。正如西松所言："具有较丰富的道德资本的人不会轻易地以牺牲其优秀的道德品质为代价，去追求健康、知识、社会关系或者利润。"③

反之，没有主体觉悟形态的道德资本，就没有道德责任，就会带来个体的、集团的甚至是世界性的灾难，从三鹿奶粉到美国的金融海啸所造成的危害，犹如多米诺骨牌效应致使很多无辜者"罹难"。这从反面再次证明了作为主体觉悟形态的道德资本的终极性和

---

① 参见王小锡《经济道德观视阈中的"囚徒困境"博弈论批判》，《江苏社会科学》2009年第1期。

② 关于理性概念本身，不同的学科和学派的界定不同，本文认为，"真正的理性"，正如科斯洛夫斯基引用帕斯卡的话认为，"不仅要有几何学的机智，而且要有智慧的技巧"（见［德］彼得·科斯洛夫斯基：《伦理经济学原理》，孙瑜译，中国社会科学出版社1997年版，第6页，译文有改动），即是说，理性不仅要有计算理性，而且要求有智慧，道德是其中的终极性构成。或者说，理性不仅有经济学的维度，而且要有伦理学的维度。

③ ［西班牙］阿莱霍·何塞·G. 西松：《领导者的道德资本》，于文轩、丁敏译，中央编译出版社2005年版，第41页。

基础性的价值。当然，三鹿奶粉和美国金融海啸就其原因并非个人而是集团所为，但是集团本身也是一种"人格化的个人"，一旦游离于道德的统摄，缺乏道德资本，势必会畸变为一只"迷途的羔羊"，掉入了越是赚钱心切却越发不能的"怪圈"。正是在此意义上，经营者不要眼中只有钱，而要善于运用道德力量来赚钱，所谓"迂直之道者胜"（《孙子兵法》）。2008年温家宝同志面对三鹿奶粉事件时感言："企业家要有道德。每个企业家都应该流着道德的血液，每个企业都应该承担起社会责任。合法经营与道德结合的企业，才是社会需要的企业。"① 因此，道德决定人生价值取向，决定劳动态度和生产目的，决定劳动者的生产积极性，这其实就是一个为谁服务的问题。解决了为谁服务的问题，才会有市场，有盈利，有发展。在市场海洋中有觉悟的主体和无觉悟的主体所造成的结果不同，他们的命运也存在天壤之别了。

其次，主体觉悟形态的道德资本还决定了资源的利用和效率的发挥。如果经济活动的参与者具有高度的主观觉悟状态，就会按照科学发展、绿色环保和以人为本的要求从事生产经营活动，必然会提高资源的利用率、提高效率，这就会直接促进企业经济效益的增值，并且会产生联动效应甚至是"滚雪球式"的效应，带来实物资本、货币资本和道德资本的积累和增值。

值得一提的是，企业领导者的道德素养对于道德资本更是起到示范性和引领性的作用。所谓"上行下效""榜样的力量"和楷模的力量。换言之，领导者是重要的主体觉悟形态的道德资本。西松在其《领导者的道德资本》一书中认为，领导力来自道德力，"领导力是一种存在于领导者与其被领导者之间的双向作用的、内在的道德关系。在领导关系中所涉及的双方——领导者和被领导者——通过相互作用，在道德上相互改变和提升。由此，在道德上的领导就成为主要的领导途径，基于此，个人及其所服务的组织都具有伦理道德性。领导力丰富了个人道德，使个人道德不断成长，并有助

---

① 温家宝：《在夏季达沃斯论坛年会企业家座谈会上回答提问》，《人民日报》2008年9月28日。

于形成良好的组织文化"①。企业领导者缺乏道德力,就没有感召力,其自身也必然不具有道德分析力、道德组织力,更不会懂得道德在经济运作过程中的渗透机制,企业内外部的良性关系的构架就是一句空话。因此,缺乏道德力的企业领导者,必然会削弱甚至丧失道德资本。

还要说明的是,"主体觉悟形态"之"主体",不仅仅是指个人,经济行为主体还应该包括各个经济单位,每个经济单位都有其经济行为理念,有其觉悟水准,在经济建设或企业发展中,它也一定能作为道德资本形态发挥如同作为人的主体觉悟形态一样的甚至更加重要的作用。

四 道德物化形态

道德资本的实物性载体是道德产品,这是道德资本最终实现价值的依托,因而也是实现道德资本积累和增值的关键。笔者曾经指出,"海尔集团的洗衣机近年来能在欧洲市场打开销路,其中重要原因之一正如外国经销商所说,海尔集团生产的洗衣机符合欧洲人的生活要求和生活习惯。同样是洗衣机,许多外国经销商一改往日只销售日本洗衣机为现在只销售我国海尔集团产的洗衣机。这里有集团对自身利益、国家利益和对欧洲人生活需求负责的精神。没有这一优势,海尔集团生产的洗衣机也就没有对欧洲市场占有率的提高,也就没有更多的效益和利润。② 正由于道德资本最终落脚于道德物化形态即道德产品之上,所以可以获得良好的商业信誉和声誉,反过来,这种道德资本又会转化成实体资本,从而使得企业进一步做强做大。国外尤其欧美许多公司莫不如此。佩因认为,许多的公司"采取行动来加强自己的声誉,或是对公司顾客的需要与利益做出积极的反应","大公司的行政管理者们谈论着保护公司的名誉或品

---

① [西班牙] 阿莱霍·何塞·G. 西松:《领导者的道德资本》,于文轩、丁敏译,中央编译出版社 2005 年版,第 50 页。
② 王小锡:《论道德资本》,《江苏社会科学》2000 年第 3 期。

牌，然而企业家们谈论更多的是建立信誉或品牌"。①

毫无疑问，道德产品这种道德资本的存在形式直接关系到企业的生死存亡，关系到道德资本向实体资本和经济资本方向的转化，因此，许多企业都把提供优质高效、物美价廉、适销对路的人性化的商品作为自己在商海立足的命运攸关的核心任务。在这种意义上，"人性化的商品"，笔者把它称为"伦理实体"的产品或道德产品，恐怕有一定道理。

道德产品是道德资本和经济资本的统一。道德产品既可以表现出物质性的一面，也可以表现出符号性的一面。在物质性方面，道德产品预先假定了经济资本；而在符号性方面，道德产品则预先假定了道德资本。由于具有这种综合性，道德产品就有了和普通产品不一样的特征。特别是符号性的一面决定道德资本能够多次重复使用，它不仅丝毫无损其价值，而且使得其价值无限增值。大体说来，企业生产的生活用品和生产用品，都是为人所用的，道德产品一方面可以最大限度满足人性的需求，发挥着它的效益。反过来，又能产生效益，为人所用，又能够产生新的效益。另一方面，道德产品可以扩大市场占有率，加速资本流转过程，加速资金流转过程，从而产生效益的最大化。那么，如何生产道德产品，打造道德资本的物化形态呢？

首先，在产品生产过程中要秉承一切为了用户，一切为了满足用户的"人性需要"②，是企业的生产目标和产品设计的基本理念。尤其是在经济全球化趋势越来越明显的今天，企业将面对全球具有各种习俗、爱好甚至特殊要求的国外消费者，这本身就要求有一种认真的"用户至上"的精神去研究和开发适销对路的产品。

其次，为用户着想、对用户的负责精神应该渗透在制造产品的各个环节和各个方面。产品是"精神化了"的物。一方面，"任何产品都是按照人的一定的科技文化认识水平和技术路径设计的"，另

---

① ［美］林恩·夏普·佩因：《高绩效企业的基石》，杨涤等译，机械工业出版社2004年版，第3、7页。

② 这里的"人性需要"主要是指人的生理需求、心理需求和社会需求。

一方面,"任何产品都是人的道德觉悟或道德素质的物化体"①。当然,没有后者就没有前者,但是,没有前者,后者也就没法依附。

尤其在环境恶化和环保理念深入人心的今天,道德产品必须具有生态性维度,即产品不仅具有有用性,而且要有对消费者以外的其他人和社会生态环境的无害性。正如厉以宁在拷问效率时指出:"难道不管生产出什么样的产品,都等于社会生产有一定效率吗?假定生产出来的东西是对人体健康有害的,使环境受污染的产品,难道也表明生产有效率吗?不生产这些产品,效率不更高吗?"②扩而言之,产品生产出来就能发挥他的功能并产生效益了吗?为此,产品本身可以是指事物本身,也可以是服务性的介绍和人性化的服务本身,这其实是扩大了的产品本身。而有的产品虽然质量上乘,但售后服务搞得不好,照样在竞争中处于劣势甚至最终被淘汰出局。这些反映了在商场这个"没有硝烟的战场"上道德产品对企业的生死存亡有着至关重要的作用。

综上所述,从类型学的角度对道德资本的分析和阐述,毫无疑义地会深化我们对道德资本的理解与认识,从而为我们进一步探究道德资本的运行机制问题做了一个关键性的前提研究。道德资本的主要的四种基本形态在道德资本的运行过程中分别扮演着不同的角色,承担着不同的功能。道德资本的四种基本形态中的道德制度形态主要渗透于经济制度,理性关系形态主要存在于经济领域的人际关系③,主体觉悟形态主要渗透于经济主体,道德物化形态渗透于产品之中。因此,道德资本的四种基本形态也就是道德资本的四大基本职能形式。当然,四种基本职能形式之间并非绝对分割开来的,而是为分析之便所做的相对性区分,它们之间是相互渗透、相互影响的关系。具体说来,从道德制度形态的道德资本与主体觉悟形态的道德资本、理性关系形态的道德资本和道德物化形态的道德资本之间的关系来看,前者是第二、第三两种形态得以实现的保证,而

---

① 王小锡:《论道德资本》,《江苏社会科学》2000年第3期。
② 厉以宁:《经济学中的伦理问题》,生活·读书·新知三联书店1995年版,第3页。
③ 此处的制度指的是多个层面宏观、中观和微观的制度,并非仅指宏观层面的社会基本制度。

第二、第三两种形态则是前者最佳功能发挥的必要前提条件；前三者是物化形态的道德资本的保证，而物化形态是前三者的具体体现和最终归宿。必须说明的是，道德资本四种基本职能形式在空间上并存，在时间上继起，这是保证道德资本良性运转的必要的前提条件。在此意义上，正如真理是一个过程一样，道德资本及其实现机制也是一个过程。关于此点，笔者谋划另文专论，在此不再赘述。

（原载《道德与文明》2009年第4期，人大复印报刊资料《伦理学》2009年第11期全文转载）

八论道德资本
——道德在何种意义上成为资本

自从笔者以系列文章阐述道德资本理论以来,理论界产生了至少两种不同的观点:一是认为道德资本缺乏存在的依据和可能,因而这一范畴不能成立;二是认为道德资本超越了道德目的论与道德工具论的二元对立,因此,这一范畴从终极性上揭示了道德的功能和作用。笔者坚持认为,道德资本的存在有其充分的依据。不承认道德资本,也就不承认道德的经济功能和作用,也就从根本上排除了道德存在的理由。

需要指出的是,道德资本中的"资本"概念已经不再是马克思带有资本主义制度属性的经典"资本"概念,而是"生产要素资本概念",是广义资本观下的"资本"概念。它并不是反映或批判某种社会制度和经济关系的分析工具,而是把道德看作一种有价值的生产性资源,强调道德在经济价值增值过程中有着特殊的功能和作用。那么,道德在何种意义上成为资本呢?

一 道德是人性化产品设计的灵魂

经济发展速度或企业经营效益往往取决于企业的产品设计和产品质量。产品设计和产品质量决定了产品的市场占有率和销售速度,进而影响企业利润的实现及其增长。进一步而言,企业的产品设计和产品质量通常受制于科学技术、社会文化和道德三个因素。一般来说,科学技术决定产品的适用、实用、耐用和好用等;社会文化决定产品的样式、美观度等;道德决定产品的人性化程度和价值指向等。在这三个因素中,道德对产品设计和产品质量起着决定性作用。原因在于，所有产品都是为人的生产和生活所用的，产品的样式和功能越是接近于人性需求[①]，即越内含道德性，就越会受到使用者的欢迎。例如，中国目前可谓世界第一大手机市场，近年来的市场竞争也愈加激烈。然而，一些手机品牌始终占据市场的主导地位，经久不衰地受到用户的青睐，市场占有率居高不下。其中一个重要原因在于，这些品牌手机的制造商不仅在功能和样式的研发上不断加大科技含量，同时也高度重视在设计和生产中体现消费者的人性需求，由此加大了产品的道德含量。又如，像三鹿等知名企业之所以一夜倒垮，根本原因是企业在产品的配方、生产和销售等环节漠视消费者的需求和安全，最终因产品的道德缺失而走向毁灭。这说明，产品的市场占有率往往取决于生产产品的道德理念和产品中的道德含量。

二 道德是缩短单位产品的社会必要劳动时间的重要因素

在产品制造过程中，由于生产技术和生产工艺的不同，尤其是生产过程所渗入的道德含量不一样，同类产品的价格成本所依据的社会必要劳动时间在不同的企业中有所不同。在信息化程度越来越高的今天，生产技术和生产工艺的趋同程度越来越高，趋同的时间越来越短。由此，如何缩短单位产品的社会必要劳动时间已成为企业间竞争的关键。可以说，谁缩短了单位产品的社会必要劳动时间，谁就能够在市场竞争中赢得主动、获得利润并最终成功。在这里，单位产品社会必要劳动时间的缩短，很大程度上依赖于产品制造过程的道德渗入。"泰罗制"式的生产管理尽管因大大缩短了单位产品的社会必要劳动时间而一度被奉为管理"宝典"，然而，此种管理方式从根本上说是漠视甚至摧残人性的。这种摧残人性的所谓"科学管理"，不仅影响劳动者的积极性、主动性和创造性，更造成劳动者

[①] 这里的人性需求指的是人的自然属性和社会属性的需求。就自然属性来说，人的身体及其生理对一定产品有特定的要求；就社会属性来说，人的社会活动要求产品有利于人的交往和社会生活质量的提高。

与企业主之间关系的紧张甚至对立。由此，关系摩擦过程中的劳动者始终处于情绪不稳、心理失衡、消极怠工等不良工作状态，必然阻碍产品生产过程中形成最佳生产运作态势，这又在客观上增加了单位产品的社会必要劳动时间。正因为如此，随着时间的推移，这种缺乏道德内涵的管理方式逐渐被更加人本化的管理方式取代。

在现代化大生产的条件下，任何企业的产品制造都是一种社会行为，都需要良好的社会协作才能最大限度地缩短单位产品的社会必要劳动时间。显然，这更有赖于社会整体道德水平的提高。正如美籍学者弗兰西斯·福山曾指出的，一个国家或地区能否形塑有效合理经营的企业组织和经营形态，是其经济能否持续发展的关键要素。这种企业组织的形成取决于表现该社会内部成员之间信任程度的"自发社会力"的高低。[①] 应当看到，在现代生产条件下，企业与企业之间既有竞争也有合作，但是，企业只有相互建立合作与信任才能真正实现双赢。企业与企业之间的诚信合作，可以消除因信息封锁、无谓摩擦和相互拆台等因素造成的生产成本增加。正因为如此，有学者提出，"道德是重要的！……道德能降低市场交易的成本，促进经济的增长"[②]。可以说，在现代生产条件下，要缩短单位产品的社会必要劳动时间，获取更多利润，道德是不可或缺的重要条件。

三　道德是市场信誉之源

毋庸置疑，信誉是企业的生命，是企业产品市场占有率不断提高的重要依靠。然而，企业信誉的获得不仅要靠产品的技术含量和文化品位，更要靠以诚信、责任为核心的企业道德水准。用户购买了某一品牌的产品，是基于对该品牌的信任。在使用过程中，用户信任度的提高和信任感的持续，往往取决于该产品的道德含量和产

[①] 参见［美］弗兰西斯·福山《信任——社会道德与繁荣的创造》，李宛蓉译，远方出版社1998年版。

[②] 张军：《道德：经济活动与经济学研究的一个重要变量》，《中国社会科学》1999年第2期。

品售后服务承诺的兑现程度。可以说，大量中外企业以自身的繁荣或衰败验证了企业道德与市场信誉之间的这种正向关联。如果企业在产品设计和生产过程中真诚地面对用户，最大限度地满足人性化需求，以达到用户生活和生产的最佳目的，在销售和服务过程中始终兑现承诺，做到诚信销售和诚信服务，必然会在赢得市场信誉的同时不断扩大市场占有率。反之，即便是国际或国内著名品牌，如果在产品设计、生产、销售和服务中出现偷工减料、以次充好、夸大功能和空头承诺等道德缺失问题，就会导致企业市场信誉的毁损，并带来产品销量的下降和企业利润的减少，更可能因此葬送企业的前途。曾几何时，某国际著名汽车品牌因在我国市场售后服务中缺乏责任意识，导致接连出现客户或在大庭广众面前用榔头砸毁自己的汽车，或用毛驴拖着自己的汽车游街，致使该品牌的声誉受到严重影响，在我国市场销量直线下降，最后惊动总部出面处理问题才扭转危机。即便如此，企业市场声誉和经营效益的恢复仍然经历了相当长的一段时间。可见，道德责任意识是企业的精神支柱，道德承诺和道德举动是企业获取市场信誉并获得更多利润和效益不可或缺的重要因素。

四 道德是激活有形资本并提高资本增值能力的重要条件

资本的本质特征在于运动，资本只有不停地运动，才能实现价值增值，否则就不能称为"资本"。在资本运动的过程中，道德能够通过激活人力资本和有形资本促使价值增值。首先，道德能够加快有形资本的运行速度。道德通过组织制度的道德化设计以及对人的潜能的激发，盘活有形资产，实现资源的优化配置，从而提高生产效率。从一定意义上说，改革开放以来我国的企业制度改革，正是社会主义道德要求在企业制度建设中的具体体现。通过企业产权制度的改革，使国家、企业和个人之间的利益关系更加清晰、公正和合理，由此，人的积极性得到充分的发挥，资源的利用率和利用效果达到了最大和最佳状态，企业经济效益快速增长。其次，道德还可以不断地物化并渗透在有形资本当中，通过企业信誉和核心竞争力等形式，形成资本存量，提高有形资产的附加值。正如前文述及，一个充分担当道德责任的企业，其市场信誉将会极大地提升，这有利于企业产品市场占有率的提高，也势必增加企业有形资产的附加值，并最终增加企业的利润。最后，道德能够通过对经济主体品质、素养和境界的提升而激活人力资本，从而成为企业利润增加乃至整个社会财富增长的资本性资源。具备积极的人生价值取向和优秀的职业道德素养的劳动者，才能够真正成为生产活动的"第一要素"。正是在这一意义上，道德资本与人力资本无论在学理层面还是实践层面都有着密切的内在关联。①

五 道德是理性消费的引导或约束力量

无论是生产消费还是生活消费，都是对物质和精神文化财富的消耗。然而，缺少道德引导和约束的消费会成为无度的消耗和浪费，是造成生态危机、环境恶化的重要原因。理性消费就是道德性消费，具体表现为低碳消费、适度消费、生态消费等消费理念和消费行为。就低碳消费来说，它能够通过最大限度地减少消耗、降低排放对人类生活、生产环境起到重要的保护作用。就适度消费来说，它倡导合理地提高消费水平，既反对过度消费和奢侈性消费，也不主张吝啬性消费或滞后性消费，从而以适当的"度"寻求人类生活水平提高与环境保护之间的平衡点。就生态消费来说，它反对对自然、社会资源的掠夺性、破坏性消费，认为这种消费是一种摧残自然生态和社会生态的畸形消费，最终也将对企业利润的增加和社会财富的创造产生负面影响。因此，理性消费具有深刻的道德蕴涵，是能够促进社会财富增长的道德性消费。坚持道德引导和约束下的理性消费，才能真正使消费成为生产发展和财富增长的推动力量。

需要指出的是，道德和道德资本并不是同一的，即是说，并不是凡道德就是资本。首先，发挥经济功能并产生效益的道德才有资本意义。就资本理论来说，从马克思的经典资本理论，到包括人力

---

① 参见王小锡《论道德的经济价值》，《中国社会科学》2011年第4期。

资本理论[①]、社会资本理论[②]和文化资本理论[③]在内的广义资本理论，人们对资本范畴的理解正不断发生变化。英国经济学家马歇尔早已指出："资本大部分是由知识和组织构成的……知识是我们最有力的生产动力。"[④] 尔后，美国社会学家林南也指出，行动或选择已经作为新资本理论的一个重要因素出现。[⑤] 总之，用人力资本理论之父舒尔茨的一句话来概括，广义资本观是一种客观存在，"假如它能够提供一种有经济价值的生产性服务，它就成了一种资本"[⑥]。然而，透过形形色色的广义资本理论，无论是人力资源，还是文化资源，抑或是社会资源，其资本作用的发挥有赖于活劳动的价值创造能力。就此而言，现代广义资本理论和马克思的经典资本理论一脉相承。既然资本的价值源泉在于活劳动的价值创造过程，所有在价值形成过程或价值增值中影响活劳动发挥作用的物质和精神因素都具有资本属性，因此，资本就是投入生产过程能够产生利润或效益的体现为物质的或精神的价值，这就是资本一般。而道德资本是在广义资本或资本一般理论基础上的进一步拓展，是从广义资本或资本一般形态中分离出来的一种特殊的资本形态。非实体性的道德资本不同于实物资本，它渗透在人力资本、知识资本、文化资本和社会资本之中，并通过其他资本形态发挥其特有的功能和作用。在广义资本或资本一般形态中，无论是实物资本中凝结的劳动属性，还是非实物资本中含有的精神要素，只要与价值目的相关，都可以成为道德资本的价值来源。事实上，科学的道德能够以其特有的引导、规范、制约和协调功能作用于生产过程，从而促进价值增值。因此，从广义资本或资本一般这一概念出发，道德作为影响价值形成与价值增

---

① 参见［美］西奥多·W. 舒尔茨《论人力资本投资》，吴珠华等译，北京经济学院出版社1990年版。
② 参见赵延东《"社会资本"理论述评》，《国外社会科学》1998年第3期。
③ 参见［法］布尔迪厄《文化资本与社会炼金术——布尔迪厄访谈录》，包亚明译，上海人民出版社1997年版。
④ ［英］阿尔弗雷德·马歇尔：《经济学原理》上卷，商务印书馆1981年版。
⑤ 参见［美］林南《社会资本——关于社会结构与行动的理论》，张磊译，上海人民出版社2005年版。
⑥ ［美］西奥多·W. 舒尔茨：《论人力资本投资》，吴珠华等译，北京经济学院出版社1990年版，第71页。

值的精神因素具有明显的资本属性。为此，在经济活动中，有助于活劳动创造价值增值（利润）的诸如道德理念、价值观念、习俗规范、善意善行等一切道德因素都应该是道德资本。我国经济学学者罗卫东也曾明确地将道德的经济功能及其作用称为道德资本，认为道德的经济功能和作用与资本相类似，它介入经济活动后会带来较大的利益，并指出，道德资本不单纯是促进价值物保值和增值的精神要素，更以其富含社会理性精神的价值目的实现经济效益与社会效益的双赢。[1] 在这一意义上，实物资本和无形资本中所包含的一切体现社会理性精神的价值要素都可归入道德资本的范畴。

其次，道德成为资本有其逻辑界限。提出和认同"道德资本"概念，既不是一种泛道德主义，也不是一种道德万能论，而是指投入生产过程之中作为一种生产要素而客观存在的道德形态，生产活动的场域就是道德资本发挥作用的实际边界。从历史上看，"资本"概念从一开始就是同生产活动紧密联系的。随着人类生产活动的发展，现代资本逐步涵盖了人力资本、社会资本、文化资本和道德资本等新内容，因此，道德资本是生产活动发展的产物。所以，从社会发展的宏观意义上来看，说道德是一种资本，并不是要从道德上去美化资本，甚或使道德沦为资本增值的伪善工具，而是强调道德可以而且应该为获得更多利润和效益发挥其独特的作用。而且，事实上，道德一方面充当资本的盈利手段，另一方面却是对资本做"内在批判"。在现代社会，资本的本性是追逐剩余价值或更多利润。人力资本、社会资本、文化资本和道德资本都是资本容纳和控制一切可以为价值创造过程服务的有用物。一方面，资本总是试图把一切当作为赚取剩余价值或更多利润的服务工具。另一方面，资本虽然在以独特的方式控制着资源、知识、文化和道德，但也在客观上塑造着人本身。这些被提升了的人类理性水平和精神力量反过来又会内在地成为约束资本负面效应的力量，也即对资本做"内在批判"。在这方面，道德资本的价值目的性较他类资本形态更为突出。道德不仅能够以自身的工具理性为资本服务，也可以在资本内部以自身的价值理性约束资本本身，以避免资本本性的非理性膨胀

---

[1] 参见罗卫东《论道德的经济功能》，《中共浙江省委党校学报》1998年第1期。

和"资本逻辑"的无度扩张。但是，要发挥道德资本的两重性功能，就必须在资本运行过程中把道德从自在的状态转变为自为状态，这就需要在现实的经济活动中运作道德资本。具体而言，就是要在市场经济条件下把企业的经营管理活动和道德实践有机地结合起来，形成企业特有的伦理文化与核心竞争力。①

（原载《道德与文明》2011 年第 6 期）

---

① 正如西松所言："没有道德资本，其他形式的资本都很容易由企业的优势转变为其衰败之源。"［西班牙］阿莱霍·何塞·G. 西松：《领导者的道德资本》，于文轩、丁敏译，中央编译出版社 2005 年版。

"道德资本"何以可能
——对有关质疑的回应

在 21 世纪初我提出了"道德资本"的概念,数年来又以系列论文不断论证"道德资本"的存在依据和作用机理,受到国内外学者的广泛关注。对于这一议题,学界有认同的,也有批评或商榷的,这给学术争鸣注入了一股清新的活力,也给我的学术研究提供了巨大的动力。本文拟对于学术界近期的一些质疑做回应,在匡正常识性学术错误的同时,进一步阐述我的道德资本观。

一 "道德资本"与马克思提出的"资本"的本性有着本质区别

有人认为,"在马克思那里,资本的本质不是物,而是生产关系,资本的每一个毛孔都是肮脏的","在马克思的意义上,'道德'与'资本'的联姻不可想象"。① 如果把社会主义道德或趋善意义上的道德与马克思意义上的"资本"联姻,的确不可想象,但现在的问题是,"道德资本"概念并不是简单地把道德与资本联姻,更何况,"道德资本"之"资本"在我的发表的文章中已经说明不是马克思意义上的"资本"。我曾经在一篇文章中论述过,"这里所说的道德资本概念中的'资本'并非马克思使用和论述的经典资本概念,而是资本一般视阈下的范畴。② 社会道德能够以其特有的引导、规

---

① 高兆明:《"道德资本"概念质疑》,《哲学动态》2012 年第 11 期。
② 所谓"资本一般"是指资本的价值源于活劳动的价值创造过程,所有在价值的创造与增值中影响活劳动发挥作用的物质和精神因素都具有资本属性。

范、制约和协调功能作用于生产过程，促进经济价值增值。因此，从资本一般概念出发，道德作为影响价值形成与增值的精神因素具有资本属性。换言之，道德资本是体现生产要素资本的概念，是广义资本观下的资本概念。它不同于马克思政治经济学中作为反映或批判资本主义社会制度和经济关系的分析工具的资本概念。在马克思看来，资本不是物，资本是带来剩余价值的价值；资本是经济范畴，更是经济关系范畴，它体现了资产阶级和工人阶级之间的资本剥削雇佣劳动的关系。而道德资本则把道德视为一种有价值的生产性资源，以此来分析道德在经济价值增值过程中特殊的功能和作用，这是道德资本概念与马克思资本概念的区别，也是理解道德资本的理论空间和逻辑边界的起点。经济学学者罗卫东明确地将道德的经济功能及其作用称为道德资本：'道德的经济功能与资本相类似，它介入经济活动，会带来较大的利益。我们可以借用布尔迪厄的宽泛的资本概念称其为道德资本。'从社会效用来看，道德资本不单纯是促进价值物保值和增值的精神要素，更是一种蕴含社会理性精神的价值目的，以实现经济效益与社会效益的双赢"[1]。这里表明，我提出的"道德资本"一定是资本一般中的精神资本，它不可能是资本特殊中的因素，因为马克思所论及的"资本"，其本身就是不道德的代名词。因此，"道德资本"是融入不了被马克思批判的"资本"概念的，它可以融入资本一般的概念，它与资本一般不仅不存在冲突，而且讲资本与讲道德是一致的，讲道德能够扩大资本存量。所以，社会主义条件下的资本在投入生产过程中，应该而且必须讲道德，唯此才能最大限度地实现资本的效益。所以，有人担心"道德资本"与"资本"的本性是否有冲突是没有必要的，因为，就马克思意义上的"资本"来说，"道德资本"与之有本质的区别；就资本一般之资本来说，"道德资本"与之是相通并一致的。

因此，这里的"道德资本"根本不是在马克思意义上的道德和资本的联姻，而且"道德资本"并不是人为将道德与资本联姻，其本身就是一种经济伦理或伦理经济现象。

---

[1] 王小锡：《论道德的经济价值》，《中国社会科学》2011年第4期。

所以，不经学术考察，不去分析作者对质疑的回应，就提出一些作者早已回答了的他人的原初质疑，并由此否认"道德资本"的存在，本身并不是一种恰当的学术态度。且不说现在理论界和实际经济部门都在大量应用"道德资本"概念来深刻认识和考量经济发展样态，就理论发展现状来说，问题应该不是"道德资本"概念是否成立，而是如何进一步完善、理解和应用"道德资本"概念及其相关理论问题。对此，国内外经济学界早已形成共识，即认为资本的形式和内容是多种多样的，有实物资本、货币资本、人力资本、精神资本等，而"道德资本"是人力资本和精神资本的核心或基础要素，道德完全可以在经济建设中发挥独特的经济增值作用，"道德资本"有其存在的依据。质疑的作者也在文中认为，"道德"在总体上只能被理解为经济活动中的诚信守法、生产营销管理中的人本取向、公关中的公益活动等，且服从并服务于经济活动中对于利润最大化的价值目的。[①]这里的"服从并服务于经济活动中对于利润最大化的价值目的"难道不是经济作用吗？既然是经济作用怎么跟获得更多利润无缘呢？事实上，虽然"服从并服务于经济活动中对于利润最大化的价值目的"之"服从并服务"是羞羞答答地谈到的作用，但从一个角度也说明，离开了道德，利润获得过程必然会产生负面影响。

二 "道德资本"与道德资本化没有逻辑联系

有人认为，提出"道德资本"概念是"简单的概念泛化层面的道德的资本化"[②]，是将道德资本化。我这里要再次说明的是，"道德资本"概念的提出，并不是将"'道德'解读为一种'资本'"[③]，也不是将道德资本化，更不是将道德与资本等同，至于道德资本是"资本的道德化"、道德资本是"道德给资本命名"等提法与"道德资本"概念实不相干。"道德资本"概念的提出是基于道德在经济发展和获得利润过程中有其独特的不可替代的作用。这样的理路与

---

① 参见高兆明《"道德资本"概念质疑》，《哲学动态》2012年第11期。
② 郑根成：《道德陷入"工具化"的危险境地》，《社会科学报》2012年7月5日第6版。
③ 郑根成：《道德陷入"工具化"的危险境地》，《社会科学报》2012年7月5日第6版。

道德资本化不是一回事。其实，道德资本化就是把道德等同于资本，把道德完全看成赚钱的资源和工具，这是亵渎了道德。然而，道德是资本精神层面的要素，它不可能独立形成资本，它在发挥经济作用过程中是依附于物质要素的，因此，趋善意义上的道德资本化是一种主观臆造。而且，正如我前面提到的，资本化了的道德不是我们理解的趋善意义上的道德。

与之相关，有作者认为，"严格经济学"意义上的"资本"是可以"度量"和"簿记"的。作者还认为，"道德资本"中的"资本"与"严格马克思政治经济学"意义上的"资本"概念有天壤之别。[①] 这里暂且不考察有无"严格经济学"与非严格经济学、"严格马克思政治经济学"与非严格马克思主义政治经济学之区别，我要说的是，不管这种区别是否存在，今天对资本的"度量"和"簿记"的理解已经发生了深刻的变化。资本决不仅仅是物和数的概念，资本一定内含着人文因素，在一定社会条件下也内含着政治因素，绝对的数量性的"度量"和"簿记"只是传统的经济学理念。就资本的所有与投资问题都离不开人和人际关系以及行为主体的价值取向的（道德的）考量来说，资本在一定意义上也是道德实体，资本可以从道德角度来解读。正因为这一点，质疑作者要在"经济学"或"马克思政治经济学"前面加上"严格"两字。事实上，在经济运行过程中，人们的价值取向和劳动态度即人们的道德觉悟直接影响产品质量和销售服务承诺的兑现程度等，从而直接影响产品的市场占有率，影响资金的流转速度和利润获得的多与少。所以，道德是资本形成过程中不可缺少的精神因素，也是获得更多利润的重要精神性条件。其实，国内外普遍认同的人力资本、精神资本的基本理念都必然内含道德要求。就道德是人力资本、精神资本的核心内容来看，道德也是资本是符合思维逻辑的独特概念。看不到这一点，只能说是尚停留于现象的浅薄的认识，甚或是学科交叉理念的缺失。

---

① 参见高兆明《"道德资本"概念质疑》，《哲学动态》2012年第11期。

三 "道德资本"概念的提出会使道德陷入工具化的危险境地？

有人认为，"道德资本"概念的提出会使道德陷入工具化的危险境地。① 这里必须澄清一个观念，即道德的作用与道德的工具化不是一回事。况且，"道德工具化"是一个伪命题。为了说明这个问题，我认为有必要弄清道德存在的理由或道德的目的是什么。有人会说，道德的目的就是要提升人们的精神境界，使人们自觉履行道德义务。这说法没有错。但是我要继续问，如何说明人们的精神境界是高的呢？自觉履行道德义务又是为了什么？如果不从经济社会的发展、人的素质的全面提高等角度去考量，一定说不清人们的精神境界高低和履行道德义务的状况。因此，道德存在理由是因为道德有独特的作用，在经济领域也是如此。如果把道德的作用发挥过程当作利用道德并将之作为手段的过程，这也没有必要大惊小怪，因为致用是道德存在的基本前提和目的。如果说把道德的工具理性作用说成道德工具主义的庸俗化，坚持道德与获得更多利润无缘，强调所谓的"道德只能是人本的，不能是物本的"②，那所谓的伦理学家们会是虚伪的道德空谈家。

其实，道德工具化的说法是不能成立的。因为，其一，如果把道德仅仅作为赚钱的工具，这时候的道德不是我们所指的趋善意义上的道德，而是趋恶意义上的道德，甚或是伪道德，是缺德。如果缺德而赚钱，那是特殊社会背景下的暂时的畸形经济现象。其二，如果把道德作为市场上的交易条件或手段，这说明道德或良心可以用来交换或买卖，那这样的所谓道德或良心还是我们所理解的道德吗？稍有点常识的人应该不会这样去考虑问题。其实，研究和阐释道德的经济价值与陷入道德工具化的危险境地没有必然的逻辑联系。学术常识告诉我们，资本的投向与作用的发挥一定会有道德在起着

---

① 参见郑根成《道德陷入"工具化"的危险境地》，《社会科学报》2012年7月5日第6版。
② 其实，我提出"道德资本"概念，从来只是强调道德在经济活动中尤其独特的获得利益或利润的作用，而把强调道德的获利作用称为"物本"实乃牵强附会。

独特的工具理性的作用，而工具理性作用与道德工具化是不能等同的。如果把道德的工具理性作用与道德工具化混同，并进而将"道德资本"概念的提出认定为让道德"待价而沽"，那是没有逻辑根据的庸俗的理论观点。

四 "道德资本"理论的提出是否会使资本更加肆无忌惮并败坏社会风气？

有人认为，"道德资本"理论的提出会使得资本在道德的资本化运动中更加肆无忌惮并使社会愈益沉沦于迷惘与疯狂之中，败坏社会风气。①这的确是理论界和社会上一些人关注和担心的问题。其实，"道德资本"逻辑地内含着资本要讲道德。这不仅不会败坏社会风气，而且道德在调控资本的同时，能够推动社会道德的进步。说道德是一种"资本"，并不是要从道德上去美化资本，使道德沦为资本增值的伪善工具。"道德资本"存在两重性：它一方面充当资本的盈利要素或手段，另一方面却是对资本的"内向批判"。前者强调在正当意义上获取更多的利润或剩余价值，后者是指资本在追逐剩余价值的同时，也在客观上塑造着人本身，而这些被提升了的人类的物质方面和精神方面反过来又会内在地成为约束资本负面效应的力量，也即对资本的"内向批判"。在这方面，"道德资本"的价值目的性较他类资本形态更为突出。因此，道德不仅能够以自身的工具理性为资本服务，也可以在资本内部以自身的价值理性约束资本本身，促使资本投资的理性和正当。所以，"道德资本"理论的提出不会使资本肆无忌惮地赚钱并败坏社会风气，它反而强调的是资本投资不可能完全脱离道德，资本必须讲道德。

五 道德规范性价值要求是否不具有客观必然性？

有人认为，如果"道德资本"是规范性价值要求，"这种规范

---

① 参见高兆明《"道德资本"概念质疑》，《哲学动态》2012年第11期；郑根成：《道德陷入"工具化"的危险境地》，《社会科学报》2012年7月5日第6版。

性价值要求是工具性的,它将'道德'视为一种纯粹手段,因而,它亦是或然性的,不具有客观必然性,不能成为普遍命题,此'道德'不能成为普遍价值精神"①。不知该作者从何推出这一结论的。其实,就科学的道德要求来说,规范性价值要求应该是追求和主张具有客观必然性的普遍性,它对经济社会发展有正向促进作用。如果认为工具性的规范价值所指向的是利,以利度之,有利取之,无利弃之,那么在利之下,甚至道德本身也有可能被弃若敝屣,那就形而上学地割裂了道德与利益的关系。尽管有人强调我们这个社会不能没有道德,但又认为这个道德只能是"人本"的,不能是"物本"的。那么,"人本"又是为了什么?我认为,"人本"理应包括促进人的完善和发展,而且人的完善和发展的评价依据应该是属"物本"领域,人的完善和发展本身就是广义"物本"的词中应有之义。与此相关,有人认为历来的道德(作用和目的问题上)争论的焦点只在于道德的终极性价值,认为"人是目的"与"人是手段"以及其中的"目的"和"手段",不是同一逻辑层次和价值层次的关系。这一观点并不是真正的科学的哲学观。在今天仍然认为道德的终极价值在于"人是目的",那是在炒康德的冷饭。因为,"人是目的"与"人是手段"是辩证统一的关系,道德的终极性价值在于人的完善与发展,而人的完善与发展必然内含着人作为手段充分、合理地发挥作用。因为,"目的"必然内含"手段","手段"必然趋向"目的",不考虑"手段"的"目的"或不趋向"目的"的"手段"都是不可理解的。

有人认为,在理解道德时"首先必须把握其终极价值关切、终极目的性、人性、人的本质这一类超越性根本内容,否则就会失却其灵魂与精髓"②,这里要问:终极价值关切、终极目的性、人性、人的本质这一类"超越性"究竟是什么?如果把坚持"立足于绝对价值目的性的价值理性立场"理解为"超越性"、理解为"道德",那这样的"道德"根本上是虚无缥缈的东西。在我看来,要理解"超越",就是透过现象去认识道德本体是人立身处世之"应该",

---

① 高兆明:《"道德资本"概念质疑》,《哲学动态》2012 年第 11 期。
② 高兆明:《"道德资本"概念质疑》,《哲学动态》2012 年第 11 期。

在把握"应该"基础上去认识道德责任、道德规范和道德实践。否则，一味空谈所谓"超越性"是缺乏逻辑思维的空洞理论。

综上所述，趋善意义上的道德能够以其特殊功能帮助经济活动获得更高效率或更多利润，既然道德有助于获得更高效率或更多利润，那"道德资本"应该有其充分的存在依据和可能，正如高兆明先生在《"道德资本"概念质疑》一文中所说的："事实上，历史已经证明：文明的社会风尚、自律的道德价值精神，本身就可以给社会带来难以想象的效率。""主张在市场经济活动中以合道德的方式、手段追求企业利润。这种本意当然不失合理。"① 而且，中国目前经济发展过程中出现的"毒奶粉""苏丹红""有色馒头"等问题食品，塌桥、塌楼等问题工程等不讲经营道德的行为，不仅不能帮助企业获得更高效率或更多利润，而且，一旦缺德行为败露，企业将面临倒闭的危险。因此，企业十分需要加强经营道德责任意识，树立道德资本理念，提高资本投资的道德制约境界，唯此才能排除空洞的道德主张，体现时代精神担当，也才能获取更高效率或更多利润，并促进我国经济的快速发展。因此，不要肤浅地、轻率地否定"道德资本"概念。

（原载《哲学动态》2013 年第 3 期，《中国社会科学文摘》2013 年第 7 期、人大复印报刊资料《伦理学》2013 年第 6 期分别全文转载）

---

① 高兆明：《"道德资本"概念质疑》，《哲学动态》2012 年第 11 期。

"道德资本"何以可能

道德与资本有无关系？提出"道德资本"概念是提升了道德作用的境界还是亵渎了道德？这是十分敏感且有必要厘清的问题。

与道德资本相关的理念在国内外理论界不断有所涉及。诺贝尔经济学奖获得者、美国经济学家西奥多·W.舒尔茨曾提出并系统论证了人力资本概念，他认为，人力资本是经济增长的源泉，而教育形成的人力资本在经济增长中会更多地代替其他生产要素。舒尔茨的人力资本之人力，不仅仅指人的体力，更指人通过教育形成的创新能力以及道德能力等。我国也有学者以道德功能说明道德资本："道德的经济功能与资本相类似，它介入经济活动，会带来较大的利益。我们可以借用布尔迪厄的宽泛的'资本'概念称其为'道德资本'。"① 西班牙学者西松在其《领导者的道德资本》一书中说，开发道德资本的关键，在于充分利用人类自身在行动、习惯以及性格这三个操作层面上所具有的动力。其中，行动是最基本的构成要素，可以被视为道德资本的基础。②

将舒尔茨的观点推而广之，可认为能够提供一种有经济价值的生产性服务的物质或精神因素都可以称为资本，而且，包含道德因素的部分更加重要。事实上，道德在经济运行中，对获得更多效益起着不可替代的独特作用，甚至是决定性的作用。

企业产品的道德含量和售后服务的道德性承诺的兑现程度，将直接影响企业利润。企业之间的竞争说到底是产品质量的竞争，谁

---

① 罗卫东："论道德的经济功能"，《中共浙江省委党校学报》1998年第1期。
② 参见［西班牙］西松《领导者的道德资本》，于文轩、丁敏译，中央编译出版社2005年版。

的产品质量好,谁就能获得更高的市场占有率。然而,产品质量不但取决于企业的技术力量和资金数量等,也取决于其道德含量,即产品在设计、制造过程中所渗透或体现出的对人性需求、利益相关者需求和社会需求的关注。前者作为决定产品质量的基础性条件固然重要,但后者不可或缺,因为它决定着产品在多大程度上满足了人和社会的需要。一个中看不中用的产品,哪怕技术含量很高也无法赢得顾客的信赖。进一步说,产品质量尽管很好,但如果售后服务的道德性承诺不能兑现,长远看,其销售仍会受到影响,一旦市场占有率降低,资金流转速度就会变慢,而这会反过来降低产品质量。

有人曾用马克思的"资本"概念来否定"道德资本"概念。马克思曾经说"资本来到世间,从头到脚,每个毛孔都滴着血和肮脏的东西"[1],马克思还说,"资本也是一种社会生产关系。这是资产阶级的生产关系,是资产阶级社会的生产关系"[2]。马克思对资本残酷肮脏的概括,是对资本主义社会条件下资本本质的揭露。而前面所说的道德资本之资本,是指一般意义上投入生产过程、能带来新的价值或利润的一切价值因素。正如舒尔茨所说,任何能够提供一种有经济价值的生产性服务,都将成为资本。社会道德能够以其特有的引导、规范、制约和协调功能作用于生产过程,促进经济价值增长。正是在这一意义上,笔者以为,道德作为影响价值形成与增值的精神因素具有资本属性。道德资本是把道德视为一种有价值的生产性资源,以此来分析道德在经济价值增值过程中的特殊功能和作用,不同于马克思政治经济学中作为反映或批判资本主义社会制度和经济关系的分析工具的"资本"概念。

(原载《中国社会科学报·哲学版·学者个人专栏》2013 年 11 月 4 日)

---

[1] 《马克思恩格斯全集》第 44 卷,人民出版社 2001 年版,第 871 页。
[2] 《马克思恩格斯选集》第 1 卷,人民出版社 1995 年版,第 345 页。

道德生产力何以可能

我在 20 世纪 90 年代中期提出道德生产力概念以来，在学界一直争议不断。在这期间，由于讨论的不断深入，道德生产力的概念也越辩越清，虽然如此，质疑声也一直没有中断过，这有力地推动了这一学术理念的研究向纵深发展。对有关质疑，我再做回应，以进一步说明我的道德生产力观点。

解放生产力首先是解放人的思想，道德是解放人的思想的题中应有之义。有人认为，生产力是物质的，无须谈道德问题，更不存在道德生产力。其实，深刻领会邓小平同志曾经指出的改革就是解放生产力的思想，不难看出，解放生产力首先是要解放人的思想，让人讲真理、讲真话，再进一步，更重要的是首先提升人的道德境界。没有基本的做人标准，没有崇高的价值取向，哪来讲真理和讲真话的勇气？而只有思想解放了，只有道德觉悟了，作为生产力核心要素的人的活力才能被充分激发出来，作为生产力标志的劳动工具也才能充分发挥其应有的功能，作为生产力重要条件的资源（劳动对象）才能实现生态性利用。

道德生产力不是指道德直接转变成物质生产力。有人认为，道德生产力是把道德直接转变成生产力，也即意识可以直接成为物质。其实这是对道德生产力观念的曲解。讲道德生产力，仅仅是指科学意义上的道德是生产力中的重要内容或因素，在生产力的发展中起着特殊的作用力；同时，既然道德是既影响劳动工具作用的发挥，又影响对劳动对象的生态性利用的重要因素，这就意味着，道德作为精神生产力在作用于物质生产力过程中又起着社会劳动生产力的作用。具体说来，道德作为社会劳动生产力发挥作用过程中有其独特的功能和展示方式。其一，作为意识形态的道德，它一般不能直接渗透到生产力各要素中去发挥作用,但它可以影响劳动者,决定劳动者以什么样的姿态投入生产过程,以何种精神状态使得"死的生产力"变成社会的劳动生产力;它可以影响劳动关系的存在方式,从而在一定程度上决定生产力内部要素之间的联系方式及其作用的理性程度。其二,作为人的品质或品性的道德,在人进入生产过程并发挥作用时,道德也就直接成了生产力要素。假如劳动者不具备基本的道德素质,人作为生产力第一要素在进入生产过程中处在被动状态,在发挥劳动工具和劳动对象的能量时,往往也是没有动力、没有目标,作为"死的生产力"的工具(机器)不能最大限度或最好状态地激活。事实上,一个没有道德觉悟的人,一群没有团结协作精神甚至惯于内讧的人,必然会对社会生产力水平的提高和作用的发挥产生十分消极甚至破坏的作用。

道德生产力的提出不违背物质决定意识的唯物辩证法观点。有人认为,提出道德影响生产力发展,道德也是生产力,那么,决定道德的物质生产力就成了被决定,这是颠倒了物质和意识的关系。其实,物质和精神不等于生产力,即生产力不是物质和精神本身。同时,物质生产力和精神生产力不是可分离的两种生产力,事实上,讲精神生产力是强调生产力的精神因素,并不是把精神生产力当作独立的生产力来看待。我曾经提到,物质生产力只有作为精神生产力的科学、思想、道德等在进入生产过程并发挥作用时,物质生产力作为社会劳动生产力才得以成立;同样精神生产力只有进入生产过程并指导或影响物质和精神生产时才得以体现。为此,物质生产力和精神生产力是相辅相成、相互作用的两大生产力要素。这与物质决定意识不是一回事,并没有违背物质决定意识的唯物辩证法观点。而且,道德生产力强调了意识的能动作用,倒是强化了唯物辩证法思想。

对生产力内部起影响或促进作用的精神因素都可以当作生产力要素,而道德在精神生产力要素中处在基础和核心的地位。有人认为,如果道德是生产力,那么,在经济领域起引导、约束等作用的方针、政策、政治、法律、管理甚至哲学等都可以是生产力。既然生产力必然包括精神因素,存在着精神生产力,那么,我们完全可以把方针、政策、政治、法律、管理甚至哲学等也看成生产力的内涵或因素。当然，它必须是科学的理论或理念，同时也必须作用于物质生产力。要指出的是，尽管精神生产力可以是包括道德在内的多种表现形式，但道德与精神生产力的其他表现形式不同，道德有其独特的作用，尤其是社会主义道德作为一种理性法则或理性精神，它理应渗透在方针、政策、政治、法律、管理之中，不内含社会主义理性法则或理性精神的方针、政策、政治、法律、管理是不可思议的，甚或落后、被动的。所以，我认为，道德是精神生产力之基础和核心要素，在一定意义上，道德生产力和精神生产力可以在同等意义上认识和使用。

当今时代，对生产力的理解已经不是传统的物质视阈下的理解。"生产力是物质的"之命题，只是在生产力的标志和生产操作的表象及其直接产品等特殊视角下的表述。其实，正如前面所说，生产力必然内含精神因素，这与社会生产力概念在一定意义上是相通的，即生产力包括物质的生产力和精神的生产力，而社会生产力是指包括社会管理在内的物质和精神等全部生产性要素及其能力。为此，作为生产力或社会生产力的精神层面的道德，即道德生产力是经济社会发展的根本性动力。没有道德生产力理念，对生产力或社会生产力的理解和把握将会是欠缺甚或是错误的。

（原载《社会科学报》2013 年 11 月 7 日）

道德力影响其他社会力量

　　道德力乃经济社会发展之基础力和核心力。事物的力就是力量，事物的功能是可能或潜在的力量，事物的作用是力量的形成和表现。而且，作为事物功能的可能或潜在力量一定意味着能发挥作用的力量，否则，事物的可能或潜在力量就不能成立或没有意义；同时，事物的作用的发挥意味着它有着体现可能或潜在力量的功能，否则，事物的作用没有依据。由是观之，道德作为特殊的社会存在，有其特殊的功能和作用，道德力与道德同在。又因为道德是人之为人的合理性的依据，是人之完善之精神资源，忽视甚至缺少道德，人难以成事，经济社会发展也将会失去正能量。

　　事实上，道德存在就是一种力。道德存在的理由只有一个，即它有用，它能发挥自己特殊的作用力。一方面，人之为人在德，道德决定人作为人的存在。没有道德何从识人，又何从谈人。另一方面，力的存在体现在力量的发挥及作用的形成，大力、强力、好力等则体现在力量的最佳发挥和作用的最好形成。我们常说的"人力""物力""财力"等，离开了道德，这些所谓的力就无法展示出来，甚至会变成负面力量，影响正能量的力的存在。就拿"人力"来说，人的力量的形成需要人有知识、有技能、有好的体质等，但是，人若没有基本的道德觉悟和高尚的人生价值取向，丰富的知识、高超的技能、良好的体质也不能发挥应有的作用，在这种情况下谈人力还有意义吗？再看"物力"。"物力"之力在于"物"的有用性和耐用性，而这取决于人们在认识"物"和制造"物"的过程中的道德境界和道德投入，即取决于在多大程度上符合人性和人际利益交往的需求。离开了道德，"物力"无法体现。至于"财力"，"财力"的大小仅仅表现为金钱的数量吗？显然不是。因为，钱多不一定就说明有"财力",如果投资不合理,甚至违背理性、挥霍浪费,钱多不仅不能说明"财力",反而可能成为社会有机体的"腐蚀力"。当然,如果投资理性、合理,那就能展示财力。因此,"财力"的形成和发挥需要道德的支撑。人类发展史告诉我们,社会的存续和发展,始终离不开道德的引导和协调。可以想象,一个缺乏道德的社会,将会是乱象丛生、矛盾重重、幸福指数极低的社会。因此,人类社会不能没有道德,道德始终伴随着理性社会的生存和发展。

在经济领域,道德也是生产力。历史唯物主义认为,"生产力当然始终是有用的具体的劳动的生产力",它是由"物质生产力和精神生产力"构成的,而且物质生产力依靠精神生产力才得以成立或形成。然而,道德是精神生产力的基础和核心内容。这是因为,生产力的核心要素是劳动者,而劳动者的道德觉悟直接影响他们的劳动目标和劳动态度,最终直接决定劳动成果和生产力水平。就制造一个具体的劳动产品来说,如果劳动者负责任地全身心投入,不仅能够保证产品质量,而且可以实现最低消耗,客观上能够缩短单位产品的社会必要劳动时间而降低产品成本。

当今国人都在为实现中国梦而奋斗。而要实现中国梦还得首先做好道德理想之梦,唯有中华民族道德的真正觉悟,才能树立以中国人的人格和国格诉求为标志的具中国风格和中国气派的中国精神,才能真正实现中华民族的伟大复兴之梦。不具备基本的社会主义道德精神,中国梦将难以实现。党的十八大提出要着力推进我国社会公民道德建设工程,这将预示中国梦将会是中华民族腾飞之美梦。

(载《中国社会科学报·哲学版·学者个人专栏》
2013年12月2日,发表时有删节)

九论道德资本
——企业道德资本类型及其评估指标体系

企业资本是指进入生产过程并可以带来利润或收益的货币、实物、债权、企业文化和企业精神等生产性资源。而作为企业文化和企业精神的无形资本或精神资本中体现为企业及其员工道德觉悟和德行、道德性制度、"物化德性"等生产性道德资源即为道德资本。

作为生产性资源的道德资本与企业其他货币和实物等资本，除了有形和无形之区别以外，还有三个特点。一是货币和实物等资本在其投入生产过程并获得利润或收益时才能使得资本成为资本，而道德作为企业及其员工道德觉悟和德行、道德性制度、"物化德性"等，只要生产活动启动，其资本作用及其特性就已生成。二是货币和实物等资本在生产过程中如遇到经营不景气或经济行为调整时可以撤出某一经济活动过程，而道德资本不存在撤出的问题，作为人的道德觉悟和德行、道德性制度、"物化德性"等，在企业经营过程中能对货币和实物等资本的投入起到指导、引导和约束的作用，就是在货币和实物等资本撤出时，道德资本也能起到督促理性撤资和理性再投资的作用。事实上，道德资本在企业经营过程中始终起着积极的促进作用。三是道德资本不能独立存在，它只有依附于实物资本才能发挥其精神资本作用，并由此促进道德性物质资本的形成。而实物资本可以独立存在，不过，实物资本的价值在很大程度上有赖于道德资本作用的发挥。四是道德资本需要在具体的行动中实现，正如西班牙学者西松所说："开发道德资本的关键，在于充分利用人类自身在行动、习惯以及性格这三个操作层面上所具有的动力。在这些层面中，行动是最基本的构成要素，可以被视为道德资本的基础货币。这就意味着，除非付诸行动或者产生结果，否则人类的活动将不具有道德上的意义。"① 他还说："道德资本主要依赖于行动，这意味着，首先，无论思想或者观念多么不可或缺，但它们本身都是不够的。领导力，或者个人或其所在组织的道德资本的增长，其本身并不是一种理论，而是一种艺术，一种实践。"② 他还特别强调，"道德资本由行动构成，这意味着，仅具有行动能力——或者仅能够依理智行事——是不够的。除此之外还需要真正地运用此种能力"③。

作为企业无形资本或精神资本的道德资本，尽管不可以量化，但可以依据企业道德行为及其道德现象进行评估。企业道德资本评估指标可以从四个方面确认：一是企业道德理念，即企业对企业道德在思想观念上的认识和把握程度；二是企业道德制度，即企业道德转化为包括利益相关者在内的所有有关企业关心和尊重人的制度、清洁生产制度、诚信销售和服务制度等；三是企业主体道德觉悟，即企业领导、员工及企业合作者的体现为忠诚、关爱、诚信等的道德觉悟；四是企业生产经营的道德诉求，即企业在生产经营过程中面向用户的道德责任、道德要求和道德目的。

根据以上对道德资本的确认原则，结合我国企业实际的道德建设状况，可以把道德资本分解为 8 种类型（即一级指标）：一是企业道德理念与道德原则，即体现为企业在生产、经营、管理等过程中应有的道德境界和道德要求，以及道德境界和道德要求渗透其企业生产、经营、管理等过程的具体的道德指导、道德管理观念；二是道德性制度，即体现为企业人性关怀、和谐共治的规则；三是道德环境，即体现为企业员工在工作、生活中的被尊重、被关注的家庭式的和谐人际关系环境和道德文化浓厚的物化道德环境；四是道德忠诚，即体现为企业领导和员工、企业合作者对企业的向心度和奉献精神；五是产品道德含量，即体现为企业产品在设计和生产过程

---

① ［西班牙］阿莱霍·何塞·G. 西松：《领导者的道德资本》，于文轩、丁敏译，中央编译出版社 2005 年版，第 62 页。
② ［西班牙］阿莱霍·何塞·G. 西松：《领导者的道德资本》，于文轩、丁敏译，中央编译出版社 2005 年版，第 84 页。
③ ［西班牙］阿莱霍·何塞·G. 西松：《领导者的道德资本》，于文轩、丁敏译，中央编译出版社 2005 年版，第 85 页。

中对用户的生产、生活、心理、生理等人性和道德需求的认识程度和贯彻程度；六是道德性销售，即企业产品在销售过程中对用户的责任承诺的兑现主动性和兑现程度；七是社会道德责任，即企业对包括国家、社会、同行、员工、顾客等在内的利益相关者所应该履行的义务；八是道德领导与领导道德，即企业领导者自身的道德素质以及对员工及其家属的生、老、病、死的人性化的管理等。

在这 8 类企业道德资本评估的一级指标中，道德理念和道德原则是贯通其他 7 项指标的核心内容，由于有道德理念和道德原则的贯通，因此，各项一级指标之间也均存在着或多或少的联系和程度不一的关联度。尤其要指出的是，企业道德资本是综合性理念，它不以某项突出指标为依据来评估道德资本。事实上，一个企业的道德资本雄厚，它必定意味着企业道德在各方面都建设得比较有成效，而且在企业生产、经营和职工生活等方面取得了比较明显的成效。

企业道德资本评估的 8 类一级指标中，又可分解成 100 项具有应用和操作性的二级指标。根据 100 项二级指标中内容的有或无、好或差、高或低、强或弱、多或少等给予每项指标 0—10 分不等的分数（10 分为一个整数，有利于按比例打分，同时，打分拉开差距，有利于评估过程中提高可信度），满分 1000 分。按百分制得分（习惯性考量数字，有利于评估等级比较） = 实得总分 ÷ 10。

企业道德资本评估指标表

一级指标	二级指标	得分
道德理念与道德原则	1. 企业发展宗旨	
	2. 社会责任意识和目标	
	3. 企业训条	
	4. 企业诚信经营等价值观	
	5. 企业内部以人为本的管理理念	
	6. 企业职业道德规范及对职工品德养成的要求	
	7. 企业资产统计分析中的道德理念	
	8. 企业产品设计、制造中的道德理念	
	9. 经营（服务）道德规范	

续表

一级指标	二级指标	得分
道德理念与道德原则	10. 领导工作报告或工作安排中的道德建设内容	
	11. 利益分配的公正、公开	
	12. 公正、公平地对待利益相关者	
	13. 尊重、维护知识产权	
	14. 职工有尊严地工作、生活和交往	
	15. 企业领导的决策道德理念	
道德性制度	1. 职工培训制度	
	2. 健康体检制度	
	3. 节日加班加薪制度	
	4. 产假制度	
	5. 企业领导定期或不定期跟班作业制度	
	6. 企业财务公开制度	
	7. 企业经营业绩报告制度	
	8. 民主生活制度	
	9. 奖惩制度	
	10. 公开企业收益和职工收益制度	
	11. 同工同酬制度	
	12. 不用童工、保护女工制度	
	13. 企业职工晋级公示制度	
	14. 企业与员工签订劳动合同制度	
	15. 清洁生产制度	
道德环境	1. 宣传企业良好精神的网络、报纸、宣传栏等阵地	
	2. 企业内外宣传标语或内容高尚的雕塑等	
	3. 企业人际关系的和谐度	
	4. 职工的安全保障度	
	5. 职工的工作环境舒适度	
	6. 职工的生活环境舒适度	
	7. 环境卫生与身体锻炼设施和环境	
	8. 生产、生活等事故的快速反应机制	
	9. 尊重职工人格、维护员工尊严的氛围	
	10. 职工对企业大家庭的认同度	

续表

一级指标	二级指标	得分
道德忠诚	1. 职工跳槽的数量或频率	
	2. 企业经济不景气时职工的共渡难关意识	
	3. 领导存在工作责任问题时职工正面提意见的积极性	
	4. 职工工作出现差错时对被罚的认同度	
	5. 职工关注企业发展前景	
	6. 职工关注企业领导的思想道德素质	
	7. 职工的主人翁意识	
	8. 拒绝商业贿赂	
	9. 职工参加集体活动的积极性	
	10. 职工加班加点的积极性	
产品道德含量	1. 产品设计前进行顾客需求调查	
	2. 产品的人性化、环保性设计	
	3. 产品制造环节及其质量的检验	
	4. 产品综合质量检验	
	5. 产品款式的更新	
	6. 产品的安全性	
	7. 产品的耐用性	
	8. 产品的美观性	
	9. 产品的环保性、节约性包装	
	10. 产品中的次品处理方式	
道德性销售	1. 产品销售承诺	
	2. 人性化的产品使用说明书	
	3. 产品质量保证书	
	4. 产品保修时间的规定适当与否	
	5. 售后人性化服务	
	6. 企业问题产品的召回制度	
	7. 产品质量问题包退或包换	
	8. 对顾客的销售服务满意度的监测	
	9. 了解消费者对产品的意见或偏好	
	10. 产品广告的真实、科学、信誉度	

续表

一级指标	二级指标	得分
社会道德责任	1. 关注产品的社会评价	
	2. 对顾客投诉的反映和处理机制	
	3. 产品的质量信息公开	
	4. 不做假账	
	5. 重视保护生态环境	
	6. 参与慈善公益活动	
	7. 对利益相关企业的诚信度	
	8. 按章纳税	
	9. 经营遵纪守法，维护国家和社会利益	
	10. 对竞争对手是打压暗算还是坚持合作共赢	
道德领导与领导道德	1. 领导管理职责和管理承诺	
	2. 领导准时上下班	
	3. 经常调研或检查生产、销售等情况	
	4. 关注生产或工作安全	
	5. 领导和职工一起劳动	
	6. 发挥工会组织的作用	
	7. 职工犯错误以教育为主	
	8. 关心残疾（生病）职工	
	9. 企业解雇员工的理由	
	10. 领导问候生病职工、祝贺职工生日等	
	11. 购买劳动和医疗等保险	
	12. 向家属通报职工工作、生活、学习等情况	
	13. 关心职工家属	
	14. 企业领导团结、民主、有亲和力	
	15. 领导定期或不定期召开征求职工意见的座谈会	
	16. 不歧视女工或残疾工	
	17. 公正、公平考核员工	
	18. 了解社会责任管理体系 SA8000 等国际规则	
	19. 成立道德委员会或设置道德协调员	
	20. 每年进行企业道德资本评估	

需要指出的是，企业类型多样，涉及的具体企业又千差万别，因此，

道德资本评估指标会有差别。生产性企业大致可以按照以上道德资本评估指标来评估本企业的道德资本存量情况，但诸如商品经营、饮食、旅游、宾馆等服务型企业，在道德资本评估的 8 个一级指标的范围内，其二级指标的具体内容、表征及其提法会有所不同，不过，其宗旨是一致的。例如，"产品设计"，生产性企业主要通过产品设计让产品渗透进道德要素，服务性行业则主要通过服务项目设计让服务项目充分体现道德性，他们共同的目的是让使用者或消费者实现最佳的使用效果。再如，"道德环境"，有的大企业的空间范围之大，像个企业社会或企业城，道德环境从软件到硬件如何展示，本身就是一项系统工程。而有的服务性企业小到只有一个服务平台或一栋办公楼或一间办公室等，其道德环境设计就应因地制宜，要是只有一栋办公楼或一间办公室，那道德硬环境和道德软环境的设计就比较简洁一些，诸如进取的文化氛围、舒适的工作环境、和谐的人际关系、齐全的安全保障等。又如，"产品道德含量"，企业道德资本评估指标表中第五项内容的一些概念内涵和表征形式，生产性企业和服务性企业大不一样，有的企业无法照搬或通用。产品道德含量在商品经营企业，应该表现在进货、销货、服务的严格检验制度和服务行为优化，真正实现最好性价比、最好服务和最好使用效果等。在饮食行业，应该表现在保证食品质量的前提下，对消费者的健康乃至生活质量的提升负责等；在旅游行业，应该表现在设计旅游产品过程中对游客的高度负责，设计出最科学、最经济、最有理性意味并能让游客满意的旅游路线等；在宾馆行业，应该表现在通过设计和服务，让客人有宾至如归的感受等。特别要指出的是，新兴的互联网商业企业，其道德资本评估指标尤其是道德资本评估二级指标，在坚持道德资本一级评估指标基本理念的基础上，在保留以上直接可操作的二级指标的同时，要有以诚信为核心的适应这类特殊企业的新的内容和表征的设计。

同样，道德资本评估指标中的二级指标，其内容和表征表达方式上也会因企业经营的内容、特点、方式等不同而不同。如，"清洁生产"，在生产性企业可以主要表达为绿色生产等，在服务性企业尤其是商业互联网服务企业可以主要表达为最诚信、最好性价比服务等。还有，他们共同的内容和表征表达应该是在理念上趋善避恶、境界高尚等。又如,"产品的安全性",不同的企业所设计或生产的产品有不同的安全要求。用来买卖的劳动产品,要注意运输和使用的方便和安全,而旅游产品则主要是游客在旅游过程中的生命财产的安全,至于饮食行业,食品安全则是首要安全内容。再如,"企业问题产品的召回制度",这对于生产性企业来说具有很强的针对性,而对于旅游行业,那就应该重在赔偿和旅游产品的设计应用和改进上面,当然,也不排除直接赔偿旅游产品等。

为此,此处以生产性企业(一般来说,现代生产性企业活动包括生产、销售、服务等全过程,因此,在一定意义上生产性企业内含服务性企业)为主所设计的道德资本一级评估指标,在基本理念和范围适用于所有企业,在道德资本二级评估指标上,只是在内容和表征表达方式因企业不同而不同。要强调的是,不管什么企业,尽管其道德资本评估指标的内容和表征表达方式因企业不同而不同,但其道德资本评估的主旨理念是一致的。

要进一步表明的是,我设计道德资本评估指标,其愿景一是主张对现代企业资产(资本)尤其是企业无形资产(无形资本)理念要有完整的把握,其中,切不可忽视对企业道德资产(道德资本)的认识、培育和应用;二是为企业增加道德资本存量提供可操作性的指标、条例或行动方案;三是启迪企业能够在企业发展进程中充分树立道德资本意识,并以此促进企业不断取得新的更好的业绩。

(原载《道德与文明》2014 年第 6 期)

道德促进获利与道德物化不可混同

在我发表系列经济伦理学研究成果并极力主张道德有帮助企业获利的作用以来，有学者提出质疑，认为道德可以促进获利是主张道德物化。我的回答是否定的，前者和后者具有明显的区别，即强调道德的指导和约束作用与道德可以转变为具体物质的想法完全不是一回事。

其实，道德物化即道德物质化是伪概念。就现今自然科学的基本理念来说，物质一词没有明确定义，而且，学科不一样尤其是自然科学和社会科学可以有不同的指称和表述，但一般是指具有一定空间、质量不为零的东西。自然科学视角下的物质是指由分子、原子、电子、离子等最基本的微粒构成的；哲学社会科学按照列宁的观点认为物质是标志客观实在的哲学范畴，它不依赖于我们的感觉而存在，可以被人的感觉复写、摄影和反映，客观实在性是其本质特性。这样一来。道德物化即作为精神现象的道德可以转变为物质是在科学上不可能的事情。更何况，客观世界的物质都是化学物质，或者是由化学物质所组成的混合物，那道德作为精神现象永远不可能具有化学作用的功能。再说，物质总是以一定的物态存在着，而且客观世界物质千姿百态，大到星球宇宙，小到分子、原子、电子等微粒子，存在形态各异，就是归结为日常所知的它们的固态、液态和气态三种"物态"，这都不可能由道德直接转变而来。就是作为物质存在的可入性的"场"，与道德更是风马牛不相及。因此，道德物化不可能，道德作为物之物不存在。

至于我们日常所说的包括道德精神在内的精神变物质，只是指精神"外化"（影响物质的形态和特征等）于物质之中，或指通过道德精神的指导或约束，使其"外化"为具有一定道德性的物质等。例如，紫砂茶杯（壶）由紫砂泥（土）做成，从紫砂泥（土）制成紫砂茶杯（壶）的全过程，其原料和成品之质料不可能有道德转变而来的成分，而紫砂茶杯（壶）的形状、特征和质量等在多大程度上符合人性需求和社会要求，以及它的实用性和耐用性如何，这往往在很大程度上取决于制造者关注用户需求和对用户负责的道德理念。同时，某一种紫砂茶杯（壶）在市场上获得多高的市场占有率，也往往取决于内含的道德精神或道德精神的外化程度。

因此，道德的促进企业获利作用是指通过道德的引导或约束，能够帮助企业获得更多的利益或利润，绝不是指道德物化。其实，我所提出和论证的"道德资本"概念，一是指制造一种或一类好产品，需要考虑并符合人性和社会需求，这种（类）道德性产品将会赢得市场并不断扩大市场占有率。二是指生产管理和利益相关者关系协调过程中需要坚持人本化即道德化举措，唯有道德化举措才能减少甚至消除因信息封锁、利益倾轧等造成的摩擦消耗；唯有道德化举措才能充分调动企业职工的劳动积极性，并减少单位产品的社会必要劳动时间，即减少产品成本。三是指在销售产品过程中，销售承诺兑现的诚信度高，就会赢得顾客的信任，从而在扩大市场占有率的同时，将会加快产品的销售速度和资金流转速度。以上说明道德进入并引导生产和销售过程是获取更多利润的重要依据和条件。当然，要指出的是，道德在企业生产和销售过程中，除了正面引导作用外，对企业经营者不当行为也能起到约束作用，这能保证企业在生产和销售过程中不出现缺德行为，更不至于衰败或倒闭，这是企业获利的前提条件。同时，我所提出和论证的"道德生产力"概念，也并不是说道德就是物质的生产力，而是指道德是生产力要素中的精神要素，是精神生产力。按照马克思的观点，机器是死的生产力，离开了作为主观生产力的精神生产力对机器的激活，社会的劳动生产力就不能成立。这就是说，虽然生产力的标志是物质的，但是，没有劳动者的精神境界尤其是道德觉悟的不断提升，不仅影响劳动者的崇高价值取向和劳动积极性，也影响对作为生产力主要标志的劳动工具（机器）的认识、改造和利用，影响对资源的开发和利用的生态意识。为此，提高生产力水平意味着必须提高劳动者的道德觉悟，并进而影响生产力各要素的最佳存在和作用的最完美发挥。

（原载《德与美》第 3 版，上海三联书店 2020 年版）

论道德与资本的逻辑关系

我在已经发表的系列著作和文章中，从不同角度阐述了道德资本的存在依据、道德作为资本的基本特点和价值增值作用、道德资本的实践与评估指标、道德资本与资本尤其是与马克思的"资本"概念的区别与联系等，同时对学界同仁提出的相关质疑给予了学术回应。① 现就道德与资本的逻辑关系做探讨，试图进一步说明，道德与资本的关系是客观存在的，而且，社会主义条件下的资本运行一定内含着包括道德在内的精神资本。忽视道德资本，将是经济活动中的短视、弱视行为。

一 资本的本性与道德力量互为支撑

资本的本性是为了获取更多的利润，这并非就意味着它与科学意义上存在道德相悖。就资本一般意义上来说，它是指投入生产过程并能带来更多利润的物质和精神条件，是一种能使价值增值的能力。事实上，资本投入生产过程要获得最佳、更多利润，在不变资本一定的情况下要依靠劳动者作用的发挥，即靠活劳动创造新的价值。而活劳动者不只是作为劳动主体的躯体而已，它必然包括劳动者的文化水平、技术能力、道德觉悟等，其中作为资本精神要素的人的道德觉悟决定着资本的理性度、运行特质及其运行效果。所以说，道德与资本共存，资本需要道德，且道德价值因资本的顺畅运动而凸显。

---

① 参见王小锡《道德资本与经济伦理——王小锡自选集》，人民出版社 2009 年版；《道德资本论》，译林出版社 2016 年版。

事实上，在资本投入生产并发挥作用的过程中，道德起着引导、协调、监督的作用，离开了道德的特殊作用力，"资本一般"意义上的资本就无法充分展示。这就是说，资本要成为资本或者说资本要是资本，一定离不开人的价值取向尤其是道德的作用，唯此才能明确资本的理性投资目的和投资方向。假如，资本没有明确的理性投资目的和投资方向，甚至违背理性、失去理性地投资，这样的资本就是"资本特殊"或"特殊资本"，很可能是"伪资本""恶资本"，与我们所主张的道德是相悖的，它迟早要失去"资本一般"的价值和意义。在资本主义社会，资本从头到脚每个毛孔都滴着血和肮脏的东西，不是因为资本的本性是为了获取更多的利润，而是因为资本的本性是恶性扩张，在获利过程中不仅采取了残酷的剥削手段，而且资本家无偿占有的剩余价值又作为资本投入生产过程中更进一步压榨工人。所以，离开道德引导、协调、监督，资本的本性将很可能被非理性地利用，在这种情况下，资本就是不道德的代名词。

其实，资本的本性与道德力量不仅不相抵触，而且是互为支撑的。资本投入生产过程就是为了获取更多的利润，而要实现利润增加，资本要紧随生产过程不断地运动，即要有生产产品的过程，要有销售行为的过程，要有与利益相关者的利益分配和协调的过程等。然而，这些获利的必经过程顺畅与否，与讲不讲道德之关系十分密切。例如，对于企业来说，用户信任度的提高和信任感的持续往往取决于产品售后服务承诺的兑现程度。尽管产品就其固定状态来说质量可以是上乘，但是，如果售后服务不到位，企业经营者（包括企业委托销售者）就丧失了信誉，这就会影响企业的社会信任度，影响产品的市场占有率，最终影响企业效益。又如，企业内外部利益相关者的利益是否公平合理，将会直接影响资本运动的流畅和效益，只要利益相关者的关系链条或利益链条脱落，那么资本运动的目的就会大打折扣。所以，资本需要道德，资本的运动需要道德的参与。而且，资本的力量和资本的效益往往不取决于企业产品的科技含量，而取决于对用户的责任心渗透到经济行为及其产品中的程度，也即取决于企业核心竞争力重要因素的产品的道德含量。①

有人认为，在物欲横流、不法商人常以非法手段获得不义巨财的社会，一切绝对、终极、超越性的东西几乎已在贪婪下化为乌有，人已沦为物的工具，此时，再鼓吹将道德变为资本与手段，只会使社会愈益沉沦于迷惘之中。然而，这里的问题是，这种赚取不义之财的丑恶行为，难道是所谓的"鼓吹"道德资本造成的吗？这不正说明缺德经营会给社会带来严重的恶果吗？这不正说明要用道德来引导、调整、制约人们的赚钱行为吗？难道将道德引入企业经营领域并获取更多利润或效益，就是将道德变为"工具"？其实，"道德沦为赚钱的工具"是不符合逻辑的提法，因为，已经沦为赚钱工具的所谓"道德"还是我们所理解的道德吗？这种所谓的"道德"是不法、缺德之徒遮住恶行的"遮羞布"，是缺德行为。这正是需要我们用适应时代要求的道德去谴责、制约和引导的，也是我们提出道德资本理论的真正目的之一。②

二 道德目标与资本目的相向而行

资本的目的与资本的本性相一致，即是说，资本投入生产过程就是为了获得更多利润和效益，这是毋庸置疑也是不须回避的。事实上，资本存在的价值就是赚钱甚至赚更多的钱，其本身没有问题。问题倒是资本是在什么经济制度下的资本，资本的目的是什么，资本运动中的手段又是什么等。马克思揭露的资本主义条件下的资本，其从头到脚每个毛孔都滴着血和肮脏的东西，它是不道德的代名词。社会主义条件下的资本是在公有制经济制度下坚持理性投资的资本，它可以在制度引导和约束下为正当获利而投资，为没有剥削和压迫的扩大再生产而投资。换句话说，在社会主义制度下，赚钱既是为了自身利益，也是为了社会利益，更是为了经济社会未来发展的利

---

① 参见［荷］丹尼尔·安德里森、勒内·蒂森《没有重量的财富——无形资产的评估与运营》，王成等译，江苏人民出版社2002年版，第52—67页。

② 我提出并论证的道德资本及其作用的观点，参见拙著《道德资本论》（译林出版社2016年版）,《道德资本与经济伦理——王小锡自选集》（人民出版社2009年版）。

益。而且，资本在实现更多利润和效益的过程中，内含着人的素质随着资本的科学运动也在不断地提高和发展，这是不争的客观事实。这样的资本目的是理性的、道德的。因此，在科学理性制度引导和约束下的资本，它是社会主义的经济道德实体，即是说，这样的资本是道德的，或者说社会主义条件下的资本象征着道德。

当然，资本的本性决定了它最终要赚钱，然而，在经济社会制度尚在改革完善的过程中，在人们的思想道德觉悟还处在需要提升的过程中，换句话说，资本在运动过程中还有脱轨的危险，这就需要道德觉悟的提升和必要的道德手段的约束。这说明，资本的良性运动不仅需要道德引导，更需要道德的约束。所以理性资本与道德同在。这就是说，在社会主义条件下，不存在与道德无关的资本，也不存在与资本不融的道德。

其实，道德的目的与资本的目的是一致的，只是存在的形态和特点有区别而已。曾经有人批评我谈道德资本与道德和赚钱的逻辑关系，是亵渎了神圣的道德，并振振有词地认为，说道德也可以是资本、也可以帮助赚钱，是荒谬的理论观点。[①] 我始终认为，不要空谈道德觉悟或道德境界之类的道德词汇，因为，道德觉悟或道德境界不是空中楼阁，当你说某人或某个集体性主体有崇高的道德觉悟或道德境界的时候，那依据是什么呢？总不能任凭某个人或某个集体性主体的代言人的口头表达，最终应该是在精神和物质效益上来说明某个人或某个集体性主体的道德觉悟或道德境界的高低，换句话说，没有良好的行为结果（成果）无法说明某个人或某个集体性主体的道德觉悟或道德境界的高低，即使由于某个人或某个集体性主体的精神境界的宣传或影响而产生了社会精神效益，即人们的思想道德觉悟和社会道德水平提高了，但最终还是要在行动和成效中展示某个人或某个集体性主体的道德觉悟或道德境界。总之，道德觉悟和道德境界与物质效益和最终要展示物质效益的精神效益是一致的，离开这一理念谈道德的神圣、道德的觉悟和境界都只能是

[①] 针对一些对我的主张持批判态度的观点，我已经在《"道德资本"何以可能——对有关质疑的回应》（《哲学动态》2013年第3期）、《道德资本论》（译林出版社2016年版）等文章和著作中做了回应和反批判。

空谈。

可以说，在经济领域，资本的目的和道德的目的不仅一致，而且互为存在。有人说，谈道德应用于生活、道德应用于经济，即道德成了"工具"是可怕的、危险的。其实，主张道德的现实作用的发挥并不是质疑者所理解的所谓"工具"，这种危言耸听的论调其实是不懂道德、不懂生活、不懂经济和经济学的不懂装懂的似是而非的废话。不要说道德应用于生活、道德应用于经济是价值理性和工具理性的统一，是客观现实，就是纯理论层面也不可能谈经济而忽视道德，谈道德而脱离经济，要是这样，那就是典型性的科盲。阿马蒂亚·森指出："就经济学的本质而言，我们不难看出，经济学的伦理学根源和工程学根源都有其自身的合理成分。但是，在这里，我们想要说明的是，由'伦理相关的动机观'和'伦理相关的社会成就动机观'所提出的深层问题，应该在现代经济学中占有一席重要地位"①，他进而强调说："经济学问题本身就可能是极为重要的伦理学问题。"② 既然伦理学和经济学关系这么密切（客观也是如此），那么，这两种学科一定是建立在现实的道德与经济的密切关系基础上的，故在理论和现实的研究上，提出并论证道德的经济作用、道德可以帮助获得更多利润是题中应有之义。如果在经济学中只研究抽象的、虚幻的道德，那缺乏道德行动和道德评判的经济学还有说服力吗？经济学只有更多、更明确地关注影响人类行为的伦理学思考，关注道德的实际影响和作用，才能变得更有说服力。③

有人质疑说，如果道德能帮助获得更多利润，那封建道德、资本主义道德或腐朽没落道德也能帮助赚钱？这里的问题是，所有不顺应时代潮流甚或逆社会进程的道德是我们习惯理论思维中的道德吗？④ 不知道持这种观点的人谈的是何种伦理学，那种把各种本质不同的道德观念混为一谈，并且把封建道德、资本主义道德或腐朽没

---

① ［印］阿马蒂亚·森：《伦理学与经济学》，商务印书馆2000年版，第12页。
② ［印］阿马蒂亚·森：《伦理学与经济学》，商务印书馆2000年版，第16页。
③ 参见［印］阿马蒂亚·森《伦理学与经济学》，商务印书馆2000年版。
④ 当然，严格意义上来说，"道德"是中性词，它可以是腐朽没落道德之道德，也可以指进步道德之道德，即是说，可以进行善恶评价的行为都是"道德的"行为。然而，我们的思维习惯或基本的思维定式，道德指的就是善德即科学的道德、进步的道德。

落道德在现时代的负面作用作为否定符合社会发展进程的道德的具体的促进经济社会发展进步的理由，是违背常识的理论纠缠。说实话，在现时代，资本的理性投资需要适应时代的道德即科学道德的支撑，更需要科学道德作为精神资本去激活和引导资本的高效运动并获取更多利润和效益。

三　道德价值与资本理性目标一致

资本的投资是自由的，然而，在哪里、向何项目投资，投资的目的是什么，实现资本目的的手段是什么等，这是投资者不得不考虑的问题，至少，赚钱是资本投资者的资本投向引导及基本目的。所以，资本投资是有"限制"的。

当然，资本投向及其目的明确并不意味着资本是理性意义上的资本，诸如在"资本特殊"意义上的资本主义条件下的资本，尤其是作为可变资本的劳动者在受压迫、受剥削状态下创造不属于自己的新的价值，被资本家无偿占有，并成为新的更大的异己力量。这样的资本是在非理性状态下运动，所以在赚钱的同时，必定会伤害资本尤其是可变资本本身，最终必然影响资本的生存理由和生存价值，即使会带来一定时段和一定程度的扩大再生产，但到头来一定是此起彼伏的经济危机或经济动荡，甚至是经济衰落。这当然是我们今天社会主义制度下不可能出现，也是我们不愿意看到的现象。

社会主义条件下尽管多种经济成分并存，但公有制是主体。这就决定了资本投资一定要符合社会主义制度理念和经济要求并不断趋于理性，这就一定内含道德的引导和协调，必要的时候需要道德来制约或纠正资本的非理性行为及其发展趋势。也就是说，资本需要道德，事实上，资本不能没有道德。就这一理念来看，道德是资本的不可或缺的精神要素，或者说道德是精神资本。资本唯有通过作为精神资本的道德的作用，才能实现资本运动的基本目的。

作为精神资本的道德，它不是为道德而道德，它其实也是为帮助获取更多利润而存在于生产过程中。而且，在生产过程中，道德本身也是直接影响产品质量及其后来销售速度和市场占有率的重要因素。所以，在经济领域，道德的价值始终体现在资本目的的实现过程中，否则，道德就没有在经济活动中存在的理由。不过，经济活动如果忽视甚至排斥道德，那经济一定是非理性经济或畸形经济。进而言之，研究经济活动的经济学，如果不研究经济活动中客观存在的道德内涵，就一定是不完善的经济学，换句话说，道德一定在经济活动中发挥着不可或缺的重要作用，经济学必须正视之。正如罗卫东所说："作为对经济现象进行研究的经济学，它的最高境界无非在理论上再现具体。它的逻辑体系只是现实世界的运行逻辑的影像，道德内生于经济活动这种客观的事实决定了关于某种道德观或基于某种道德的行为假定内生于经济学的事实。如果新古典经济学中的所有经济主体的选择不是基于个人利益'最大化''最优''完全竞争'等'道德'规则，而且经济学的演绎又是时刻在强化着这种选择标准的话，这个经济学体系如何可能存在。因此说经济学把道德作为外生变量和既定前提的说法是难以成立的。"[1] 因此，道德价值一定体现在理性资本中，道德价值和理性资本或资本理性是一致的。说到底，道德也是资本。

有人认为，道德可以为资本就是让道德"待价而沽"。然而，道德可以为资本与道德"待价而沽"是一回事吗？这是很不严肃的偷换概念的做法。正如我在以往发表的著作和文章中表明的，也是本文所坚持的观点，即道德可以为资本是强调道德在资本运动中具有不可或缺、不可替代的作用，而与所谓道德"待价而沽"，完全是两种不同的含义。难道强调资本中的精神要素之精神，都是"待价而沽"吗？假如资本没有了精神尤其是缺乏精神的引导、协调、约束，那资本还能运动、还是资本吗？不要妄断道德可以是资本就是"荒谬"，就是对道德的"亵渎"。

结语

对"道德是什么？"的问题的不同理解是产生对道德与资本关系即道德资本观不同态度的基本缘由。那么，道德是什么呢？有人认为，道德是人的精神品质，必然通过外在行为来表现，但外在行为

---

[1] 罗卫东：《经济学归根结底是一门道德科学》，《浙江社会科学》2001 年第 5 期。

不即是道德本身。正如帮助人是道德行为，但不能说帮助人就是道德，也不能说此人就是具有道德的人。所谓道德，即道得于心，道内化为自觉自由的意志。此处，人的自觉自由是关键。道德是精神属性，是心灵境界，是抽象的主观存在。它不是实体，不是具体事物，具体存在的只是道德行为。鉴于此种观点，有人进而指出，用道德去讲应用、讲效益是"可怕的""危险的"。以上观点是自相矛盾的违背思维逻辑的幼稚的或粗糙的观点。既然"道德是人的精神品质，必然通过外在行为来表现"，怎么又认为道德是精神的，不是具体的行动？既然道德是精神属性，是心灵境界，是抽象的主观存在，它不是实体，不是具体事物，那道德存在的依据和意义又是什么呢？难道真的像有人认为的，道德具有绝对性和神圣性，正是它的虚化存在或抽象性？这应该是一种谬误式表达，是对道德的主观唯心主义的一种似乎"道德崇高"意义上的概括。其实，道德和道德行为是不可分的，道德一定是在行为（现实）中的道德，离开了行为（现实）的道德，只能是虚幻的道德，而虚幻的道德是道德吗？同时，道德行为一定是一定道德意志下的行为，没有道德精神内涵的行为，无所谓道德行为，要么是不可以也不需要进行道德评价的行为，要么是不道德的行为。历史唯物主义视角下，道德当然体现为人的精神的立身处世之应当，是道德之本体，但道德也当然是依据应当的行动本身，是道德本真。前者和后者如失去逻辑关联，那还是我们今天所理解的道德吗？那道德存在的理由和价值在哪里呢？所以，"可怕的""危险的"不是道德必须发挥特殊功能、必须作用于经济社会的发展、必须赋予行动，而是抽象的所谓"高大上"的空话连篇、不着边际的虚幻的道德。事实上，一定时代的道德精神（境界）必定是现实的理性（理想）行为的抽象，否则，道德的"神圣性"和"崇高性"又从何谈起呢？马克思曾指出："在意识看来（而哲学意识就是被这样规定的：在它看来，正在理解着的思维是现实的人，而被理解了的世界本身才是现实的世界），范畴的运动表现为现实的生产行为（只可惜它从外界取得一种推动），而世界是这种生产行为的结果；这——不过又是一个同义反复——只有在下面这个限度内才是正确的：具体总体作为思想总体、作为思想具体，事实上是思维的、理解的产物；但是，决不是处于直观和表象之外或驾于其上而思维着的、自我产生着的概念的产物，而是把直观和表象加工成概念这一过程的产物。整体，当它在头脑中作为思想整体而出现时，是思维着的头脑的产物，这个头脑用它所专有的方式掌握世界，而这种方式是不同于对于世界的艺术精神的，宗教精神的，实践精神的掌握的。实在主体仍然是在头脑之外保持着它的独立性；只要这个头脑还仅仅是思辨地、理论地活动着。因此，就是在理论方法上，主体，即社会，也必须始终作为前提浮现在表象面前。"[1] 这里说明，思想的、精神的都是对现实的思维和理解的产物，道德尤其是符合历史发展方向的道德，一定是现实社会生活或行动基础上产生的理念，同时也一定是有着应用于现实社会生活或行动的特殊功能和作用的理念，否则，空谈道德是所谓"道学家"的无聊之举。马克思的这一思想对于我们理解道德不能不联系其功能和作用以及道德与资本的关系等有着十分重要的启迪和指导意义。

习近平总书记说："道不可坐论，德不能空谈。"[2] 空谈误德。社会主义道德目标就是要不断促进人的素质的提高、人际关系的和谐发展，进而不断促进经济社会的发展，这就是社会主义道德存在的依据和价值。

（原载《道德与文明》2019 年第 3 期）

---

[1] 《马克思恩格斯文集》第 8 卷，人民出版社 2009 年版，第 25—26 页。
[2] 《习近平谈治国理政》，外文出版社 2014 年版，第 173 页。

再论道德资本的合理性

王小锡

自从 1999 年我首次提出并论证"道德资本"概念以来,围绕"道德资本理论与实践"的研究方向,我发表了系列研究成果,其中《道德资本研究》(英文版、日文版、塞尔维亚文版)和《道德资本论》(英文版、德文版、泰文版)已经在国外出版发行,并引起了国际国内学界较为广泛的关注和讨论。相当长一段时期以来,在学界同仁的关注、支持和质疑下,我力图不断完善道德资本理论体系,着力回应有关道德资本的合理性依据是什么、道德资本与马克思阐释的资本内涵是否冲突等问题。[①] 在此,我将更进一步地研究并说明理性资本需要道德、资本理性离不开道德,道德资本有着充分的合理性依据。同时,进一步说明道德资本与马克思阐释的资本虽然有着本质的区别,但是马克思阐释的资本与道德资本在"资本一般"视野下可以统摄解读,换句话说,马克思对资本的阐释,面对的是资本主义社会,资本主义条件下的资本是从头到脚都流着血和肮脏的东西,这是说明资本主义条件下的资本是"恶资本",但并不说明任何时候资本都是不讲道德或与道德无关的。更进一步地说,马克思揭露了资本主义条件下资本的"缺德"性及其可预见的悲惨结局,这反过来恰好阐明了资本的理性、科学运动必须讲道德的道理。事实上,离开了人的精神要素,尤其是离开了人的道德精神,物质、货币等只会是生产性资源,不能形成资本或理性资本。一旦称之为物质资本、货币资本,就意味着思想和境界已经在资本内部

---

① 参见王小锡《道德资本论》(第 2 版),译林出版社 2021 年版。

发挥着它们的资本属性的独特作用。

一 资本本性和资本逻辑并非与道德无涉

依据资本本性和资本逻辑是否就意味着道德资本的提出不可思议，是否亵渎了道德，是否缺乏其存在的合理性。回答这个问题，首先要弄清楚资本本性和资本逻辑在什么经济制度下生成和在什么"关系"状态下展示。

这里讲的资本是资本主义条件下的资本，正如马克思所说："资本来到世间，每个毛孔都滴着血和肮脏的东西。"[①] 这其中的道理，马克思在《资本论》中已经阐释得非常明确而深刻。在资本主义社会，掌握着生产资料的资本家的生存逻辑首先就是要赚钱，而赚钱就意味着要经历为贵卖而买的基本资本运动形式，即 G—W—G′公式。然而，作为货币的 G 又如何通过作为商品的 W 获取更多的货币 G′呢？马克思首先指出："要转化为资本的货币的价值变化，不可能发生在这个货币本身上，因为货币作为购买手段和支付手段，只是实现它所购买或所支付的商品的价格，而它如果停滞在自己原来的形式上，它就凝固为价值量不变的化石了。同样，在流通的第二个行为即商品的再度出卖上，也不可能发生这种变化，因为这一行为只是使商品从自然形式再转化为货币形式。"[②] 而要有商品价值变化，即要使得货币增加（增殖），"我们的货币占有者就必须幸运地在流通领域内即在市场上发现这样一种商品，它的使用价值本身具有成为价值源泉的独特属性，因此，它的实际消费本身就是劳动的对象化，从而是价值的创造。货币占有者在市场上找到了这样一种独特的商品，这就是劳动能力或劳动力"[③]。劳动力成为商品是资本主义商品经济条件下的特有状况。因为，在资本家所有制的社会条件下，资本的运动需要购买劳动力，而且，也只有在资本主义社会才有不出卖劳动力就不能生存的工人。一个要买劳动力，一个要卖

---
① 《马克思恩格斯全集》第 43 卷，人民出版社 2016 年版，第 824 页。
② 《马克思恩格斯文集》第 5 卷，人民出版社 2009 年版，第 194 页。
③ 《马克思恩格斯文集》第 5 卷，人民出版社 2009 年版，第 194—195 页。

劳动力，双方似乎在"自由"的买卖交易中成交。然而，这个劳动力买卖成交过程和成交后的劳动力使用过程，说明这实质上是不公平的交易，因为，资本家买回的工人是活的有意识的主体，他是不可以用货币来衡量的。而且，资本家为了赚钱，把买回的工人仅仅当作活的劳动资料，仅提供最基本的获取生活资料所需要的货币，除此以外的劳动创造的价值即剩余价值均被资本家占有。所以，劳动力成为商品是资本主义"恶德"的象征，是反人道的肮脏交易。

资本家无偿占有剩余价值，这是资本主义的罪恶，因为资本家无偿占有工人的劳动成果是没有任何客观理由且不人道的。马克思说："生产资料转给产品的价值决不会大于它在劳动过程中因本身的使用价值的消灭而丧失的价值。如果生产资料没有价值可以丧失，就是说，如果它本身不是人类劳动的产品，那么，它就不会把任何价值转给产品。它只是充当使用价值的形成要素，而不是充当交换价值的形成要素。"①"当生产劳动把生产资料转化为新产品的形成要素时，生产资料的价值也就经过一次轮回。它从已消耗的躯体转到新形成的躯体。"②"就生产资料来说，被消耗的是它们的使用价值，由于这种使用价值的消费，劳动制成产品。……因此，生产资料的价值是再现在产品的价值中，确切地说，不是再生产出来。"③换句话说，包括被资本家无偿占有的剩余价值在内的劳动创造的价值，只是作为可变资本的工人创造的。既然剩余价值是工人创造的，为什么可以被资本家无偿占有，这就是由资本家所有制造的劳动力的买卖导致资本家与工人之间的支配与被支配的不公正关系的必然结果。

这就是说，创造价值尤其是剩余价值的资本是关系，是生产关系。马克思明确指出："资本不是物，而是一定的、社会的、属于一定历史社会形态的生产关系，后者体现在一个物上，并赋予这个物以独特的社会性质。"④这里可以明确地回答这样一个问题，即为什

---

① 《马克思恩格斯文集》第 5 卷，人民出版社 2009 年版，第 237 页。
② 《马克思恩格斯文集》第 5 卷，人民出版社 2009 年版，第 240 页。
③ 《马克思恩格斯文集》第 5 卷，人民出版社 2009 年版，第 241 页。
④ 《马克思恩格斯全集》第 46 卷，人民出版社 2003 年版，第 922 页。

么马克思把资本定义为是带来剩余价值的价值。这就是说,马克思所阐释的资本是资本主义条件下的资本,而在资本主义社会,资本内含能自由出卖自身劳动力的工人和掌握生产资料的资本家的对立的、不可调和的矛盾,内含着剥削与被剥削、压迫与被压迫的不公正关系,内含着工人在创造价值过程中不断地创造出自身的资本主义生产关系机制。在这种状态下,工人劳动创造的价值,除去资本家需要工人继续生存下去的工人的基本生活费用外,其余全部被资本家无偿占有。所以,当资本家在市场买回劳动力后,资本家就占有并支配着工人及其全部劳动。而且,"资本由于无限度地盲目追逐剩余劳动,像狼一般地贪求剩余劳动,不仅突破了工作日的道德极限,而且突破了工作日的纯粹身体的极限"①。这样的境况下,工人的劳动即使一时地可以达到资本家追求剩余价值的目的,但是,它客观上损伤了工人的身体和情绪,加深了本来就无法消解的劳资矛盾。

因此,就资本主义条件下的资本"是一种以物为中介的人和人之间的社会关系"② 来说,依据资本本性和资本逻辑,资本主义条件下至少有以下矛盾不仅不能解决,而且矛盾将会越来越重。一是劳动与资本之间的对抗性矛盾。尤其是工人不断创造剩余价值,作为"人格化的资本"的资本家③总是将新的剩余价值作为更多、更大资本投入资本运动中去,不断造成工人的新的异己力量和剥削、压迫力量。二是剩余价值的生产与生产者生产自身的矛盾。工人在创造价值的过程中,因只能获得自身基本的生活条件,他还必须始终以出卖劳动力并创造剩余价值来维持自己的生存,而这种剩余价值又是资本家不断追逐的目标,这就意味着工人在生产中客观地总在生产只能出卖劳动力的自己。三是剩余价值的生产过程与实现条件的矛盾。资本主义条件下,剩余价值的生产是靠工人自身的消耗获得的,既然资本家只满足工人维持生存的基本要求,那么,工人在不

---

① 《马克思恩格斯文集》第 5 卷,人民出版社 2009 年版,第 306 页。
② 《马克思恩格斯全集》第 44 卷,人民出版社 2001 年版,第 877—878 页。
③ 马克思语:"作为资本家,他只是人格化的资本。"见《马克思恩格斯全集》第 44 卷,人民出版社 2001 年版,第 269 页。

断创造剩余价值的过程中，也在不断损伤自己的身心。而且，社会发展会给劳动资料等带来新的技术、新的手段，但在一定意义上恰恰是进一步加强了工人的异己力量。四是资本生产过剩与社会需求的矛盾。资本主义生产过剩是资本无序扩张、资本恶性竞争的结果。因为，资本逐利过程中是唯钱是图，社会需求只是资本逐利的依据，而面向社会需求的依据又是能否赚钱，这样，势必造成生产过剩与社会需求不能满足的局面。以上这些尖锐的矛盾客观上构成了资本本身的自我否定力量，也必然导致周期性出现的资本主义经济危机，道德危机也总是伴随着产生。①

由是观之，资本主义条件下的资本，尽管正如马克思所说，"资本一出现，就标志着社会生产过程的一个新时代"②，"资本的文明的胜利恰恰在于，资本发现并促使人的劳动代替死的物而成为财富的源泉"③，"资本的文明面之一是，它榨取这种剩余劳动的方式和条件，同以前的奴隶制、农奴制等形式相比，都更有利于生产力的发展，有利于社会关系的发展，有利于更高级的新形态的各种要素的创造"④。但是，尽管如此，资本主义条件下的资本是反人道的、不道德的。因为，既然资本的本质是生产关系，就有一个生产关系如何符合社会生产力的发展的进程和要求的问题，就存在着生产关系中的生产资料所有制形式、经济主体的社会地位、产品分配形式等是否符合理性及其适应时代发展之制度和资本运动之应该的问题。观照资本主义条件下的资本，"它把人物化，把人的尊严变成了交换价值，破坏了一切封建的、宗法的和田园诗般的关系，使人和人之间除了赤裸裸的利害关系和冷酷无情的现金交易外再也没有任何别的联系，整个社会都淹没在利己主义打算的冰水之中。在资本的肆虐之下，这样的社会显然已无和谐可言，生活于这样的社会中的人无幸福可言"⑤。因此，资本以冷酷的、残忍的、肮脏的面目来到世

---

① 其中有些观点和提法参见郗戈《资本逻辑与主体生成：〈资本论〉哲学主题再研究》，《北京大学学报》（哲学社会科学版）2019 年第 4 期。
② 《马克思恩格斯文集》第 5 卷，人民出版社 2009 年版，第 306 页。
③ 《马克思恩格斯文集》第 1 卷，人民出版社 2009 年版，第 176 页。
④ 《马克思恩格斯文集》第 7 卷，人民出版社 2009 年版，第 927—928 页。
⑤ 龚天平：《资本的伦理效应》，《北京大学学报》（哲学社会科学版）2014 年第 1 期。

间后，其运动过程又违背理性及其科学的道德要求，那么，这样的资本是迟早要被社会淘汰的资本，这种"恶资本"运动一定会导致与之相匹配的生产资料所有制的变革，并由此萌发和推动资本理性、科学运动的形成和发展。

资本本性和资本逻辑的结局说明，资本的精神要素尤其是道德要素是资本运动不可分离的，离开了资本的精神要素尤其是道德要素，资本无法正常运动。同时，资本的精神要素尤其是道德要素如果是负面性存在，那资本运动将是彻底的破坏性经济运动，并将会引起适应资本理性、科学运动的社会变革。反之，如果资本的精神要素尤其是道德要素是正能量性存在，那将是经济运动的强大的推动力量。

二 道德不能缺位于资本的理性、科学运动

这里首先要澄清一个不是问题的问题，即有人认为，货币转化为资本，一定要有劳动力买卖，有劳动力买卖就存在剥削乃至压迫。其实，这里混淆了"资本一般"和"资本特殊"之含义。我曾经指出，"资本"是经济学的一个核心范畴，撇开不同社会制度的本质的特殊规定性，资本的一般属性是指能带来利润的、体现为实物和思想观念的价值。从另一角度讲，资本是一种力，是一种能够投入生产并增进社会财富的能力。这是"资本一般"。在资本主义制度下，由于其生产资料是资本家占有制，因此资本的运动形式被扭曲，出现了劳动力买卖过程，正如前面所说，资本主义条件下，唯有劳动力买卖才产生资本，这就形成了被马克思批判的带来剩余价值的价值的"资本特殊"之资本。① 换句话说，就"资本"概念来说是一个中性词，在不同的社会制度下，就会有不同的甚至有本质区别的资本运动。这样的话，社会主义制度及其社会主义市场经济条件下的经济活动同样有资本的存在，但不存在劳动力买卖环节，故资本是在理性、科学状态下运动的。

社会主义制度及其社会主义市场经济条件下，资本的形成不需

---

① 参见王小锡《道德资本论》（第 2 版），译林出版社 2021 年版。

要有劳动力买卖之环节，人民的主人翁地位和人与人之间的平等关系，以及生产资料的公共性，决定了不变资本和可变资本的结合是理性的、不断适应时代要求的应该状态的。尤其是在"国有经济、集体经济和混合所有制的公有制经济成分中"，尽管劳动者在进入劳动过程前，要与劳动单位形成一种与利益相关的契约关系，但是，劳动者是在劳动成果直接与自己利益挂钩的情景下劳动的，是"在经营决策中具有更大话语权"的劳动，是在剩余价值作用于劳动者和经济社会完美发展的劳动，是管理者与被管理者分工不同、人格平等下的劳动，因此，社会主义公有制条件下的资本是带来创新价值的价值。当然，我国目前还存在个体经济、民营经济、外资经济成分，资本运动是通过招聘劳动力而展开的，因此，这里的劳动力不是生产资料共有者，劳动者的劳动是被支配的，劳动创造的价值是在企业主的意愿下进行分配的，尽管资本运动过程要受到政策和规约的引导和限制，但剩余价值终究归企业主拥有。[①] 不过，招聘劳动力不是劳动力的买卖关系，资本所有者不可能像资本主义条件下的资本家那样，在市场买回劳动力后，就占有并支配着工人及其全部劳动。因为，在社会主义制度及其社会主义市场经济条件下，劳动者与资本所有者的关系是人格平等的关系，他们的契约关系及其实行要受到国家法律调控和制约，企业所获得的剩余价值在投入再生产过程中，一定以不损害国家利益、社会利益和劳动者利益为前提。因此，这样的资本特质与资本主义条件下的资本性质有着明显的区别。

社会主义制度及其社会主义市场经济条件下不存在劳动力买卖，更不存在剥削与被剥削、压迫与被压迫的人际关系，那劳动者在资本运动中是什么角色呢？为了说明这一问题，还需要澄清一种理念，即有人认为，资本是物质的，它表现为物质资本和货币资本，除此以外再没有什么资本可言。其实就资本是一种能够投入生产并增进社会财富的能力来看，资本有物质资本和货币资本，也应该有精神文化资本。正如马克思所说："知识和技能的积累，社会智力的一般

---

① 其中有些提法和观点参见周绍东、王松《〈资本论〉与中国特色社会主义经济学：逻辑起点与体系建构》，《马克思主义研究》2017年第5期。

生产力（马克思曾称之为精神生产力——作者注）的积累，就同劳动相对立而被吸收在资本当中，从而表现为资本的属性，更明确些说，表现为固定资本的属性。"① 事实上，资本一定是物质资本和货币资本与精神资本的统一体，离开了精神资本，所谓的物质资本、货币资本不能成立，也无法理解。离开精神资本，所谓的物质、货币都只能是生产性资源而已。解析马克思的关于一般生产力表现为固定的资本属性的理念，可以说明生产力乃至资本，离开了精神要素就无从谈起。马克思指出："人本身单纯作为劳动力的存在来看。也是自然对象，是物，不过是活的有意识的物，而劳动本身则是这种力的物质表现。"② 因此，"我们把劳动力或劳动能力，理解为一个人的身体即活的人体中存在的、每当他生产某种使用价值时就运用的体力和智力的总和"③。这就是说，"没有人的作为'主观生产力'及其观念导向，生产力将是'死的生产力'，不能成为'劳动的社会生产力'"④。恩格斯也说："劳动包括资本，并且除资本之外还包括经济学家没有想到的第三要素，我指的是简单劳动这一肉体要素以外的发明和思想这一精神要素。"⑤ 恩格斯在这里似乎把资本与精神要素分开了，其实不然，他这里谈的是劳动要素，既然是劳动要素，把精神要素单独提出是正常的思维逻辑。这就是说，劳动和资本运动离不开人，而这个人不只是肉体，它还包括"发明和思想"。再就资本基本运动形式"G－W－G′"来说，中间环节的 W 是劳动者和生产资料的综合体，而这个综合体绝对不可能是一堆静止的物质，如果都是静止之物质，那资本就不可能产生。事实上，劳动者是主观生产力，是活的有思想的人，在社会主义制度下，劳动者是有思想境界、道德觉悟的人，他是资本理性、科学运动的关键因素、根本性因素。

由是观之，在社会主义制度及其社会主义市场经济条件下的资本运动是内含符合社会发展进程要求的科学道德的理性资本运动，

---

① 《马克思恩格斯文集》第 8 卷，人民出版社 2009 年版，第 186—187 页。
② 《马克思恩格斯全集》第 23 卷，人民出版社 1972 年版，第 228—229 页。
③ 《马克思恩格斯文集》第 5 卷，人民出版社 2009 年版，第 195 页。
④ 王小锡：《道德资本与经济伦理》，人民出版社 2009 年版，第 124 页。
⑤ 《马克思恩格斯文集》第 1 卷，人民出版社 2009 年版，第 67 页。

也是科学的资本运动。一是劳动者是资本运动的主人,因此,作为可变资本的承载者,他能最大限度地发挥自己的才智和能量,在充分节约劳动时间的基础上,以期创造更多更好的价值。与此同时,劳动者在劳动中不像在资本主义条件下劳动的工人在创造剩余价值的同时也是对自身身体和身心的摧残,而是在不断提升自己综合素质的同时存在获得感、幸福感和有尊严感。二是公共生产资料的应用不是被动操作,而是在充分发挥公共生产资料作用的同时,最大限度地节约资源,实现资本运动作用的最大化。三是所有进入经济活动过程的管理者、被管理者和辅助活动者都是人格平等的劳动者,没有高低贵贱之分,没有利益大小之分,极易形成1加1大于2的经济建设合力。四是资本运动所创造的新的价值,在坚持社会主义按劳分配原则的基础上,其剩余价值将在有利于国家利益、集体利益和广大人民众利益协调发展的理念指导下,用于再生产、再发展。这就说明,理性资本一定是道德性资本。

三 道德是遏制资本无序扩张的重要力量

资本的本性是逐利,当然,正如前面所提到的,在资本主义和社会主义的不同社会制度下,资本的本性有明显的不同特征和本质区别。即是说,在资本主义制度下,在所谓经济自由理念下,不受道德约束的资本逐利是贪婪的、没有节制的,最后一定走向万劫不复的深渊。而社会主义制度下,因人际地位平等、利益共同而受道德约束的资本是理性和科学地运动的,他会在不断地扩大再生产中获得更新、更多的价值,进而推动经济活动理性、快速地发展。不过,在现阶段,由于我国坚持以社会主义公有制为主体、多种经济成分并存,坚持中国特色社会主义市场经济体制,因此,各种经济主体之间的竞争会很激烈,在资本运动机制尚需不断完善的情况下很容易出现非理性状态,并会导致资本的无序扩张,以至于影响理性资本的形成和正常运转。

就当前我国资本的无序扩张即资本的非理性运动来看,主要有以下表现:一是凭借已有的所谓资本实力与理性资本相抗衡,甚或打压理性竞争者,从而压制理性资本的正常运动;二是违背社会主义市场经济规律，无序抢占市场，恶意扩大市场占有率，并以此垄断市场，破坏市场的生态性发展；三是与国家和社会争利，与广大民众争利，违背社会主义利益协调、利益平衡、利益发展的原则，影响经济有序发展和人民共同富裕；四是不合理地使用剩余价值，将更多地侵占的剩余价值作为恶意竞争的资本投入经济活动中。以上说明，资本的无序扩张不加遏制的话，不仅破坏资本的理性、科学运动，而且将会严重影响社会主义市场经济的发展速度和发展质量。

而要遏制资本的无序扩张，在道德视野下，现阶段至少应该坚持以下几点：一是坚持国家利益、人民利益至上，完善政策法规，在全面引导、协调资本投向的同时，有针对性地遏制资本的恶意扩张，有序推进资本理性、科学运动；二是主张和支持理性竞争，对于市场垄断、无端打压竞争对手、坑蒙拐骗等行为，要给予坚决的打压；三是确保劳动者的人格尊严、消费者的合理诉求和共同富裕的完美实现，在剩余价值的分配和利用上严格宏观调控，科学、理性地扩大再生产；四是科技、产业的发展要利在当下、利在未来，利在民族、利在民众；五是在互联网时代，对于互联网销售、互联网金融等经济活动，必须坚持维护国家利益、社会利益和民众利益的原则。当然，坚持以上遏制资本无序扩张的基本主张，道德自觉是根本，但是，道德制度化、道德政策化、道德法规化是现时代遏制资本无序扩张的重中之重。

利用道德力量遏制资本的无序扩张，目前还需要厘清一些理念。有观点认为，认同道德资本，即是恁惠功利主义，就是偏离了道德的终极目的。同样，还有人指出，主张道德资本会将人们引导到关注道德的工具性价值，会消解道德于个人、社会的终极意义，这隐藏着道德危机。持这种观点就是要说明道德与资本无关，为赚钱而生的资本不关注道德，甚至排斥道德。这里的首要问题是如何认识道德的终极目的，有观点认为是"至善"的，有观点认为是"道德自由"的，有观点认为是"义务境界"的，还有观点认为是"人的全面发展、社会和谐进步"的，等等。这些理念都有其较充分的"道德理由"。然而，如果这些道德终极目的不落实在具体的能够衡量的效果上面，那么，"至善""道德自由""义务境界"等就是不着边际的抽象概念，只是停留在口头上的终极目的。就是"人的全面发展、社会和谐进步"的道德终极目的，也应该有具体的或标志性的成果展示。所以在经济领域，道德目的或道德作用应该在经济效益上体现出来。事实上，在经济领域，道德目的和道德作用就是获利。不过，这个"利"不是少数个人或资本的私利，而是整个社会的公利，是全体劳动人民的共利。离开了经济效益或经济利益，那道德在经济领域不仅没有生存意义，也没有生存理由。还有人说，道德资本的提出不符合道德本性，经济主体或劳动者的终极道德目的是道德义务感的加强和道德境界的提升。如果这样的话，道德义务感的加强和道德境界的提升离开了经济效益又有怎样的衡量依据或标准呢。事实上，道德的终极目的不可能是口头上的，也不可能停留在主观精神层面。道德义务感的加强和道德境界的提升正是在公利对私利的超越过程中完成的。百年中国共产党的伟大道德精神，始终是在道德实践中体现出来的，这也足以说明道德终极目的始终是与经济社会的发展、人民的幸福生活密切联系在一起的。这充分说明道德与利益（功利）是一致的。而且，理性资本就是道德（精神）资本与物质（货币）资本的有机统一。如果认为主张道德资本就是怂恿功利主义，这就意味着道德不应该谈功利，那道德也就无法存在于资本运动中，更无法引导资本的正确投向和遏制资本的无序扩张，这样倒很容易在资本运动中产生道德危机。

由是观之，历史和现实的经验告诉我们，在经济领域提出道德资本的理念，不仅有利于道德终极目的在经济领域的实现，而且有利于有效遏制资本的无序扩张，有利于避免没有规则制约的经济活动中的道德危机的产生。

结　语

道德是资本，但不是独立的资本。道德作为资本精神要素，在资本理性、科学运动中发挥着独特的不可替代的作用。

道德在经济领域能够以其独特的功能和作用，促进资本理性、科学地运动，充分发挥劳动者的生产潜能，创造更多新的价值。同时，道德也会以在经济领域的价值取向和理性终极目的，遏制资本的无序扩张，引导经济活动的有序展开。因此，道德也是资本，道德资本客观存在。当然，需要说明的是，说道德是资本，认同道德资本，并不就是认为道德是独立的资本。资本形式有物质资本、货币资本和精神资本，货币资本是一般等价物，故资本应该是物质资本和精神资本的统一体。既然这样，那物质资本和精神资本也就是资本的两大基本要素，而这两大要素是互为存在的。离开物质谈资本缺乏物质基础，资本不能成立；同样，离开精神谈资本缺乏精神条件，资本同样不能成立。而且，资本的精神要素在一定意义上对于资本形成来说更加重要。其实，我们在理论研究和话语交流中分别用物质资本或精神资本概念，不仅不影响我们对资本的把握，而且有利于我们对资本的深入探讨。同理，道德具有"固定资本的属性"，道德资本是精神资本的基础或核心要素，而把作为精神资本中的道德资本要素独立称之为道德资本，将有利于理念的完善、理论的深入和实践的完美展开。事实上，道德资本的作用是在推动理性资本运动和遏制资本无序扩张中体现出来的，因此，我的道德资本理论始终是在资本范畴内进行探讨和阐释的。

（原载《马克思主义与伦理学》第四辑，中国人民大学出版社 2021 年版）

第二编

企业道德建设

论经济全球化对中国企业的伦理挑战

加入世贸组织,步入经济全球化进程并不完全是一个福音,而是一种挑战、一种全方位的挑战。这种挑战绝不仅仅限于纯经济方面(如技术、管理和体制等),更深层次的挑战应该来自伦理文化领域。但我国目前的研究主要集中于从纯经济的角度探讨"入世对某一行业、某一领域以及对百姓生活的影响"[①],立足于伦理文化角度的研究相对较少。本文试图从经济伦理的角度分析经济全球化对于我国企业的挑战。

一 经济全球化所带来的伦理挑战

经济全球化对于我国企业的挑战,在经济方面体现为不成熟的市场经济体制与成熟的市场经济制度之间的差距,在伦理文化方面则体现为我国现有伦理文化与成熟市场经济所要求的伦理文化之间的差距。具体说来,差距主要表现在三个方面。

1. 敬业精神稀缺

以世界大市场为基础的市场经济需要什么样的人?对于这一问题,有两个人曾做出过非常精辟的分析:一个人是政治经济学家大卫·李嘉图,另一个人是社会学家马克斯·韦伯。作为古典经济学的集大成者,李嘉图以政治经济学的眼光分析了在市场经济中所出现的资本家和工人。在李嘉图看来,经济发展的根本标志就是国民财富的增长,资本家和工人都是国民财富的工具,最能促进国民财富增长的资本家和工人就是最好的资本家和工人。在市场经济中,

---

① 薛荣久:《定位WTO——中国WTO研究与对策思考》,《国际贸易》2000年第2期。

工人只是劳动的化身，他唯一的意义就是提供作为"供给他们每年消费的一切生活必需品和便利品的源泉"① 劳动，所以最好的工人就是能够为社会提供最多劳动的人，也就是"不是劳动十小时而是劳动十二小时或十四小时"② 的劳动机器。而资本家则是资本的化身，他唯一的意义就是为社会财富的增长提供不可缺少的资本，所以最好的资本家就是能够为社会提供最大量资本的人，也就是能够最大量地"节约自己的收入，而增加资本"③ 的人。

　　李嘉图的透视角度是经济学，资本家和工人成了市场经济的构成要素，是物的载体，不具有人的特征。而韦伯的透视角度是伦理学，资本家和工人被恢复成为人、具有一定伦理精神的人。韦伯提出一个全新的概念——"天职"，通俗地理解，"天职"就是上天（即上帝）赋予人们的职责，其内容就是要"人完成个人在现世界所处地位赋予他的责任和义务"④。资本家的理想类型，也就是真正与市场经济相匹配的、符合资本主义精神的资本家，是以获利为唯一动机的人，与之相应的工人的理想类型就是以劳动为天职的人。二者的共同基础就是工作中的天职精神和消费中的禁欲主义。

　　把大卫·李嘉图和马克斯·韦伯综合起来，我们不难发现市场经济需要什么样的人。剔除李嘉图和韦伯思想中的资本主义意识形态成分，撇开"资本家"和"工人"这些带有特定含义的名称，我们就会发现李嘉图和韦伯所强调的，实质上就是一种献身于职业的敬业精神，这恰恰就是市场经济所需要的。

　　敬业精神是市场经济所需要的，更是经济全球化所需要的，对于刚刚步入经济全球化进程的中国人来说具有一种特别的意义。因为我们所面对的是已有四百多年市场经济发展历史的国家。历经数百年的市场发展，他们已经培养出了许多富于理性而进取的人。如

---

① ［英］亚当·斯密：《国民财富的性质和原因的研究》上卷，郭大力、王亚南译，商务印书馆1972年版，第1页。
② ［瑞士］西蒙·西·西斯蒙第：《政治经济学新原理》，何钦译，商务印书馆1964年版，第231页。
③ ［瑞士］西蒙·西·西斯蒙第：《政治经济学新原理》，何钦译，商务印书馆1964年版，第77页。
④ ［德］马克斯·韦伯：《新教伦理与资本主义精神》，于晓等译，生活·读书·新知三联书店1987年版，第59页。

果我们的企业、企业家和工人不具有这种伦理精神，就必然会像韦伯所描述的具有传统主义精神的人那样，在具有资本主义精神的人面前"关门歇业"。①

但是，敬业精神在我国还相当缺乏。虽然我们也有自己的企业家，但真正具有敬业意识的、献身于工作的企业家数量还不尽如人意。这并不是说一些企业家没有挣钱的欲望，恰恰相反，我国企业家挣钱的欲望不弱于任何国家的企业家，问题在于：富兰克林式的企业家，是以挣钱为唯一的、最终的动机，而我们有些企业家尽管也以挣钱为根本动机，但在挣钱的动机背后还有更深的动机而不是以高水平的物质享受为最终动机，这就是满足个人的物质需求。所以，很多企业家挣来的钱不是变成了新的资本，重新进入再生产过程，而是变成了个人的消费基金，被各种各样的消费活动吞噬。

韦伯曾分析过我国的传统宗教，他的结论是儒教与资本主义精神是相抵触的，从儒教不可能产生资本主义精神。② 诚然，我们的主流传统文化讲究"天人合一"，强调生活而不是生产，强调"安贫乐道"，确实缺乏一种现代理性和不断进取的精神。我国漫长的封建经济所产生的也只是"小富即安"的小农和商贾，中华人民共和国成立以来的计划经济虽然突出个人和企业的艰苦奋斗，但过度集中的计划却销蚀着个人和企业的理性。这种状况与经济全球化的要求显然是有一定差距的。

2. 信任基础薄弱

经济全球化一方面将我们的个人与企业放入了世界大市场的竞争之中，另一方面也把我们放入了世界大市场的分工与合作之中。如果说竞争需要人们具有更为理性和进取的精神，那么合作就需要更为开放的态度，这种态度的基础是信任。

在自然经济中，一个人或企业只需要与少数几个人有经济往来；在市场经济中，一个人或企业需要与众多的人和企业有经济往来；在全球经济中，一个人或企业需要与全世界的人和企业都有经济往

---

① ［德］马克斯·韦伯：《新教伦理与资本主义精神》，于晓等译，生活·读书·新知三联书店1987年版，第49页。
② 参见［德］马克斯·韦伯《儒教与道教》，王容芬译，商务印书馆1995年版。

来。经济往来范围的变化，不仅在客观上要求我们的技术和产品能够与世界接轨，而且还要求我们在伦理观念上具有与之相适应的成分。

从伦理文化方面看，一个人或企业是否与他人进行经济交往以及与哪些人进行经济交往，并不完全取决于经济因素。有利可图固然是一个人或企业与他人进行经济交往的必要前提，但仅仅是有利可图还不够，还有另一个不容忽视的因素，这就是个人之间的信任。尽管从理论上讲一个人可能会让我赚钱，但如果他不能让我对他产生信任，我也可能不会与他进行经济交往。

我是否信任别人，以及我信任哪些人，这并不是完全由我的个人爱好所决定的，也不完全是由经济理性所决定的，它主要受传统文化（尤其是价值取向）的影响。一个社会的传统文化制约着这个社会的信任程度与范围，这种信任程度和范围直接构成了经济交往的基础，并影响着这个社会的经济发展。正因为如此，著名学者福山才提出："一国的福利和竞争能力其实受到单一而广被的文化特征所制约，那就是这个社会中与生俱来的信任程度。"①

我国人与人、企业与企业之间的信任程度如何呢？在福山眼里，中国是一个"低信任度社会"，这并不是说中国人互不信任，也不是说中国人不信任其他人，而是说中国人的信任是有一定限制的，它是一种家族主义式的信任。这种信任的最大特点是"只依赖和自己有关系的人，对家族以外的人则极不信任"②。

这种信任表现在企业中就是：许多企业高层管理人员是与自己有一定亲情关系的人，而不一定是具有真才实学的人；企业开创者引退以后多把企业传给自己的子女，而不是真正具有管理才能的人；企业交往的对象多为由血缘联结的有限圈子，而不一定是最有利可图的人。

毫无疑问，以亲情为基础的信任很难适应经济全球化的要求，

---

① ［美］弗兰西斯·福山：《信任——社会道德与繁荣的创造》，李宛蓉译，远方出版社1998年版，第12页。
② ［美］弗兰西斯·福山：《信任——社会道德与繁荣的创造》，李宛蓉译，远方出版社1998年版，第12页。

它必然会限制企业的发展。倚赖亲友进行管理，把企业作为财产传给子女，就难以吸引真正有才干的人进入企业，也难以扩大企业规模；多与血缘圈子打交道，就使企业的经济往来更多地受制于亲情关系，而难以真正面向世界、走向世界。全球化的趋势要求人们的信任只以经济为基础，对不同血缘、不同地域的人和企业一视同仁，给予同等的信任。

3. 信誉意识不足

信誉与信任不同，信任表明一个人或企业是否相信他人，它关系着个人或企业将与哪些人或企业进行经济往来；信誉则是一个人或企业是否能让其他人相信自己，它关系着将会有哪些个人或企业与自己进行经济往来。个人是否相信其他人取决于个人自身的文化信仰或价值取向，而个人是否让其他人相信则取决于个人是否能够始终如一地坚守自己的承诺。

经济全球化不仅要求社会具有较高的信任度，也要求企业和个人具有强烈的信誉意识。经济全球化的基础就是现代大工业生产。大工业生产的一个根本特点就是"可计量性"，其生产过程的每一个要素、每一个环节都能够转化为一定的数量，从而可以事先得到精确的预测和合理的控制。这种"可计量性"，一方面给企业生产着信誉的基础，只要原料充足，它一定能够在一定的时间内保质保量地完成生产；另一方面也要求与之交往的企业或个人具有一定的信誉，只有在原料与产品能够按计划准时购进或卖出，企业内部的可计量性才能得到保障，任何一个环节的不守信用都会导致经济秩序的混乱。可以说，信誉既是大工业生产的产物，也是大工业生产的前提和基础。

在今天，由于市场经济的发展，我国企业界的信誉观念有了明显的改善，特别是时间观念。在大机器面前，人们的时间观念有了空前的提高，"时间就是金钱"这句话，很精确地表明了时间在人们头脑中的地位。更让人高兴的是，这种时间观念已经从劳动时间逐步向其他的时间延展，以至于人们对于约定时间的最小单位和遵守程度达到了前所未有的程度。

但是，我国的信誉意识还处于肤浅的层面。一方面，就时间观念而言，尽管人们在很多时间方面意识很强，但在经济活动中最为重要的时间方面,即债务的支付时间方面,仍然难以做到守时。企业之间大量存在的"三角债"现象就表明了这一点。另一方面是对产品性能、服务的承诺上。撇开"假冒伪劣"现象不谈,即使是一些合法的、具有一定经营规模的大企业,他们在做广告宣传自己的产品性能和售后服务的时候,也常有言过其实的现象。当前日益增多的经济纠纷就表明了这一点。国内外许多企业之所以能在激烈的经济竞争中立于不败之地,其中一个重要原因就是企业信任度高。因此,信誉是产品市场占有率的基本前提,从一定意义上说,信誉就是利润和效益。

缺乏信誉会使我国企业在经济全球化的过程中步履艰难,它不仅会招来大量的经济纠纷,更有可能会使我们难以融入经济全球化的圈子。

二　思考与对策

我国企业的伦理现状与经济全球化要求之间的差距,是我们在进入全球化进程中所必将面临的困难,如何使我国企业的伦理道德与经济全球化的要求相协调,则是每一个企业乃至全社会都必须重视的问题。如果这个解决得不好,我们在经济全球化的道路上就会举步维艰,更谈不上充分利用全球化的机会来发展自身。如何解决这个问题,我们提出了两点思考。

1. 面对伦理挑战,必须把握我国社会、经济和文化的特色与现实

要消除差距、迎接挑战,首先必须与我国的现实情况相结合。第一,必须与我国当前的经济体制改革相结合。不可否认,导致我国与世界存在差距的一个重要原因是经济体制方面的原因。我国过去一直实行计划经济,真正搞市场经济还不到二十年的时间。尽管计划经济对于我们自中华人民共和国成立以来的经济发展起过重大作用,但过度的计划与市场是不协调的。长期计划经济所带来的影响是:大多数人还在用计划经济的思想搞市场,而没有形成与市场经济相匹配的思想观念。经济体制方面的原因,只有通过经济体制改革的不断深化才能真正得以解决。令人欣慰的是,这一点正是我

国政府目前正要致力解决的。随着"社会主义市场经济"概念的提出，各种经济体制改革措施的出台，我国的市场经济体制必将不断完善，这些问题终将被证明是暂时的。

第二，必须与我国的传统文化相结合。我国历史悠久，文化传统深厚，对人们的影响也深入骨髓，其价值取向会不知不觉地影响着人们的经济活动。在这些价值取向中，有一些是与市场经济相容的，更多的部分是与市场经济相抵触的。不能否认，即使是与市场经济相抵触的部分价值取向，可能具有消解市场经济负面影响的作用。但是，在步入经济全球化的今天，对我们主流传统文化所起的作用需要重新审视。对于传统文化中与经济全球化不相适应的部分，我们要"通过自觉的努力以导使文化变迁朝着最合理的方面发展"①。毫无疑问，这将是一项意义深远而又十分艰巨的任务，但它并不是本文所能解决的，也不是本文的重点。本文只想说明一点：与韦伯和福山不同，我们相信我国一定可以，也一定要改造出一种具有中国特色的、与市场经济相适应的文化。既然西方的新教改革能够创造具有"资本主义精神"的人，我们也一定会通过自己的文化改革和创新而产生具有"社会主义精神"的人，新文化运动和延安整风运动就是其实现可能性的明证。

第三，必须与我国在改革后新生的经济人物和经济现象相结合。在社会主义市场经济建设过程中，我国涌现了一大批优秀的企业和企业家，他们代表了我们社会发展的方向，也凝聚着我们时代较为先进的思想观念。不可否认，这些思想也有一些不成熟的地方，但它是一种方向，尤为重要的是，他们是中国传统文化和现代经济相结合的产物。他们在进行经济活动中，必然会产生一定的伦理观念。这些伦理观念，就是我国在伦理文化上通向经济全球化的入口。

2. 面对伦理挑战，我国企业应有的对策

经济全球化，需要企业用理性的视角来看待经济运作的全方位和全过程，谁在伦理的挑战面前束手无策，谁就将在世界经济大浪潮中被淘汰出局，这点是毋庸置疑的事实。我们只有以清醒的头脑适时应对这一趋势，才能从容面对和加入世贸组织融入经济全球化

---

① 余英时：《中国传统思想的现代诠释》，江苏人民出版社1989年版，第57页。

进程。

第一，熟悉经济运作的伦理规则。经济运作过程绝不是一个纯粹的物质，也不是一个纯粹的数字概念。没有人的参与，任何经济活动都不能成立。而人的经济行为又不是随心所欲的，人在经济活动中必然地要受到体现为经济准则的"应该"的制约。坚持"应该"，"经济人"才能与"道德人"相通约，人才能最大限度和最好地创造经济业绩；坚持"应该"，人与人之间的经济贸易往来才能正常而又公正地进行，不断增长的物质财富和日益提高的生活质量才能持久地产生。为此，作为现代企业，应该把认识和遵守经济运作的伦理规则作为企业建设的重要内容和重要环节。

第二，开展伦理教育，夯实企业文化建设基础。企业文化建设是企业发展的精神力量之源，是企业的灵魂，更是企业发展的重要动力。而企业伦理则是企业文化的核心内容。企业文化大致包括企业的物质文化、制度文化和精神文化等要素。而企业物质文化也就是精神化了的物质，是人的科学技能、文化观念、伦理精神的物化。离开了作为主体的人的"介入"，任何物质的文化意义都无法理解。同时，离开了人的体现为积极进取精神的价值取向，任何物质文化都只是缺乏内容的、枯燥的、科技物化体的存在，就连其存在的目的都没有定向。因此，企业物质文化的形成及其作用的发挥有赖于企业伦理精神的发扬。这也是企业物质文化精神的根本。企业的制度文化，其合理性及其在企业生产经营过程中所产生效益的高低，取决于企业制度的伦理性。即是说，企业制度如能建立在对企业经营的"应该"的充分认识基础上，真正实现伦理制度化或企业制度伦理化，就会最大限度或最好地引导着企业的发展。企业的精神文化，其核心是企业的伦理精神。企业的伦理精神不仅影响着企业的价值取向，而且直接制约着企业形象的建立。因此，企业的伦理教育应该是企业发展战略中思考的重点，它应该成为企业管理工作的首要的重点。

第三，"盘点"道德资产，发挥道德资本作用。企业道德是企业的理性无形资产，主要体现为企业领导和职工的道德觉悟、企业管理中的道德手段、企业经营目标中的价值取向和企业制度中的伦理内涵等。面对世贸组织，企业应该审视一下自己的伦理道德现状，客观分析自己在企业道德建设方面取得的成就和存在的问题，理清思路，明确对策。企业道德要成为企业运作中的资本，就应该在企业生产经营过程中着力提高职工的道德水平，增强职工的责任心；同时，科学地协调好各种人际关系（包括企业之间）和利益关系，使各种关系形成一种"1＋1＞2"的合力。唯此，才能充分发挥各类劳动主体的能量，并"促使有形资产最大限度地发挥作用和产生效益，促进劳动生产率提高"[①]。

即使最终签订了"入世"协定，也不意味着我国"入世"问题自然而然地解决，恰恰相反，它意味着我国"入世"问题才刚刚浮出水面。在经济体制入世、产业结构入世、管理入世、科技入世的同时，伦理精神的入世问题必将彰显出来，成为一项紧迫的任务。

（原载《南京社会科学》2001年第2期，与李志祥合撰）

[①] 王小锡：《21世纪经济全球化趋势下的伦理学使命》，《道德与文明》1999年第3期。

论企业诚信的实现机制

企业诚信是企业在处理内外关系中的基本道德规范，其实质是企业对社会、对顾客、对员工履行契约的责任心，也是企业间建立信任、实现交往的基础。诚信伦理是市场经济的最重要的理念，是市场经济活动的基本道德准则，是企业进入市场的通行证和不断发展壮大的无形资本。这已经成为人们的共识。本文就市场经济条件下企业诚信道德的实现机制做一探索，以使诚信真正成为企业自觉遵守的道德规范，成为企业发展的重要道德理念。

一　严密的法律是企业诚信建立的关键

建立良好的企业诚信体制，不仅靠道义劝说，而且需要法律规范。用法律来进行企业信用联合征信在西方发达国家已有上百年的历史，而在我国由于缺少对企业行为资信状况的必要了解和监控，一些部门的有关措施因没有相关的法律支持也不能正常实施。如中国人民银行的全国银行信贷登记咨询系统覆盖全国 301 个城市，是目前我国最大的征信数据库。但没有相关的法律规定无法对外公开。因此，借鉴西方的一些法律，建立企业信用身份认证系统，制定信用标准，统一企业信用代码等对企业失信行为进行约束显得十分迫切和必要。同时，在"执法必严、违法必究"的层面上，一定要讲法律信用，起到惩罚失信者、警示企图违约者和保护守信者的效果。在市场经济中，任何企业都是"经济人"，在做出某种行为时，都要进行成本和收益的比较。对失信者不加重处罚，使失信者获得的收益大于失信的成本，即失信有利可图，企业当然会有一种失信倾向。

二 政府是企业诚信环境的营造者和维护者

市场经济的有序运行需要有强有力的制度作保证，而制度则需要政府的组织论证和制定。

政府制定的制度怎样才能得到公众的认可？主要依赖于政府的信用度。在当前政府职能转型过程中，政府信用显得更为重要。具体说来有两个方面。一是改革政府行政方式和提供相对稳定的政策环境。如果政出多门、政策多变、对企业过多干预、使企业难以对未来发展进行准确预期，就会导致投资、经营等行为的短期化。二是强化产权保护，培育信用体系。诚信是产权主体对市场的一种承诺。"有恒产者有恒心"，明晰产权，企业才能为追求长远利益而恪守信用。三是政府要对进入市场的企业责任能力进行严格的资格认证。四是政府要在信用建设中做出榜样。政府在负责制定市场规则、维护游戏规则的同时，必须制止自己的"打白条"行为。目前，我国市场活动中的假冒伪劣、恶意欺诈等失信行为，固然是市场主体的利益驱使，但和一些地方政府为了局部利益大搞地方保护主义有着密切的关系。因此，企业诚信的建立和维护，特别需要政府职能的规范化。

三 把信誉当作资本来经营，是企业诚信建立的根本

诚信的升华是信誉。对企业来说，拥有信誉，就意味着利润和效益。因为，信誉高的企业，就有多的公众和好的市场机会。开放性是现代市场经济的一个重要特点，它决定了企业与公众之间信赖性的大大加强。尤其是现代沟通技术的飞速发展，使企业通过大众传媒可能在很短的时间内被社会公众了解，企业间的竞争逐渐形成了一种由产品竞争、技术竞争向综合性的企业信誉竞争的重点转移的大趋势。一个企业信誉好坏，是它的公众舆论及公众关系状况的折射和反映，又反过来作用和影响企业的社会舆论和公众关系。企业信誉已日益成为企业兴衰成败的至关重要的制约性因素。从改革开放以来我国经济的发展历程中可以看出，长盛型的企业都有一个

共同的特点，即对信誉的重视；相反，昙花一现的短命企业，相似的一点都是对企业信誉的透支。在中国保健品行业创下年销售额达80亿元的三株集团，透支信誉的结果是这个"帝国"的骤然倒塌。

四　科学的企业管理制度是企业诚信建立的支撑和平台

诚信既是企业制定战略决策的一个重要前提条件，也是企业科学管理的结果。通过多种载体对员工进行诚信教育，大力倡导爱岗敬业、诚实守信的职业道德，是提高企业诚信度的有效途径。但企业诚信的建立是一个综合性的系统工程，需要教育，更需要各项科学的企业管理制度作为支撑和平台。如通过目标机制，在企业形成"同舟共济，荣辱与共"的道德氛围，培养企业的向心力，坚持以人为本的企业理念，采取有效的激励机制与约束机制，满足人性中不同层次的需要，激发员工的积极性和创造性等都是企业诚信确立的必不可少的制度保证。我国继电器行业的龙头企业——许继集团在遵奉以人为本、以和为贵、以诚为重的合力文化时，强调要以管理为主线，以股本结构合理化为基础，以发展为动力，把管理的金字塔和技术的金字塔融合起来。在以诚为贵的合力文化牵引下，近年来，许继集团的核心竞争力不断提升。

五　经营管理者的诚信意识是企业诚信建立的前提条件

这是因为，一方面，企业经营管理者的诚信对企业诚信的建立具有巨大的示范和导向作用。显然，企业雇员会首先观察传达组织伦理标准的直接上级所做的示范。通常，拥有大量权利的个体行为对塑造公司的伦理姿态关系重大，因为他们的行为能够传递的信息比写在公司伦理声明中的信息要明确得多。另一方面，在企业的经营管理中，企业各项制度、政策中都体现着经营管理者的道德观，并把它融入企业组织结构之中，从而确保组织员工有足够的机会、能力和动机进行负责的活动。同时，企业经营管理者是企业的代言人，他们的诚信行为直接关系着企业的诚信形象。有的企业领导对此也有深刻的体会：一个讲诚信的经营管理者可以带出一个讲诚信的领导班子，一个讲诚信的领导班子可以带出一支讲诚信的队伍，一支讲诚信的队伍可以生产出具有诚信含量的产品，通过诚信产品企业可以赢得消费者和社会的认可，最终企业获得的是广大的市场和利润。

企业诚信建立的关键是主要负责人。在有关部门组织的一次调查中96％的被访者都认为，企业的欺骗造假与企业负责人的人品、道德素养直接相关。近来被曝光的美国安然、安达信等公司丑闻，就是CEO和CFO（首席财务官）勾结一气，虚构利润，从而达到从股市上大捞不义之财的目的所导致的。

（原载《郑州大学学报》（哲学社会科学版）2003年第2期，
人大复印报刊资料《伦理学》2003年第8期全文转载）

中国企业伦理模式论纲

企业伦理模式作为承载企业伦理的载体，是提升企业核心竞争力不可或缺的重要因素和工具。对企业伦理模式的研究有助于进一步拓展经济伦理学的研究视野，同时，企业伦理模式的现代性构建，在引导企业遵守以诚信为核心的基本行为规范的基础上，追求更高的道德目标，继而对促进整体组织的进步和社会健康有序的发展具有积极意义。

一 企业伦理模式的含义及特性

模式是一种结构，也是主体个性的表现形式。企业伦理模式是企业在长期经营实践中价值共识和文化积淀的产物，是企业伦理个性特征的表现结构。其核心部分是企业价值观、企业的伦理精神，其外层的表现形式则是广大员工所认同的企业道德规范及企业规章制度、行为方式中的伦理取向等。就其特质来讲，主要有两个方面。

一是企业伦理模式是企业个性的表现形式之一，具有唯一性和不可复制性。企业伦理是企业社群在发展历程中所凝聚的社会共识，其形成要件是由企业的异质性（所有制的性质不同）、历史传统、文化背景、企业经营管理者的伦理观念、企业的制度安排和战略选择、企业的社会基础等变量决定的。就像世界上没有两片绝对相同的树叶一样，不同企业的价值观、伦理精神的形成是天时、地利、人和等各种因素成就的。[①] 特定的伦理理念是支撑和区分不同企业伦理模式的关键要素。这就决定了企业伦理模式的唯一性，即精神可以学

---

① 参见邹东涛《序言》，载余映丽、李进杰《模式中国》，新华出版社 2002 年版。

习，模式却难以复制。如把毛泽东思想和集体主义伦理作为行动规约和精神支撑走上共同富裕的南街村，尽管前去学习的人和企业无以数计，但在中国大地上难以克隆出一个同样的南街村。海尔模式惊天动地的成功，引得无数企业竞相前去取经。但是，一般参观者在海尔看到的是文化外层，即海尔的物质文化，他们"最感兴趣的是能不能把规章制度传授给他们。其实最重要的是价值观。有什么样的价值观就有什么样的制度文化和规章制度"①。海尔总裁张瑞敏道出了海尔模式没有被其他企业成功复制的真正原因。

二是企业伦理模式从本质上说是一种文化模式，具有继承性、民族性和时代性。企业作为构成现代社会的细胞，不仅具有追求和实现自身利益最大化的经济属性，而且还具有政治、法律、文化、历史等方面的社会属性。经济的发展速度和取向离不开文化的支撑，这是近年来人文经济学者高度关注的一个问题，企业的伦理行为和模式选择，从根本上说是一种文化选择。民族的、历史的、时代的因素及社会制度等都在企业的伦理选择中留下自己的足迹。英国著名学者卡尔·莫尔、戴维·刘易斯以当前国际企业研究领域中流行的理论体系——"折中模式"对历史上的跨国企业进行了透视，得出的结论是：尽管企业的模式千差万别，但"我们当今的许多经济结构源自数千年前的经济模式"②。在众多的企业模式中，我们"不能说哪一种模式是正确的，每一种只是反映了它得以产生的文化底蕴。在数个世纪的历史进程中，相似的文化底蕴产生了相似的管理模式"③。考察中国企业伦理建设的历程，不难看出，自从近代企业产生以来，中国企业的不同伦理模式主要在马克思主义、中国传统文化、西方文化三种文化模式的碰撞、融合、对比、选择中形成。不管是传统的宗法等级伦理、家族伦理模式，计划经济时代的共产主义伦理模式、集体主义伦理模式，还是市场经济时期出现的制度伦理模式、人格感召模式等无不深深地打上了文化的印记。

---

① 胡泳：《海尔中国造之企业文化与素质管理》，海南出版社 2002 年版，第 34 页。
② ［英］卡尔·莫尔、［英］戴维·刘易斯：《历史能重复自身吗——企业帝国的基石》，钱坤、赵凯译，江苏人民出版社 2002 年版，第 1 页。
③ ［英］卡尔·莫尔、［英］戴维·刘易斯：《历史能重复自身吗——企业帝国的基石》，钱坤、赵凯译，江苏人民出版社 2002 年版，第 304 页。

二 我国企业伦理的若干主要模式分析

就中国目前进行伦理建设的企业来说，它们的模式选择各不相同。我们选择了企业界常见的、具有代表性的几种模式进行分析。

1. 权威模式（企业家的人格感召模式）。和其他行业的领导者一样，企业经营管理者对企业的影响力来自两个方面，即权力影响力与非权力影响力。非权力影响力主要表现为企业家的人格感召力。由于社会转型、文化、历史的原因及企业自身的实际，在我国经济转型时期，出现了这样一批企业，其领导人或是最大的股东，或是受命于危难之际使企业起死回生之人，广大员工对企业领导人由衷地敬佩和信赖，甚至是一种真诚的崇拜。企业领导人在企业中具有很高的威信和绝对的权威，当然，也逐渐养成了一个人说了算的传统。企业的发展很大程度上靠他们的人格力量在支撑。这种情况在我国社会的转型期比较常见。

企业家的人格或权威决定着企业的命运。这种模式在企业发展的特殊时期是必要的和积极的，但从长远和科学管理的角度来看却是有隐患的。企业作为一个以赢利为主要目标、向社会提供商品或服务的经济组织，其不断发展需要的是优秀领导人率领的英雄集体，而不仅仅是一个"能人"。现代管理学的研究表明，权威领导人具有极高的自信、支配力及对自己信仰的坚定信念。他们的"过分自信常常导致了许多问题，他们不能聆听他人所言，受到有进取心的下属挑战时会十分不快，并对所有问题总坚持自己的正确性"①。这是我国目前的企业界常见的也是令人担忧的现象。

2. 使命和责任模式。对国家、民族、社会等强烈的使命感和责任感是这种模式的核心价值理念。经商无国界，但企业最大的股东或其经营管理者都是有国籍的。振兴中华民族的理想成为改革开放以来许多中国企业力图做大做优做强的精神支柱。从"海尔，中国造"，到长虹的"高举民族工业的大旗，以产业报国、民族昌盛为己

---

① ［美］斯蒂芬·P. 罗宾斯：《管理学》，黄卫伟、孙建敏等译，中国人民大学出版社1997年版，第428页。

任"等都可以看到一些企业家把自己的经营行为同民族振兴密切联系起来,并通过各种制度融入经营管理之中。

这种模式的明显特点有四个方面。一是企业经营管理者具有高度的责任心和使命感,表现为努力追求公有资本人格化的实现。如国家累计投资只有1200万元的许继集团,在公有资本人格化这一伦理理念的支撑下,经过全体员工的努力,换来了目前16.5亿元的国有资产市值。其总裁王继年说的:"企业经营者能不能切实为国有资产负责?在走向制度化、规范化之前,要靠使命感和责任心处理这个问题。这方面许继确确实实是铁了心,为国家和集体的钱负责。无论大事、小事,从物资采购到基建项目建设,这个精神贯穿始终。"二是有在实践中形成的并被企业绝大多数成员认可的企业价值观。这种价值观是企业千锤百炼的结果,不同于一些公司一成立就诞生的企业价值观。如许继集团的企业价值观"岗位职业化",是其50多年发展历程的结晶。绝大多数许继人都把岗位工作视为终身事业,以高度职业化精神,在不断提高自己的基础上不断创新,不断提高自己的工作效率和工作质量,把工作做得尽可能精彩,尽可能完美,因此,才创造了许继的辉煌。三是有一种浓厚的企业道德传统。同仁堂这个百年老企业,300多年来一直严格遵守"品味虽贵必不敢减物力,炮制虽繁必不敢省人工"的祖训,同修仁德、共献仁术、济世养生的仁德规范一直为新老同仁堂管理者和员工所遵守。四是有一套倡导主人翁精神的机制。①

改革开放以来,中国民族工业不断发展壮大,在国际竞争中开始占据一席之地,这和企业家的责任感和使命感是分不开的。国有企业作为我国国民经济的支柱,从一定程度上说,其发展和停滞取决于企业领导班子和负责人的责任感和使命感。这种企业伦理模式相对较少,但是需要大力培育的模式。

3. 制度伦理模式。主要以新兴的股份制企业为主,以契约论为理论基础,和传统的国有制企业不同,股份制企业作为契约型团队,其伦理模式有着明显的特征。

一是企业不仅具有基于契约精神而制定的完备的制度系统,而

---

① 参见欧阳润平《中国企业伦理文化调查报告》,《道德与文明》2002年第1期。

且有严格的保证制度运转的规章。"一切按合同办""一切按制度来"是全体员工的共同理念。"其制度一般比较明确地界定了不同主体的权利、责任与义务,能够代表和保护企业内部大多数成员的共同利益。这些公司成员的行为被明确地纳入基于契约精神而制定的职业道德规范之内。"① 正如罗尔斯(John Bordley Ranls)指出的,个人职责确定依赖于制度,首先是由于制度有了伦理的内涵,个人才能具有道德的行为。"一个人的职责和义务预先假定了一种对制度的道德观,因此,在对个人的要求能够提出之前,必须确定正义制度的内容。这就是说,在大多数情况下,有关职责和义务的原则应当在对于社会基本结构的原则确定之后再确定。"②

二是通过非正式制度提倡职业精神和个人价值实现,营造主动积极的企业氛围,降低管理成本和道德风险,以弥补正式制度的不足。同时,这类企业用人的重要评判标尺是业绩和能力,激励与约束机制比较健全和合理,职工成长的职业通道也比较规范,联想集团等即为这类模式的典型。

这种以契约正义为价值导向的模式,员工的权利和能力得到了尊重。他们既是劳动者,又是企业"老板";既是利润的创造者,也是利润的分享者;既是为企业劳动,也是为自己劳动。员工在劳动和分配的过程中感受到为企业即为自己。因此,员工的积极性、主动性和创造性可能得到最大程度的发挥。

应该说,这种模式是一种较为理性和合理的企业伦理模式,也是目前中国企业界亟须培育和具有极大发展前景的一种模式。

4. 家族模式。以私营企业尤其是家族企业为代表。这类企业以血缘关系为最基本的框架,其人员构成主要来自具有血缘关系和非血缘关系的家族成员,企业所有权与经营权合二为一,实行"家长式管理",成员对家族的忠诚、彼此间的信任和了解、整体利益的一致性、同兴共衰意识等是企业强有力的凝聚剂。这种以血缘亲情为纽带的企业伦理模式在伦理精神方面的同质性和继承性表现明显。如荣氏"和衷共济、力求进取"的家族伦理精神,经荣宗敬和荣德

---

① 欧阳润平:《中国企业伦理文化调查报告》,《道德与文明》2002年第1期。
② [美]罗尔斯:《正义论》,何怀宏等译,中国社会科学出版社1988年版,第105页。

生兄弟两人的多年精心培育，已内化为企业员工和家族成员的经营哲学，成为荣氏家族的传家之宝。

这种以"情"为纽带的家族伦理模式在现代管理中产生了极大的作用，它可以增加企业内部成员的认同效应，降低部门之间的协调成本和费用，并使部门间产生互补效应，有利于整个公司和企业整体功能的发挥。近年来，一些学者的研究表明，儒家以血缘为中心的家族主义伦理在日本、"亚洲四小龙"的崛起与腾飞中发挥了重要作用。对以家族主义为核心的血缘伦理模式所具有的优势，法国学者曼弗雷德·凯茨·德·维里尔（Manfred. F. R. Kets de Vries）做了这样的描述："长期取向、行动的独立性、没有股市的压力、没有收购风险、家族文化是自豪的源泉、稳定性、强烈的认同、承诺与动机、领导的持续性、困难时期的韧性、赚回利润的愿望、有限的官僚主义和非人格性、灵活性、财政收益、成功的可能性大、商业适应、家庭成员的早期培训。"①

但是，家族伦理模式由于偏重人的作用和价值实现，却相对忽略制度效应和条例管理，在人事关系方面理性精神表现得充分，而在任务和规则方面理性精神表现得相对较弱。这种模式因其主要经营管理者皆是一个宗族的成员，身为董事长兼总经理的一把手往往行使族长的权力，企业的行为规章和一个宗族的族规有时很难区分开。因此，一旦治理企业的不是家族成员中的能人，企业的伦理精神就难以维持下去，就会直接威胁到企业的发展和前途。

5. 嫁接模式。跨国公司和外资企业大多采用这种模式。这种模式是经济全球化过程中，企业伦理模式建设的一种趋势。美国管理大师彼得·德鲁克（Peter F. Drucker）指出："当前社会不是一场技术，也不是一场软件、速度的革命，而是一场观念上的革命。"嫁接和整合中西伦理文化中的精华，对"请进来"和"走出去"企业的伦理建设来说，都是必须重视的。在经济全球化的背景下，经济文化之间的冲突和融合加剧，跨国公司作为经济全球化的载体，实行本土化政策是其扩张的必然选择和成功的关键因素。同时，借鉴学

---

① [法] 曼弗雷德·凯茨·德·维里尔：《金钱与权利的王国——家族企业的兴衰之道》，机械工业出版社1999年版，第22—23页。

习他国的先进管理技术也必须结合本国、本地的伦理文化传统，并进行创造性的转换，才能成为企业竞争力提高的动力。中州国际集团对中西伦理文化的成功嫁接，使一个老国有企业在短短的10年里，迅速发展成为集团资产规模居全国前列，全国唯一一家同时拥有"皇冠""假日""雅高"三个世界著名酒店业品牌的旅游企业集团。中州国际集团总经理林寿全先生根据其管理全球多家公司的经验指出："外方的管理模式，不能完全嫁接在中国的企业，尤其是国有企业上，要想管理好中国的企业，必须先要了解中国文化和中国人。"因此，"我们的管理既不是完全西方的也不是完全东方的，它是东西方两种管理精华的有机结合"。麦当劳在中国的巨大成功、可口可乐公司在中国饮料业的横刀立马，跨国公司本土化的经营伦理功不可没。

嫁接伦理模式建设中应注意以下原则：一是本土化原则，包括与当地合法政府合作，尊重所在国的文化、道德、宗教等传统；二是开放原则，企业要以开放的胸襟，平等地吸取中西伦理文化中的精华。在这方面海尔为中国企业的跨国经营提供了很好的范例。2003年4月3日在北京大学光华管理学院举行的"中国企业走出去"国际研讨会上，海尔集团监事会主席王安喜把海尔拓展海外市场的经验概括为："走出去、站住脚、争第一。""走出去"，即以开放的全球化视野，先难后易，先进入发达国家，再进入发展中国家。做到"站住脚"，主要是通过"三位一体"本土化实现"三融一创"，创出本土化品牌。"三位一体"即设计、制造、营销三位一体。"三融一创"即融资、融智、融文化，创出本土化的世界品牌。其中最重要的是融文化。在这一理念的指导下，经过18年的发展，海尔已经发展成为一个全球营业额723亿元的跨国企业集团。

6. 市场经济中的集体伦理模式。集体主义是社会主义的道德原则，也是计划经济时代国有企业的主要伦理模式。但和计划经济时代相比，市场经济条件下的集体伦理模式有两个特点。一是其伦理假定不仅是"道德人"，而且还是"经济人"，是两者的共生共存。在高度集中的计划经济体制中，我国的企业不是真正市场意义上的企业，而只是社会工厂的车间，是行政单位的附属物。企业只是"道德人"，集体伦理表现为对国家、政府的无私奉献，企业作为一个集体，唯一的伦理选择就是一切听命于政府。市场经济条件下，企业作为一个具有独立法人资格的市场主体，是地道的"经济人"，追求自身利益的最大化是其出发点和动力，同时也要遵守社会道德规范，表现其"道德人"的一面。二是伦理支点是强调共创、共存、共富、共享。市场经济理性与集体主义有机结合，形成了以市场为导向、以集体主义为杠杆的特色模式。南街村的"市场经济＋毛泽东思想＝社会主义市场经济"的模式是市场经济中集体伦理模式的一个典型。浙江横店村等改革开放以来通过农村工业化提前步入小康生活的村庄大多采用这种模式。

在中国全面建设小康社会的历史进程中，集体伦理模式对处于特定背景下的企业发展具有重要的借鉴意义。

7. 激情模式。这类企业虽然有的把满足消费者的需求作为核心，有的高举振兴民族工业的大旗，我们也不怀疑其干一番事业的雄心，但就其行为选择来说，他们共同的特点是：企业的领导人坚信激情是企业成功的根本动力。因此，他们不仅迷信于一个创意或一则神话就可以改变企业命运，而且在经营上追求最大的轰动效应和造势，豪情有余而理性不足，尤其不注重对企业规律和秩序的尊重，缺乏系统的职业精神和道德感。改革开放以来，尤其是在 20 世纪 90 年代的中国，中国企业界上演了无数次这样的激情败局。

这种以激情作为企业伦理支点的企业，对其失败的原因，有人认为这跟东方人特有的总渴望有一些超出常规和想象的事件再现有关；有人认为"成也萧何，败也萧何"的是传媒；也有学者认为都是"速成名牌"惹的祸。但如果我们从伦理的角度去分析，发现这类企业有一个共同的现象，就是在一鸣惊人之后往往不能主动地竭力遏制内在的非理性冲动，因此，它们既是市场伦理秩序混乱的制造者之一，当然也就成为这种混乱的受害者。

随着中国市场经济的发展和宏观环境的成熟，产生激情败局的土壤正在减弱，但仍有一些企业的领导者激情依旧。这是我国企业伦理建设中应力戒的模式。

三 中国企业伦理模式建设的机制分析

科学的企业伦理模式的形成有一个长期化和实践化的过程。政府的制度安排、地理环境的改变、企业领导人的变动等变量都可能成为企业伦理模式变化的诱因。但就其建立的普遍机制来讲，主要在于三个方面。

1. 增强政府制度的伦理性。有经济学家认为，制度重于技术，是第一生产力。企业伦理模式建设与政府制度的伦理导向密切相关。提供若干法律法规规定的竞争生态圈，增加违背伦理的行动成本，建立经济宏观环境的伦理秩序是政府的主要职能之一，也是企业伦理模式建设的必要前提。

政府作为制度的制定者，怎样保证制度得到公众的认可，主要依赖于政府的信用度。如果政府所制定的方针、政策能够有效地实施，所制定的制度才易于被公众认可和遵循。反之，如果政府失去了公众的信任，制定的制度就只能流于文字。在当前政府职能转型过程中，政府信用建设显得更为重要，具体说来有五个方面。一是提供有效完善的法律服务。在市场经济中，任何企业都是"经济人"，在做出某种行为时，都要进行成本和收益的比较。如果没有相关法律的规约，失德者有利可图，企业自然很容易形成一种失德的倾向。二是改革政府行政方式和提供相对稳定的政策环境。如果政出多门、政策多变、对企业过多干预，使企业难以对未来发展进行准确预期，就会导致投资、经营等行为的短期化。三是强化产权保护。有恒产者有恒心。明晰产权，企业才能为追求长远利益而恪守道德。四是政府要对进入市场的企业责任能力进行严格的资格认证。五是政府要在伦理建设中做出榜样。政府在负责制定市场规则、维护游戏规则的同时，必须制止自己的"打白条"行为。目前，我国市场活动中的假冒伪劣、恶意欺诈等失德行为，固然是市场主体的利益驱使，但和一些地方政府为了一地私利，大搞地方保护主义有着密切的关系。因此，企业伦理建设，十分需要政府职能道德化。①

2. 设置践行企业独特伦理理念的有效操作模式。企业通过多种载体用企业所信奉和必须实践的伦理理念，去整合员工的思想，使所有的员工认可企业的伦理理念，这是提高企业伦理水平的一种普遍做法，具体说来有四个方面。一是企业要根据自身经营的实际和目标确立伦理建设的特色。如联想集团"三个取信于"（取信于用户、取信于员工、取信于合作伙伴）的企业道德就是根据其企业的目标而设定的。二是企业要通过多种方式把企业的伦理理念灌输给员工，如丰富多彩的企业文化活动、进行伦理培训等。三是要把企业伦理融合到日常管理之中，如设置企业伦理教育的专门机构、设置伦理主管、制定伦理守则、从公司招聘员工开始到生产经营的各个环节增强伦理的监督等。据统计，到20世纪90年代中期，《财富》杂志排名前500家企业中，90%以上的企业有成文的伦理守则来规范员工的行为，欧洲约有一半的大型企业有负责有关企业伦理运作的机构，日本企业普遍实行的社训、社歌、做朝礼等操作性很强的伦理活动，在企业伦理建设中发挥了重要的作用。② 四是企业应探索增强员工对企业的归属感、安全感、成就感的机制，把员工的个人追求融入企业的长远发展之中。只有这样，企业的伦理理念才有可能内化为员工自觉的道德情感，企业伦理准则的建立和实践才真正成为可能。这是企业有效管理的手段之一，也是伦理建设的核心目标。正如美国著名经济伦理学家林恩·夏普·佩因（Lynn Sharp Paine）所指出的："明智的管理者认识到，杰出的组织业绩需要组织所有利益相关者特别是公司雇员和其他处理公司日常工作的人员持续地信任和协作。在当今知识经济时代，吸引富有创造性的、精力充沛的员工并培养他们的能力已经成为当务之急。一家公司如果没有富于想象力的、勤奋的员工，就不可能维持其革新能力，并进而在飞速变化的环境中保持竞争力。"③

---

① 参见王小锡《论企业诚信的实现机制》，《郑州大学学报》（哲学社会科学版）2003年第2期。

② 参见周祖城《管理与伦理》，清华大学出版社2000年版。

③ [美]林恩·夏普·佩因：《领导、伦理与组织信誉案例》，韩经纶等译，东北财经大学出版社1999年版，第3页。

3. 实现企业规章制度的伦理化。企业制度是员工应遵守的最基本的价值理念和行为准则，企业制度安排是否合理决定着企业的兴衰成败。因此，在企业伦理模式建立的过程中，需要教育，更需要各项科学的企业制度作为平台。一方面，在企业的制度安排和战略选择中要体现企业的伦理观；另一方面，通过企业的各项制度统率员工的思想和行为。如通过目标机制，在企业形成"同舟共济，荣辱与共"的道德氛围，培养企业的向心力；坚持以人为本的企业理念，采取有效的激励机制与约束机制，满足人性中不同层次的需要，激发员工的积极性和创造性等，都是企业伦理建设必不可少的制度保证。我国电器行业的龙头企业——许继集团在推行以人为本、以和为贵、以诚为重的合力文化时，强调要以管理为主线，以股本结构合理化为基础，以发展为动力，把管理的金字塔和技术的金字塔有机地融合起来，使企业的凝聚力不断增强。

4. 树立企业经营管理者的道德形象。"其身正，不令而行；其身不正，虽令不从。"企业经营管理者是企业伦理的倡导者、管理者、变革者和实践者，其价值观念和道德修养对企业伦理模式建设具有巨大的导向和示范作用。"企业雇员会首先观察传达组织伦理标准的直接上级所做的示范。通常，拥有大量权利的个体行为对塑造公司的伦理姿态关系重大，因为他们的行为能够传递的信息比写在公司伦理声明中的信息要明确得多。"[①] 同时，在企业的经营管理中，企业各项制度政策中也体现着经营管理者的道德观。再者，企业经营管理者是企业的代言人，他们的伦理行为直接关系着企业的形象。这是因为，一个具有较高道德素质的经营管理者可以带出一个讲道德的领导班子，一个讲道德的领导班子可以带出一支讲道德的队伍，一支讲道德的队伍可以生产出具有道德含量的产品，道德产品经营是企业在市场上的通行证，可以赢得消费者和社会的认可，最终企业获得的是广大的市场和利润。

总之，在经济全球化和社会主义市场经济体制建立与完善的过程中，企业伦理模式将日益成为企业的差别化战略的重要组成部分，

[①] [美]林恩·夏普·佩因：《领导、伦理与组织信誉案例》，韩经纶等译，东北财经大学出版社1999年版，第109页。

同时，中国企业伦理现有模式的过渡时期特征将逐渐弱化，民族化、国际化、个性化、多样化会日趋彰显。因此，企业伦理模式建设需要同企业文化、CS 战略、企业制度、管理、可持续发展、市场开拓等有机结合起来，追求个性，不断创新。

（原载《道德与文明》2003 年第 4 期，与朱金瑞合撰）

企业诚信及其实现机制
——以"海尔"为例

企业诚信是企业核心竞争力的重要资源,也是企业发展的基本要素和条件,更是企业经营的基本原则。我国海尔集团能成为国际知名企业,海尔品牌能走向世界,关键之处在于他们"真诚到永远"的经营理念,视诚信为企业生命的战略思想及其一系列战略决策。

一 企业诚信的表现

诚信是企业交往中契约关系得以正常维持的基本道德规范,其实质是对顾客、对职工、对同行、对社会履行市场契约的一种体现为责任心的理性精神。

1. 诚信于顾客

对于企业来说,顾客是衣食父母,丧失了顾客,就等于丧失了利润,就等于失去了企业生存的理由,也就谈不上企业的生命力。诚信于顾客,对于企业来说,应该体现在企业经营的全过程。

首先,产品设计人性化。任何产品都是为人所用的,因此,诚信于顾客应该在产品设计时就一切服从顾客的人性需求,即充分关注人的生理、心理和社会需求等。要"注重人的自然属性,使新产品在物质技术上符合使用要求。同时按照人的精神要求,使新产品获得艺术设计,在其外观的审美质量上满足人的求美享受"。"具有安全、可靠、方便、舒适、美观和经济等功能。"[1] 正因为如此,"海尔人认为一个产品技术含量的高低不一定由专家来评定,而应由

---

[1] 胡正祥:《中国产品人性设计》,广州出版社1994年版,第7页。

消费者来评定。消费者都来购买你的产品，那么你的技术含量就受到了肯定。消费者不认可，技术含量再高也没有用"①。不仅如此，海尔还坚持产品设计的个性化。顾客需要什么样的产品，企业就生产什么样的产品。海尔冰箱坚持的就是"你设计我生产"。从定制冰箱推出后的短短一个月时间，就海尔收到100多万台的订单的情况来看，设计产品时的对用户负责的诚信举动，即企业产品设计、生产的人性化和个性化，意味着利润的最大化。

其次，生产过程实现零缺点。对于企业经营来说，产品设计是一回事，制作又是一回事。诚信于顾客体现在生产过程中应该是精益求精，产品的质量与设计产品时所要达到的质量完全一致。这是企业真正的责任意识的考验和体现。设计好了，生产不出合格产品，说明企业的诚信有折扣甚至有虚假。更何况，设计还只是精神活动过程，还只是理念或概念的东西，最终说明诚信的是产品质量。海尔为了充分体现本企业产品生产中的对顾客的真诚，坚持了"六个西格玛"（"西格玛"是统计学里的一个单位，表示与平均值的标准偏差，它用来衡量一个流程的完美程度，具体看每百万次操作中发生多少次失误。"西格玛"的数值越高，失误率就越低）的管理方法。② 即要求百万次操作只能有三四次失误，即使有失误也只能由企业自身受过。换句话说，对于顾客来说，企业卖出的产品是百分之百的合格。对于企业来说，有缺陷的产品就等于"废品"，有缺陷的产品是创名牌的"天敌"。1985年，海尔总裁张瑞敏果断决定由事故责任人当着全厂职工的面砸毁76台不合格冰箱，并主动承担责任扣了自己当月的工资，这无疑是企业表示诚信于顾客的行动，当然，这也无疑会使企业产品的市场占有率大幅度提高。

最后，销售服务一诺千金。企业的诚信行为对于用户来说没有终结之时，服务承诺的兑现，既是商家的事，更是企业的职责。

日本松下公司创始人松下幸之助曾说："销售就是服务"，"不论是多好的商品，若缺乏完整的服务，就无法使顾客满意，并且也

---

① 胡泳：《海尔中国造之竞争战略与核心能力》，海南出版社2002年版，第237页。
② 参见［美］迈克尔·D.波顿《我眼中的中国第一首席执行官：挖掘张瑞敏的管理圣经》，文岗译，民主与建设出版社2002年版。

会因而失掉商品的信用"。① 海尔深知兑现服务承诺的重要性,他们的售后服务可谓创造了中国的"品牌"。一是他们在观念上独到地提出企业卖的是信誉而不是卖产品。"市场营销不是卖,而是买"②,不仅坚持产品零缺陷、使用零抱怨、服务零烦恼,而且主动征求和虚心听取用户的意见和建议,以便把产品质量造得更好,服务得更周到。二是坚持最好的售后服务标准和模式,服务标准是:售前、售中提供详尽热情的咨询服务;任何时候,均为顾客送货到家;根据用户指定的时间、地点,给予最方便的安装;上门调试,示范性指导使用,保证一试就会;售后跟踪,上门服务,出现问题24小时之内答复,使用户绝无后顾之忧。服务模式是一个结果,即服务圆满;两条理念:带走用户的烦恼,留下海尔的真诚;三个控制:服务投诉率小于十万分之一,服务遗漏率小于十万分之一,服务不满意率小于十万分之一;四个不漏:一个不漏地记录用户反映的问题,一个不漏地处理用户反映的问题,一个不漏地复查处理结果,一个不漏地将处理结果反映到设计、生产、经营部门。以实现用户的要求有多少,海尔的服务内容就有多少;市场有多大,海尔的服务范围就有多大的目标。③ 三是认为企业与消费者的关系不是简单的物与物的关系,而是人与人之间的情感交流,主张"不是用户亦是上帝"的观念,将优质服务拓展到了非海尔用户身上。他们坚持非海尔产品有求必修,甚至非海尔经营之事也有求必应。这种被人们称之为超越时代的服务,最终使海尔赢得了更多的顾客和市场。④

2. 诚信于内部员工

企业诚信是企业的一种精神,更是企业的一种品质。因此,其诚信举动是全方位的,对企业内部亦是如此。

可以这样说,企业的诚信首先应体现在对内部员工讲诚信,唯此才谈得上对顾客的诚信。企业失信于员工,必失信于顾客和社会。可以想象,一个内部没有信用的企业是不可能有切实诚信于顾客的

---

① [日]松下幸之助:《经营人生的智慧》(上),延边大学出版社1996年版,第187页。
② 胡泳:《海尔中国造之竞争战略与核心能力》,海南出版社2002年版,第206页。
③ 参见郭鑫、毛升主编《海尔精髓——企业文化与海尔业绩》,民主与建设出版社2003年版。
④ 参见胡泳《海尔中国造之竞争战略与核心能力》,海南出版社2002年版。

举动的。

诚信于企业内部员工，首先，应该是实现人格平等。不管是经营何种产品的企业，也不管是国营、民营还是个体户经营，职工都是企业的主人，都应该受到企业领导及其所制定的规章制度、政策等的尊重。海尔在经营的某个环节出了质量问题，首先查的是领导的责任，罚的是领导的奖金或工资，这在任何情况下，员工不可能不服，对企业不可能不信。海尔企业像个大家庭，不得不说人与人之间无高低贵贱之分是其根本原因。

其次，应该给任何人创造发展的机会，人人在机会面前都是平等的。这一点在海尔可谓又是一创举，用张瑞敏的话说，企业用人不能"相马"，"相马"作为一种人事制度，不规范、不可靠；用人提倡"赛马"，做到公平、公正、公开。[①] 在用人问题上的"三工并存、动态转换"的政策同样是公平合理的人事制度。在海尔，看工作绩效，试用工（临时工）可以转为合格员工，合格员工可以转为优秀员工，反之，可以由优秀员工转为合格员工，合格员工可以转为试用工。这种不是由领导发现人才，而是在实践中选拔人才，不是由企业决定员工性质，而是由员工自己的绩效决定员工性质的排除任人唯亲、拉帮结派的用人思路，将极大地提升企业员工的创造力和成就感。尤其值得一提的是张瑞敏的"海尔是海"的思想，他认为，纳百川才能成大海，只有发挥每一个人的力量和作用，才能真正将海尔人凝聚在一起，共同实现企业的宏伟目标。今天的海尔如此生机勃勃，这与每个海尔人都有创造发展的机遇和平台是分不开的，就连看上去并不起眼的后勤工人都以是海尔人而自豪，并时刻不忘为海尔多作一些奉献。

再次，应该努力做到利益公平。企业直接的目的是利润和效益，员工必然要考虑的是劳动成果和劳动收益。企业能否在利益分配上做到公正、公平，这是企业诚信的重要标志，也是企业有无活力之所在。在海尔，员工的工资不是上司或领导说了算，也没有固定不变的数字，而是与其工作的诚信度和质量有关系，既要看工作绩效，

[①] 参见［美］迈克尔·D. 波顿《我眼中的中国第一首席执行官：挖掘张瑞敏的管理圣经》，文岗译，民主与建设出版社 2002 年版。

也要看市场有无索赔情节。这就是所谓的"市场链"。因此，在海尔，利益分配既是诚信标志，也是内外诚信链条。张瑞敏的股东、用户和员工的"三位一体"的主张，即主张通过企业创造价值实现股东的股价要高、用户的产品要质优价廉、员工的收入更高的希望，这应该是企业内部诚信的最好体现。

最后，应该变管理全员为全员管理。一个有活力的企业，必然是人人都有活力的大家庭。企业管理既有宏观决策，也有微观的操作。对于处在每一个环节和每一个层面的职工来说，工作如何做、企业如何发展，每一位职工都有着独特的发言资格和权利。而他们的意见和建议，往往就是企业经营决策的依据和内容。第二次世界大战后日本松下公司能在较短时间内复苏，其中一个重要原因是松下幸之助一开始就与每一个雇员单独谈话，并在此基础上拿出了企业发展的规划和方案，在得到全公司职工拥护的同时，也激发了广大员工的积极性。海尔今天的做法更是管用而富有创新意义。海尔提倡"你就是老板"，既然人人都是老板，那么，人人都是经营者，人人都既要对市场负责，也要对企业负责，同时也要对自身的创新能力负责，更要对自身的绩效和利益负责。在这种情况下，企业对职工和职工对企业的诚信度必将会大幅提升。

3. 诚信于同行

企业竞争是企业发展的基本存在方式。在理性经营状态下，企业竞争不应该立足于甚或满足于优胜劣汰。把同行当冤家，只会增加企业发展的障碍。没有合作意识的恶性竞争，相互封锁不该封锁的信息，互不提供互利互惠的帮助等，企业间只会浪费甚至破坏物质的、精神的和社会的资源，最终损害的是企业自身的利益。松下幸之助说："与和自己有往来的公司共存共荣，是企业维持长久的唯一道路。""如果牺牲有关系的一方来图谋自己公司的发展，是一件不可原谅的事，最后必然导致自我的毁灭。"① 诚信于同行，首先，要求企业不搞互相残杀性的"价格战"。其实，价格战到了一定程度，表面上顾客得利，实际上伤害了企业各方的利益，影响扩大再生产，最终受损的是社会利益。其次，要求企业在确保商业机密获

---

① ［日］松下幸之助：《经营人生的智慧》（上），延边大学出版社1996年版，第102页。

得必要保护的情况下，互通信息、互相支持、互相帮助。"在市场竞争中，竞争对手永远存在。一心盯住竞争对手是不会有大发展的。企业经营者常犯的错误之一就是，眼光紧盯着对手的一举一动，以至于迷失了自己的方向。"① 最后，要求企业以事业为重，以市场和顾客为主，共同地理性地开发自然和社会资源，在为人类和社会造福的同时，也为同行造福，自觉地成为同行发展的支撑或条件。

二 诚信实现的机制

诚信作为企业行为规范和企业品质，其实现和形成过程需要各种力量和手段的协调和支撑。

1. 完善企业制度和运作机制

企业制度从大的角度讲是产权关系制度，只有明晰产权关系，企业领导和职工各自才能真正体验到自己的角色及其与企业息息相关的联系，也才能真正懂得，企业诚信首先是"我的诚信"。从小的角度讲，只有制定各种奖惩制度，明确各种纪律，一方面，才能至少让全体员工首先从形式上明确什么企业行为是应该的，什么企业行为是不应该的。另一方面，经过严格的制度管理，才能让企业行为的点点滴滴落实到诚信要求上。制度不严，纪律松弛是难以实现"产品零缺陷、使用零抱怨、服务零烦恼"的。海尔的"市场链"管理制度和机制就是当今我国企业实现诚信的手段的典范之一。在海尔企业内部，在严明纪律的同时，上下工序和上下岗位之间形成市场关系、服务关系，每个工序、每个人的收入来自己的市场。服务的效果好，按合同可以索酬，服务的效果不好，对方可以索赔。市场链就是要使外部市场目标转化成内部目标；把内部目标转化成每个人的目标；把市场链完成的效果转化为每个人的收入。这就是使市场外部竞争效应内部化，同时，通过市场链的信息交叉与反馈，"以用户潜在的需求确定产品的竞争力，以用户的难题确定开发的课题，以用户的要求制定质量标准，以此良性循环，使企业诚信在企

---

① 胡泳：《海尔中国造之竞争战略与核心能力》，海南出版社2002年版，第391页。

业内外部得到兑现"①。

2. 零距离服务、零距离生产

"谁与消费者的距离越近，谁与竞争对手的距离就越远。"② 海尔的零距离服务和零距离生产，真真切切地拉近了与顾客的距离。在观念上，一是海尔认为顾客买的不是东西，而是买解决问题的办法，不是买烦恼，而是买舒心。因此，海尔在"世界多一个海尔，地球多一分安全"，"营造服务名牌比营造产品名牌重要得多"的营销理念下，尽管解决问题的办法大都已经在产品质量中，但他们仍然于细微深处体现服务精神。诸如上门服务一张服务卡、一副鞋套、一块垫布、一块抹布、一件小礼物，足以使顾客顺心、舒心。更有甚者，为了不使用户烦恼，海尔开服务人员坐飞机赶去（厦门）为用户服务之先河。二是海尔认为企业卖产品的同时是在买顾客的意见和建议。坚持面对面解决问题的同时面对面交流意见。通过意见的反馈，做到一切满足顾客的需要，顾客需要什么，企业就开发什么、生产什么，哪怕生产三角形冰箱等异型家电，哪怕制造洗地瓜和洗龙虾的洗衣机等，海尔也会满足，实现零距离生产。在真诚的举动下，企业提高了竞争能力，也最大限度地获得了利润。

3. 加强教育，统一观念

企业诚信举动并不是自然形成的，更不能只靠制度和纪律来兑现企业诚信，说教更是无济于事。

诚信教育首先是对企业员工的责任心教育，让每一位员工明确对国家、对社会、对他人和对自己应有的责任，知道缺乏责任心的人生是欠缺的人生，甚至是丧失意义的人生。同时让每一位员工深知责任心的强度直接关系到企业利润的多寡和自身利益的多少，不仅如此，责任心的教育能有效地培养企业员工的荣誉感和羞耻心，这将为企业诚信承诺的实现打下牢固的理念基础。

其次，诚信教育离不开知识和技能的培训。这里的知识应该包括哲学社会科学和自然科学知识，忽视了这一点，企业员工将会是不懂世界、不会价值判断、缺乏文化修养的没有脑袋的"打工者"。

---

① 胡泳：《海尔中国造之企业文化与素质管理》，海南出版社2002年版，第253—254页。
② 胡泳：《海尔中国造之竞争战略与核心能力》，海南出版社2002年版，第181页。

在此情况下谈诚信，往往只能知其然而不知其所以然。同时，技能的培养也是不可轻视的。因为，诚信的兑现渗透在企业经营的各个环节、各个层面上，没有基本技能，产品的精益求精也只能是心有余而力不足。为此，张瑞敏说得好：没有培训的员工是负债，培训过的员工是资产。因为培训过的员工获得了一定的知识和技能，其中包含了利润的成分，可以成为利润的增长点，而从负债变成资产的关键在于员工正确的思想观念和高忠诚度的确立。①

最后，诚信教育应该与赏罚机制结合起来。企业也是社会，在当前社会市场经济条件下，企业员工的思想是复杂的，他们的价值取向也是多种多样的。在这种情况下，奖赏是为了树立榜样，并由此进一步明确目标；惩罚是为了制止有损诚信行为，以保证"诚信"这一理性无形资产发挥应用的作用。张瑞敏当着全体员工的面砸毁 76 台不合格冰箱，并自罚工资，这一举动不只是教育当事人，更在于启发和激励全企业员工，其教育意义和实际效果不亚于作几场报告或看几篇文章。

4. 以身作则，行重于言

企业的内外诚信度直接取决于企业领导者自身的可信度。一方面，企业领导人员的高的诚信度不只起到示范作用，更重要的是起到激励和导向作用。美国学者林恩·夏普·佩因指出："由组织领导首先示范很可能是建立和维持组织信誉最重要的因素。显然，企业雇员会首先观察传达组织伦理标准的直接上级所做的示范。通常，拥有大量权利的个体行为对塑造公司的伦理姿态关系重大，因为他们的行为能够传递的信息比写在公司伦理声明中的信息要明确得多。"② 对人、对事讲诚信的企业领导会让企业员工看到希望，并有一种强烈的安全感和责任感。另一方面，企业领导的诚信品质客观上会制约着不诚实言行的产生，与此同时，企业领导的诚信品质会直接影响整个企业的诚信态势。正如一位企业家所说：一个讲诚信的领导可以带出一个讲诚信的领导班子，一个讲诚信的领导班子可以带出一支讲诚信的队伍，一支讲诚信的队伍可以生产出具有诚信含量的产品。

---

① 参见胡泳《海尔中国造之企业文化与素质管理》，海南出版社 2002 年版。
② [美] 林恩·夏普·佩因：《领导、伦理与组织信誉案例：战略的观点》，韩经纶等译，东北财经大学出版社 1999 年版，第 109 页。

同时，以身作则还包括企业领导主动关心企业员工工作、生活、需求等方方面面。张瑞敏认为对员工要做到"三心换一心"，即解决疾苦要热心、批评错误要诚心、做思想工作要知心，用此"三心"换来职工对企业的铁心和真心。张瑞敏的这一指导思想，使得每一个员工都随时有可能得到他自己所需要的关心和帮助，这着实营造了海尔相依相恋的大家庭氛围。①

5. 建设诚信政府，完善法律法规

企业诚信度还受到社会环境的影响，一个诚信度不高的社会，就企业来说，诚信的举动和目标难以完满实现。政府及其制定的政策的保护、法律法规的支撑是企业诚信得以实现的重要条件。

首先，要着力建设诚信政府。一方面，当前在改革政府行政方式、增加政策透明度等的同时，要实现政府职能道德化，并以此影响和指导企业诚信度的加强。另一方面，要以政府权力及其具体措施保护和推动企业诚信措施的落实和诚信目标的实现。诸如要强化产权保护，以保护产权主体对市场的承诺，推动市场信用体系的建立；要对进入市场的企业责任能力进行严格的资格认证；要不间断地对企业的诚信度给以检查、督促和引导等。再一方面，政府自身应该是讲究诚信典范，要以民为本，以国家利益为重，加强服务和指导意识，坚决克服官僚主义和行政不作为作风，在保证政府诚信的同时，促使企业讲道德守信用。

其次，企业诚信应该是企业的自觉行为，企业的诚信品质更应该是在持续的诚信行为中养成的。然而，建立良好的企业诚信体制，不能只靠劝说、教育和引导，更不可能自发形成，法律法规的制约在现时仍然起着举足轻重的作用。一方面通过法律法规的限制，保证企业运作过程中信用机制的完善和诚信承诺的兑现。另一方面通过法律法规的制约和执行，处罚失信者，警示企图违约者和保护守信者，营造强烈的讲诚信者兴、不讲诚信者衰的氛围。

(原载《伦理学研究》2003年第6期)

---

① 参见［美］迈克尔·D. 波顿：《我眼中的中国第一首席执行官：挖掘张瑞敏的管理圣经》，文岗译，民主与建设出版社2002年版。

当代中国企业道德现状及其发展策略分析

近期我和我的学术团队在全国范围内展开了对我国企业道德的"镜像"调研，通过抽样调查、与各类代表性人员作深度访谈、实地考察等获取了可信度高的第一手资料，初步展示了当代我国企业道德的镜像图，为加强企业道德建设，提升企业核心竞争力提供了重要的信息源和理论依据。

我们首批先后调查了中国民生银行、西部大型企业重庆钢铁股份有限公司、中原地区的河南白象集团食品有限公司、河南红高粱食品有限公司、郑州三全食品股份有限公司、郑州双吉星家具有限公司、苏南地区常州鸣凰国际大酒店、吴江科林环保装备股份有限公司、标准缝纫机菀坪机械有限公司、张家港市天泰纺织有限公司、张家港富瑞特种装备股份有限公司、张家港市港鹰实业有限公司12家企业，在被调查的企业中，有发达地区和不发达地区的企业，有金融企业、重工业企业和轻工业企业，有机械工业、食品工业和服务业，有国有企业、民营企业和个体企业。为了使得我们的关于企业道德的"镜像"调查有可信度，我们采取了严格的抽样调查法，并初步掌握了我国企业道德的客观状况，结合学界已经有的研究成果，对我国企业的道德现状和发展前景做如下分析。

一　当今我国企业道德建设的成就

我国企业道德在理论和实践上被较为普遍地关注也只有20多年的时间，在这20多年的时间里，我国的企业道德由被动到主动、由抽象观念认知到实践操作，即经历了由道德力不被认识到把道德作为物质力和精神力的重要资源和资产来经营的过程。

1. 企业道德责任意识在明显增强

企业道德责任意识是随着社会责任意识的发展而发展的。早在 1923 年英国学者欧利文·谢尔顿（Oliver Sheldon）就提出了"企业社会责任"的概念，并明确指出"企业社会责任"概念内含道德因素。而后在近百年的历史中，虽然许多学者和相关机构以不同的视角和理路研究和鉴定"企业社会责任"的概念，但始终没有忽视企业伦理和企业道德在"企业社会责任"中的地位，甚至指出道德是"企业社会责任"的基础和核心。[1] 以至于有学者认为，"推行企业社会责任标准，通俗地说就是提倡要求企业讲社会道德"[2]。

企业道德及其道德责任意识在我国有一个从朦胧到自觉的过程。在 20 世纪 70 年代以前，我国各行各业在突出政治的社会历史条件下，忽视了企业道德在企业发展中的地位和作用，即使承认社会道德的存在，也只是把它作为排除物质利益因素下提升人们所谓道德觉悟、精神境界的重要依据和途径，很少有人探讨道德觉悟、精神境界提升的依据、标准和目的是什么。甚至现在还有人认为讲道德不能与物质、利益目的挂钩，否则会亵渎人类崇高的道德，并陷入"道德工具论"的危险境地。随着社会主义市场经济的不断发展与完善，人们已经逐步在理论与实践的结合上认识到经济的发展并不是纯物质理念所能解释或理解了的，不从精神层面尤其是从道德视角去分析经济现象是无法正确理解和把握经济现象的，更不能更好更有效地实现经济的快速发展。这一点在企业发展过程中表现得比较明显。

我们的企业道德调查也说明企业道德责任意识在不断加强，对企业道德建设是比较重视的。从以下关于"所在的企业对员工有道德要求吗？企业有成文的职业道德规范吗？"两个问题的调查结果就可以看出，12 家企业除 2 家没有发放问卷、1 家企业尚缺乏企业道德理念外，9 个企业平均有 75% 的员工在回答"所在的企业对员工

---

[1] 参见张彦宁、陈兰通主编《2007 中国企业社会责任发展报告》，中国电力出版社 2008 年版。

[2] 徐立青、严大中等编著：《中小企业社会责任理论与实践》，科学出版社 2007 年版，第 44 页。

有道德要求吗"时说"有",平均有75%的员工在回答"企业有成文的职业道德规范吗"时说"有",平均有87%的员工在回答"企业有必要建立并奉行一套伦理守则吗"时说"有必要"或"比较有必要"。

2. 人本关怀已经成为企业经营的核心理念

企业的生产力水平和经济效益并不仅仅取决于企业的资金、技术等,人本关怀是企业内部的凝聚力和企业外部的利益相关者的合作度的重要依据和条件。一个唯利是图、对服务者和合作者没有关心、关爱和关照之情的企业是不可能在市场上站住脚的。大凡把人本关怀作为经营的核心理念的企业,一定会获得应有的市场份额。江苏大娘水饺餐饮有限公司的发展史在一定意义上是我国企业人本关怀理念和行动的缩影。该公司1996年创业时只有30平方米的店铺,仅有员工6人,现在已经发展成为国内直营连锁店最多、跨地域最广、规模最大的水饺堂食快餐连锁企业,拥有覆盖全国40多个大中城市的200多家连锁店,5000多名员工,并已经在国外开设连锁店,经营规模还在不断扩大。数年前就已经跨入十大"中国快餐连锁著名品牌企业"的行列。该公司坚持以"人本关怀"为企业经营的核心理念,在产品制造上以100多个品种适应不同地区顾客的不同爱好,以各种不同的价格满足不同的消费群体,以清洁、高雅、舒适的环境和热情、快速、周到的服务吸引顾客,以让员工有尊严、有乐趣的工作凝聚力量,这应该是"大娘水饺"能在激烈的市场竞争中出奇制胜的法宝。①

调查显示,我国企业注重人文关怀、凝聚企业力量的意识也在明显增强,企业效益也在明显提高。常州鸣凰国际大酒店是江苏餐饮名店,酒店占地约30亩,营业面积2万余平方,有员工220多名,是集餐饮、住宿、娱乐于一体的综合性酒店。酒店虞建文总经理以强烈的人文关怀意识对外吸引了顾客,对内凝聚了人心。他认为,赢得顾客信任在两点,一是"鸣凰大酒店,实惠看得见",二是"什么都已变,价格没有变";店内凝聚人心最关键的是让员工有归

---

① 江苏大娘水饺餐饮有限公司的相关资料来源于窦炎国等《经济效益与社会责任》"附录四",学林出版社2007年版。

属感、安全感和荣誉感，要让员工有尊严地工作和生活。因此，酒店把员工学习当作员工最大的福利，酒店经常安排厨师外出学习，观察食材，而不是更换厨师。在生活、工作环境和条件上也是考虑周全，酒店在员工宿舍与员工工作单位之间设计了一条很长的走廊，走廊的两侧都贴满了反映员工生活状态与企业文化活动的一些照片和资料，其中有员工在酒店内过生日时的幸福时光，也有外出参加拓展训练的集体留念，走到走廊尽头，也就是员工们的工作用道，道路旁边的一个水池上有一排三个水龙头，上面标注着可供员工直接饮用的热水、冷水和温水。这些细微的考虑足以让员工安心和舒心。难怪有好多员工举家在酒店工作，把酒店当作自己的家。

调查数据也应验了企业需要人文关怀，企业也在重视人文关怀。不过，从我们的调查结果来看，国有企业、食品企业和有较高道德觉悟的企业领导比较重视人文关怀的方方面面，有的企业虽然比较重视企业道德，但是，人文关怀考虑不周全。就"您所在企业定期为员工进行身体体检吗"一栏，12个企业有6个企业做得比较好，就体检一项来说，认为定期和不定期检查身体的达到73%。应该说，我国企业的人文关怀比较20世纪大有改观。

有的企业虽然人文关怀尚不周到，但也已经在努力改进。就像我们调查的结果那样，虽然有的企业暂不重视员工体检，但是能经常召开员工征求意见座谈会就说明企业已经意识到关心职工诉求的重要性。在我们以上没有点到的企业名单中就有3家企业经常召开员工的征求意见座谈会。

3. 诚信成为企业提升市场占有率的依靠

据资料显示，中国企业联合会2005年至2006年进行的我国企业诚信建设情况调查就已经说明我国企业诚信意识的增强促进了企业的跨越式发展。在被调查的500多家企业中"有95%的企业把诚信作为重要的战略事宜加以考虑，90%的企业将诚信建设纳入企业优先发展工作之中，97%的企业把诚信作为企业的核心价值观之一，88%的企业认为诚信水平的提高是本企业持续发展的决定因素之一"，因此，许多企业在明确诚信目标、设立专门机构的基础上把诚信要求纳入管理全过程，宝钢集团、西子联合控股公司等企业因此比较好地将诚信转化为生产力，实现了企业的更快速发展。① 我们的调查也发现，大凡企业发展顺利而又效益不断提高的企业，均有着正确的诚信理念及其见之于行动的诚信品格。即使个别企业效益还不明显，但他们并没有认为诚信不重要。在我们调查发放问卷的10家企业中，在回答"您认为企业在生产经营活动中讲诚信、守道德会吃亏么"的问题时，有54%的员工认为"不会吃亏，只会对企业有好处"，39%的员工认为"有时会吃亏，但总体是对企业有好处的"，2%的员工认为"大多数时候是吃亏的，对企业没多大好处"，2%的员工认为"肯定是吃亏的，对企业没有一点好处"。

4. 道德资本意识的认同感在提升

道德作为一种生产的精神性资源，在创造价值的过程中同样发挥着独特的作用。在经济活动中，有助于创造利润的一切道德因素都可归入精神资源的范畴。道德作为一种精神资源，具体包括道德意识、道德境界、道德规范、价值观念、道德行动等。正是基于对道德作为一种精神资源在价值创造和增值过程中的独特作用，一些学者甚至将其确认为道德资本。② 若干年来，我对"道德资本"概念进行了系统论述③，系列研究成果发表后在学界引起了不小的争论，而不同意见的发表在更大程度上引起了学界和企业经营部门的关注，有些企业已经自觉地将企业道德作为企业经营资本的内涵列入企业发展战略和规划，以至于有的企业在经营中把道德建设作为头等大事来抓。这是企业管理和经营理念的跨越式的进步。在被进行问卷调查的10家企业中至少有6家企业的员工回答符合以上情

---

① 参见张彦宁、陈兰通主编《2007中国企业社会责任发展报告》"第四章"，中国电力出版社2008年版。

② 国内学者罗卫东和王泽应等分别于1998年、1999年提到"道德资本"一词（参见罗卫东《论道德的经济功能》，《中共浙江省委党校学报》1998年第1期；王泽应、刘湘波《论道德资本要素对市场经济低效困境的化解》，《湖南师范大学社会科学学报》1999年第5期）。1999年笔者在两篇文章中提出"道德资本"概念，并进行了初步论证（参见《道德视角下的知识经济》，《德育天地》1999年第2期；《21世纪经济全球化趋势下的伦理学使命》，《道德与文明》1999年第3期）。2000年，笔者在《论道德资本》一文中对"道德资本"概念做了系统阐释，道德资本问题受到学界的关注。此后，笔者以系列论文论证了道德资本的作用方式和存在理由等，参见《道德资本与经济伦理——王小锡自选集》，人民出版社2009年版。

③ 参见王小锡、华桂宏、郭建新《道德资本论》（人民出版社2005年版）和八论道德资本的文章。

况。在回答"您认为,从根本上说,企业在经营管理过程中,是讲道德重要,还是盈利重要"的问题上,有28%的员工认为"当然是讲道德重要,没有道德的企业遭人唾弃,最终也赚不了钱",有26%的员工认为"两者都重要,但讲道德更重要",这两点加起来达到54%。

二 企业道德缺失及基本原因分析

企业道德尽管已越来越被各类企业认识和重视,但是,就宏观意义上来说,我国企业道德建设并不理想。我在企业道德调查研究的基础上曾经分析和归纳了我国企业道德状况的三种类型。一是道德自觉型,即能够自觉地将道德作为一种工具理性应用于生产经营活动,渗透于产品设计、生产、销售过程中,帮助提高产品质量,加速销售速度,增加更多利润。但是,这样的企业可谓凤毛麟角。中国民生银行和海尔集团就是这种类型中的代表。二是道德理念模糊型,即时而觉得讲道德对企业有积极作用,时而又觉得讲道德无助于企业发展,时而又觉得讲道德吃亏。正因为理念上处于不确定和不清晰的状态,这样的企业也就缺乏一以贯之的行为。现实中这种类型的企业占绝大多数。三是道德堕落型,即为了赚钱不择手段,不惜以损害消费者或社会的利益为代价。"三鹿奶粉""有色馒头"等近年来揭露的"问题食品"企业就是这样的典型。

实事求是地说,我国企业的道德和道德建设问题还是不可小觑的,需要引起足够的重视,否则将会影响我国企业在国际国内市场上的竞争力。

1. 我国企业的道德缺失表征

(1) 道德与企业经营的关系含糊不清。为数不少的企业对在经济运行中有没有道德内涵是含糊不清的,总认为经济活动就是投入、产出、效益等,与道德无关。在理论上认识不到经济活动一定有精神内涵,道德在一定意义上是经济活动的灵魂;在实践过程中不懂精神因素的作用,不知道作为工具理性的道德如何在经济活动中发挥作用。在我们调查的12家企业的员工回答"您认为您所在企业的资产有无形资产的成分吗(注:无形资产是指企业品牌、信誉等带来的经济价值）"的问题中至少有 2 家企业被调查员工的 80.75% 认为"有，无形资产所占比重较小"，有 1 家企业被调查员工没有人认为"有，无形资产所占比重较大"，有 2 家企业被调查员工的 46% 认为"不知道/说不清"。

（2）唯利是图，缺德经营。若干年以来，我国许多企业一味追求利润和效益，置人们的健康、合理利益甚至生命于不顾。尤其是一些食品企业，近年来出现的"苏丹红""有色馒头""毒奶粉""问题胶囊"等都说明我国有些企业在昧着良心经营。甚至个别企业崇尚"讲道德吃亏，不讲道德赚大钱"的经营理念，害人、害己、害社会。

（3）诚信缺失，增加企业间摩擦消耗和企业成本。据 2008 年出版的《2007 中国企业社会责任发展报告》中的调查资料显示，"企业受到多种失信行为的困扰，主要包括拖欠款、违约、侵权、虚假信息、假冒伪劣产品、质量欺诈等。在企业遇到的失信现象中，被拖欠款所困扰的企业占被调查的企业总数的 80%，违约的占 71%，侵权的占 47%，虚假信息的占 31%，假冒伪劣产品的占 28%，质量欺诈的占 13%。据有关部门前几年的相关统计，我国企业每年因为信用缺失而导致的直接和间接的经济损失将近 6000 亿元"，"由于合同欺诈造成的损失约 55 亿元，由于产品质量低劣或制假售假造成的各种损失达 2000 亿元"。[①] 这正如炎黄艺术馆常务副馆长周旭君女士所说："失信的企业损害的是所有利益相关者，当然首先是害了自己。"

（4）企业领导缺乏道德领导理念。由于我国一些企业的领导没有把道德管理作为重要的领导方略，因此，往往对员工关怀不够，以至于员工的收入和福利等很不合理，更有甚者，缺乏对员工的人格尊重，严重挫伤了员工的积极性。近年来有个别企业在一段时间内接连发生员工跳楼事件，尽管有复杂的社会原因，但是，企业对员工缺乏关爱和尊重，甚至把人当作生产机器来管理，这严重伤害了员工的尊严，挫伤了员工的积极性，这不能不说是重要原因之一。

[①] 张彦宁、陈兰通主编：《2007 中国企业社会责任发展报告》，中国电力出版社 2008 年版，第 38—39 页。

其实这也损害了企业的社会声誉，在一定程度上也会影响企业的经济效益。后来的事实说明，企业改进了管理，员工的忠诚度也有了加强，企业的效益也有明显提升，至少防止了企业内部的摩擦消耗。

2. 我国企业道德缺失的原因分析

（1）企业道德研究落后于经济发展的速度。我国企业道德建设不甚理想，问题不全在企业本身。因为，相对于改革开放以来的经济发展的成就，我国的企业道德的理论研究还比较落后，至少至今尚有一些理论问题处在困惑状态中，诸如我国的企业道德形态是什么，作为道德主体的企业、企业领导和员工等的道德角色特征和各自的道德责任是什么，如何完善企业利益相关者之间的诚信机制，作为工具理性的道德如何在获得更多效益和利润的过程中发挥独特的作用，道德如何成为不可替代的管理手段等均没有形成有说服力的高水平研究成果，因此，在没有成熟的企业道德理论引导的情况下，企业领导和员工们也只能在似懂非懂中，或在经验中履行道德责任，或多或少发挥一些道德作用。事实上，我们调查得知，就是现有的一些企业道德理论研究成果，90%以上的企业领导和员工没有接受过专门的理论培训。

（2）领导道德责任意识薄弱。应该说，企业道德存在的问题，责任主要不在员工，而在企业的领导。企业领导的道德责任意识强烈，他就至少可以用行政手段加以宣传和贯彻，并将道德要求渗透到企业生产和经营的各个环节中去。所以在企业道德建设问题上，企业领导是关键。西班牙阿莱霍·何塞·G.西松认为，领导力来自道德力，"领导力是一种存在于领导者与其被领导者之间的双向作用的、内在的道德关系。在领导关系中所涉及的双方——领导者和被领导者——通过相互作用，在道德上相互改变和提升。由此，在道德上的领导就成为主要的领导途径，基于此，个人及其所服务的组织都具有伦理道德性。领导力丰富了个人道德，使个人道德不断成长，并有助于形成良好的组织文化"[①]。西松从领导者的领导力角

[①] ［西班牙］阿莱霍·何塞·G.西松：《领导者的道德资本》，于文轩、丁敏译，中央编译出版社2005年版，第50页。

度，强调了"领导力的核心是伦理道德"①，西松的论述表明，缺德的领导者是会丧失信任和权威的领导者。事实上，更进一步思考，领导者缺乏道德力，也就没有感召力，其自身也必然不具有道德分析力、道德组织力，更不会懂得道德在经济运作过程中的渗透机制。因此，缺乏道德力的领导，在其管辖范围内的经济活动必然会削弱甚至丧失道德本有的作用。因此，企业领导道德责任意识薄弱必然产生企业发展的"短板效应"。

（3）企业道德普及率不高，员工理解肤浅，道德应用欠力度。我国的企业除少数外基本上没有进行过专门的企业道德教育，了解的一些道德知识和道德行为方式还都只是在媒体上看到或听到的。造成这种状况的原因，除了理论研究不足外，一方面是我们的师资力量不够，另一方面是我们的企业领导不能充分认识道德及其作用，自然也就不重视，再一方面是政府没有专门的规划和指导。因此，企业员工对企业道德的认识和理解比较肤浅，也就不知道如何发挥道德在生产和经营过程中的作用。而且，往往道德成了企业空洞的门面，丧失了企业道德的权威和独特作用的发挥。调查显示，被调查的80.00%的企业中平均有53.20%的员工在"所在的企业有企业愿景、企业宗旨、发展理念、企业精神等之类的企业价值观吗"的栏目中回答"有，但我不是很了解"，平均有15.47%的员工回答"不知道有没有"和"没有"。所以，我们调查的企业，尽管总体道德理念和道德环境之表征还可以，但是员工对此理解和把握不到位，其道德作用的发挥将会受到很大影响。

（4）诚信机制不完善。应该说，我国企业对诚信要求非常迫切，讲诚信对于企业来说可以节约或多或少的经营成本。但是现实的情况是诚信缺失比较严重，企业经营中的坑蒙拐骗、欺诈、不守信用等行为屡有发生，其主要原因一是信用风险没有被充分地认识和预防，许多企业是遇到企业生存危险甚至即将倒闭或已经倒闭才能醒悟过来，往往是后悔晚矣。二是诚信应该是利益相关者共同遵守的行为准则，但我国还缺乏一套监督和约束机制，一旦诚信链出了问

---

① ［西班牙］阿莱霍·何塞·G. 西松：《领导者的道德资本》，于文轩、丁敏译，中央编译出版社2005年版，第49页。

题，就会出现诚信的连锁问题。三是我国缺乏企业诚信管理体系，尤其是没有形成诚信评判的社会风气，更没有社会公认的"道德法庭"。四是政府还没有制定出一套完善的奖励诚信与惩罚不诚信行为的政策举措。事实证明，诚信机制不完善，失信行为就会不时地出现，这将会严重败坏社会道德风尚。可以说，一个不讲诚信的社会是道德堕落的社会，是充满道德风险和道德危机的社会。

三 "企业家应该流淌着道德的血液"，企业应该努力实现道德经营

"企业家应该流淌着道德的血液"是温家宝同志对我国企业家提出的一条极其重要的战略思路，没有企业家的道德觉醒就没有企业道德经营的顺利展开，也就会失去在国际国内的经营竞争力。就我国企业道德建设的基本现状和我们的企业道德调查结果的初步分析，我国企业要进行一次企业道德建设运动，真正让企业道德成为企业经营的重要条件、因素和动力。

1. 企业家应该成为履行道德责任的模范和综合素质的典范

企业道德建设的自觉性首先来自企业家的道德觉悟，企业家作为企业的领导，他的人生观、价值观和道德观直接影响和制约着企业的战略决策，影响到员工的人生价值取向和劳动态度，影响到企业生产、销售、利益分配等各个环节。可以说，缺乏道德理念和道德自觉的企业领导就不是一个合格的企业家，因为，这样的企业领导无法圆满实现企业的物质效益和精神效益的双丰收，也就无法领导企业不断增强企业的核心竞争力。所以，一个企业的精神大厦首先要靠企业家来支撑，"企业家应该流淌着道德的血液"。

调查显示，我国企业员工普遍地把企业发展的希望寄托在领导身上，他们希望有一个素质好的领导来带领大家争取企业的最大最好效益。在进行问卷调查的 10 个企业中，在回答"您认为企业领导的个人素质对单位的氛围和环境影响大吗"的问题中高度一致，有 55.36% 的员工认为"非常大，有直接的影响"，有 38.94% 的员工认为"比较大，有一定程度的影响"。因此，企业家应该坚持做到四点。

（1）学习一点伦理学知识，把握一些道德、经济道德尤其是企业道德理论，充分认识道德与企业发展的关系，真正弄清楚经济德性、企业道德作为企业的重要精神资产在提升企业核心竞争力中的作用。

（2）应该把经济德性、企业道德化解为具体的工作视阈和生产要素，在研讨企业发展计划和目标、生产流程、营销策略等过程中时刻不忘德性的作用和道德的渗透。

（3）在企业内部坚持道德制度化和制度道德化。企业内部诸如工资制度、福利制度、休假制度、生产管理制度、作息制度、员工培训制度的制定和出台都应该研讨和关注员工的生活质量提高和人生发展需要、企业内部人际关系的协调和谐的需要、增加利益相关者利益的需要、履行社会责任的需要等。

（4）坚持日常人本管理，尊重员工的人格，让员工有尊严地工作和生活，充分调动员工的劳动积极性，促进企业经营效益最大限度地实现。

2. 结合我国社会和企业的实际情况，严格执行SA8000等国际标准，推动企业道德建设全面展开

（1）以国际标准启迪和影响企业道德建设。SA8000国际标准是要求企业切实地履行社会责任，其中道德责任为核心理念，主要要求企业一是要尊重人的权利，尤其是不得使用童工，同时必须制定童工救济政策和程序；不得支持使用强迫性劳动；允许自由发表意见和展开必要的利益谈判；等等。二是要坚持人格平等，员工不受任何歧视，哪怕受到惩戒也不得采取体罚、辱骂或其他侮辱人格的行为。三是严格遵守法定工作时间，制定合理工资制度，尤其是加班应征得员工同意，并给予政策规定的加班工资。四是关心员工的福利、安全和健康，要在生产、生活等的方方面面制定实施细则。尽管诸如SA8000等国际标准的有些内容需要结合我国的实际情况来考量和执行，但是依据国际标准履行企业道德责任，实现企业内外的和谐协作是推动企业道德建设全面展开的重要条件，同时，这也是创制与国际接轨的中国企业发展标准的重要切入点。

（2）全方位、深层次地落实道德建设举措。就我国企业自身来说，首先应该在理论和实践的结合上真正弄清楚经济和道德、企业

和责任的逻辑关联，确立道德也是企业精神层面的资产和资本的观念，充分发挥道德作为工具理性的独特作用。其次，企业应该立足于生产经营的全过程，全面理解和把握企业从宏观和微观、集体和个人应该有的道德责任，并把这化解为具体的行为规范和设计、制造、销售等经营要素。最后，企业应该加强道德制度和道德环境建设，营造浓郁的道德氛围，真正让道德成为企业生存和发展的一部分，而且是不可忽视的最重要的一部分。

3. 完善诚信机制①

诚信作为企业行为规范和企业品质，其实现和形成过程需要各种力量和手段的协调和支撑。

（1）完善企业制度和运作机制。企业制度从大的角度讲是产权关系制度，只有明晰产权关系，企业领导和职工各自才能真正体验到自己的角色及其与企业息息相关的联系，也才能真正懂得，企业诚信首先是"我的诚信"。因此，只有制定各种奖惩制度，明确各种纪律，一方面才能至少让全体员工首先从形式上明确什么企业行为是应该的，什么企业行为是不应该的。另一方面，经过严格的制度管理，才能让企业行为的点点滴滴落实到诚信要求上。真正做到"以用户潜在的需求确定产品的竞争力，以用户的难题确定开发的课题，以用户的要求制定质量标准，以此良性循环，使企业诚信在企业内外部得到兑现"②。

（2）加强教育，统一观念。企业诚信举动并不是自然形成的，更不能只靠制度和纪律来兑现，说教更无济于事。首先，诚信教育是对企业员工的责任心教育，让每一位员工明确对国家、对社会、对他人和对自己应有的责任，知道缺乏责任心的人生是欠缺的人生，甚至是丧失意义的人生。同时让每一位员工深知责任心的强度直接关系到企业利润的多寡和自身利益的多少。其次，诚信教育应该与赏罚机制结合起来。企业也是社会，在市场经济条件下，企业员工的思想是复杂的，他们的价值取向也是多种多样的。在这种情况下，

---

① 参见王小锡《企业诚信及其实现机制——以"海尔"为例》，《伦理学研究》2003年第6期。

② 胡泳：《海尔中国造之企业文化与素质管理》，海南出版社2002年版，第353—354页。

奖赏是为了树立榜样，并由此进一步明确目标；惩罚是为了制止有损诚信行为，以保证"诚信"这一理性无形资产发挥应用的作用。

（3）以身作则，行重于言。企业的内外诚信度直接取决于企业领导者自身的可信度。一方面，企业领导人员的高诚信度不只起示范作用，更重要的是起激励和导向作用。美国学者林恩·夏普·佩因指出："由组织领导首先示范很可能是建立和维持组织信誉最重要的因素。显然，企业雇员会首先观察传达组织伦理标准的直接上级所做的示范。通常，拥有大量权利的个体行为对塑造公司的伦理姿态关系重大，因为他们的行为能够传递的信息比写在公司伦理声明中的信息要明确得多。"① 大凡对人、对事讲诚信的企业领导会让企业员工看到希望，并有一种强烈的安全感和责任感。另一方面，企业领导的诚信品质客观上会制约着不诚实言行的产生，与此同时，企业领导的诚信品质会直接影响整个企业的诚信态势。正如一位企业家所说：一个讲诚信的领导可以带出一个讲诚信的领导班子，一个讲诚信的领导班子可以带出一支讲诚信的队伍，一支讲诚信的队伍可以生产出具有诚信含量的产品。

（4）建设诚信政府，完善法律法规。政府及其制定的政策的保护、法律法规的支撑是企业诚信得以实现的重要条件。首先要着力建设诚信政府。一方面要强调政府诚信，要实现政府职能道德化，并以此影响和指导企业诚信度的加强。另一方面，要以政府权力及其具体措施保护和推动企业诚信措施的落实和诚信目标的实现。诸如要对进入市场的企业履行道德责任行为进行严格的评判；要制度化地地对企业的诚信度给以检查、督促和引导等。再一方面，政府自身应该是讲究诚信的典范，要在保证政府诚信的同时，促使企业讲道德守信用。其次，企业诚信应该是企业的自觉行为，企业的诚信品质更应该是在持续的诚信行为中养成的。然而，建立良好的企业诚信体制，法律法规的制约在现时仍然起着举足轻重的作用。一方面通过法律法规的限制，保证企业运作过程中信用机制的完善和诚信承诺的兑现。另一方面通过法律法规的制约和执行，处罚失信

---

① ［美］林恩·夏普·佩因：《领导、伦理与组织信誉案例：战略的观点》，韩经纶等译，东北财经大学出版社1999年版，第109页。

者和警示企图违约者,保护守信者,营造强烈的讲诚信者兴、不讲诚信者衰的氛围。

4. 改善劳动关系,建设和谐企业

企业道德说到底就是要在企业内外树善念、行善事,和谐协作,促进企业效益和利润的不断提高。我国企业因类型和性质的不同,决定了企业内部的劳动关系也各有不同且均比较复杂。在复杂的劳动关系面前,企业更需要认真面对,调节好劳动中的伦理关系,建设生态性劳动关系。否则,劳动关系不顺畅,必然带来各种各样的矛盾,这既影响企业内外部利益相关者的协调与合作,更影响相关企业的进步和社会经济的发展。可以说,改善劳动关系是企业道德建设的首要目标,没有劳动关系的不断改善,企业道德在企业经营中的特殊作用是不可能发挥出来的。当然,改善劳动关系应该做到四点。

(1) 要保障企业员工和利益相关者的合理利益和要求,尤其是要让员工的人格受到尊重,工作、生活中的要求和困难能够被充分关注并合理解决,让员工没有后顾之忧,心甘情愿地为企业效力。必要时企业应该在企业员工和利益相关者的利益关系中让利经营,以求得企业员工和利益相关者的理解和支持。

(2) 要完善互信机制,让企业内外的利益相关者能信息公开地、平等地进行业务往来,遇到问题能够开诚布公地协商解决,在不断增强相互信任中劲往一处使,实现企业经营的最好效益。

(3) 要完善管理制度机制,真正实行民主管理,加强人本管理,把征求企业员工和利益相关者的意见作为日常工作内容,并采纳正确的意见和建议。同时,企业领导的管理行为要置于全体员工的监督之下,杜绝官僚作风和家长作风。

(4) 要严格执行国家相关法律法规,保证企业员工和利益相关者的一切权利受到保护,尤其要保证企业员工和利益相关者的发展条件,唯有发展前景乐观,企业员工和利益相关者才有安全感、归属感和成就感,才有可能在企业经营过程中最大限度地奉献自己的能量,实现企业发展的最好效益。

5. 建立企业道德委员会

为防止企业管理的"短板"缺陷的形成,以完善的道德管理机制促进现代企业管理制度的变革和发展，企业需要建立道德委员会。企业道德委员会应该承担四项主要任务。

（1）帮助企业研讨和厘清本企业德性的内涵和表征是什么，弄清楚如何不断改变和提升企业形象尤其是道德形象，如何将本企业与生产经营相一致的独特的道德要求渗透在生产经营的各个环节，即如何将生产经营道德理念转化成行动方案和操作手段。

（2）帮助企业处理和协调企业内部各类经济问题和道德矛盾，在制度约束外以情感人、以理服人，将矛盾和危机化解到最小甚至无，并以此培育浓郁的道德情感。同时要研究企业外部利益相关者的利益诉求和道德情感，处理和协调各种不和谐因素，化解利益相关者可能或已经出现的疑虑甚或怨气，促进合作理念的增强，努力实现双赢或多赢。

（3）研究适合本企业的道德领导的内涵和方法，为企业领导完善领导艺术提供独特的道德领导观念和方法，同时，纠正企业领导存在的领导方法中的道德问题。真正让道德领导成为企业重要的道德资产或生产要素。

（4）研究本企业软环境和硬环境建设的内容和举措，营造浓郁的道德环境。首先要明确企业经营宗旨、价值取向、道德责任和道德制度等，并展开全方位的宣传和教育，形成强烈的舆论氛围。同时，从员工生产生活环境到内部服务环境，要有处处体现尊重人、关心人的实施，让员工时刻接受道德呵护和道德熏陶，并产生强烈的道德满足感和道德幸福感。

（原载《社会科学战线》2013 年第 2 期，人大复印报刊资料《伦理学》2013 年第 4 期全文转载）

企业道德资本的培育与管理

道德资本形成的前提是经济活动主体具备一定的道德觉悟，并在经济活动中指导、引领经济行为。如果仅仅是懂得一些道德知识，或者仅仅是社会明确了善恶价值标准及其行为规范体系，这只是形成道德资本的准备，还不足以形成道德资本，因为道德要求没有成为经济活动主体的自觉意识，或者尚没有在经济活动中发生作用并促使财富增值，道德的资本功能就没有发挥，这样也就无所谓道德资本。因此，培育人们的道德品格是培养和增强道德资本的重要途径之一。

事实上，道德资本不是实物资本，它需要通过培育来不断得到增强。西班牙西松认为："努力培养美德，即是为道德资本增加投资股。"[1]

一 注重企业道德建设[2]

企业道德建设是一项系统工程，需要从宏观到微观、理念到行动、领导到员工等全方位考虑和落实，而且要保证不出现道德建设中的"短板"。

其一，要将员工的文化、理论、业务学习提高到企业道德建设的基础性工作来做，让企业员工能够真正认识现代企业的经营理念

---

[1] [西班牙]阿莱霍·何塞·G. 西松：《领导者的道德资本》，于文轩、丁敏译，中央编译出版社2005年版，第155页。

[2] 可参见王小锡等《中国伦理学60年》，上海人民出版社2009年版，第八章"企业伦理"；[美]安德鲁·吉耶尔《企业的道德》，张霄译，中国人民大学出版社2010年版。

和自身在企业发展中的角色、作用和利益,以主人翁姿态融入企业并充分发挥自己的个性和特长。事实上,人力资本投资的最好路径是采取有效举措,着力提高企业员工的学习兴趣和学习自觉性,不断增强企业员工的文化素养、理论素养,尤其要注重员工的伦理道德的相关知识的学习,"学伦理可以知廉耻、懂荣辱、辨是非"①,进而不断提高企业员工的道德自觉性。

其二,要提炼适合本企业性质和特点的经营理念,明确为社会、为用户、为企业和为自己应尽的责任和道德经营原则,并落实到每一个经营细则。尤其是要让每一位员工知道,在产品生产的每一个环节、每一个动作的道德责任是什么;产品销售的承诺及其道德准则是什么;企业对社会应该承担的责任及其目标是什么;企业讲诚信的行动方案是什么等等,唯此才能全面展示企业的道德水平,企业也才能不断积累道德资本。

其三,加强企业文化和道德环境建设,既要注重诸如企业经营理念和责任的宣传、企业管理机制的完善,以及企业员工安全、健康、心理、情绪等问题出现的快速反应机制的软环境建设,也要十分关注诸如整洁的工作环境、健身娱乐设施、或休闲式或家庭式或花园式的生活环境等人性化的工作、生活设施等硬环境建设,以此打造企业浓郁的道德氛围,促使企业员工时刻接受道德熏陶,努力让员工成为现代企业的"道德人"。

其四,要从企业道德理念出发,制订科学合理的企业运行制度,向制度要效益,让制度出效益。现代化的企业应该是制度性企业,企业的运营应该在制度约束和引导下有条不紊地进行,这是企业经营能否成功的关键。然而,企业完整科学的制度体系要靠对企业道德的正确认识把握的基础上才能逐步建立。这是企业道德建设及其道德资本积累的重要理念和理路。

其五,要加强企业各类人员道德素养的培训,尤其要注重员工的道德实践体验和锻炼,要真正让员工时刻处在道德应用和道德践行中,让道德成为员工工作和生活的一部分。企业应该结合本单位实际,认真探讨和规划切实可行的道德实践体系,让企业员工在系

---

① 《习近平谈治国理政》,外文出版社2014年版,第406页。

统的道德实践活动中不断增强道德行动的自觉性，为企业道德资本的形成及其作用的发挥夯实基础。

二　培养道德习惯

　　道德习惯是企业道德资本形成的重要基础，在一定意义上说，一个企业及其员工不能形成道德习惯，其企业道德资本也难以积累。

　　事实上，"我们不是生来就具有美德，而是通过实践获得美德。只有当我们的行为成为习惯性，并且我们有了运用适当的方法的习性时，我们才有了所谓的美德"①。厉以宁教授认为，在社会经济活动的资源配置中，除市场调节和政府调节外，还有第三种调节，即"习惯的力量或道德的力量"。他首先指出："习惯来自传统，来自群众的认同，而群体认同的基础是道德信念、道德原则，道德支持了习惯的存在与延续，因此，习惯力量的调节与道德力量的调节是不可分的。可以把两者结合在一起，合称为习惯与道德调节。"② 他还进一步指出："习惯是大多数人认同并遵循的，道德是一种信念，是一种待己、待人、处世的原则。要让习惯与道德调节在社会经济生活中起重要作用，应以大多数人对习惯的认同和遵循、对一定的道德信念和原则的信奉与坚持为前提。"③ 这其实也告诉人们，要在社会经济活动中通过发挥习惯的力量或道德的力量取得效益，就应该重视培养道德习惯或道德的力量。

　　西松也认为，没有道德习惯，道德不可能成为企业的道德资产或道德资本。他认为习惯能使道德资本不断增加和延续。他说"习惯产生于人类自愿行为的反复"，"如果行为可以视为道德资本的基础货币，构成了账户的本金，那么习惯就可以看作行为产生的福利。

---

　　① ［美］理查德·T. 德·乔治：《经济伦理学》，李布译，北京大学出版社 2002 年版，第 143 页。

　　② 厉以宁：《超越市场与超越政府——论道德力量在经济中的作用》，经济科学出版社 2010 年版，第 4 页。

　　③ 厉以宁：《超越市场与超越政府——论道德力量在经济中的作用》，经济科学出版社 2010 年版，第 9 页。

习惯就是人类反复的自发行为所产生的道德资本"。① 同时，为培养美德，为道德资本增加投资股，西松在强调"习惯的性质代表了一种优于其他活动的道德资本"的基础上，认为"习惯并非道德资本形成和发展中的最终决定因素"，"但是人的性格往往发挥着比习惯更大的影响力"。这是因为，性格是由习惯塑造的，"我们可以把性格或文化称为道德资本中的债券。债券是政府或公司用来实现资本增值的一种金融工具。投资者延迟消费而购买债券，为的就是在若干年后收取红利。只有经过了特定期间后，他才可以收回利润和最初的资本"。"性格和文化与债券类似，是一种长期投资的结果，通常意味着主体多年来坚持不懈的努力。不过一旦形成，他们就不会轻易发生改变，也不会随便丢失。他们所产生的风险很小。这是由于他们是主体多年来自由和理性的结果，体现出了主体的良知和意愿，深植于主体的习惯之中。与债券不同的是，性格和文化可以在低风险的同时保持较高的收益率。一旦一个人的习惯完全形成他的性格，他就不仅能够做得更多更好，而且可以养成其他与之相关的习惯，并相辅相成，不断实现自我完善"。② 对西松的观点做简要概括的话，那就是培育和增强道德资本需要培养"善德习惯"，道德资本增加投资股需塑造性格。这是形成道德资本的一个中心问题，西松用"习惯""性格"的视角来论述道德资本的培育和增强问题是立足于应用的独到的有价值的研究思路，值得我国企业在积累道德资本过程中参考。

三 渗透企业道德精神③

现代企业生产目的应该是为社会、为用户提供合格的生产或生

---

① ［西班牙］阿莱霍·何塞·G. 西松：《领导者的道德资本》，于文轩、丁敏译，中央编译出版社 2005 年版，第 97 页。西松在这里把习惯作为道德资本，不无理由，但把道德资本称为"人类反复的自发行为所产生的"，这里的"自发行为"概念不清，会引起误解，假如把"自发行为"改成"自觉行为"或他前面所说的"自愿行为"，观念表述就更会清楚。

② ［西班牙］阿莱霍·何塞·G. 西松：《领导者的道德资本》，于文轩、丁敏译，中央编译出版社 2005 年版，第 127—130 页。

③ 参见王小锡《论道德资本》，《江苏社会科学》2000 年第 3 期。

活用品，最终实现社会效益和经济效益的双赢。然而，正如前面已经提到的，合格的生产或生活用品除了必要的文化含量和技术力量以外，更重要的是道德含量。任何产品，它在多大程度上符合用户要求或人性需求，它就会在多大程度上实现产品的市场占有率，也就能在多大程度上实现企业利润。因此，企业应该树立全面的道德经营观，从产品的设计到生产的每一个环节要树立质量意识、"用户至上"的意识，每一个环节要自觉渗透进对用户的责任心。具体来说，要明确企业的生产经营的价值取向、社会责任和基本目的；要通过道德教育和道德建设，使得企业员工树立强烈的道德和责任意识，增强道德行动的自觉性；要将集中体现企业道德的企业社会责任贯彻、落实到产品设计、制造和销售的各个环节，充分体现企业所有行为的道德含量，由此实现企业的道德生产和道德经营。

进而言之，企业的道德生产和道德经营状况如何，企业道德管理是关键。企业管理尽管涉及方方面面物的因素和人的因素，但是它的本质是"管人"，"管人"就要尊重人性，了解人、关心人。由此可见，"泰罗制"式的把人当作机器的管理方法绝对不适应我国现代企业的发展要求。"一个不尊重人性的企业，是人的个性和活力被疏远、被低估的企业。这样的企业，实际上是一个由提供劳动力来交换金钱的场所，无法实现和展开人性。"[①] 毫无疑问，不要说在社会主义市场经济条件下，就是资本主义市场经济条件下，这样的企业也无法生存。因此，企业应该坚持道德管理也能出效益的理念。

现代化的企业管理应该是以人为本的管理，它充分体现管理中的道德性，唯此才能促使企业员工同心协力，实现生产的正常运转和更多更好的效益。首先，在人格平等的基础上，塑造新型的劳动关系，激发全体员工的劳动热情和生产活力。企业管理工作者的一个基本目标是要统一员工的思想，调动员工的积极性，圆满实现企业发展指标。然而，这一基本目标的实现需要员工树立主人翁精神。这样一来，一方是管理工作者，一方要树立主人翁精神，当如何处置。我认为，企业管理工作者应展示既是领导又不像领导的形象。说是领导，他应该统揽全局，有效指挥。说不像领导，他应该努力

---

① 王成荣主编：《中国名牌论》，人民出版社1999年版，第67页。

倡导和实现与员工的人格平等，要以自己的实际行动来说明，企业的所有成员，只有分工不同，没有贵贱之分。因此，企业管理工作者应该从尊重员工入手，在努力为员工服务的同时，广泛征求员工的意见，变"管理全员"为"全员管理"，即企业管理工作者的管理目标、管理内容、管理方法和手段是全员集体智慧的结晶，企业实际是在全体员工的思想观念引导下运作的。一些企业经营不好，其中重要原因之一是管理工作者以"领导"自居，员工成了被动的只受支配的劳动者，管理工作者与员工之间形成了"鸿沟"，员工的积极性受到挫伤。一旦前后两者情绪对立，管理失效，那企业失去的不仅是活力和利润，最终完全有可能走向死胡同。其次，坚持利益公平，满足员工的正当利益。员工的切身利益是员工工作中关注的焦点，员工的劳动积极性来自自身利益的最大限度的获得和全体员工利益的公平合理的兑现。因此可以说，不懂得他人的利益，就不懂得管理。一个合格的企业管理工作者，他首先考虑的是员工利益和利益的协调。员工利益的实现程度（已得利益占企业效益和自身应得利益的比重）和员工利益协调的公平程度，往往与企业未来利润的实现成正比。一个正当利益不能正常获得的员工是不可能全身心投入工作的。为此，对员工的切身利益处置随便，甚至严重不公，那能力最强的管理者也终究是管理的失败者。最后，企业管理工作者需要身先士卒，以身作则。企业管理工作者的形象直接关系着企业的命运。一个尽心尽责的管理工作者能让员工在他身上看到希望，即使企业暂时遇到困难或挫折，员工们也会发扬团队精神，励精图治，勠力同心，努力工作，最终实现企业的转危为安、化险为夷。假如企业管理工作者让员工感觉到无心经营，整天忙于无为的应酬，忙于捞取一己私利等，那必将严重挫伤员工的积极性。这样的企业管理工作者实际上在起着增加企业负担、提高产品成本、降低企业利润的负面作用。因此，在当今社会，不管是什么性质的企业，管理工作者应充分认识到管理者自身的形象都是至关重要的，他们自身行为是无声的命令、无形的杠杆。事实上，企业的效益和利润直接受制于管理者本身。

四 加强道德资本管理

企业需要加强道德资本管理,以防止企业管理"短板"的形成。管理不好道德资本就意味着道德资本的效益会降低,甚至可能丧失道德资本。

其一,在衡量道德资本中追求企业善德。西松认为,要实现对道德资本的有效管理,要能够衡量道德资本。他认为,对道德资本有两种"衡量战略":"一个是间接衡量,针对缺乏道德资本所产生的后果;另一个是直接衡量,针对存在道德资本时的后果。"西松认为,针对缺乏道德资本所产生的后果分析的间接衡量,是指通过对员工的流动率、旷工率和懒散等行为和对员工的诸如殴打、袭击、杀人、盗窃、故意或疏忽盗用公司资源等违法犯罪行为的定量分析,通过对员工生活质量、快乐程度、宗教信仰、价值取向等的负面因素的定性分析,了解道德资本的缺少量,进而形成如何消除不良后果、培育和增强道德资本的理念和举措。西松的直接衡量是指"公司层面上人力资本适格水平、人力资本忠诚度、人力资本满意度指数以及公司氛围指标等等"的定性指标分析。具体说来,可以衡量公司和个人社会责任、环境责任和伦理责任,衡量公司吸引、激励和留住人才的能力,衡量公司有效留住客户群、增强员工忠诚度和投入度的声誉,衡量企业家是否"强调团队合作、以客户为中心、欣赏公平竞争、不断创新、富有主动性"。他的直接衡量道德资本的定量分析还包括"人力资本收益、人力资本投资回报和人力资本附加价值"。[1] 直接衡量道德资本,不仅能从中了解道德资本的现状或现有量,而且同样能了解道德资本的缺损,从而厘清管理道德资本的经验和教训,并为积累道德资本货币更有效地选择道德资本投资股。在坚持如西松所说的道德资本"衡量战略"的同时,企业应该定期不定期地进行较为全面系统的道德资产评估,以便在道德资本积累和运行方面不断总结经验和发现问题,促进企业道德建设水平

---

[1] 参见[西班牙]阿莱霍·何塞·G.西松《领导者的道德资本》,于文轩、丁敏译,中央编译出版社2005年版。

的不断提升。

当然，衡量企业道德资本，企业首先应该注重积累道德资本。西松指出，"管理道德资本的最佳战略，是投资于追求善德的生活方式"。因为，"一个人的生活方式融合了他的感觉、行为、习惯和性格；人的生活赋予结构和存在意义"。他同时指出，公司的生活方式或称"公司的历史"如同个人生活方式一样。西松主张以"追求善德的生活方式"来实现对道德资本的管理，这是很有见地的观点。因为，管理道德资本首先要存有道德资本，否则，管理道德资本就无从谈起。而"投资于追求善德的生活方式"，是西松主张在更广泛的意义上即人或企业的全方位生活方式上培养道德觉悟，实践公正、节制、勇敢、谨慎的美德，实现最大量或最好的"道德资产"。[1]

其二，完善企业道德资本管理的协调机制。[2] 企业需要建立道德委员会，或者设立道德监督与协调机构，以完善的道德监督与协调机制，促进现代企业管理制度的变革和发展。企业道德委员会或其他道德监督与协调机构，应该坚持五个方面的工作机制和目标。一是跟随企业的发展进程，帮助企业不断研讨和完善本企业德性的内涵和表征，弄清楚如何不断改变和提升企业形象尤其是道德形象，如何将本企业与生产经营相一致、独特的道德精神渗透在生产经营的各个环节，即如何将生产经营道德理念转化成行动方案和操作手段。二是帮助企业处理和协调企业内部各类经济问题和道德矛盾，在制度约束外，以情感人，以理服人，将矛盾和危机化解到最小甚至消失，并以此培育浓郁的道德情感。同时要研究企业外部利益相关者的利益诉求和道德情感，处理和协调各种不和谐因素，化解利益相关者可能或已经出现的疑虑甚或怨气，促进合作理念的增强，努力实现双赢或多赢。三是研究适合本企业的道德领导内涵和方法，为企业领导完善领导艺术提供独特的道德领导观念和方法，同时，纠正企业领导存在的领导方法中的道德问题。真正让道德领导成为企业重要的道德资产或生产要素。四是研究本企业软环境和硬环境

---

[1] 参见 [西班牙] 阿莱霍·何塞·G. 西松《领导者的道德资本》，于文轩、丁敏译，中央编译出版社 2005 年版。

[2] 参见王小锡《道德资本研究》，译林出版社 2014 年版。

建设的内容和举措，营造良好的道德环境。要明确企业经营宗旨、价值取向、道德责任和道德制度等，并展开全方位的宣传和教育，形成强烈的舆论氛围。同时，从员工的生产生活环境到内部服务环境，要有处处体现尊重人、关心人的措施，让员工时刻感受道德呵护和道德熏陶，并产生更多更好的道德满足感和幸福感。五是结合本企业特点，有针对性地不断完善道德资本实践和评估指标体系，同时定期不定期地总结道德资本积累和道德资本发挥作用的情况，为企业领导决策提供有价值的参考依据。

当然，道德资本的管理是一项系统工程，从道德资本管理的内容、道德资本管理的方法和途径到道德资本管理的目标等都需要有明确的计划，并且要从思想道德观念与实践操作、从公司与个人、从矫正与投资等方面来考虑道德资本的管理策略和举措。而且，在不同的国度、不同的地区和不同的企业，道德资本的管理有不同的要求，甚至有的有本质的区别，这就更需要有针对性地规划道德资本管理方案，以促使实现道德资本的高效管理。在我国，当务之急是要全面地盘点企业道德资本。诸如企业的经营理念和经营目的、企业领导的道德素质、企业员工的道德品质、企业制度的道德化、企业文化的道德性、企业道德环境、企业产品蕴含的人性要求、企业与其他企业的合作诚意、企业产品售后的服务承诺及其兑现、企业的社会责任意识、企业的道德与道德资本管理等，都应该有一个清晰而深刻的分析，唯此才有可能更多更好地积累道德资本，并充分发挥道德资本应有的作用，不断增强现代企业的核心竞争力。

（《道德资本论》节选，译林出版社 2016 年版）

论企业道德管理

企业道德管理是企业管理系统或管理文化的一个部分,在企业的发展进程中,道德管理总是发挥着独特的不可替代的作用,它是企业不可或缺的管理手段。道德管理不仅能调动企业上下的劳动积极性,而且能解决和弥补企业管理中的问题和缺陷,甚至能提升企业管理系统的科学性和有效性。

一 企业道德管理的内容及其意义

企业道德管理是指企业在经营和发展过程中以人为本、以责任为依据的和谐发展式管理,它在企业发展进程中具有十分重要的作用。

1. 把人的发展放在首位。企业要尊重员工的价值和尊严,"把人看成发展中的人、平等的人、独立发展的人。被管理者同管理者一样,都有自己的作为人的价值、人格和权利"[1],因此,企业要时刻重视人的物质和精神层面的需要和利益。同时,企业经营不仅是为了获利和赚钱,更重要的是培养员工的道德素养,影响和完善利益相关者的综合素质。事实上,企业把人的发展放在首位,企业发展就有希望。一方面,促进企业生产力水平的提升不能不关注人的发展。"没有人的作为'主观生产力'及其观念导向,生产力将是'死的生产力',不能成为'劳动的社会生产力'。"[2] 同时,没有人的道德理念和道德举动,生产力的先进性与高效率就难以充分体现。

---

[1] 唐凯麟、龚天平:《管理伦理学纲要》,湖南人民出版社2004年版,第96页。
[2] 王小锡:《再谈"道德是动力生产力"》,《江苏社会科学》1998年第3期。

所以，作为"主观生产力"的人是衡量生产力水平的重要依据。另一方面，完善企业生产、销售等各个环节，靠的是人。人的价值和尊严被重视，在增强了归属感、安全感、获得感的基础上，企业员工的劳动积极性和劳动智慧就能充分发挥，高质量的产品和高水平的服务将会不断引来更多的回头客，将促使企业产品的市场占有率不断增加。在这个过程中，企业及其员工的道德素质乃至综合素质也将随之而不断提升。

2. 协调各种人际利益关系。企业管理和发展的根本性举措是均衡利益相关者的各种利益，坚持公正分配，合理奖惩，充分调动企业内外的员工或合作者的积极性，形成互助互赢的企业合作团队。人们工作、交往、合作等，在很大程度上就是为了利益[①]，而各种各样利益的获得，需要内外部利益相关者的真诚的合作，更需要企业协调好各种各样的利益关系，因为合作好的前提是企业的利益关系和利益链处在理性状态。事实上，企业在管理过程中，时刻关注利益的获得和利益的合理分配，在一定意义上是企业生存的关键之所在。大凡一个不把利益尤其是利益相关者的利益放在首位的企业，它终将失去企业发展的机会和动力。

3. 道德和道德责任要素渗透进企业经营的各个环节、各个层面和各个领域。企业道德管理的目的是要将道德要素贯彻到企业经营的方方面面。要制定道德化制度，建造道德性环境，制造道德产品，坚持道德销售，实行道德领导等。企业竞争和发展的一个直接因素是企业产品的质量和销售速度，以及企业管理的理性程度。然而，就产品质量而言，企业应该坚持在产品设计、生产和销售等各个环节关注用户的人性需求和社会需求，并由此不断提升产品的质量、社会声誉和产品附加值；就产品销售而言，企业应该换位思考，真正将卖产品变成卖文化，传递真诚和信誉，让消费者放心、舒心，不断增强顾客对产品质量和销售服务的信心；就管理方法和路径而言，企业应该在各领域各层面考虑，以科学的制度、合理的运行机

---

① 这里的"利益"，一方面包括企业利益和利益相关者的利益，另一方面包括物质利益和精神利益。具体来说，这里的利益包括企业发展即企业的物质和精神效益、职工的工资、福利、保障、人格尊严、尊重、安全感、归属感、发展感、获得感等。

制、和谐的环境，不断提升企业员工的生产和生活质量，并进而不断增强企业发展的活力。

4. 承担企业社会道德责任。任何企业都有着不可推卸的社会道德责任，而履行社会道德责任，不仅能提升企业的社会知名度和认可度，而且能够加强企业员工的荣誉感和责任感，并因此将自己的技能、智力等各种能力自觉奉献给企业和社会。企业是社会的一分子，企业的发展和进步离不开社会的认同和支持，在一定意义上，社会滋养着企业的生存和发展。因此，企业的发展，其本身就内含应尽的社会责任，否则就不是正常意义上的企业。所以，一方面，在企业内部，企业应该清洁生产、安全生产、绿色生产、不做假账，关注产品的社会评价，关心企业员工的需求及其实现等。另一方面，在企业外部，企业应该遵纪守法，维护国家和社会利益，保护生态环境，按章纳税，参与捐赠、救灾、救助等活动。

二 企业道德管理的现状

随着社会主义市场经济的深入发展，当前我国企业的道德管理水平也在不断提升，但是，就整体情况来看，企业道德管理水平和质量滞后于经济发展对企业管理的客观要求，这在一定意义上影响企业的整体发展速度和效益，唯有在加强企业道德建设的基础上，着力增强企业道德管理意识和道德管理效果，并由此提升企业整体管理水平，才能加速企业乃至整个经济的发展速度。

（一）企业道德管理的良好态势

1. 人本关怀已逐步成为企业经营的核心理念。[①] 人本关怀已经成为增强企业内部的凝聚力和企业外部的利益相关者的合作度的重要依据和条件。而且，许多将人本关怀作为经营的核心理念的企业，已经在市场份额的占有上取得明显成效。江苏大娘水饺餐饮有限公司的发展史，在一定意义上是我国企业坚持人本关怀理念和行动的缩影。该公司对内，以让员工有尊严、有乐趣的工作凝聚力量；对

[①] 参见王小锡《经济伦理学——经济与道德关系之哲学分析》，人民出版社2015年版。

外，以各种不同的价格满足不同的消费群体，以清洁、高雅、舒适的环境和热情、快速、周到的服务吸引顾客，最终赢得了快速的发展。1996 年创业时只有 30 平方米的店铺，仅有员工 6 人，现在已经发展成为国内直营连锁店最多、跨地域最广、规模最大的水饺堂食快餐连锁企业，拥有覆盖全国 40 多个大中城市的 200 多家连锁店，5000 多名员工，并已经在国外开设连锁店，经营规模还在不断扩大。数年前就已经跨入十大"中国快餐连锁著名品牌企业"的行列。

2. 诚信已经成为企业管理要旨。[①] 诚信已经成为树立企业形象的根本路径，并且已经作为在市场竞争中实现发展的核心竞争力。对外，在与利益相关者实现公平交易、互利互赢的同时，注重诚信于顾客。一些企业在产品设计和生产过程中能够真诚地面对用户，最大限度地满足人性化需求，满足用户生活和生产的最佳要求。在销售和服务过程中始终兑现承诺，做到诚信销售和诚信服务，在赢得顾客信任的同时不断扩大了市场占有率。海尔集团为了充分体现本企业产品生产中对顾客的真诚，坚持了"六个西格玛"的管理方法。[②] 即要求百万次操作只能有三四次失误，即使有失误也只能由企业自身受过。换句话说，对于顾客来说，企业卖出的产品是百分之百的合格。对于企业来说，有缺陷的产品就等于"废品"，有缺陷的产品是创名牌的"天敌"。当年海尔总裁张瑞敏果断决定由事故责任人当着全厂职工的面，砸毁 76 台不合格冰箱，并主动承担责任，扣了自己当月的工资，这无疑是企业表示诚信于顾客的行动，当然，这也无疑会使企业产品的市场占有率大幅度提高。同时，诚信于员工，在给员工创制有尊严的工作和生活的同时，重点关注员工的精神需求和公平获利。同样在海尔，员工的工资不是上司或领导说了算，也没有固定不变的数字，而是与其工作的诚信度和质量有关系，既要看工作绩效，也要看市场有无索赔情节。这就是所谓的"市场链"。因此，在海尔，利益分配既是诚信标志，也是内外诚信链条。张瑞敏的股东、用户和员工的"三位一体"的主张，即主张通过企

[①] 参见王小锡《道德资本与经济伦理——王小锡自选集》，人民出版社 2009 年版。
[②] 参见［美］迈克尔·D. 波顿《我眼中的中国第一首席执行官——挖掘张瑞敏的管理圣经》，文岗译，民主与建设出版社 2002 年版。

业创造价值实现股东的股价要高、用户的产品要质优价廉、员工的收入更高的希望，这应该是企业内部诚信的最好体现。

3. 企业员工的道德觉悟在明显提升。企业道德管理首要且最终目标是要不断提高全体员工的道德觉悟，这在我国相当一部分企业管理的实践中已初见成效。有些企业已经自觉地将企业道德作为企业经营资本的内涵列入企业发展的战略和规划，以至于有的企业在经营中把道德建设作为头等大事来抓，企业员工也已经充分认识到道德的经营作用。在我们对江苏、河南、重庆等地的企业道德建设情况的调查中，被问卷调查的10家企业中，大多数企业的员工认为企业发展需要道德支撑。在回答"您认为，从根本上说，企业在经营管理过程中，是讲道德重要，还是盈利重要"的问题上，有33.38%的员工认为"当然是讲道德重要，没有道德的企业遭人唾弃，最终也赚不了钱"，有28.93%的员工认为"两者都重要，但讲道德更重要"，这两点加起来达到62.31%。这足以说明，企业员工已经意识到道德也是企业重要的生产性资源。

（二）企业道德管理存在的问题及其原因

我国企业道德管理尽管已越来越被各类企业认识和重视，但是，道德管理的理念和手段还明显地落后于企业乃至经济的发展要求。

1. 道德管理与企业经营的关系含糊不清。为数不少的企业对在经济运行中有没有道德内涵是含糊不清的，总认为经济活动就是投入、产出、效益等，与道德和道德管理无关。在理念上认识不到经济活动一定有道德内涵以及道德管理在一定意义上是企业管理的根本，更不懂得如何践行道德管理。这其中主要原因是企业文化和精神文明建设没有完整、完善的规划，导致企业文化建设的理念偏颇，有的甚至基本上忽视了企业文化建设，以至于一些企业缺乏基本的道德认知水平，难以把企业道德和道德管理作为企业生产性资源来充分利用。更有甚者，对道德与企业发展的逻辑关系认识不清，在企业出现"苏丹红""有色馒头""毒奶粉""问题胶囊"等缺德赚钱行为，并把自己逐步推向不归路的过程中竟还全然不知。

2. 诚信缺失，增加企业经营风险。一些企业企图利用社会主义市场经济发展进程中存在的诚信机制漏洞或"短板"缺德赚钱。一度时期，有的"企业受到多种失信行为的困扰，主要包括拖欠款、违约、侵权、虚假信息、假冒伪劣产品、质量欺诈等。据有关部门前几年的相关统计，在企业遇到的失信现象中，被拖欠款所困扰的企业占被调查的企业总数的 80%，违约的占 71%，侵权的占 47%，虚假信息的占 31%，假冒伪劣产品的占 28%，质量欺诈的占 13%。我国企业每年因为信用缺失而导致的直接和间接的经济损失将近 6000 亿元"，"由于合同欺诈造成的损失约 55 亿元，由于产品质量低劣或制假售假造成的各种损失达 2000 亿元"。① 其实，这样的企业害人又害己。其主要原因是，企业管理者不懂得企业管理尤其是道德管理的一个重要理念，是在企业内部和外部建造诚信机制和诚信体系，导致缺乏一套诚信监督和约束等管理体系，一旦诚信链出了问题，就会出现诚信的连锁问题，再加上信用风险没有被充分认识和预防，许多企业是遇到企业生存危险甚至即将倒闭或已经倒闭才能醒悟过来，往往是后悔莫及。

3. 雇佣关系明显，缺乏人格尊重和利益平等。"企业内部存在着复杂的效率与公平的关系，除非企业能够保障公平对待员工，否则，就会出现人心涣散的局面。就形成内部凝聚力的目标来说，除非企业做到公平，否则就难以达到。"② 而一些企业在管理过程中，认为员工就是为钱而来，坚持干多少活给多少钱，有时甚至克扣员工应得的各种经济利益，至于精神、心理等方面的要求和问题基本不予考虑，以至于出现员工频繁跳槽、矛盾不断激化，甚至跳楼自杀现象也时有发生。其主要原因是企业领导者唯利是图，把人当作生产机器来管理，置员工的人格尊严和正当利益要求于不顾，缺乏道德管理理念和完善企业发展的境界。

4. 企业管理者缺乏道德领导理念。如上所说，一些企业的管理者没有把道德管理作为重要的领导方略，因此，往往对员工关怀不够，以至于员工的收入和福利等很不合理，更有甚者，缺乏对员工的人格尊重，严重挫伤了员工的积极性，甚至也损害了企业的社会

---

① 张彦宁、陈兰通主编：《2007 中国企业社会责任发展报告》，中国电力出版社 2008 年版，第 38—39 页。

② 陈少峰：《企业文化与企业伦理》，复旦大学出版社 2009 年版，第 56 页。

声誉，在一定程度上也会影响企业的经济效益。同时，不懂得道德是生产性资源，也不懂得道德是可以渗透到企业生产各个环节、各个层面的工作中去的，以至于企业其他资产发生作用过程中不能产生应有的效益。管理者缺乏道德和道德管理意识，也就没有感召力，其自身也必然不具有道德分析力、道德组织力，更不会懂得道德在经济运作过程中的渗透机制。这样，就必然形成企业发展"短板"，并产生"短板效应"。

三　企业道德管理的原由和策略

企业道德管理是企业发展的重要环节和内容，它将会产生独特的不可替代的作用。

1. 关注和重视人的生存和发展。人的生活、生产积极性来自对自身所处工作环境的安全存在感、成就感、幸福感等的感受。一个有尊严感、归属感的企业，是留住员工并充分发挥其生活、生产积极性的重要条件。一个人人把企业当成家的企业，是不会缺乏活力和积极性的。大凡经营不善、效益不好的企业，往往只是把人当作完成工作任务的雇员，更有甚者，把员工当成获取利润的工具。员工在没有尊严、没有安全感、没有成就感的企业工作，也就只能是被动应付，甚至时刻想着有可能就跳槽。为此，企业要坚持以人为本，充分尊重员工，维护员工的尊严，保障员工的民主权利，落实好员工的参与权、知情权、监督权，尤其要关注员工的发展权，让员工在看到人生希望的前提下，最大限度地发挥劳动积极性。

2. 实现利益相关者的利益最佳协调。任何企业都有诸如员工、投资者、顾客、合作企业等内外部的利益相关者，并且，企业的发展需要利益相关者的合作与互助。而利益相关者的行为动机和目的就是获取各种利益[①]，要使合作成功，效益不断提升，企业管理者就必须平衡和协调各种利益关系和利益链，让利益能够合理、均衡和公平地获得。唯此才能充分调动企业员工的积极性。收益不明，利

---

① 这里的"利益"，既有私利，也有公利；既有物质之利，也有精神之利；既有长远之利，也有近期之利；等等。

益分配不公，这是不道德的管理方法，最终将会影响甚至葬送企业的发展前途。因此，企业要定期不定期地公开企业发展状况和效益，并要尽可能地关照到利益相关者的应得利益，唯此才能实现最好的合作和双赢或多赢。

3. 不断改善企业的工作环境。企业工作环境既体现在对员工的身心健康的尊重，也体现在对本企业自身文化品位和文化发展的重视。大凡发展态势良好的企业，其企业文化建设都比较完美，尤其重视最能体现企业文化水准的企业环境建设。这是企业道德管理的重要理念和目标。一个不重视环境建设的企业，也将不会考虑到企业其他的道德责任和道德要求，也容易忽视对人性要求的关注。当然，企业环境建设包括硬环境建设和软环境建设，诸如企业生产和安全设施配备，生活环境的实用、舒适和美化等是硬环境建设的内容，而人性化的管理制度、合理的分配制度等是软环境建设的内容，说到底，环境建设就是道德环境建设。为此，企业环境建设应该列入企业发展规划和目标，并在物质层面和精神层面展开协调一致的建设工作。

4. 团队协同一致的管理。不管企业是国营、民营还是个体经营性质，企业的道德管理应该是协同一致的管理，这是企业不断获取发展动力的源泉。这里的一个很重要的管理理念是，企业团队协同一致就意味着管理是全员管理，即管理过程中充分汲取和集中全企业员工的意见，并成为企业管理和发展的决策依据和发展举措。国内外一些个体老板经营的企业很成功，其中一个共同的管理理念是，员工是企业的一个不可分割的元素，是各类员工组成企业发展的共同体，赢得员工的认同、关注和支持，企业发展将凸显比老板一人说了算有更大的优越性。任何企业，如果忽视甚至不尊重企业员工的意见和建议，就是不尊重员工及其基本利益，最终将影响员工的积极性，损害企业的整体利益。一些企业经营效益不好甚至最终走向倒闭，其中不乏企业老板独断专行所造成的恶果。因此，按照系统论、伦理关系论和道德管理论等理论和方法，组建成网络结构的协调一致的企业员工团队，是增强企业发展力的根本性举措。

5. 企业管理者要以身作则，言传身教。企业管理是由企业主或企业领导集体来操作的，管理者自身的素质尤其是道德素质及其形象是企业管理成败的关键。一个企业，可能它的资金、技术、产品和销售等都有优势甚至在业界是处于领先地位的，但是，如果管理者自身素质不好，不能以身作则，那将影响、带坏整个企业的风气，使得企业效益受损，甚至导致企业的倒闭。这样的例子已经不在少数。而高素质的企业管理者，哪怕是个体企业主，能严格自己的一言一行，为企业员工做出榜样，企业员工从中就能看到希望，就会尽可能发挥自己的劳动能量。近代日本企业家松下幸之助，是私企松下公司总裁，他十分注重自己的榜样作用，在一天早上上班时，松下因客观原因迟到5分钟，而后他在一次企业员工集会上向大家做了检讨，他的诸如此类以身作则的行为赢得了员工的尊重和学习。松下公司在激烈的商业竞争中总能赢得商机，与松下的以身作则的管理品格是分不开的。

6. 坚持企业战略决策的道德性。企业经营必然会有企业发展的战略决策和战术决策，而战略决策和战术决策需要有科学的价值取向来引导，否则，企业一旦决策偏向甚或失误，将给企业带来不可逆转的损失。不道德的战略决策所造成的危害，比一般业务经营战略决策的失误和危害要严重得多。首先，战略决策构成了战术决策的价值前提，一个不道德的战略决策往往会引起一系列不道德的战术决策。其次，由于战略决策一般是由高层管理人员做出的，不道德的战略决策等于向员工表明，不道德的工商活动是允许的，这会导致员工的大量不道德行为，最终将损害企业的发展速度和效益。[①] 为此，有抱负的企业，一定要在企业发展战略决策和战术决策的制定过程中，以科学的价值观为引导，充分体现企业发展战略决策和战术决策的道德性。

7. 道德教育和道德建设成为企业经营常态。企业管理的道德性并不是自然形成的，它需要通过道德教育和道德建设来实现。一是"一切人性，都是后天现实社会关系的产物，因此，人既不是天生就是利己的，也不是天生就是利他的，人利己的道德行为和利他的道德行为一样，都是后天社会关系，包括后天的道德关系的反映"[②]，因此，企业员工需要通过道德教育和引导，在利己和利他问题上做出正确的辩证的选择，为提升企业道德水平实现根本性的转变。二

---

① 参见徐大建《企业伦理学》，上海人民出版社2002年版。
② 夏伟东：《变幻世界中的道德建设》，河南人民出版社2003年版，第122页。

是企业要让全体员工真正弄清楚企业道德是什么、企业道德与企业发展的关系是什么、企业管理者和企业员工的道德境界与企业产品的质量和企业效益的逻辑关联如何把握、企业道德水准与企业的业务往来的冷和热有何联系等问题，只有通过经常不断的道德教育和道德建设，才能比较好地解决，让企业员工与企业经营发展融为一体。三是道德教育和道德建设要成为企业日常工作的计划和考量内容，成为产品设计和生产的精神文化内容，更应该形成企业运营过程不可或缺的精神支柱。当然，企业还需要结合本企业的内涵和社会背景等，凝练符合本企业特点的道德精神和道德行为规范。四是企业应该全面规划道德环境建设，并以此不断推进企业道德氛围的改善，让企业员工在强烈的道德氛围中不断增进身心健康，快乐地参与企业劳动和生活，幸福地实现企业发展之梦。

8. 建立企业道德委员会。[①] 为防止企业道德管理的"短板"缺陷的形成，以完善的道德管理机制促进现代企业管理制度的变革和发展，企业需要建立道德委员会。企业道德委员会应该承担三个主要任务。一是帮助企业不断研讨和完善本企业德性的内涵和表征，弄清楚如何不断改变和提升企业形象尤其是道德形象，如何将本企业与生产经营相一致独特的道德精神渗透在生产经营的各个环节，即如何将生产经营道德理念转化成行动方案和操作手段。二是帮助企业处理和协调企业内部各类经济问题和道德矛盾，以情感人、以理服人，将矛盾和危机化解到最小甚至消失，并以此培育浓郁的道德情感。同时要研究企业外部利益相关者的利益诉求和道德情感，处理和协调各种不和谐因素，化解利益相关者可能或已经出现的疑虑甚或怨气，促进合作理念的增强，努力实现双赢或多赢。三是研究本企业软环境和硬环境建设的内容和举措，营造良好的道德环境。特别是要明确企业经营宗旨、价值取向、道德责任和道德制度等，并展开全方位的宣传和教育，形成强烈的舆论氛围。

（原载《新视野》2016 年第 4 期，人大复印报刊资料
《伦理学》2016 年第 10 期全文转载）

---

① 参见王小锡《道德资本研究》，译林出版社 2014 年版。

第三编

经济道德之对话与访谈

"道德也出生产力"
——访南京师范大学经济法政学院副院长王小锡

谢剑鸣

社会主义市场经济是否表现为纯经济现象？社会主义伦理道德在市场经济运行过程中有没有存在的理由和必要，它从什么角度、以多强的力度作用于市场经济的发展？带着这些正受到各方面关注的热点问题，笔者日前走访了近年来潜心研究经济伦理学的南京师范大学经济法政学院副院长王小锡。

问：有人认为发展市场经济就是为了"大把赚钱、快快发财"，再谈伦理道德就是多余的了。对此你有何看法？

答：这实际是物质文明和精神文明建设的关系问题，这种观念割裂了发展市场经济与社会主义伦理道德建设的关系，片面地理解了社会主义市场经济的本质内涵。我认为，社会主义市场经济是利润经济，它运作的基本出发点是赚钱，但是，没有基本的信誉，缺乏诚实的劳动与经营态度等，终究是要被市场唾弃的。更何况市场经济是竞争经济，除了科技水平、管理水平、物质力量的竞争外，能否在竞争中取胜，还取决于企业的伦理道德形象、职工的伦理道德觉悟和人格素养，以及企业内外各种人际关系和利益关系的协调所产生活力的强度。纵观市场经济发展的过程，凡市场竞争中的失败者，有许多并不是物质的和技术的原因，而是人心涣散、道德水平下降所致。所以市场经济条件下利益的获得要以合乎一定的伦理道德为基础，从这个意义上可以说，"道德也出生产力"。

问：您的这个命题很有新意，那么它的内涵是什么，这对市场经济的发展有何意义？

答：市场经济遵循的是价值规律，但是搞社会主义市场经济不能在自发状态下被动地遵循价值规律。一方面，最终对经济发展起决定作用的人的素质应该得到全面的发展。尤其是作为人的基础性素质和核心素质的道德素质应该基本具备，唯此才能促进人们以主人翁姿态投入社会主义市场经济建设的洪流中去，不断挖掘自身潜力，做到人尽其才、物尽其用。另一方面，社会主义市场经济是现代的社会化大生产，人与人之间、集团与集团之间能否实现最佳协调直接制约着人力资源和物质资源的合理配置，本位主义、个人主义、信息封锁、互相拆台等现象只会导致人力、财力和物力的浪费，甚至严重影响社会主义市场经济的正常运行。由此可见，从某种意义上说，道德是社会主义市场经济的底蕴，市场经济就是道德经济。"道德也出生产力"的实践意义，就在于告诫人们发展经济不能不讲道德，从长远来看，伦理道德是社会主义市场经济发展的生命力所在。

问：既然如此，作为社会主义市场经济基本目标的资源合理配置与伦理道德又有什么逻辑联系呢？

答：资源的合理配置，主要地应理解为人力资源和物质资源实现最佳存在样态，其能量亦能实现最大程度的发挥。这一目标的实现在很大程度上取决于人的道德素质，首先，实现人力资源的合理配置，意味着人的素质要得到全面的培养和发展，人的生存和生活方式要实现最佳调适。就这一点而言，资源的合理配置往往直接取决于人的伦理道德素质。人生假如没有崇高的价值追求、生活理想和生存准则，素质的"全面发展"和生存方式的最佳"调适"都将是不可能实现的。剖析我国新一代的"富翁"，有相当一部分人的思想、道德素质，以及能力和工作主动性都处在最佳状态中，因此，伴随而来的是事业蒸蒸日上，效益不断提高。但也有一部分人，在他们的思想和行为中除了赚钱还是赚钱，没有理想，不谈道德，吃喝玩乐，生活糜烂。这种人的素质是畸形的，尽管腰缠万贯，但作为人力资源来说，他不可能实现最佳生存样式，也势必会削弱其在市场经济运行中发挥作用的力度；有些人由于品质低下，道德败坏，甚至成了社会主义市场经济运行过程中的腐蚀剂。其次，就物质资源来说，它的合理配置也绝不是一个"纯经济"的过程。尽管市场经济运行过程中是由价值规律来"指令"的，但人的参与是一个逻辑事实。对于物质资源本身来说，它是无法实现合理配置的，这样一来，人的素质尤其是伦理道德素质、价值观念将直接影响物质资源合理配置的方式和程度。诸如在拜金主义、个人主义伦理原则引导下出现的盗用技术秘密、假冒商标、假合同、侵犯专利，以及乱涨价乱收费、行贿受贿、偷税漏税等现象，直接扰乱了社会主义市场经济秩序，破坏了物质资源合理配置原则，降低了物质资源配置的效益。

问：市场经济就意味着有竞争，能否请您从伦理道德角度谈谈竞争问题。

答：市场经济既然是竞争经济，那么，优胜劣汰是其基本经济现象和运行方式，然而，社会主义市场经济发展的本质要求并不主张弱肉强食、恶性竞争。优胜劣汰在社会主义市场经济条件下不是目的，而是手段，它要通过竞争机制，促使竞争者或竞争双方互相督促、互相帮助、共同发展。即"优"者要引"劣"者为戒，要发展得更快、更好；"劣"者要吸取教训，取人之长，补己之短，实现自立、自强，并赶超"优"者，对确实已被市场淘汰的，也要考虑到各种情况，妥善处理。因此，作为社会主义市场经济的这种特有的优胜劣汰的目的，既是一种经济行为，也是一种伦理行为，体现了道德生产力的作用过程：谋求市场主体获得共同的发展，以推动市场经济的发展，并努力实现社会主义的价值目标。

（原载《南京日报》1994年8月9日，作者系东南大学教授、博士生导师）

人的积极性是发展经济的关键
——访南京师范大学经济法政学院副院长王小锡

丁荣余

近年来，潜心于经济与道德关系问题研究的王小锡副教授，谈到经济发展与人的关系问题时，感慨颇多。

目前，我国经济管理中忽视了人的价值问题，忽视了人的地位和作用。现在，我们比较注重法律、经济手段等硬杠杆的作用，而忽视了"软杠杆"的作用。实质上，"软杠杆"能解决最基本、最根本的问题。经济问题说到底是人的问题，不解决人的问题，经济就难以获得发展，经济的发展最终表现为人的完善。经济发展到今天的地步，更应该思考一下除了经济手段以外的其他手段了。

谈到经济与人的关系，王小锡先生博采古今中外，侃侃而谈。日本从20世纪30年代就十分注重充分运用道德等手段来促进经济发展和企业管理水平的提高。日本人深知，法制手段、经济手段等都可以起作用，但这些作用的发挥必须通过人，因此管理的关键是收住人心。日本企业强调人心换人心，人格平等，平等参与制。这从伦理的角度讲是非常成功的范例。从日常的角度讲也很有道理，员工在管理、参与经济运行的全过程中，自己觉得老板看得起自己，个人的尊严和价值得到了体现，自己也应该对老板负责，进而对这个企业负责。比如，松下公司成功的一个重要经验是：企业管理的核心是人，人是企业管理的制高点。

西方资本主义社会私人企业很多，职工上班，唯一的一句话就是"对老板负责"，尽管有其不尽完美之处，但表现出了较强的敬业精神和责任感，这很值得我国企业界思考。

王小锡先生认为，经济要发展，人的积极性、责任心是关键。如何调动职工积极性，单纯的经济手段不能完全解决问题。用工资、资金杠杆调动职工积极性，在我国的实践中并不成功。工资可高可低，你给得高，别人可能会给得更高，但高工资不能完全解决积极性问题。换言之，高工资只能发挥一定时期的作用、一定范围的作用，从这个意义上说，提高工资来解决积极性问题，这只是权宜之计，它不能最终解决人的积极性问题。只要解决了思想认识上的敬业精神和责任感的问题，人的积极性发挥就可以达到新的历史高度，因之，劳动的数量、质量自然就能得到保证。

从社会整体健康有序发展的角度，王小锡先生呼吁解决"道德科盲"问题。一个人可能什么都懂，但道德作为一门人文社会科学的学问和实践性很强的知识，领导干部、经济工作者和经济活动的参与者乃至普通老百姓每个人都应该懂。道德与人们的社会生活有着最切近、最直接的联系。如果离开它，人的社会生活是畸形的、残缺的，社会经济运行、政治运行、行政管理等机制也将因为缺乏应有的人文的、道德的关怀而留下遗憾。

（原载《江苏经济报》1995年7月7日，作者系该报记者）

要发财真的就不能讲道德吗？
——与南京师范大学经济法政学院副院长王小锡的对话

陆小伟

记者（以下简称记）：近年来，假冒伪劣商品之所以屡禁不止，除了与法制不健全、地方保护主义猖獗等因素有关外，另一个很重要的原因还在于，凡是生产销售假冒伪劣商品的人，都抱有这样一种十分荒谬的观念：要想发财就不能讲道德。正因为如此，他们才会公然冒天下之大不韪，一而再，再而三地蒙骗坑害消费者，心安理得地捞取不义之财。时至今日，这些人的所作所为，已经严重蛀蚀了社会主义市场经济的道德基础，干扰了它的健康发展，这就给我们摆出了一个急需澄清的问题：要想发财就真的不能讲道德吗？王教授，您是全国研究经济伦理的知名专家，您觉得究竟应该怎样看待这个问题？

王小锡（以下简称王）：要发财就不能讲道德这一观点的荒谬之处在于，一方面，它把"讲道德"与"发财"完全对立了起来，另一方面，它又肯定了"不讲道德"是"发财"的必备前提之一。依照这种逻辑，一个人若是以道德标准严格规范自己的经营活动，肯定就赚不到比别人更多的钱，只有不择手段，置道德于不顾，才有可能达到赚钱的目的。以近视的眼光来看，事实似乎也确实如此。在如今的市场上，一些不法分子之所以谋得暴利，不正是不讲道德、蒙骗坑害消费者的结果吗？但这种所谓的"成功"，毕竟只不过是一时的现象，从长远的角度看，在现代市场竞争中，一个人要想成为"笑到最后"的真正赢家，就非得用道德标准来严格规范自己的经营活动不可。

为什么这么说呢？这是因为，你要想赚钱，就一定得让消费者买你的商品，而要达到这个目的，除了商品必须吸引人之外，另一个必不可少的前提，就是经营者本身还得拥有良好的信誉。在其他条件相同的情况下，你的信誉越高，消费者对你就越放心，购买你的商品量就越大，你赚到的钱自然也就越多。而所谓信誉，说到底，其实也就是经营者展露在消费者面前的道德形象。不用说，只有用道德标准严格规范自己的诚实的经营者，才可能在消费者面前树立良好的信誉，而那些不讲道德、蒙骗坑害消费者的人是绝不可能有任何信誉可言的。现在的消费者都不是傻子，你骗得了他一时，却骗不了他长久。因此，经营中不讲道德，无异于一种败坏自己信誉的"自杀"行为，尽管可能一时暴发横财，但最终势必在市场竞争中败下阵来，葬送自己的"财运"。用一句谚语讲，这就叫"搬起石头砸自己的脚"。相反，那些讲道德的诚实的经营者，或许一时不如骗人者那么"走运"，但凭借他们的良好信誉，但最终能赢得消费者的青睐，赚到比别人更多的钱。从国内外的实际情况来看，凡是真正成功的经营者，可以说在他们的经营活动中无一不具有良好的道德形象。说到底，市场竞争不仅是质量的竞争，也是信誉的竞争、道德水平的竞争。因此，"讲道德"非但不与"发财"对立，而且是它必备的前提之一。

记：“要发财就不能讲道德”这个观点，不仅视“不讲道德”为“发财”的必备前提，而且还蕴含着对要发财就可以不讲道德这一点的肯定。在持这种观点的人看来，市场经济与道德规范是互相排斥的，既然追求利润是市场经济条件下一切经济活动的最终目标，一切都得向效益看齐，为了发财当然可以不择手段，置道德于不顾了。

王：这种逻辑也是根本不能成立的。在市场经济条件下，经营者不仅是一个"经济人"，同时也是一个"社会人"。作为一个"经济人"他得受营利目标的制约，处处追求经济效益，作为一个"社会人"，他同时又得履行自己应尽的道德义务，时时讲究社会效益。这两者既互相依赖，又彼此制约。不管社会制度和经济体制如何变化，遵守道德始终都是人类社会存在的基本前提之一。因此，尽管在市场经济条件下，一切经济活动的最终目的都是追求利润，但这种追求却又始终必须以遵循道德规范为前提,绝不能将经济规律凌驾于道德规范之上,为了发财而不择手段,置道德于不顾。

记:更深入地讲,讲道德不仅是社会生存和发展的基本需要,同时也是市场经济自身的内在要求。市场经济要正常运转,就必须服从价值规律的支配,按照等价交换的原则来进行商品交换。如果做不到这一点,市场秩序就会陷入混乱,正常的商品交换和商品生产就无法维持,最终势必导致整个市场经济的瓦解,而要保证价值规律的实现,既少不了外部的强制力量,也离不开内心的约束力,前者是法律、后者便是道德。从这个意义上讲,市场经济不仅是法制经济,而且也是伦理经济。不难想象,如果人们在自己的经营活动中都不讲道德,将会给社会主义市场经济的发展带来何等严重的影响。当前,市场秩序之所以存在着相当程度的混乱。假冒伪劣商品之所以屡禁不止,从经营者本身来说,不正是道德失控的结果吗?

王:从另一个角度看,一个人为了发财不择手段,固然可能获得一时之利,但这种行为一旦蔓延开去,渐渐地就会形成一种恶劣的社会风气。到这种时候,骗人者也难保不被他人骗。这并非天方夜谭,今天它就在我们身边大量地发生着。可见,不讲道德不仅损害他人利益,到头来也势必害了自己。

记:总之,无论从道德在市场竞争中的具体作用来看,还是就道德与市场经济和人们自身的关系而言,"要发财就不能讲道德"这一观点都是不能成立的。事情恰好相反,要发财不是不能讲道德,而是一定要讲道德。

王:你概括得很准确。然而,令人忧虑的是,尽管唯利是图的观念明显是荒谬的,但今天却仍有不少人将它虔诚地奉为自己的经营指南,假冒伪劣商品仍然很有市场,甚至泛滥成灾就是明证,这显然会带来巨大的实践危害。因此,迫切需要我们切实加强经济领域的伦理建设,采取灵活有效的措施,制止道德"滑坡",提倡诚实经营,促成良好商业规范和社会风气的形成。总之,目前迫在眉睫的是,如加强法制建设一样加强经济道德建设,这也是当前发展社会主义市场经济亟待解决的一项重大课题。

(原载《新华日报》1995年8月15日,作者系该报记者)

探寻"道德"和"生活"的支点
——访经济伦理学家王小锡

郑晋鸣

王小锡,南京师范大学公共管理学院院长、伦理学研究所所长。他崇尚与追求"道德",赋予"道德"以社会和谐的内涵;他坚信"道德"永远不会落后于时代,探寻着"道德"与"生活"的支点。

记者:1994年您发表了一篇学术论文《经济伦理学论纲》和一部学术专著《中国经济伦理学——历史与现实的理论初探》,这使您成为我国经济伦理学研究的开拓者之一。请问是什么样的"灵感"触动您找到了这个全新的研究领域?

王小锡:当计划经济体制向市场经济体制转轨时,我发现人们的道德观已经发生了巨大变化,诸如经商热、淘金热等市场体制发展初期的狂潮席卷着人们的道德理念。"道德与市场经济不相融"的观点在当时的文化与社会意识领域一度甚嚣尘上,道德滑坡……这样的境地下,我甚至一度对我的专业选择产生了迷茫:究竟"道德"和经济发展能不能有机地结合在一起,"道德"能否在经济生活领域发挥它不可或缺的作用?这样的疑问和困惑,一时冲击着我一直秉持的价值观,为了寻觅答案,我试图叩开中国经济伦理学构建和研究的大门。

记者:如果说您的"灵感"来自疑问和困惑,那接下来您又是怎样把经济学和伦理学巧妙地结合起来的?

王小锡:在我的研究中,核心观点是"道德是资本""道德是生产力"。因为"道德"作为理性无形资产,在投入生产过程中以其特有的功能促使生产力水平提高;在加强管理伦理意识和管理道德手段中增强企业活力；在提高产品质量的同时降低产品成本；在培养和树立企业信誉的基础上提高产品的市场占有率。换句话说，作为一种精神资本和精神生产力，"道德"通过激发人的进取精神，促进人际的和谐协作等影响劳动者的具体功用，使作为"主观生产力"的人以更积极的姿态、更饱满的精神状态投入物质生产实践，从而使作为机器的"死的生产力"真正成为"劳动的社会生产力"，使有形资产最大限度地发挥作用、产生效益，这不仅驳斥了"道德与市场经济不相融"的观点，也从这一角度打通了"伦理学"与"经济学"的壁垒。

记者：从您的谈话中知道，您很重视道德伦理研究和社会现实功能的结合。您新近提出"和谐社会是道德化的社会"是不是对"道德"的社会性功能的又一阐释？

王小锡：可以这么说。我一直认为学术的生命力在于创新，人文社会科学的研究只有关注现实，解决实际问题，才能体现研究成果的学术价值和实践意义。党的十六大提出的"构建社会主义和谐社会"这一科学理念无疑就在中华民族的优良道德传统与现代社会发展中找到了一个绝佳的契合点。和谐社会是道德化的社会，道德伦理贯穿于整个中华文明史的精神脉络，它不仅能够为市场经济的发展提供"生产力"，更应该成为推动社会发展进程、构建和谐社会的巨大动力。

记者：您是说"道德"在和谐社会的构建中起着不可替代的作用，能给我们具体谈谈么？

王小锡：在对中华民族传统道德精髓和和谐社会理念的深入研究、分析和比较之后，我为"和谐社会"这一概念中的诸多和谐要素找到了"道德"观念的对应点。因为和谐社会既是一种社会发展的理想目标，也是一种社会发展的价值取向，更是渗透着道德精神的具有生机和活力的社会。物质文明展示道德精神，物质创造需要道德精神；民主法治的依据是社会主义道德；利益分配的合理性基于体现社会公正的道德价值；人际交往方式及其交往效果是道德实体的存在样式，是衡量社会和谐与否的直接表现形式；精神文化生活水平是和谐社会的重要内容和标志，而精神文化的核心依然是道德精神。

记者：从最早的《中国经济伦理学——历史与现实的理论初探》引起学界的诸多争议，到"和谐社会的道德化"提法得到共鸣，您好像在拥有越来越多的拥护者，您怎么看待这个现象？

王小锡：能引起学界乃至社会对伦理学学科越来越多的关注，本身就是件好事。争鸣也好，鼓励也好，都在激励着我继续在这条艰辛求索的学术之路上走下去，让自己的研究成果勇于接受实践的检验，接受同仁诚挚而善意的商榷。

（原载《光明日报》2007年1月6日，作者系该报记者）

诚信是一种资本
——访南京师范大学公共管理学院院长王小锡

高 洁

诚信经营，打造诚信"长三角"，目前已经在以江浙沪为代表的长江三角洲地区形成了一轮新的建设热潮。诚信是一种建设姿态，一种服务品质，更是一种宝贵的经营资本。就诚信资本的相关问题，我们采访了南京师范大学公共管理学院的教授、博士生导师王小锡老师，他多年来致力于道德资本的研究，在学界颇有影响，而诚信，正是道德的核心内容所在。

记者：目前整个"长三角"地区大力推行诚信建设，并且以此来吸引更多的投资者进入市场进行投资，从而推动整个地区的经济建设上一个新的台阶。那么，在此过程中，诚信，不仅仅是一个口号，更具有一种实实在在的资本内涵，在这个问题上，我们究竟应该如何看待"诚信"这样一个精神内容和"资本"这样的经济名词之间的联系呢？

王小锡："诚信资本"是近年来出现的、引起过较大争议的一个新概念，引起争议的主要原因在于，"诚信资本"概念可以展开来表述为一个判断，即"诚信是一种资本"，其中暗含了两个基本概念，一个是"作为资本的诚信"，一个是"诚信形态的资本"，这两个基本概念似乎背离人们对"诚信"和"资本"概念的传统理解。不过，在我看来，"诚信资本"概念正是传统"诚信"和"资本"概念历史发展的时代产物。将诚信视为获取利润和经济发展的工具，似乎背离了人们对诚信功能的传统理解，因为在一部分人看来，诚信主要承担的不应该是工具性功能，而应该是目的性功能。不过，诚信观念的发展历史却表明，承认和突出诚信在经济发展中的工具性功能，正是诚信观念发展的基本趋势之一，也是现代社会发展的根本要求之一。

记者：既然诚信发展成为资本的一种类型是诚信观念发展的一个必然趋势，那么我们应该如何区别这样一种新型的资本类型和我们常说的"实物资本"呢？

王小锡：人们往往认为资本就一定是具有实物形态的，即使对于资本的认识发展到后期，加入了人力资源作为资本的一种形式，但这种人力资源，仍然是附着在个别劳动者身上的，或者，可以说是将劳动力视为一种资本的形式。但是到了现在，诚信资本，更多的是一种"文化资本"，这样一来，就完全脱离了经济实物的制约，资本由此介入各种非经济领域。在世俗化的大潮中，由于其特殊功能和作用，它也不可避免地要显露出资本的一面。在物质财富和资本的统治下，诚信不再抽象地高高凌驾于一切社会事物之上，它像其他社会事物一样，也被置于经济财富的运作过程中，并做出相应的调整，以便为经济发展作出最大的贡献。

当今世界的主题是发展，发展的核心是经济发展，尽管近年来包括社会发展在内的全面发展已经形成了一定的力量，但不可否认，全面发展的主要动力仍然在于经济发展，既然经济发展是时代的主题，那么在现实生活中，就应当尽力发掘能够促进经济发展的诸多因素，调动一切能够促进经济发展的力量，"诚信资本"概念正是顺应这一时代要求，指明诚信对于促进经济发展的工具性作用，从更开阔的层面上寻求有利于经济发展的诚信因素。

记者：将诚信视为一种资本，那么在各种经济活动中必将运用这一资本进行生产，从而产出效益。在这样的情况下，诚信还具有原本的纯洁性吗？将诚信当作获得经济利益的手段，是否会导致诚信的变质呢？

王小锡：首先，将诚信视为资本，是强调诚信的工具性功能，要求培育符合经济发展需求的诚信因素，可以为经济生活中的诚信建设打下最真实而牢固的基础，诚信资本论所要求的诚信必须能起到资本作用，必须能够促进经济的发展，因而它正是经济生活所要求的诚信，是与现实利益相一致的诚信。倡导这种诚信不会产生

"说一套、做一套"的局面，反而能够真正促进诚信的生活化。因此，将诚信视为一种资本，探求能够促进经济发展的诚信，是推动经济与诚信内在结合的一条最有效的主要途径。

其次，将诚信视为资本，并不意味着诚信仅仅只能作为资本而起作用。毫无疑问，提出诚信资本的概念，并不是要否认诚信的目的性功能，而是要在承认诚信的目的性功能的基础上，进一步强化诚信的工具性功能研究，以便为经济发展提供诚信方面的有力支持。

发展诚信资本论，培育具有工具性功能的诚信，将产生经济建设和诚信建设的"双赢"结局：一方面，经济建设将由于诚信资本的介入而获得更全面的资源，另一方面，诚信建设也将由于诚信资本的发展而获取更深刻的影响。说到底，诚信之所以为诚信，不仅在于主张什么，觉悟如何，更在于其特殊功能的发挥获得了什么。而且，主张是否真实和崇高，觉悟是否深刻和伟大，最终要看诚信的工具性功能与效益。

在整个长三角地区，乃至全国，当务之急是要全面盘点企业诚信资本。诸如企业的经营管理理念和经营目的、企业领导的道德素质、企业职工的道德品质、企业制度的诚信化、企业文化的道德性、企业诚信环境、企业产品蕴含的人性要求、企业与其他企业的合作诚意、企业产品售后的服务承诺及其兑现、企业的社会责任意识等，都应该有一个清晰而深刻的分析，唯此才可能更多更好地积累诚信资本，并发挥诚信资本应有的作用，不断增强现代企业的核心竞争力。

（原载《市场周刊》2007年第2期，作者系该刊记者）

企业需要培育道德资本
——访中国伦理学会副秘书长、南京师范大学公共管理学院院长王小锡

郑晋鸣

记者日前走访了中国伦理学会副秘书长、江苏省伦理学会执行会长、南京师范大学公共管理学院院长、博士生导师王小锡教授。谈到"三鹿奶粉"事件，谈到国际金融危机，王小锡教授认为，问题的根本在于企业缺乏道德资本。

记者：王教授，有专家认为"三鹿奶粉"事件的根本原因是企业缺乏道德责任。您多年来研究经济伦理学，提出并论证了道德资本理论，首先请您谈谈什么是道德资本？

王：作为经济学范畴的"资本"概念在其初期并非指资本一般，而是资本特殊。20世纪60年代，内含着精神因素的"人力资本"概念的提出使资本发展成为可以带来价值增值的所有资源的代名词。即是说，资本包括物质资本、货币资本、人力资本、知识资本、社会资本等。作为资本精神形态的"道德资本"，是指投入经济运行过程，能创造价值、获得利润的一切道德价值理念及其行为举措。简单地说，就是维系和保障经济活动、促进经济增长和企业利润增加的一切道德因素。当然，要说明的是，这里指的道德是科学意义上的道德。

记者：您说的道德资本很有新意，那么，道德资本在企业的运行和发展过程中究竟有什么作用？

王：道德资本在企业发展中的作用主要有三。首先是提高企业的经营境界，增强企业活力。企业生产是服务人的生产，具备崇高

道德精神就会对自己的用户负责任。同时，道德能使企业形成一种不断进取的精神和人际和谐协作的自觉性，并由此促使有形资产最大限度地发挥作用和产生效益，促进劳动生产率提高。反之，则会阻碍企业的发展。

其次是促进企业打造人性化的道德产品。所谓产品人性化是指作为生产结果的生产产品能最大限度地满足人的本质需求。只要企业注重生产"道德产品"，就会不断扩大市场占有率，也就不会有"三鹿奶粉"那样的事件发生。

最后是企业的精神财富和无形资产。实物资本和无形资本只有相得益彰，才能发挥最大效益，因而无形资本的投入显得格外重要。实物资本在生产过程中发挥多大效益，获得多少利润，往往取决于劳动者的价值取向和对自身和社会的负责精神。可见，道德资本比实物资本意义更大，其关键不在于本身的"存量资本"，而在于它所带来的"增量资本"。道德资本在使实物资本成为资本的同时能最大限度地激活实物资本，成为获取利润的基础。在此意义上，道德既是企业发展的无形资本，也是一种生产力。

记者：既然道德资本对企业的运行和发展如此重要，那么在您看来，目前我国企业界对道德资本的运用状况如何？

王：就目前来看，我国企业界在道德资本的运用方面还很贫弱，情况大致有三种。第一是少部分企业已经把道德当作重要的资本，并且道德资本已通过健全的企业文化渗透到企业的管理、生产、销售等各个环节中去。第二是不少企业已经开始意识到道德是重要的价值资源或无形资产，但并未真正弄清它们究竟在何种意义上是重要的，还没有把这种价值资源或无形资产当作投资品来经营。第三是忽视甚至是漠视道德资本，不认为道德是一种无形资产。习惯于把市场看作弱肉强食、胜王败寇的一些企业，本着"赚钱才是硬道理"的思路基本不顾及道德资本的作用。这样的经营理念，使得许多企业在激烈的竞争中败下阵来。

记者：如果企业有意识地想培育道德资本，在培育过程中首先需要注意的问题有哪些？

王：说道德是资本，也就是说要把道德看作一种投资品。既然是投资品，就需要精心培育。企业要想培育道德资本，首先需要搞清楚这样一个表面上看似"悖论"的问题：许多人一提到道德，马上就会联想到牺牲、奉献等价值取向，联想到道德应该追求和向往的崇高目标，那么，把本应是追求崇高目标的道德当作服务于企业赢利目的的手段，这不是自相矛盾吗？这个问题很关键，因为它折射出了企业在经营管理过程中都会遇到的一种价值冲突，即"利润"和"责任"之间的冲突。我以为，企业追求崇高目标，讲奉献，必要时讲牺牲，这是应该的，社会主义条件下的企业尤其需要树立这样的经营境界。然而，这与企业的经营目的并不矛盾。企业不应"唯利是图"，而应当讲究道德。换句话说，企业是以道德的理念及其方式去谋利的。这是企业的生命力之所在，也是我提出并论证道德资本范畴的初衷。

其次，道德资本的主体觉悟形态不是一蹴而就的。其一，它有一个由道德认识不断深化，经过道德意志的培养，逐步强化道德信念的过程。其二，道德资本的形成是一项系统工作，企业应该完善管理制度和生产运作机制，创造良好的道德和文化氛围等，从而加强道德教育力度，以各种有效措施，促进全体员工道德觉悟和企业道德水准的提高。其三，在社会主义市场经济条件下，多种经济成分并存，有可能形成各种不同的价值取向；同时，西方不同的道德观念也在不断地影响着人们的社会生活，这就给道德资本的形成增加了复杂性。这就需要我们在道德资本的形成过程中，不断提高道德觉悟，分清良莠、扬善抑恶，真正使科学道德成为经济发展的助推力。

最后，道德资本不是独立形态的资本，作为精神资本它必须依附于物质资本，作为无形资本必须依附于有形资本。它需要将人们的道德理念及其觉悟渗透于生产销售的全过程，以其独特的价值功能发挥作用。正是这种无形性使道德资本无所不在。

记者：最后，我想问的是，在培育道德资本方面，需要做出哪些方面的努力呢？

王：首先，道德资本的培育需要一个不断优化和完善的"道德环境"，具体地说，就是要有道德化的市场环境、法制环境、政策环境、行业环境、文化环境、国际环境等。其次，从企业自身来说，要明确自己的道德责任，要讲道德，讲企业良心，也就是说要做一个"道德企业"。为此,企业要善于学习并不断创新,把不断完善的公司治理结构与不断发展的企业文化紧密结合起来。企业要加强对员工的道德教育。尤其是企业家们,更应该躬身力行温家宝同志的劝诫:企业家身上要流淌着道德的血液。最后,特别要注意的是,政府要有具备道德资本理念的战略管理思想,要有长远的眼光,管理好企业的干部与企业的经济和经营行为。

(原载《光明日报》2009年2月20日,作者系该报记者)

在善恶间把握经济学的价值

驽　马

利用资本意义上的道德来扼制经济恶行

记者：虽然道德资本的提出和践行具有深厚的理论基础，但是这一概念的提出也受到一些学者的质疑。因为在实际行为中，道德往往成为攫取利润的手段，为了利润而利用道德的做法比比皆是。您认为，在经济活动中如何厘清道德行为与经济行为的关系？

王小锡：对于这一问题需要阐明几点。首先，经济与道德是不能脱离的，这其实是理论常识。在经济社会中，道德是与其相伴而生的，尽管道德作为社会意识有其相对的独立性，存在道德的善与恶、进步与落后的问题，但这丝毫不能影响经济社会中道德存在和发挥作用的事实。忽视了这一点，连经济是什么也解释不清楚，甚至会陷入困境。就如诺贝尔经济学奖获得者阿马蒂亚·森所言，"经济学与伦理学的分离已经导致了福利经济学的贫困化，也大大削弱了描述经济学和预测经济学的基础"，"随着现代经济学与伦理学之间隔阂的不断加深，现代经济学已经出现了严重的贫困化现象"。这种基于现实层面的学科考虑从一方面说明了道德与经济之间的密切关系，而这在实践中也被越来越多的人关注。当下的中国，所要做的就是要创造良好的善德条件，使道德在资本逐利过程中发挥更为合理的疏导作用。

进一步说，经济和道德的关系最集中的体现是在道德资本这一概念中，道德和资本相互内化，这不是奢谈，是对道德资本的现代诠释。对于道德资本，有"将道德解读为一种资本""将道德资本化""将道德与资本等同"几种误解。我所提的"道德资本"是基于道德在经济发展和获得利润过程中有其独特的不可替代作用的层面。离开了道德视阈，经济不可能被正确全面地认识和把握，经济学也会走向形而上学。现实中，人们往往从物和数的角度理解资本，其实资本有其独特性，可以做道德性解读，资本本身内含着人文因素，在一定社会条件下也内含着政治因素。资本的所有与投资问题离不开人和人际关系的考量，在经济运行过程中，人们的价值取向和劳动态度即人们的道德觉悟，直接影响产品质量和销售服务承诺的兑现程度等，从而直接影响产品的市场占有率，影响资金的流转速度和利润获得的多与少。我认为，道德资本存在的理由是充分的，这是基于道德是资本形成过程中的不可缺少的精神因素，也是获得更多利润的重要精神性条件。

其次，现实生活中那种被利用的道德不是我们追求的经济道德行为。其实被利用的所谓道德已经不是我们所理解的趋善意义上的道德。这也正是我们倡导道德资本的本意，即市场经济要良性发展，就必须重视道德资本的存在，利用资本意义上的道德来扼制经济恶行。所谓社会中"为了利润而利用道德的做法比比皆是"的现象，这也是道德资本所要摒弃的。

当然，对于经济中存在的种种现实道德问题，在社会主义市场经济的初级阶段都是可以理解的。我认为，为了纠正在发展过程中的负面问题，要积极发挥道德资本在社会主义现代化建设中的作用，积极地看待道德在现代市场经济中的作用，这才是对社会负责任的一种态度。

为经济发展带来更大空间

记者：现实世界中，道德的提升与经济利益的获取并不一直是齐头并进的。经济活动的历史表明，许多巨大经济利益的获取，往往是在违背道德的情况下取得的。从历史看，许多大国的原始经济积累就说明了这一点。您如何看待这种经济发展的悖论？

王小锡：从历史的角度看，确实存在着资本在逐利过程中的不道德现象，或者道德的提升与经济利益的获取并不一直是齐头并进的现象，这不是悖论。前者是一定历史条件下出现的短视行为，后者是在私有制条件下暂时的现象。但这种现象并不能否认资本本身具有道德性。经济发展的历史告诉我们，恶德所带来的经济发展是没有可持续性的。只有资本与道德的发展达到相互支撑的程度，经济的发展才有更大的空间。

在这里需要厘清一个问题，就是如何看待资本。在我看来，这可以从资本本性的两个角度理解。一是马克思经典资本理论中资本特殊（在资本主义条件下的资本）的一种理解，即资本是带来被剥削的剩余价值的价值，它从头到尾都滴着肮脏的血，这是剥削的代名词。二是资本一般（在成熟的社会主义公有制条件下的资本）的理解，即资本是投入生产过程能带来利润的物质和精神资产。这样，道德资本一定是资本一般中的精神资本，它不可能是资本特殊中的因素，因为马克思所论及的资本有其历史的特殊性，是腐朽没落道德的代名词。因此，我认为的道德资本是融入不了被马克思批判的"资本"概念的，它可以融入资本一般的概念，与资本一般不仅不存在冲突，而且能够扩大资本存量。

正是因为资本的本性给大众留下了马克思所描述的肮脏形象，资本的形象因而面目可憎。然而，在21世纪全球化和现代化发展的语境下，经济发展不同于几个世纪前的资本原始积累下的强盗逻辑，而是需要寻找可持续发展之道。道德资本作为资本一般中的精神资本，在当下，应该挖掘其积极的作用。也就是说，道德资本的引入可以为经济发展带来更大的空间。

另外，充当资本形态的道德在为价值增值过程服务的同时也对资本本身做出了内在的道德约束。凡是合道德的资本或资本道德必然是在一定程度上限制资本的负面效应，从而增强资本社会效益的有效资源和价值物。这是道德资本所特有的一种社会价值性质，是他类资本所不具备的。而这些作用所实现的途径是通过道德教育提升精神境界，推动社会道德的进步。

道德资本存在两重性

记者：道德资本的提出，初衷是希望在一种理想的理性环境下发挥道德的作用。但是，我们知道，道德的约束是一种上位要求，而法律才是经济活动中的底线刚性束缚。您如何看待二者在经济活动中的作用？

王小锡：道德资本对于市场经济的良性发展是有推动作用的，而这一提法对于当下是有思想和实践上的积极作用的。但是学术的认识和现实的认识有存在差距的可能，这是可以理解的。依靠道德资本的观念去调节经济活动中的种种负面行为，在学理上是一种愿景，但重要的是有进入实践层面的可能，这是现实的，也是在现实中实践的，作用的大小需要时间的证明。

当然，任何社会道德和法律的约束对经济活动是同样重要的。在经济活动中需要柔性的道德约束，而对于触及底线的则需要法律的刚性约束，两者不可或缺。在经济活动中，资本是以实体存在的，但它与人相关联，有人的因素，本身就带有两者的约束。道德是一种资本，并不是要从道德上去美化资本，使道德沦为资本增值的伪善工具。这背离了道德和法律在资本中的功能。道德资本存在两重性：它一方面充当资本的盈利要素或手段，另一方面也是对资本的"内向批判"。前者是强调在正当意义上获取更多的利润或剩余价值，后者是指资本在追逐剩余价值的同时，也在客观上塑造着人本身，而这些被提升了的人类物质方面和精神方面反过来又会内在地成为约束资本负面效应的力量，也即对资本的"内向批判"。不论是哪个方面的理解，道德和法律的约束都是必要的、正向的。

因此，对道德和法律作用的认识基于不同的层面：前者可以在资本的层面做一正向的理解，即理解道德资本的积极作用；后者则可以在底线的保证上进行刚性约束。

真正的经济是内含道德的经济

记者：在成为经济人之前，个体的道德资本如果能够得到增强，在经济活动中，道德资本的作用才有可能彰显。也就是说，道德的培养和形成不仅仅是在经济活动中进行的，而更多的是社会生活的需要。您如何看待这一观点？

王小锡：在成为经济人之前，个体的道德资本如果能够得到增强，那么在经济活动中，道德资本的作用就会得到彰显。而在交易开始后，再考虑人的道德资本的位置也是需要的，只是解决问题的方法不一样。重要的是，贯穿始终的道德教育在道德培养和形成中是不能忽视的。

这种认识的前提是基于思想层面的解析。在道德资本发挥作用的过程中，必须理解真正的经济是内含道德的经济。不可否认，经济是人的经济，是社会利益关系发生、发展的特殊存在方式，也是人和人际关系或人际利益关系的本质反映。就如马克思所认为的，"真正的经济——节约——是劳动时间的节约（生产费用的最低限度——和降到最低限度）。而这种节约就等于发展生产力。可见，决不是禁欲，而是发展生产力，发展生产的能力，因而既是发展消费的能力，又是发展消费的资料。消费的能力是消费的条件，因而是消费的首要手段，而这种能力是一种个人才能的发展，生产力的发展"①。这里的"真正的经济"是不断训练人、发展人的经济，是不断处理和生产人与人之间相互关系的经济。也可以说，经济是关注人和人的发展、关注道德与道德共生存的经济。这样作为理解经济的基础或切入点的产权、经济活动的核心或前提的生产劳动、经济持续运行的分配与交换行为和最佳经济状态的"帕累托佳境"等，均与道德有着不可分离的密切关系。所以，经济概念不是纯物质或物质活动概念，它与道德有着必然的联系。

了解这样的前提，无论在之前还是之后都会认识到强调道德的重要性。因此，在现实生活中，应强化对道德的全面认识和懂得道德教育的重要性，并践行之。

观点（相关评论）：

邢国忠（中央财经大学马克思主义学院）："道德资本"的核心是揭示在社会主义市场经济条件下资本的价值属性及其价值功能，

---

① 《马克思恩格斯文集》第8卷，人民出版社2009年版，第203页。

其主旨是指向"什么是应然的社会主义市场经济体制""一个应然的社会主义市场经济体制应当是怎样的""何以可能"等问题。它是当代中国语境下的"经济正义"问题。因此,全面深刻理解"道德资本"背后更深层次的价值进路,是我们更进一步研究"道德资本"的必要条件。

姜妹(南京航空航天大学)、官成(华东政法大学):当代中国正处于转型的关键时期。在改革开放的三十年里,中国的经济飞速发展,尤其是中国加入世贸组织以后,中国的发展与国际接轨,日益成为经济强国,但是在经济发展的同时,外国资本主义市场的经济模式、政治体制模式、道德模式、人生观、价值观等对我国各个方面的发展都形成了很大的冲击。在此背景下,中国的伦理道德也呈现出多样性、对立性和斗争性为一体的错综复杂的状况。其影响的结果的具体表现是人们的集体意识和道德意识淡化,而个人意识、金钱意识却很突出。由于社会的高速发展,出现了许多新的伦理问题,对我国的传统伦理提出了挑战,这些情况如不及时解决,就将对中国社会发展产生一定的消极影响。社会主义市场经济的发展,很需要道德资本这个重要的社会资本作为社会发展的转化器,不仅对经济起到促进发展的作用,对于社会,也起到了导向作用、调节功能、激励作用以及转化功能。

(原载《社会科学报》2012年11月29日,作者系该报记者)

面向全球的"道德资本"研究
——访南京师范大学教授、博士生导师王小锡

驽 马

"道德资本"研究近年来越来越受到社会和学界关注,其提出者王小锡教授多年来始终致力于道德资本观的研究,发表了系列学术成果,在国内产生了重要的学术影响。近日,作为道德资本观研究的现阶段总结性的研究成果《道德资本研究》(英文版)(*On Moral Capital*)在德国斯普林格出版社(Springer)面向全球出版发行,再次受到学界的关注。针对其中的最新成果及其意义,本报做此专访。

记者:《道德资本研究》(英文版)在德国斯普林格出版社出版发行,请您谈谈"道德资本"研究的历程及其意义。

王小锡:《道德资本研究》的海外出版对于我意义非常大,作为一名学者,学术成果能够走出国门是莫大的欣喜。国内学术界,尤其是在伦理学领域对于"道德资本"概念是不陌生的,这是我在二十多年前首先提出,并一直坚持系统研究和论证的。而"道德资本"是经济伦理学的主要核心。

从20世纪90年代初我就开始涉足经济伦理领域,可以说,当时经济伦理学还只处于初创阶段。基于传统的认知与逻辑,从一开始就有人质疑经济和伦理、经济和道德之间是否存在着关系,经济伦理和经济伦理学能否成立等一系列的问题,这使我开始考虑经济伦理学何以成立?事实上,在我看来,解决问题的关键在于弄清楚伦理和道德的经济价值问题,即伦理和道德能帮助企业获得更多效益和利润。在此基础上,我开始致力于经济伦理学的主要核心问题

研究，即"道德资本"研究。通过多年的文本研究和长期调研，逐步形成了"道德资本"研究体系。近年来，我先后与美国著名哲学家吉伯特、著名经济伦理学家恩德勒以及德国著名经济伦理学家科斯洛夫斯基等进行了多次国际学术对话，每次对话都丰富了我关于"道德资本"的研究。可以说《道德资本研究》（英文版）是我二十多年来研究道德资本理论成果的阶段性总结。同时也是江苏省设立的首批省级社会科学外译项目成果。

《道德资本研究》（英文版）可以说是在国际上展示了我的具有原创价值的道德资本观，希望与国内外学者引发共鸣，并为经济建设及其企业发展提供重要的指导或启迪。

记者：《道德资本研究》（英文版）的主要学术观点是什么？

王小锡：主要分析和阐明"道德也是资本"这一观点。我从五个方面进行阐述。第一，道德是人性化产品设计的灵魂。经济发展速度或企业经营效益往往取决于企业的产品设计和产品质量。产品设计和产品质量决定了产品的市场占有率和销售速度，进而影响企业利润的实现及其增长。进一步而言，企业的产品设计和产品质量通常受制于科学技术、社会文化和道德三个因素，其中道德决定产品的人性化程度和价值指向等，这是产品质量的灵魂。第二，道德是缩短单位产品社会必要劳动时间的重要因素。单位产品社会必要劳动时间的缩短，往往很大程度上依赖于产品生产过程中的道德渗入，也就是说，今后的产品市场占有率，很大程度上取决于产品在多大程度上符合人性或人的生活质量提高的需求。第三，道德是市场信誉之源。企业在产品的制造、销售和服务过程中讲信誉，必然会不断扩大市场占有率。道德责任意识是企业的精神支柱，道德承诺和道德举动是企业获取市场信誉并获得更多利润和效益不可或缺的重要因素。第四，道德是激活有形资本并提高资本增值能力的重要条件。资本的本质特征在于运动，资本只有不停地运动，才能实现价值增值，否则就不能称为"资本"。在资本运动的过程中，道德能够通过激活人力资本和有形资本促使价值增值。第五，道德也是生产力。作为人的品质或品性的道德，在人进入生产过程并发挥作用时，也就直接转化成生产力。没有人的"主观生产力"的参与，"死的生产力"不可能成为社会劳动生产力。而缺失基本的道德素质，人作为生产力第一要素在进入生产过程中就将处在被动状态，在发挥劳动资料和劳动对象的能量时，往往也没有动力、没有目标的，"死的生产力"不能最大限度或最好状态地被激活。因此，道德也是生产力，是企业获取更多效益和利润的精神生产力。

记者：我们关注到，在您提出"道德资本"概念后的一段时期内，国内学界争议不断，请您说说主要有哪些不同观点？您是如何看待的？

王小锡："道德资本"提出后遭到了学术界的一些质疑，这是正常的争鸣，我相信争鸣能够促进学术的深入。如有人认为，在马克思那里，资本的本质不是物，而是生产关系，资本的每一个毛孔都是肮脏的，在马克思的意义上，道德与资本的联姻不可想象。如果把社会主义道德或趋善意义上的道德与马克思意义上的资本联姻，的确不可想象。但现在的问题是，"道德资本"概念并不是简单地把道德与资本联姻，更何况，这里所说的"道德资本"概念中的资本并非马克思使用和论述的经典"资本"概念，而是资本一般视阈下的范畴。社会道德能够以其特有的引导、规范、制约和协调功能作用于生产过程，促进经济价值增值。因此，从资本一般概念出发，道德作为影响价值形成与增值的精神因素具有资本属性。换言之，道德资本是体现生产要素资本的概念，是广义资本观下的"资本"概念。它不同于马克思政治经济学中作为反映或批判资本主义社会制度和经济关系的分析工具的"资本"概念。还有人认为，"道德资本"概念的提出会使道德陷入工具化的危险境地。这里必须澄清一个观念，即道德的作用与道德的工具化不是一回事。况且，"道德工具化"是一个伪命题。因为，一是如果把道德仅仅作为赚钱的工具，这时候的道德不是我所指的趋善意义上的道德，而是趋恶意义上的道德，甚或是伪道德，是缺德。如果缺德而赚钱，那是特殊社会背景下的暂时的畸形经济现象。二是如果把道德作为市场上的交易条件或手段，这说明道德或良心可以用来交换或买卖，那这样的所谓道德或良心还是我们所理解的道德吗？稍有点常识的人应该不会这样去考虑问题。因此，道德工具理性作用与道德工具化是不能等同的。还有一些质疑在我的系列回应论文中呈现。

记者：结合您近二十年的"道德资本"研究，针对您的理论观点和学界的相关质疑，您有哪些需要特别说明的？

王小锡：这确实有。从学术角度，我想强调三点。一是道德和道德资本并不是同一的，即是说，并不是凡道德就是资本，发挥经济功能并产生效益的道德才有资本意义，这也是道德发挥资本作用的逻辑边界。二是说道德是一种资本，并不是要从道德上去美化资本，而是强调道德可以而且应该为获得更多利润和效益发挥其独特的作用。三是说道德是资本，并不会使得所谓资本的本性膨胀，反倒是道德可以内在地引导、规范或约束资本的理性投入和正确走向。

记者：《道德资本研究》（英文版）是您阶段性的成果，那么，请问您在以后的"道德资本"的学术研究中有何进一步计划？

王小锡：我正在主持国家社会科学重大招标课题"中国经济伦理思想通史研究"的研究工作，这是"道德资本"研究的进一步延伸，它能够为"道德资本"提供充分的思想史资源。同时，我将和我的经济伦理研究团队开展广泛的社会调查，在前期初步架构企业道德资产评估指标体系的基础上，继续展开对我国经济伦理和道德资本的应用性研究，希望能为我国经济发展及企业建设提供服务。

（原载《社会科学报》2015年8月6日，作者系该报记者）

经济新常态需要道德资本
——访中国伦理学会副会长、博士生导师王小锡

郑晋鸣

道德资本是经济发展和企业经营不可忽视的精神资本。在努力打造经济新常态的今天，我们更应该关注其文化、精神尤其是道德要素，并努力培育道德资本，以实现经济新常态的完美样态。那么，我们该怎么做？

中国伦理学会副会长、博士生导师王小锡教授多年来研究道德资本理论，并形成了独特的理论体系，其所著《道德资本研究》（英文版）一书作为江苏省社会科学规划办经专家评审立项的首批外译著作已由德国斯普林格出版社面向全球出版发行，产生了广泛影响。近日，记者就有关问题采访了王小锡教授，他提出了一些值得关注和深思的观点。

记者：请问您在何时何背景下提出"道德资本"概念并开始系统研究和建构道德资本理论的？

王小锡：20世纪90年代初，随着我国经济体制改革的不断深入，经济发展速度也在不断加快，然而，社会道德水平滞后于经济的发展，尤其是一度出现的"全民经商"现象，在"一切向钱看"的社会潮流和趋势下，社会道德被忽视，形成了物质文明与精神文明不对称的情况。

我在提出并以系列成果论证道德资本观以后，引起了学界较为广泛的关注。我力图通过研究成果说明，道德是经济发展和企业经营的重要资产，道德资本是经济发展和企业经营不可忽视的精神资本，唯有不断加强道德资本培育，企业才能在激烈的竞争中掌握主

动，赢得更多的利润和效益。因此，经济发展和企业经营不能忽视道德资本及其独特的作用，离开了道德视角，经济不可能被正确地理解和把握。

记者：道德何以成为资本？如何理解经济发展与道德的密切关系？

王小锡：事实上，企业能不能赚更多的钱，首先取决于产品质量，而产品质量不只是包括材质和科技文化含量等，更重要的是在设计、生产、销售产品过程中渗透进去的人的要求因素和对用户的责任心，即道德内涵。可以说，产品的道德含量决定产品的市场占有率。所以说，企业的道德境界和道德素质直接影响利润的多寡。因此，道德也是资本。在努力打造经济新常态的今天，我们更应该关注其文化、精神尤其是道德要素，并努力培育道德资本，以实现经济新常态的完美样态。

道德不仅能够以自身的价值理性为资本服务，也可以在资本内部以自身的价值理性约束资本本身，以避免资本本性的非理性膨胀和资本逻辑的无度扩张。因此，资本需要讲道德。

记者：听说您研究和设计了企业道德评估指标，请您介绍一下。

王小锡：我在带领我的研究团队经较为广泛的社会调查研究基础上，初步设计了企业道德资本评估指标，其主要目的是在理论研究的基础上，让道德资本能够在实际操作中被应用。

我认为，企业资本是指进入生产过程并可以带来利润或收益的货币、实物、债权、企业文化和企业精神等生产性资源。而作为企业文化和企业精神的无形资本中体现为企业及其员工道德觉悟和德行、道德性制度、"物化德性"等生产性道德资源即为道德资本。

作为企业无形资本的道德资本，尽管不可以量化，但可以依据企业道德行为及其道德现象进行评估。企业道德资本评估指标可以从以下四个方面确认：一是企业道德理念，即企业对企业道德在思想观念上的认识和把握程度；二是企业道德制度，即企业道德转化为企业关心和爱护包括利益相关者在内的所有有关人的制度、清洁和生产制度等；三是企业主体道德觉悟，即企业领导、员工及企业外合作者的体现为忠诚、关爱、诚信的道德觉悟等；四是企业生产经营的道德诉求，即企业在生产经营过程中面向用户的道德责任和道德目的。

根据以上对道德资本的确认原则，结合我国企业的实际道德建设状况，可以把道德资本分解为各级各类应用和操作性指标。其一级指标包括：一是企业道德理念与道德原则，即体现为企业在生产、经营、管理等过程中应有的道德境界和道德要求，以及道德境界和道德要求渗透其企业生产、经营、管理等过程的具体的道德指导、道德管理观念；二是道德性制度，即体现为企业人性关怀、和谐共治的规则；三是道德环境，即体现为企业员工在工作、生活中的被尊重、被关注的家庭式的和谐人际关系环境和道德文化浓厚的物化道德环境；四是道德忠诚，即体现为企业员工对企业的向心度和奉献精神；五是产品道德含量，即体现为企业产品在设计和生产过程中对用户的生产、生活、心理、生理等人性和道德需求的认识程度和贯彻程度；六是道德性销售，即企业产品在销售过程中对用户的责任承诺的兑现主动性和兑现程度；七是社会道德责任，即企业对包括国家、社会、同行、员工、顾客等在内的利益相关者所应该履行的义务；八是道德领导与领导道德，即企业领导者自身的道德素质以及对员工及其家属的生、老、病、死的人性化的管理等。

在这8项企业道德资本评估的一级指标中，道德理念和道德原则是贯通其他7项指标的核心内容，由于有道德理念和道德原则的贯通，因此，各项一级指标之间也均存在着或多或少的联系。尤其要指出的是，企业道德资本是综合性理念，它不以某项突出指标为依据来评估道德资本。事实上，一个企业的道德资本雄厚，它必定意味着企业道德在各方面都建设得比较有成效，而且在企业生产、经营和职工生活等方面取得了比较明显的成效。

记者：当下，企业应如何培育道德资本？

王小锡：企业培育道德资本，要在社会主义核心价值观引导下，至少应该有以下举措：一是要树立适应时代要求的企业家道德精神，并以此影响企业的理性决策；二是要加强企业道德建设，积累企业道德资产；三是要将企业道德精神贯彻、渗透到企业管理、生产、销售等各个环节；四是要加强企业职工道德培训，整体提升企业道德水平；五是企业应该定期或不定期地进行道德资产评估，以便不断提升企业道德建设水平。

（原载《光明日报》2016年1月28日，作者系该报记者）

经济伦理的当代理念与实践
——王小锡教授与科斯洛夫斯基教授学术对话录[*]

王露璐

2009年12月，德国著名经济伦理学家彼得·科斯洛夫斯基教授（Peter Koslowski）应邀在南京师范大学公共管理学院开展讲学活动。讲学期间，公共管理学院院长王小锡教授与科斯洛夫斯基教授进行了一场别开生面的学术对话。

彼得·科斯洛夫斯基1952年生于德国格丁根，现任荷兰阿姆斯特丹自由大学教授。他在伦理经济原理以及市场经济伦理等方面有较深的研究，出版、发表了大量关于哲学、宗教、经济学、伦理学和经济伦理学等方面的著作和论文。其中，《资本主义伦理学》（中国社会科学出版社1996年版）、《伦理经济学原理》（中国社会科学出版社1997年版）、《后现代文化：技术发展的社会文化后果》（中央编译出版社2006年版）等著作已翻译成中文在我国出版。尤其是《伦理经济学原理》一书，为我国经济伦理研究提供了重要的理论和方法资源，已成为我国学者从事经济伦理研究时引用最为频繁的著作之一，对我国经济伦理学学科发展也产生了很大的影响。

王小锡教授在我国较早地开展了对经济伦理学的研究，现任南京师范大学公共管理学院院长，兼任中国伦理学会副会长、教育部人文社会科学百所重点研究基地中国人民大学伦理学与道德建设研究中心经济伦理学研究所所长。王小锡教授早在1994年就率先发表了研究经济伦理学体系的学术著作《中国经济伦理学——历史与现

---

[*] 本次对话由南京师范大学公共管理学院陈真教授担任翻译，王露璐教授根据对话内容和相关资料整理定稿。

实的理论初探》和学术论文《经济伦理学论纲》，他开创性地提出并以系列学术研究成果系统论证了"道德资本""道德生产力""经济德性"等范畴，阐发了颇具特色的学术理念。目前，王小锡教授主编的《中国经济伦理学年鉴》（2000年以来）是全面系统展示中国经济伦理学研究现状和成果的重要平台。

王小锡教授（以下简称王）与科斯洛夫斯基教授（以下简称科）的此次对话，可谓中外经济伦理学的一次高层次的"亲密接触"。两位教授就金融危机中的伦理问题、企业道德及其作用、企业自由和企业责任、道德资产及其评估体系等问题展开了充分的沟通和交流，并对中外经济伦理研究的共同性、差异性以及双方未来的合作进行了极富意义的探讨。

一 经济伦理视阈中的金融危机

科斯洛夫斯基教授近期刚刚完成了一部关于金融危机及其后果的新著，王小锡教授也曾就这一问题发表过《金融海啸中的中国伦理责任》一文。双方的对话首先由这一共同关注的现实热点问题展开。

科：金融危机的核心问题在于过度消费。一方面，这一问题体现在国家层面上的透支性支出，如美国在伊拉克战争和阿富汗战争中的大量付出、德国为统一付出的巨大代价等。另一方面，也体现在日常生活领域中过度的超前消费、贷款消费等。

王：过度消费也是消费主义的一种体现，是消费主义的变种。金融危机的重要原因是银行监管机制和监管制度不到位，说到底是人们的责任意识不到位。

科：完全正确。银行作为贷方应当承担起监管的责任，但事实上目前银行对于借方的监管很不到位。其中一定的原因在于，这种监管毕竟并非一件愉快之事。

王：金融高层监管不到位实际上是一种明知故犯，表明管理人缺乏责任意识。所以温家宝同志说：金融危机的根源是缺乏道德责任。就美国而言，金融从业人员尤其高级管理人员过分求利而不顾应尽的监管责任，丧失了对自己的金融产品、行业和客户应有的责任意识，导致金融监管远远跟不上金融创新的步伐。美国经济学家约瑟夫·斯蒂格利茨曾指出，全球性金融危机与金融业高管的巨额奖金有一定关联，因为奖金"刺激了高风险行为"，即便他们失去了饭碗，他们仍能带着一大笔钱走人。在巨大的利益诱惑面前，责任意识早已被抛至九霄云外，荡然无存。

科：金融危机更重要的原因是制度缺陷。目前西方国家的金融政策是造成全球性金融危机的制度性根源。例如，房屋贷款抵押过低，尤其是美国，贷款"只看信用不看能力"，也就是说，几乎完全基于借款人的信用记录而不是其目前收入所代表的还款能力。这种金融政策存在很大的问题。由于门槛过低，利率接近于零，借方感觉似乎可以无限制地支取。在这种"不借白不借"甚至"不借是傻瓜"的政策所带来的心理诱导下，人们竞相贷款而失去了应有的消费理性。

王：美国这种"只看信用不看能力"的贷款制度所引发的问题，恰恰验证了"信用不等于信誉"这一论断。信用更多体现为经济制度，信誉却反映出经济主体的道德觉悟。仅有信用制度是不够的，还要通过道德的教育提高经济主体的信誉意识。

科：道德确实是很重要，但要看到，道德无法解决制度、结构上的问题。比如，贷款利息低、门槛低，你不去利用就成了傻子，在这种情况下让人以道德去拒绝对自己有利之事是不可能的。也就是说，如果制度本身有问题，道德的作用是非常有限的。正如列宁所说，制度性的问题迫使一个人无法遵守道德，因此，列宁对资本主义制度的批判正是因为这一制度使人无法走向道德。而且，银行家以低门槛、低利率把钱贷出，不断推出新型的金融产品，他并不认为自己在道德上有什么问题或者过错，甚至认为自己是在做有益于消费者之事。

王：这恰恰说明，要解决带来金融危机的制度问题，必须从根源上解决制度的道德性问题。制度的合理性来自对道德的正确认识和把握，如果仅仅是为制度而制度，制度很容易沦为经济主体为自身利益服务的工具，只有建立在道德之应然基础上的制度才是真正合理和有效的。

二　企业道德在企业经营中的地位和作用

王：彼得，我注意到您曾经说过这样一句话，"对道德性的低估是一种唯科学主义的错误结论"[1]。我非常赞同您的这一观点。从宏观上说，一个企业不解决为谁生产、为谁服务这个理念问题，将会直接影响企业的发展。原因在于，企业生产产品必定要考虑到市场需要，越符合人性需求的产品市场占有率越高，忽视这个问题，企业无法在激烈的市场竞争中立足。再如，一个好的产品如果售后服务不到位，同样会影响企业的市场形象。但是，在今天市场经济的发展中，很多企业恰恰陷入了"唯科学主义"的误区，把企业视为纯粹的经济体，把企业行为看作纯粹的经济行为，把道德完全排除在企业和企业行为之外，这显然是一种错误。您能否再谈谈唯科学主义这一问题。

科：我说所的"唯科学主义"是针对在西方学术界和市场经济实践中一种非常流行的观点，即认为：无论出于何种动机，市场本身有一种物理的力量迫使行为不端者出于自身利益而做出有利于他人的行动。例如，企业为了赚钱必须卖出自己的产品，因而必须考虑并满足顾客的需求，否则，产品无人购买自然会导致企业破产。我认为，这种把市场完全理解为物理的、机械的客观规律的观点是错误的，我把这种观点称为"唯科学主义"。事实上，市场是非常复杂的，它并非一种物理的或者纯粹机械的东西，市场活动也绝不等同于你一锤子砸到手后产生疼痛感这样的机械反应。市场经济中必然还有一些非物理的东西发挥作用，必然包含着很多精神活动，不能把精神的、道德的力量排除在市场之外。尽管人们在市场上受自我利益的驱动，但是道德的因素却不能因此而被忽略。

王：我理解的没有错，我的观点和您一样。就目前我国的企业情况来看，"唯科学主义"的情况比较严重。

科：柏拉图的《理想国》中有一个故事，讲述牧羊人盖吉氏

---

[1] ［德］彼得·科斯洛夫斯基：《经济秩序理论和伦理学》，陈筠泉译，中国社会科学出版社1997年版，第8页。

（又译古各斯）偶然得到一枚可以让自己隐形的金戒指。于是，盖吉氏利用这枚戒指的神奇力量引诱王后、谋杀国王、夺取王位。①这个寓言是个很好的思想试验，它说明人们更容易被自己的利益而不是被道德打动。也就是说，当一个人认定自己做了不道德的事不会被抓住，他就会去做不道德的事。商人也是如此，从其本性来说，商人总是将道德视为一种约束或负担，因而不愿意受道德的约束。

王：所谓"商人不讲道德才能赚钱"是建立在"人性恶"理论假设基础上的错误命题。事实上，在现代市场经济条件下，真正面向长远利益和未来发展的商人必须讲道德。原因在于，最终你的产品必须销售出去，必须满足他人的需要，得到社会的认可，这就意味着，你必须诚信地为顾客提供优质的产品和服务。不讲道德的欺诈是一种冒险的短期行为，我国的"三鹿奶粉"事件就是一个典型的例证。从长远来说，企业必须讲道德才能真正实现持久的发展。

科：我同意。但是，我认为仅仅从长远利益来论证道德符合商人或企业的利益是不够的。对于一个商人而言，面对所谓"长远"，他可能首先会问"生命有限，我活得到吗？"而现实中每天都在出现的破产、倒闭，也容易使企业因为长远利益的不确定性而趋向于"有钱先赚了再说"。因此，我想不从长远角度而是从参与交易的每一方的利益来为企业应当讲道德提供另一个论证。也就是说，参与市场交易的每一方讲道德对各方都是有利的，这一论证可以支持企业为什么要讲道德，并且，从当前市场经济的现实运行和经济主体的道德境界来说，这一论证在理论和现实中的说服力在一定程度上优于从长远道德角度进行的论证。

三　新自由主义与企业责任问题

王：彼得，您曾经说过，"把自由理解为完全不受市场的干涉，

---

① 这个故事通常被称为"盖吉氏的戒指"（*The Ring of Gyges*），出自柏拉图的《理想国》。参见［古希腊］柏拉图《理想国》，商务印书馆1986年版。

这最终导致一种纯粹的权力伦理学"①，我想请您进一步谈谈这一问题。

科：自由有很多形式，人们对自由也会有不同的理解。如果你的自由没有对他人造成伤害，那当然是没有问题的。对于企业而言也是如此。比如，企业只是想经营得更好，想降低成本增加收益，这不仅对企业自身是有益的，对全社会也有好处，当然应当是一种不受干涉的自由。但问题在于，企业存在于市场之中，必然存在着与利益相关者产生冲突的可能性，由此，企业也不可能处于完全无约束的自由状态。20世纪50年代的新自由主义概念不同于今天的新自由主义概念，当时的新自由主义主张的是"自由资本主义+社会福利制度"，他们对19世纪的自由主义进行了批评，认为在国家干预下建立社会福利保障系统的资本主义自由市场经济是最好的。不过，现在这种自由主义似乎已经被忘却了。

王：我赞同彼得的观点。在不伤害他人的前提下，商人可以自由地决定自己的生产经营活动，包括生产什么、生产多少、怎样生产等，这是没有问题的。但是，一旦这种自由伤害到他人就必须要用道德进行约束，甚至要把道德上升为法律来进行约束。也就是说，自由要受到一定的限制，这种限制来自你必须承担的责任。因此，自由与责任密切相连，无法分开。所谓"企业不伤害他人而自由地从事生产经营活动"，其中的"不伤害他人"就已经构成了一种约束，既是一种理念约束，也是一种行动约束。从这一意义上说，对于企业而言，所谓自由的生产经营活动仍然是有约束的，这种约束是自我约束与外在约束的结合，约束的理念和手段应该是来自对"应该"的正确认识和把握。

科：新自由主义是一个比较复杂的问题。我认为，建立完善的社会保障体系确实是政府应当完成的任务，但我不同意那种将再分配视为政府任务的观点。有一种观点认为，以公平为目的的再分配优于不公平的再分配。但这个问题实际上很复杂。比如在19世纪就有人认为，一个利润太大的企业会很快离开市场，一方面是因为风

---

① ［德］彼得·科斯洛夫斯基：《经济秩序理论和伦理学》，陈筠泉译，中国社会科学出版社1997年版，第9页。

险与利润成正比，另一方面，更重要的是，由于赚钱太快，企业主就容易不进行再生产和投资，而是趋于过度消费，这对整个社会是不利的。我觉得，新自由主义的前途和资本主义的前途取决于诸如此类的很多问题，也是非常复杂的。

王：新自由主义反对政府干预经济的主张实际上缺乏基本的道德性。尽管政府干预并非永远正确，国内、国外都有过政府干预错误的例证，但一般而言，政府总是代表大多数人的利益，因此，政府形成的干预社会经济运行的制度、法律基本上来自一种与时代要求相一致的正确的道德理念，是解决市场经济局限性的必要手段。

四　道德资本与企业道德资产的评估

科：道德对经济发展是有作用的，道德会影响企业生产，在这个意义上，企业的生产经营活动除了劳动成本、固定资产成本、流动资金成本等产生作用以外，道德显然也发挥着作用。对于这一问题，西方学术界以社会资本或文化资本来阐释，您提出的"道德资本"范畴具有十分重要的理论意义和现实价值。但我认为，这里有一个问题，道德资本不能完全用有用性来穷尽，也就是说，道德有资本不能穷尽的含义。

王：对。我补充一点，社会资本和文化资本的外延应该比道德资本更大，强调道德资本能够更好地显现道德的意义或价值，同时也更加凸显了伦理学的学科价值。我赞同您所说的，强调道德有用不等于说所有的道德都能成为资本。正因为如此，我提出道德资本有四种形态。第一，道德制度。制度本身是为了人并服务于人的，应该具有某种价值合理性，因而，理性的制度本身不可能游离于道德之"应该"之外，它应该是道德化（道德性）的制度，即道德制度。如果一项道德制度能通过规范或制约人的行为，促进经济社会利益的增加，那么这项制度就具有道德资本意义。第二，理性关系。理性关系形态是道德资本的主体性维度的基本形态。作为道德指向的人与人之间、人与社会之间的理性关系的形塑，将直接决定着企业经济活动的成败与效益，这就是作为理性关系形态的道德资本。第三，主体觉悟。主体觉悟形态的道德资本着眼于主体崇高的价值取向和积极的人生态度。第四，物化道德。道德资本的实物性载体是道德产品，这是道德资本最终实现价值的依托。也就是说，产品应当具有道德性，符合人性化要求。概括起来说，并非所有的道德都能成为资本，道德一定要进入生产过程体现为效益才能成为资本。比如家庭关系中，孝是一种道德，但它不进入生产过程，因而也就不能成为道德资本。

科：这四种形态概括得非常好。

王：我认为，经济伦理研究要更好地发挥经世致用的功能，必须使其更好地进入企业的生产经营活动中去。目前，我正在试图结合承担的国家社会科学基金重点项目"商业伦理与企业核心竞争力研究"，通过全方位、立体的镜像调研反映中国企业道德问题的现状，在此基础上，争取用2—3年的时间设计出一套具有实践操作性的企业道德资产评估体系。彼得，我想听听您对企业道德资产评估的看法。

科：如果能够以一定的方式对企业道德资产进行评估和测度当然是非常有意义的。这样一来，企业道德会更多地受到企业主或企业家的重视。对这个问题我没有进行过太深入的思考，但是，刚才我听您谈到道德资本的四种形态，我认为企业资产的评估完全可以以此作为理论基点，也就是从道德制度、理性关系、主体觉悟和物化道德四个方面细化出具体可测度指标。例如，理性关系应该是在某种程度上可以测试的，公司内部员工的相互关系、公司与利益相关者的关系等，都可以在评估体系中得到体现。再如，物化道德也是可以在一定程度上测度的。企业是否能够满足客户需要的理念贯穿于产品的原料、外形、包装等诸多方面，也可以通过设计一定的评估指标来进行测度。

王：这个问题对我的课题研究来说是个难点，感谢您的建议。希望在初步拟定评估体系后，能够再有机会与您就这一问题继续展开探讨。

此外，王小锡教授与科斯洛夫斯基教授还交流了目前中外经济伦理学研究的热点问题及中国经济学的未来发展前景，并就双方今后的学术交流与合作达成了初步意向。此次学术对话，创建了中外经济伦理学学科间高层交流与合作的独特的平台，既使我们了解到国际经济伦理学的前沿信息，又将我国经济伦理学的独创性研究成果推向了世界，充分彰显了中国经济伦理学蓬勃发展的良好态势。

（原载《伦理学研究》2010 年第 2 期，
作者系南京师范大学公共管理学院教授，法学博士，博士生导师）

经济伦理与企业发展

——王小锡教授与恩德勒教授学术对话录[*]

王露璐

2010年5月24日至26日，美国圣母大学教授、著名经济伦理学家乔治·恩德勒教授（Georges Enderle）应邀在南京师范大学公共管理学院开展讲学活动。讲学期间，恩德勒教授以"财富创造与中国经济伦理的发展"为主题作了两场学术报告，并与公共管理学院院长王小锡教授进行了一次主题为"经济伦理与企业发展"的学术对话。

乔治·恩德勒教授1943年出生于瑞士，1967年、1973年和1976年分别获慕尼黑大学哲学系、里昂神学院和弗里堡大学经济学系硕士学位，1982年和1986年分别获弗里堡大学经济学博士学位和圣盖伦大学经济伦理学博士学位，现任美国圣母大学门多萨商学院教授。恩德勒教授是欧洲经济伦理学网络的创始人之一，国际企业、经济学和伦理学学会（ISBEE）前会长（2000—2004年），在国际经济伦理学界享有盛誉。自1994年起，恩德勒教授开始在中国参加经济伦理教学和研究活动，并在中欧国际工商管理学院讲授MBA和EMBA的"经济伦理学"课程。恩德勒教授出版18本著作，发表论文100多篇，其中中文版专著《面向行动的经济伦理学》及合著

---

[*] 本次对话由南京师范大学公共管理学院陈真教授担任翻译，王露璐教授根据对话内容和相关资料整理定稿。恩德勒教授在对话后提供了他即将发表在《经济伦理学季刊》（*Business Ethics Quarterly*）的论文 *Clarifying the terms of business ethics and CSR* 以及与此次对话相关的一些资料。在此专致谢忱！

（编）《经济伦理学大辞典》《国际商务伦理学》和《发展中国经济伦理》等，在我国经济伦理学界产生了较大影响。

王小锡教授在我国较早开展了经济伦理学研究，现任南京师范大学公共管理学院院长，兼任中国伦理学会副会长、教育部人文社会科学百所重点研究基地中国人民大学伦理学与道德建设研究中心经济伦理学研究所所长。目前，由王小锡教授主编的《中国经济伦理学年鉴》（2000 年以来）已成为全面系统展示中国经济伦理学研究现状和成果的重要平台。

此次王小锡教授（以下简称王）与恩德勒教授（以下简称恩）的学术对话主要涉及"经济伦理学的学科概念和实践意义""中美经济伦理理论与实践的现状""道德资本及其对企业运行的意义"和"全球化背景中中国经济伦理学面临的挑战与应对"等议题。双方在上述问题上进行了充分的交流与沟通，增进了彼此的了解，并在很多问题上达成共识。现将对话主要学术观点整理如下。

一 经济伦理学的哲学分析与实践面向

如何理解"经济伦理学"这一学科名称的含义？两位中外经济伦理学界著名学者的话题由此开始，并在此基础对经济伦理学的哲学分析和实践面向这两个基本层面及其相互关系进行了探讨。

恩：在美国，尽管对经济伦理学的定义并不完全相同，但通常而言，学者们认为它是一个总括性的概念，包括微观、中观和宏观三个层次。经济伦理学并不等同于企业伦理学。我也持这样的观点，如同我在自己的书中所指出的，经济伦理学在三个层次上去改进决策和行动的伦理质量。[①] 美国一些著名的经济伦理学家，也通常是从比较广义的意义上理解经济伦理学。例如，理查德·T. 德·乔治认为，作为一个领域，经济伦理学涵盖了商业、私有财产以及不同经

---

① 参见［德］乔治·恩德勒《面向行动的经济伦理学》，高国希、吴新文等译，上海社会科学院出版社 2002 年版。

济系统的伦理基础。①

一般来说，经济伦理学和商业伦理学是可以相通的。在美国有三个与此相关的概念：经济伦理、企业社会责任（CSR）、经济活动与社会的关系。过去两年，美国出版的《牛津经济伦理手册》（布伦科特，2010 年）、《牛津企业社会责任手册》（克瑞恩，2008 年）和《经济伦理学与社会的百科全书》（科尔伯，2008 年）这三本书都谈及这三个概念。布伦科特把对道德问题的哲学分析和关于企业内外部问题的案例研究结合起来，将哲学分析和系统的、组织的和个人的道德问题联系在一起，是一部从企业角度出发关注"实践"的书，涉及企业中大量的各类关系，体现了对待企业伦理学问题的典型的美国方式。《牛津企业社会责任手册》主要是考虑企业与社会的互动关系，更多是利用哲学以外的如心理学、社会学、经济学等学科的方法进行分析。尽管"责任"这一术语对企业社会责任来说是基础性的，但该书却很少去界定或解释它的三个重要组成部分：主体（谁有责任）、内容（要负什么责任）、权威（对谁负责）。《经济伦理学和社会的百科全书》有五卷，是迄今为止"经济伦理学"和"企业与社会"这两个领域中最大的百科全书。它对概念的界定是清晰的、内在一致的。该书认为经济伦理学旨在详细指出那些企业必须在经营过程中道德行事的原则，主要是依据西方哲学的传统；而企业与社会这个领域考察的是企业实体和社会之间全部的相互关系，主要依赖社会科学的工具。由此，我们不难看出，经济伦理学、企业社会责任和企业与社会需要这些领域需要在概念上更加清晰，更具有内在一致性，应该更多地尝试"两条腿走路"的方式，也就是哲学分析和社会科学的视角与方法相结合。②

---

① 理查德·T. 德·乔治在《经济伦理学的历史》一文中从"职业道德意义上的经济伦理学""作为学术领域的经济伦理学""作为一种运动的经济伦理学"三个方面回顾了经济伦理学的产生和发展，认为这三个方面的结合构成了最广泛意义上的经济伦理学的历史。参见［美］Richard De George, The history of business ethics, in The Accountable Corporation, ed. by Marc Epstein and Kirk Hanson, Praeger Publishers, 2005。

② 恩德勒教授对经济伦理学、企业社会责任和企业与社会需要这三个概念的阐释，可参见其文 Clarifying the terms of business ethics and CSR, 该文即将发表于《经济伦理学季刊》（Business Ethics Quarterly）。在该文中，恩德勒通过对 The Oxford Handbook of Business Ethics（Brenkert et al., Oxford, 2010）, The Oxford Handbook of Corporate Social Responsibility（Crane et al., Oxford, 2008）, Encyclopedia of Business Ethics and Society（Kolb, Los Angeles, 2008）三本书的简单概述，指出经济伦理学、企业社会责任和企业与社会需要在概念上更加清晰，更具有内在一致性。

王：我赞同您的观点，经济伦理学有两个基本层面，它既是一种哲学的分析活动，又必须是面向实践的。现在很多人有一种错觉，仿佛经济伦理或企业伦理单纯是对实践问题的描述而没有哲学思考，这是一种误解。近来我在两本书中批评了这种观点。我认为，经济伦理学是面向实践的，但它同时是一种哲学的分析活动。原因在于，经济伦理学的研究必然要涉及经济的本质和经济活动的本质，要弄清"经济人"的本质、"道德人"的本质，等等，而这些显然都是一种哲学分析。此外，经济与伦理的关系、企业与社会的关系都是辩证的问题，只有用哲学的视角才能清晰地予以把握。经济伦理学的哲学分析与实践意义并不矛盾。您在中国已被翻译出版的《面向行动的经济伦理学》一书，书名就强调了经济伦理的实践内涵。我觉得，这本书正是将经济伦理的哲学分析和实践应用这两方面结合起来，尤其是以下四个方面的论述非常突出：指出经济伦理学必须面向实践才有生命力；论述创造财富不仅仅在于物质财富也包括精神财富；辩证地分析企业自由与企业责任的关系；强调经理人的道德作用。

恩：我觉得经济伦理的理论最终一定要能够应用于实践。正如英国著名经济学家约翰·梅纳德·凯恩斯（John Maynard Keynes）所说，真正好的理论一定是应用性的，一定对实践有实用价值。

王：确实如此。可以说，我在20世纪80年代末开始从事经济伦理研究，也正是源于"实践"二字。具体而言，主要有三个原因。第一，我一直认为，伦理学要发挥自身的学科价值必须能够对经济社会的发展产生作用。从我国当时经济社会发展的实际状况看，改革开放后我们开始突出强调以经济建设为中心，我也就自然想到了伦理学应当面对的一个问题，即伦理学如何更好地推动经济发展？第二，以经济建设为中心的指导思想和实践行动，一方面极大地解放了生产力并带来经济的飞速发展，另一方面也导致人们对经济中心地位的片面理解，并因此引发了种种道德失范现象。这些现象和问题要求我们从伦理学的角度进行反思。第三，我本人对经济学有着浓厚的兴趣，马克思的《资本论》是我长期研读的著作。这些主客观因素，促使我想到从经济与伦理的学科交叉角度，把经济伦理作为自己学术研究的主攻方向。

恩：您的这番话让我回想起我个人的经济伦理学学术历程。1970年，我作为学生到印度，当时我是学神学的，在那里我听到这样一种论断：要真正了解社会必须了解社会的经济活动。所以，我开始转向经济学。我在博士期间研究的是收入分配问题，博士学位论文是关于瑞士的贫穷问题。通常人们认为，瑞士这个国家是不存在贫穷问题的，我正是要提醒人们，贫穷问题在瑞士同样存在。在这之后，我越来越认识到，经济与伦理有十分密切的关系。我在瑞士从事经济伦理研究时到美国访问，注意到美国的企业合作关系问题，这成为我后来到美国就职的重要原因。

二 中美经济伦理学的研究现状与面临的问题

恩：关于美国经济伦理学的研究状况，我想首先要了解两个问题：一是在现实中发生了什么？二是在学术界学者们做了些什么？从1992年我到美国，至今已有18年。20世纪90年代出现了经济活动的全球化趋势，众多的美国公司都在力求对外发展。全球化产生了这样一个问题：伦理标准究竟是相对的还是普遍的？而这个问题至今没有结论。从经济伦理在企业中的应用这个层面来看，应该说取得了很大的进展。美国联邦政府曾经给法官一个指导性原则：如果公司比较注重伦理问题，注意企业内部和外部关系的协调，那么在其造成对社会的伤害（如造成污染）时，可以减轻对其判罚。显然，这一原则正是意在鼓励企业更加重视伦理道德。在美国，很多大公司通常是由企业的副总裁专门负责企业伦理问题。1991年，美国还成立了一个"企业遵从伦理协会"（Society of Corporate Compliance and Ethics，简称SCCE），横跨各州，参加者有数千人，大多是企业的副总裁。应当说，这是美国经济伦理发展中很重要的一步。但是，自20世纪90年代以来，美国也发生了很多丑闻，其中影响最大的是2001年的"安然事件"。这也说明，经济伦理学在实践中仍然没有得到真正的重视，在企业实践中，不道德的行为还是比较严重的。也正是由于"安然事件"等丑闻的发生，2002年美国国会通过了一项法律，明确禁止一些非伦理行为（如欺诈等）。在这项新法律中，伦理被作为一个突出的因素加以强调。

王：对于这次席卷全球的金融危机，美国经济伦理学界是否进行了分析和探讨？

恩：在美国，无论是在学术界还是现实实践中，曾经有一种说法非常流行，即只要每个人把自己的事情做好，这个社会就会很好。但是，这场严重的金融危机迫使人们对这一观点进行反思。2008年10月23日，前联邦储备局主席格林斯潘在国会听证会被问及对金融危机的看法时承认自己"犯了一个错误，我假定企业（尤其是银行和其他一些企业）的自利可以最好地保障企业的股东及他们在企业中的权益"，他认为，在这场危机中"那些看上去像非常坚固的建筑一样的东西，实际上也就是市场竞争和自由市场的重要支柱，的确是垮了"，这令他震惊并改变了他"四十多年来一直相信会非常好地发挥作用"的思想体系。① 要知道，从20世纪60年代开始，格林斯潘就非常信奉个体主义哲学，尤其非常推崇安·兰德（Ayn Rand）的《自私的美德》（The Virtue of Selfishness）② 一书，他声称阅读该书后确立了自己的人生道路。但是，这场危机却使其思想发生了改变。因此，我们必须远离这套个体主义哲学，更加关注公共利益、公共福祉和公共服务。

从当前美国经济伦理学研究来说，虽然没有形成统一的理论体系，但已经形成了一些基本共识：第一，个体哲学是不成功的；第二，相对主义和怀疑主义是不可接受的；第三，如果我们仅仅注意眼前利益是十分危险的，这也正是金融危机给我们的深刻教训。尽管美国经济伦理学的学科体系没有普遍的、共同的框架，但其理论大体基于四个方面。一是功利主义原则；二是权利，主要指人权；三是公平正义；四是美德伦理学。一般来说，美国经济伦理学教材都强调这四个原则，并探讨这些原则的实践应用。

王：注重实践应用确实是美国经济伦理学教材的特色，也是美国整个经济伦理学研究的一个特色，这是你们的一大优势。在这点

---

① 格林斯潘的陈述可参见 David Wessel："In Fed We Trust：Ben Bernanke's War on the Great Panic"，*Crown Business*，2009。

② 该著曾出版过两个中译本，分别译为《新个体主义伦理学——爱因兰德文选》（上海三联书店1993年版）和《自私的德性》（华夏出版社2007年版）。

上,中国经济伦理学研究中理论与实践的脱节现象还比较严重。

应该说,中国经济伦理学是 20 世纪 80 年代末 90 年代初才真正引起关注的。20 多年来,主要研究了三个问题。第一,经济的伦理内涵。这个问题必须首先研究,在我国带有启蒙性质。曾有少数学者提出,经济与道德是没有必然联系的两种社会现象,经济学应当是"道德无涉"的。但是,我国经济伦理学研究中的主流观点认为,经济一定是人的经济和人际关系的经济,因此,经济一定内含伦理道德因素。第二,伦理的经济价值。伦理道德的经济作用如何体现?或者更通俗地说,伦理道德是否可以以及何以能够帮助企业赚钱?对这一问题的认识是随着中国经济伦理学学科的不断完善而逐步清晰的,学界提出了一些新的学术范畴或学术理念,从而为伦理道德之经济价值问题提供了创新的研究视角和学术话语。我这几年专门研究"道德资本"问题,已经撰写发表了七篇系列文章,同时还阐述了"道德生产力"问题,这些在学界也引起了广泛的探讨。第三,关于企业伦理问题。具体而言,企业职员及其责任、企业行为规则、企业诚信等问题,也是近年来比较受关注的问题。尽管 20 多年来中国经济伦理学快速发展,但总体而言还很不成熟。从现实来说,现在很多的企业还只是想着投入、产出、赚钱、效益这些问题,既没有认识到经济本身的伦理内涵,也没有懂得把伦理道德作为工具理性去帮助企业获得更多的利益。这些问题的存在,也要求中国经济伦理学更好地面向实践、面向问题,更好地承担起自身的学术使命。

从经济伦理的实践规范来说,我国目前还没有形成成熟的、统一的规范体系。但是,有一点是值得关注的,就是近年来我们越来越关注国际经济行为的道德准则,尤其是一些全球性的认证标准,如 ISO9000 和 SA8000。伴随着中国企业与国外企业之间交流与合作的增强,这些全球性的标准已在相当程度上成为中国企业走向国际市场的"准入"性标准和跨国公司选择中国合作伙伴的"准联"性标准。应当说,与美国相比,我国经济伦理在面向实践方面还有不小的差距,中国企业大多没有专门官员负责企业伦理问题,目前也没有像美国那样有影响的企业伦理行为协会。严格来说,中国经济伦理学的理论研究具有一定的超前性,而在应用这一层面上则相对滞后。但我相信,通过学者和社会各界的共同努力,经济伦理学理论一定能够在中国引起更加广泛的社会关注并在实践中得到认同和接受。

恩：我赞同您的观点。不过，这里我们需要关注这样一个问题：一个伦理上负责任的公司是否一定意味着商业上的成功？比如，一个公司对顾客负责，对员工公平，这样的企业是否就一定能够获得更多的利润？在美国，这一直是一个争论不休的问题。

王：这也正是我国经济伦理学现在特别关注的一个问题。从客观上看，由于实践中经济伦理规范体系并不成熟，可能出现这样的问题，即不讲道德反而能赚钱。我曾分析和归纳了我国企业道德状况的三种类型。一是道德自觉型，即能够自觉地将道德作为一种工具理性应用于生产经营活动，渗透于产品设计，帮助提高产品质量，加速销售速度。我国的海尔集团就是这种类型中的代表。但是，这样的企业可谓凤毛麟角。二是道德理念模糊型，时而觉得讲道德对企业有积极作用，时而又觉得道德无助于企业发展。正是因为理念上处于一种不确定和不清晰的状态，这样的企业自然也就缺乏一以贯之的道德行为。现实中这种类型占绝大多数。三是道德堕落型，为了赚钱不择手段，不惜以损害消费者或社会的利益为代价。"三鹿奶粉"就是这样的个案代表，美国当年的"安然事件"同样根源于企业诚信与责任的缺失。当然，这三种类型只是一个初步的分析。近来，我和我的研究团队正在拟写计划，准备做一次全方位的企业道德调查，力求通过调查客观反映中国企业道德的基本状况。

三　道德资本及其对企业运行的意义

"道德资本"是王小锡教授在经济伦理学研究中长期关注并加以系统阐释的独创性概念。在对话中，双方饶有兴趣地探讨了对"道德资本"这一概念的理解及道德资本对企业运行的现实意义。

恩：据我所知，德国也有学者在使用这个概念。我没有就此做过专门的研究，按照我的理解，道德资本是否是一种企业的品德。

王：可以这样理解。西班牙学者西松在《领导者的道德资本》一书中，就是把道德资本当作个人的品质、企业的品质。但他没有做进一步的展开论述。在我看来，道德资本可以更具体地分为道德制度、理性关系、主体觉悟和道德产品四种主要形态。这四种形态在道德资本的运行过程中分别扮演着不同的角色，承担着不同的功能，同时又相互渗透、相互影响。例如，一个企业如果能够建立公正、人道、诚信的企业管理制度，在企业内部和外部实现和谐的关系，员工和企业领导具备良好的道德素质和社会责任感，这样的企业一定能够设计和生产出符合市场需求的人性化产品，也必然能够获得更高的市场占有率和更多的利润。正是从这个意义上说，道德可以帮助企业获得更多利益。

恩：西方学者强调的企业道德资本，往往指的是企业的信誉。

王：这是道德资本中的一个部分。如同我刚才所说，道德资本还包括其他的内容。例如，一个水杯，生产和设计中必须有人性化的道德理念。比如说，它的直径要适宜人的要求，太大了手无法握住，太小了又不实用。这种"为人"的理念在它的材质、外形等诸多方面都要加以显现。也就是说，设计的依据是人的需求，违背人的需求产品就没有市场，企业的利润自然也就无从谈起。所以，任何一个产品的设计、生产和销售都要符合人的需要，这就是一种道德理念。而企业的这种道德理念，对于企业而言就是一种道德资本。

恩：每个企业都是一个道德的行动主体，一个道德的行动主体是有它的品质或者说资本的。资本在英文中有两层含义，一种是有价证券和资产，另一种主要指现金流，也就是说，资本可分为存量资本和流量资本。我认为道德资本更类似于你拥有的股票，是一种存量资本，企业只有保有存量资本才能维持企业的正常运行。也就是说，企业的道德品质可以成为一种资产，道德资本如同一种企业所拥有的、以后能赚钱的有价证券，它和企业经济活动的关系就如同生产活动中资产和流动性的关系一样。

王：我认为，企业道德资产和道德资本是有区别的。企业所有的资产，无论是固定资产、流动资产或是物质资产、精神资产，如果不进入生产过程，就仅仅是企业的资产，只有进入生产过程，才有可能发生增值而真正成为企业的资本。也就是说，资产是可能的资本，资本是进入生产过程产生效益的资产。同样，如果企业道德不进入生产过程时，它也仅仅是与一种道德资产，只有当它进入生产过程，它才真正能够成为一种道德资本。

四　全球化背景中中国经济伦理学面临的挑战及其应对

恩德勒教授曾经指出："在中国，经济伦理是一个巨大的挑战，这一挑战的广度和深度不容低估。"① 两位教授由此出发，探讨了当前中国经济伦理学发展面临的问题和经济全球化背景中的普遍性道德准则。

恩：我把经济伦理分成宏观、中观和微观三个层次。首先，从中观即企业这一层面来说，中国面临着很大的挑战。过去中国很多企业都是家族企业，香港也是如此，并且有很多成功的例子。家族企业当然有自身的一些优势，比如，由于家庭成员间更容易产生信任，家族企业比较容易处理员工之间的关系。但是，改革开放后，中国企业发生了很大变化。伴随着企业规模的不断扩大，企业需要面对和处理的关系愈加复杂，原有的家族企业模式受到很大的挑战。如何把各方面的理念、动机、目标结合起来，这是一个很大的挑战。在这点上，我认为日本的一些企业提供了很好的思路和做法。例如，日本著名的松下公司（Matsushita Electric Industrial）就非常重视企业文化和企业伦理。其次，中国是从计划经济向市场经济转型，这是两种不同经济系统之间的转换，存在着很多不确定性。这就如同你建一个从南京到上海的高铁，必然牵扯到与之相关的整个系统都要发生相应的变化。在这个转型的过程中有三个不同群体：公司、政府、公民社会，其相互关系也会发生相应的转变。最后，如何定义中国在经济全球化中的地位？这也是一个问题。全球化的问题不是哪一个国家的问题。在全球化的进程中整个人类越来越变成一个整体，经济活动的全球化迫使你考虑自己在其中的地位和作用。事实上，这不仅仅是中国面临的问题，而且是全球每个国家必须面对的问题。

王：您说的这些问题确实值得我们在发展中国经济伦理学的过

---

① ［德］乔治·恩德勒：《面向行动的经济伦理学》，高国希、吴新文等译，上海社会科学院出版社2002年版，第1页。

程中加以重视。经济伦理的基本理念在不同的国度存在着很多的一致性，经济全球化更会促使各国企业寻求一些普遍化的道德准则。因此，较之其他应用伦理学的分支，经济伦理的理念和规范更具有共同性。

恩：2000 年联合国秘书长安南曾经领导达成了一个包括十项原则的"全球契约"，订立了十条企业应当遵守的条约。当然，这个条约的遵守是自愿的，是一种道德性的条约。"全球契约"是为承诺依据在人权、劳工、环境和反腐败方面普遍接受的十项原则进行运作的各企业提供的一个框架。作为已有 100 多个国家数以千家企业参加的世界上最大的全球企业公民行动倡议，全球契约的首要关切就是展示和建立企业及市场的社会正当性。一个公司签约加入全球契约就意味着赞同其信念，即植根于普世原则的企业实践有利于使全球市场更加稳定、更加公平和更具包容性，并有助于建设繁荣昌盛的社会。[①]

自 2009 年起，南京师范大学经济伦理学研究团队开始尝试打造"经济伦理中外高层对话"这一独特的平台，以此加强中外经济伦理学学科间的高层交流与合作。此次王小锡教授与恩德勒教授的学术对话，是继王小锡教授与德国著名经济伦理学家彼得·科斯洛夫斯基教授（Peter Koslowski）开展首次对话之后，实现"经济伦理中外高层对话"系列化、常规化的又一次成功尝试。双方还就"中国伦理学会经济伦理学专业委员会"与"国外经济伦理学专业协会"间的学术互访和合作进行了磋商并达成了初步意向。

（原载《道德与文明》2010 年第 5 期，
作者系南京师范大学公共管理学院教授，法学博士，博士生导师）

[①] 关于"全球契约"及十项原则的内容，可参见 http://www.unglobalcompact.org/Languages/chinese/index.html。

伦理学的实践意蕴与道德资本
——王小锡教授与艾伦·吉伯德教授学术对话录

张 露

2012 年 5 月,美国密歇根州大学哲学系布兰特杰出大学讲座教授艾伦·吉伯德(Allan Gibbard)①,应邀在南京师范大学公共管理学院开展讲学活动。这是吉伯德教授应国内大学邀请的首次中国之行。讲学期间,吉伯德教授分别以:"规范性直觉能否成为规范性知识的来源"(Could normative insight be source of normative knowledge)、"作为规范概念的意义"(Meaning as a Normative Concept)、"协调我们的目标"(Reconciling our Aims)为题开展了三场学术讲座,并与中国伦理学会副会长、南京师范大学公共管理学院院长王小锡教授进行了一场学术对话。②

此次王小锡教授(以下简称王)与吉伯德教授(以下简称吉)对话的内容主要涉及规范表达主义的研究对象与理论依据、元伦理学与应用伦理学的对接、道德资本与道德作用的发挥机制等议题。

---

① 艾伦·吉伯德教授是当今美国著名哲学家,师从著名的美国政治哲学家、伦理学家约翰·罗尔斯教授。他曾多次获得美国国家人文科学研究基金等奖项,多次担任美国哲学协会(American Philosophical Association)中部分会主席、副主席,2005 年当选美国哲学会成员(the member of American Philosophical Society),2009 年当选美国国家科学院院士(the member of the National Academy of Sciences)。

② 本次对话由南京师范大学公共管理学院陈真教授担任翻译。

一　规范表达主义的研究对象与理论依据

吉伯德教授所提出的规范表达主义在当今英美元伦理学理论中独树一帜，代表了非认知主义的最新理论形态。规范性直觉作为其理论体系存在的依据，在其研究中占有重要的地位。而王小锡教授也曾经就规范所体现的社会生活中客观存在的"应该"发表过文章[①]，两位学者的对话由此问题展开。

王：吉伯特教授研究并提出了元伦理学的规范表达主义，我对此很感兴趣，请您简要介绍一下。

吉：规范表达主义是一种伦理学原理，它不是研究具体的一个个道德判断，而是以整个伦理学为研究对象，研究道德判断本身的性质。伦理学是关于什么样的行为是合理的，或者说什么样的行为是可以得到辩护的理论，同时也是关于情感的，即哪些情感是合理的或是能得到辩护的。比如，某些行为对他人造成伤害，人们便会对这类行为产生仇恨的感觉，像这样一些情感、感受也存在是否合理的问题。

王：您的规范表达主义与情感表达主义的联系和区别是什么？

吉：两者有联系也有不同之处。情感表达主义在说一个行为正确或错误时，只是将情感表达出来，并没有做出任何道德判断。而规范表达主义在说一个行为正确或错误时，其结论的得出是有某种依据的。当我们进行道德判断时，实际上是处于这样一种心理状态中，即预先接受了一套规范体系，然后根据这套规范体系进行判断。因此，当主体做出具体道德判断时，就不纯粹是一种情感的表达。而究竟哪些情感的反应是有正当理由的，在很大程度上则取决于主体是否处于这样一个规范体系的心理状态中。而人们之间的社会活动，就是要发展一个关于交往的规范体系。从这个意义上讲，您所从事的经济伦理研究，也就是要发展一个经济领域内的伦理学规范体系。

[①] 关于"应该"的相关论述，参见王小锡《道德、伦理、应该及其相互关系》，《江海学刊》2004 年第 2 期。

王：诚如您所言，社会生活中有许多行为规范。而人们需要自觉地"按理性生存"，就是要遵照这些规范生活。那么，这个规范体系建立的依据是什么？也就是说，我们所认为的社会生活中客观存在的"应该"究竟是什么？只有充分理解这个"应该"，才能使得您所说的"规范"有据可依，否则我们如何判断这个"规范"本身正确与否。

吉：规范体系的建立依赖于一个人的道德直觉，比方说我们看到某个人伤害别人，或是做出作弊之类的行为，直觉上就会认为是不正确的。但问题是有时直觉并非连贯的，在逻辑上会发生冲突，不同的人对同一事物的直觉也有可能存在差异。此时需要做的有两件事：一件是设法使人们之间互相冲突的直觉变得一致，另一件是通过交往以达成道德共识。

王：您说得有道理，但在更为深入的层面上，我认为主体行为选择的标准有两个：一是看是否有利于道德主体自身的存在和发展，二是看是否有利于实现双方利益的共赢，或多方利益的多赢。简单地讲，即两利相遇取其重。比如对堕胎这一行为的看法，在美国存在颇多争议，而在中国则在一定条件下是被允许的。对于个人而言，可能生养多个更好，但对社会来说，却无法在人口急剧膨胀中得到发展。这就是当个人利益与社会利益相遇时，后者显得更为重要。所以，对诸如此类情况的道德判断，遵循两利相遇取其重的原则，得出的结论也是堕胎在一定条件下是被允许的。

吉：我同意您的看法。但有个问题，我们还必须追问理由本身的合理性。比如您刚才所举的例子，并非在任何情况下堕胎都是正确的选择，但我们之所以认为某种行为是合理或不合理的，最终还是要通过直觉来判断。社会有不同的利益诉求，各个利益主体因此有着自身理由的正当性。我的导师约翰·罗尔斯教授曾提出过"反思平衡"的观点，就是从无可置疑的理论出发，来进行道德判断。比如我们认为种族屠杀是不道德的，正是基于这样一个理论得出的结论。诺贝尔经济学奖获得者哈萨尼也曾经提出一个"理想社会的契约理论"，对人们的要求本身进行量化衡量，以决定什么样的社会政策是合理的。

王：有道理。虽然规范的形成有其客观的"应该"依据，但它受人们的社会、经济、文化背景的影响。在不同的国度、不同的地域、不同的民族、不同的时代背景下,"应该"也有其特殊性。比如刚才所举的堕胎的例子即是如此,对这个问题处理中所注重的"应该"之价值取向,不同的民族文化、不同国度会有不同的看法。

吉：我非常赞同您的观点。关于这个例子,美国与中国的情况的确有所不同,因为美国并不存在社会长远发展的问题,故而会更多地关注胎儿是否留这样的问题。

二 元伦理学与应用伦理学的对接

王：接下来我想和您探讨一下关于中美伦理学研究方法的问题。近三十年来,我国伦理学研究在三个方面发展较快：一是以马克思主义伦理学为基础的伦理学理论体系的构建；二是历史研究,包括中国伦理思想史、西方伦理思想史,以及马克思主义伦理思想史的研究,我目前就正在主持国家社会科学基金重大招标项目"中国经济伦理思想通史"的研究工作；三是应用伦理学研究。但长久以来,新的学科理论体系仍未得以迅速发展,一个主要的原因就在于研究方法的停滞,即"形而上"与"形而下"未能有效结合,元伦理学、分析伦理学、道德哲学与应用伦理学未能有效结合。我注意到美国当前的伦理学教材,包括狄乔治教授的《经济伦理学》和恩德勒教授的《面向实践的经济伦理学》,都比较注重理论与实践的结合。我认为中国伦理学的发展,必须要关注"形而上"与"形而下"的结合。您的规范表达主义理论独树一帜,是否也需要与实践相结合？如果需要,又是如何结合的？美国学界目前关于这个问题的认识如何？

吉：您提到的这个问题非常好。对于伦理学家而言,的确需要思考如何用伦理学的理论来解决现实问题。其实西方的元伦理学研究与现实生活的联系是相当密切的。我的老师罗尔斯教授提出"无知之幕",就是要站在一个公正而非自我的立场来考量现实问题,判断社会应该采取怎样的政策,比如社会收入如何分配就是其中一个重要的论题。西方的"自由放任资本主义",提倡"适者生存"的观点,却导致了很多人的贫困,因而这一理论受到了诸多伦理学家的谴责。中国在理论和现实结合的诸多方面都做得很出色，但我个人觉得应该更加关注农村收入的提高。

王：有道理。正因为存在这样的情况，我国非常重视，提出了"三农"问题，即农业、农村、农民问题，目的就是要解决农民增收、农业增长、农村稳定。而且在每年的中央一号文件中，都特别强调这个问题。

吉：我很赞同这么做。

王：近年来我国伦理学研究重点关注这样四个方面的问题：一是伦理学学科重大基础理论的研究，二是当代价值观问题研究，三是道德规范体系的构建，四是应用伦理问题研究，尤其是如何应对当前社会的现实道德问题。那么，目前美国伦理学界研究关注的重点是什么？

吉：中国的伦理学界做得非常好。但美国目前伦理学研究的现状是不太令人满意的，对表面的、肤浅的、具体化问题的较多关注，使得理论研究缺乏一种整体的视角。我认为美国的伦理学界应该确立一个社会共同的价值目标，从社会整体的角度来考虑国家的发展问题。

王：美国元伦理学研究十分深入，对应用研究也十分重视，例如您所提出的诸多观点就极富深刻意味。尽管有些学者的专著很关注应用性，但理论与实践仍未能十分有效地结合，比如某些教材仅热衷于讨论具体的道德问题，却忽略了对问题的学理透视。当然，这是中美两国伦理学研究要面对的共同问题。

吉：我很赞同您的观点。在美国，元伦理学与应用伦理学的对接的确存在问题。我曾经考虑过采用"自由交换"的理念来解决这一问题，但并未使之在很高的层面上得以应用。需要补充的是，在美国，有权势的人或者利益集团会运用财富的力量来影响政府的决策，使之有利于自身而非整个社会大众，这也使得理论对实践指导的作用被削弱。

三 道德资本与道德作用的发挥机制

王：我想和您探讨一下道德在经济中的作用发挥问题。我认为道德主要以四种形态在社会经济生活中发挥作用,即主体自觉、理性关系、道德制度,以及物化道德。具体地说,主体自觉,即主体道德境界的提升,有利于激发劳动的积极性和创造性。理性关系,即道德觉悟的提高和人际关系的和谐,能够减少人际"摩擦消耗",提高生产效率和资源的利用率,并最终产生"1+1＞2"的经济效益。道德制度,或者说制度性道德,是从道德之"应该",也就是您提出的有凭据的、科学的道德所形成的理性制度,通过这样的道德制度来规约人的行为,能够增加社会经济利益。物化道德,即任何物体在设计的过程中都必须考虑人和人际关系协调的需求,因而是内含道德的,而且越是在设计过程中考虑人和人际关系协调的需求,道德就越能通过物体的形式发挥作用。通常人们觉得道德是一个抽象的概念,但我认为,道德是如何形成的,也是非常值得关注的问题。您对此有何看法?

吉:我很同意您的观点。一个人应当有很强的内心道德力量,但仅凭此是不够的,还必须要有很好的制度,以使得内心的道德力量外化。当然,要做到这点非常困难,在制度的设计过程中会遭遇到种种阻碍,比如前面我们谈到的既得利益集团,就会因为自身利益的考量在制度设计的过程中进行抵制。当然,这也从另一方面凸显了道德思考的重要性以及道德对现实的指导意义。

王:我曾经提出"道德资本"这个概念,它是指道德投入生产并增进社会财富的能力,是能带来利润和效益的道德理念及其行为。也就是说,在经济领域,道德也是一种资本,能够帮助赚钱,也需要去帮助赚钱。唯有如此,才能说明经济领域中道德存在的重要性,否则经济领域就不需要道德了。请谈谈您的看法。

吉:您说得很对。一些经济学家有个说法,认为企业家应该尽可能地赚更多的钱,而不用顾及他人,这在某种意义上也许是正确的。但仍然需要进行更为深入的思考,究竟怎样的企业行为才是正当的?经济伦理的作用,就是使得企业家能够按照我们所希望的合理的方式去经营。

王:针对"道德资本"的观点,有些不同的意见,比如认为道德只是精神层面上的东西,如何谈及道德能够赚钱。这就带来一个问题。如果道德的目的就是提升精神境界,那精神境界的依据又是什么？我认为，这个依据一定是精神目的与物质目的的统一。也就是说，在经济社会的发展过程中，道德与利益还是有一定关联的，道德也需要获利，当然，这里的利也包括精神利益。在经济运行的过程中，道德资本发挥着重要的作用，一方面它影响和决定着经济活动主体的价值取向、劳动态度和行为方式，另一方面它协调着经济运行过程中各个利益主体的关系，使之始终处于理性的生存关系中，并由此增进社会财富。

吉：的确如此。我的同事弗兰肯纳曾经提出过这样一个观点：道德应该适应人，而非人去适应道德。《圣经》里有过同样的表述。可见，道德绝不仅仅是精神层面的东西。

王：最后，请吉伯德教授对中国伦理学的学科建设、理论研究提出一些建议和希望。

吉：如同我对美国伦理学研究的建议一样，道德的指导就是要想办法设计一个合作互惠的体系，这是一个核心问题。比如美国的医疗保险，从道德上讲每个人都有权享受，但又存在诸如合理成本这样一些关乎经济学的问题，因此需要有一个合作互惠的体系存在。恐怕中国也存在同样的问题。

王：您提出的建议非常好，值得我们思考。希望今后能够多来往、多交流，因为伦理学有很多世界性的共同语言，需要在交流融合中不断发展。

吉：您说得非常好！我们今天的交流有许多共同之处。中国有着强烈的伦理学传统，这也是西方应该学习的。

（原载《伦理学研究》2012年第4期，作者系江苏开放大学副教授，哲学博士）

道德理论应有自身独有的话语权
——中美教授关于公民道德建设的学术对话

段 钢

伴随着改革的深入、利益格局的调整，社会在精神层面出现了新的问题，如权利与义务失衡、社会责任与道德底线缺失、弱势群体的尊严得不到应有的尊重等，这将对中国社会未来的发展产生深刻的影响。基于此，本报约请中美教授就公民道德建设进行学术对话，希望能在认识和推进我国的公民道德建设方面起到积极的作用。

重视在行为中保持独立的传统美德

《社会科学报》：伴随着改革的深入、利益格局的调整，社会在精神层面出现了新的问题，如权利与义务失衡、社会责任与道德底线缺失、弱势群体的尊严得不到应有的尊重等问题，这将对中国社会未来的发展产生深刻的影响。基于此，举办这样一个中美教授关于公民道德建设的学术对话，将在认识和推进我国的公民道德建设方面起到积极的作用。恩德勒先生，请您先介绍一下美国公民道德建设的概况，再请王老师将中国的情况做一描述。

乔治·恩德勒：美国的公民道德建设始于17世纪殖民地时期。在400多年的发展进程中，与美国的社会、政治、经济、文化的发展相伴而行，公民道德建设在这个过程中，逐步形成了具有美国特色的道德教育体系，在理论与实践方面，结构形成逐渐趋于成熟。在理论方面，对各时期的目标、教育方式及其内容各有侧重；在实践方面，形成了以学校为主，家庭、教会、社区与社会共同参与的大格局。其特征有，美国的道德教育重细节，凸显宗教的美德力量，紧扣民主国家的特色，在儿童时期就进行与社会相结合的教化，尤其是在品格的养成中不忽视社会利益因素，并在提升道德能力过程中与个人发展紧密结合。在这个过程中，我们始终重视在行为中保持独立的传统美德。

王小锡：我国的公民道德建设始于中华人民共和国建立初期，大致经历了三个阶段。从中华人民共和国建立初期到改革开放这一段时期，仍处于初步阶段，这一时期主要以宣传典型人物为主，颂扬共产主义道德。但由于历史原因与过分注重对精神的追求，缺乏一定的物质基础，道德建设犹如空中楼阁，公民道德建设的发展滞后于现实发展要求。从1978年改革开放到2001年《公民道德建设实施纲要》的出台，这一时期正处于公民道德建设的发展期，公民道德建设深入社会经济发展的各个领域，且呈现出多样性。这一时期公民道德建设有了长足的进步，但由于社会主义改革开放处于探索期，其理论和实践上的系统性不够，导致社会的道德建设问题凸显。《纲要》颁布实施至今，是公民道德建设的进一步深化期，这一时期随着改革的深入，我们逐渐正视道德层面的种种问题，重视公民的权利与义务，提升其社会的参与度，且更注重公民道德意识的培育，公民道德建设的系统性与前瞻性明显加强，如提出以德治国的理念、《公民道德建设实施纲要》的实施、社会主义和谐社会的构建、树立社会主义荣辱观、建立社会主义核心价值体系、社会主义文化大繁荣大发展等一系列推进公民道德建设的新思路。公民道德建设是一项系统工程，与社会政治、经济、文化等方面有着千丝万缕的关联，在当前社会复杂性、多样化不断增加的形势下，公民道德建设任重道远。

愿景层面的口号多，在实际生活中的道德指导执行力差

《社会科学报》：公民道德的形成需要一个历史的过程。中国的公民道德建设是随着经济的发展而逐渐完善的。不可否认，当下中国在公民道德建设方面面临不少问题，在理论上和实践上还需要进一步地探讨。梳理这一历史过程是很有意义和价值的。

王小锡：当下中国，在经历了几十年的改革开放之后，中国社会在公民道德建设方面确实面临一些新的问题，但是大方向是好的，也是在逐渐进步的。这需要我们正确看待当前的道德状况。我们当下面临的问题大致在几个方面凸显：道德冷漠现象触目惊心，时有引发全国性瞩目的一些社会道德问题，比如，"小悦悦"事件，发生车祸时不是及时救人而是传图片到微信上等；全社会营造的道德环境氛围弱化，尤其是道德理念迷失，价值标准混乱。

政府也尚未真正把道德建设作为主要议事日程。当前，具有风向标和最高影响力的官德状况不佳。官德建设中的制度层面建设不力，尤其是对官员权力的约束与限制不力，这致使现在贪污行为、渎职行为时有发生，这在一定程度上影响了政府的权力威信和国家形象。这些影响在学术层面也是深刻的，如伦理道德理论话语权弱，虽然紧跟意识形态的步伐，却缺乏自身独有的话语权，道德解读缺乏前瞻性与深刻性。中华人民共和国成立以来的道德规范体系尚待重建，尤其是有原则性的道德规范体系缺乏，在生产、生活领域的具体的道德要求不足。愿景层面的口号多，但实际生活中的道德指导执行力差，这也是学术、学科研究的"短板"。

《社会科学报》：梳理问题在于更好地反思过去和面对未来。针对现实问题，我们采取的一些措施是积极有效的。美国的道德建设经验也有不少值得借鉴的地方。在这方面，两位教授还有什么更好的建议？

王小锡：不可否认，当前西方的新自由主义、绝对个人主义、拜金主义等理念渗透并侵蚀着我们的社会生活，腐蚀我们社会有机体，甚至破坏经济生态、政治生态、文化生态。这也深刻影响着人们的价值观，导致低俗文化泛滥，价值趋向庸俗、浑浊，功利的生活目标和颓废的生活方式被多数人接受。这些社会不良现象如不加以控制，将危及社会正常生活。

当前要着力改善道德气候，从细节做起，在发展经济的同时注重提升公民文化素质；深入社会，研究生产、生活等全方位"立体型"的系统的道德规范体系。在全社会营造良好的道德环境，不仅在社会舆论，更在于生活的点点滴滴，增强道德氛围，形成由内而外的道德约束机制。树立道德榜样，广泛展开荣誉观、羞耻心教育。

创建各级各类道德委员会，将各类道德评估纳入制度层面。当然，官德建设须先行，慈善道德建设须先行，生活道德建设须先行，在全社会大力开展道德生活运动。从身心健康的角度，大力提倡道德修养，从小抓起、从家庭抓起、从生活抓起。值得一提的是，我们的道德必须秉承传统文化精华，具有中国特色、中国风格。

乔治·恩德勒：美国的道德教育重在细节，不专门开设道德教育课程，而是在各科教育内融入道德教育，以课堂教学的形式在专业的课程中进行。在美国的正式课程中，人文和社会科学是道德教育的最重要阵地，在这些课程中充分运用道德教育的调节功能。这种方式是很有成效且潜移默化的，在这个过程中其主流价值观得到了进一步固化。除此之外，还通过各类以参与形式体现的讨论会，在现实的讨论中激发了人们的道德责任。学校如此，社会活动更是丰富而具体，通过社区活动，有声有色地贴近社会实践，强化道德意识。美国的道德教育还通过心理教育、公共环境教育等加以实施。要形成有效、系统的公民道德体系，是一个历史的过程，不可能一蹴而就。

社会主义市场经济是道德经济，它需要有不断的道德"矫正"

《社会科学报》：社会主义市场经济建设呼吁与之相适应的公民道德。厘清公民道德建设与社会主义市场经济建设之间的关系是当下社会发展的重要现实问题。在这两者之间如何做好权衡与推进，是社会发展面临的一大挑战。

王小锡：公民道德建设离不开我国市场经济建设这个大背景。社会主义市场经济是道德经济，它需要有不断的道德"矫正"。正如韦伯所言：一定的经济秩序必然要求与之相应的伦理精神和具备这些伦理精神的职业人员，任何一种经济秩序、任何一种经济行为，要想得到长久的发展，都必须有与之相应的文化观念和伦理精神，必须有具备这些文化观念和伦理精神的公民。公民道德素质直接影响市场经济行为。建立社会主义市场道德是公民道德建设中一个非常重要的组成部分，但是，要防止用市场道德取代公民道德的倾向。

市场道德仅仅只是从市场交换行为中提取出来的、适用于市场交换领域的相关规范，它具有一定的狭隘性，不能完全推广为人类一切行为的标准，更不能取代公民道德。

乔治·恩德勒：在市场经济的建设过程中，立足细节的道德教育是必要的，公民的道德素质提升对经济建设是具有促进作用的，可以减少很多不必要的成本。我有几点建议：在理论层面，进一步探讨道德教育理论，进行多学科、深层次的研究，挖掘面向现实的理论指导并实践于社会；在实践层面，以渗透代替强行灌输，关注社会群体面临的现实问题，有针对性地解决问题，提升全社会的认知能力，提升全体公民积极参与社会活动的意识，以实践活动来代替死记硬背的道德规范，将道德规范落实到实践中。

（原载《社会科学报》2013年8月8日，主持人系《社会科学报》社长、总编）

第四编

学界评论（著作序言、书评、观点评述）

《伦理学通论》* 序

唐凯麟

随着我国社会主义现代化事业的发展、社会主义精神文明建设的深入，我国伦理学也在前进。前两年，有人说伦理学陷入了"困境"，我却不以为然。现在王小锡、郭广银同志主编的《伦理学通论》的出版，更支持了我的这种想法。我觉得这本著作的出版，就是我国伦理学前进中的众多脚印中的一个脚印，是伦理学研究的一个可喜的成果。

生活的常识告诉我们，对于一种事情，与其只说它如何不好，莫如探索怎样才能使之转变为好。不须言，我国伦理学学科在前进中还存在着不少问题，有些问题还是很突出的，这使它在一定程度上与现实生活脱节，在人民群众中难以引起共鸣，阻碍它的功能充分发挥。但是对于这些问题的存在，是使之成为一种把柄，抓住它来证明自己的"高明"、"超越"，还是因此而唤起我们的使命感，激发我们努力探索，不断创新呢？这是两种截然不同的态度，也反映两种不同的精神状况。对于前一种态度应该怎样评价，不是这篇小序能做到的。我要指出的是，王小锡、郭广银等同志所持的则是后一种态度。从《伦理学通论》一书中，我们可以清楚地看到，他们在广泛吸收现有成果的基础上，勇于探索、勇于创新的可贵精神和顽强的努力。因而读了之后，使我深受启发。

过去，人们对已有的伦理学教科书和部分著作感到不能满意的突出之点，就是理论体系的封闭性和陈旧性。本来一门学科的理论

---

* 王小锡、郭广银主编，中国广播电视出版社1990年出版。

体系的确定和理论框架的构建，既反映了研究者对这门学科的精神实质的理解和内在逻辑的把握，又反映了这门学科的发展水平和理论思维所达到的层次。这是伦理学界的同仁都深有体会的。伦理学如何在现有理论体系和框架上有所创新和突破，这是一个难度很大而又必须解决的问题。不然，我们的伦理学就总会使人觉得是"道德的唯物史观"，而不是"唯物史观的道德论"，因而也就难以避免"教条"之嫌。我觉得《伦理学通论》一书在这方面确实做出了有益的尝试。作者为自己的著作大胆地构建了一个新的框架体系。这就是："人的关系——人——人的实践"。这个新的框架体系的科学性到底如何，还有待于广大读者的鉴定和实践的检验。但我觉得在这样一个框架体系中来展开对各种伦理学理论和实践问题的论述，至少有三个优点。第一，他肯定了作为道德主体的人在伦理学中的地位。我曾经写过一篇文章认为，人的全面发展和精神完善化是马克思主义伦理学的主题，在这一点上，我同《伦理学通论》的作者是不谋而合的。同时我也认为，这个框架体系是符合马克思主义关于人的本质的基本思想的。人确实是在人的关系中来展示自己的社会本质（包括自己的道德本质），又在人的实践中改造和发展自己的社会本质（包括自己的道德人格）的。第二，它比较正确地反映了人的道德发生发展的客观事实。人的道德观念的形成就是一个在社会实践基础上从他律到自律的过程；人的道德人格的确立就是主体在人际关系、道德关系中能动的社会实践的结果。第三，它使伦理学研究的出发点或道德目的一目了然。伦理学研究的出发点是什么？道德的目的是什么？这是现已出版的部分教科书中容易忽视的问题。作为一门学科的伦理学，应该十分明了地给读者回答这个问题。有的教科书也确实注意了这个问题，以不同方式从不同角度都做了阐释。但《伦理学通论》从现有的框架体系中合乎逻辑地交代了伦理学研究的出发点或道德目的是"社会人际关系的和谐"和"人生的完善"。这不能不说是构建伦理学体系的一个成功之处。

  对于伦理学学科性质的认识，我觉得《伦理学通论》一书也有所深化。关于伦理学学科性质，过去我国的流行观点是："伦理学是关于道德的学问"，而道德则是调整人们关系的"行为规范的总和"。这个理解对不对呢？现在看来，当然仍然是对的，但却是太狭窄了，具有一定的片面性。这个观点来源于 20 世纪 50—60 年代苏联的几本伦理学的书。而现在苏联伦理学界对此也做了修正，他们的认识前进了，我们没有必要固守在原来的地方。事实上，无论是中国伦理学史还是西方伦理学史，对于"伦理""道德"的理解也并没有局限在这个狭窄的范围内。在中国历史上，对于伦理道德问题就一直是在天人关系的总体框架中来进行全面探讨的，并没有把伦理道德问题单纯地归结为一种行为规范或"准则学"。这里只要提一提对中国伦理思想产生了深远影响的庄子的自然主义伦理思想就足以说明。至于在西方，正如有的同志已经指出的，虽然古希腊关于"伦理""道德"两词的最初含义都有"习俗""品性""习惯"的意思，但它们在古希腊文化历史中所具有的特定内涵却同我们今天的理解并不相同。在古希腊的早期，人们所崇尚的"品质""风格"，首先是对完美人格的弘扬和发展，亦即"健壮的体魄与高尚的灵魂"相统一的人的发展，这就是英雄（一种充分发展的人格化身）的风尚和品质（孔武有力、机智勇敢、忠于民族和祖国）。这就无怪乎古希腊第一个使伦理学从哲学中分离出来成为一门独立学科的思想家亚里士多德，就把伦理学说成是一种人生论。我讲这些话的意思是要说明，伦理学不只是一门关于人的行为规范的科学，而且也是一门关于人生的价值的科学，它的使命是探讨人的发展和精神完善化的各种问题。正是在这个意义上讲，我觉得《伦理学通论》把伦理学定义为"是关于人际关系和谐和人生完善之规律性的一门学问"，并设立第三编，以五章的篇幅来探讨和论述"人的本质""人生价值""人生目的""生活态度""理想人格"，就是十分有见地、有启发的。因为它拓展了伦理学的视野，丰富了伦理学的内容，使伦理学更贴近生活，在解决伦理学与现实脱节问题上，前进了一步。

总之，我觉得《伦理学通论》是一部相当有力度的好著作，我欢迎它的出版，并愿意把它推荐给广大读者。

当然，任何一部好的著作都不可能是白璧无瑕、完美无缺的，《伦理学通论》也是如此。不足之处是难免的。我觉得，作者在力图突破旧的框架体系时，还显得有些拘谨，因而个别地方似乎使人感到还不够严谨；另外，作为一本系统的伦理学教科书，还可以对一系列范畴做更深入的探讨。尽管本书将伦理学的主要范畴合乎逻辑地置于各个章节中，但对个别重点范畴的阐述还显得不够深刻。这与全书对伦理学体系的创造性构建和大胆的学术视角显得不大协调，等等。这些不足之处，仅仅是我个人的看法，不一定正确。

我是从事伦理学教学和研究的，也写过一些这方面的书和文章，特别是对于目前伦理学确实存在的脱离生活、落后于现实的问题，我也经常在思考，并很想做一些力所能及的工作，但却总是处于"非不为之，实不能之"的状况。读了《伦理学通论》之后，我还得到了一个启示，也增强了一种信心，这就是：改革伦理学界的现状，促进这个学科的成熟和繁荣，工作要靠广大伦理学界同仁来做，而且也只能一步一步扎扎实实地做。只要我们坚持马克思主义的指导，面向现实，努力研究社会主义现代化的新情况、新问题，我们是能够在建设有中国特色的马克思主义伦理学学科体系中，有所前进、有所创造的。

（作者系中国伦理学会副会长，《伦理学研究》主编，湖南师范大学教授、博士生导师）

《伦理学研究纲要》* 序

宋希仁

前两年去南京时，听说小锡同志要写一部伦理学研究的书，很是为之高兴。没想到，今年年底就读到了书稿的清样。几十万字的论著这么快就出版问世了，足见小锡同志的勤奋和平日著述积累丰厚，同时也看得出编辑同志的认真负责精神和出版工作的高效率。这两桩事都是值得特书于序言的。

小锡同志是我国伦理学界的后起之秀。自20世纪80年代初，从中国人民大学哲学系进修伦理学毕业至今，十几年来一直活跃在伦理学教学和道德建设的实践中，同时，专心于伦理学理论研究，发表了不少有影响的专业论文和专著。他不仅从事伦理学理论研究和教学，而且还担任系里的领导工作和江苏省伦理学会的工作；他不仅在家里是一位好丈夫、好爸爸，而且在教育战线上也是一名优秀教师，在学术界是一名杰出的青年学者。他热爱自己所从事的事业，即使在被误解、被冷落，甚至遭到冷嘲热讽时，他仍然坚持进行研究、教学和宣传，执着地做着应该做的各项工作，并为之感到充实和自豪。他对于伦理道德，不是仅仅满足于书本和课堂，而是以开阔的视野、务实的态度，从理论与实践的统一、思辨与经验的结合上，进行认真思考的。因此，他的思想的形成和文章的写作，总是源于实际，发自心泉，有血有肉，赋有时代气息和中国特色。我作为小锡同志在中国人民大学进修时的老师，阅稿于此，体味于此，感到莫大的欣慰，拜读之余，诚愿为之作序，以弘其文德，扬

---

* 王小锡著，中国广播电视出版社1992年出版。

其才智。

《伦理学研究纲要》这部书,有一个很可贵的优点,就是贯穿着严谨的治学态度和追求真理的精神。这不仅使它的思想倾向具有一贯性,而且使它的基本观点和论证,能够具有理论著述应有的科学性。全书分为四篇二十八题,形式看上去好像一部论文集,但内容却有统一的构思和内在联系,恰似一棵大树,根干挺立,枝权分明。所论涉及伦理哲学、道德建设、中外人伦思想和伦理学学科改革诸多方面的问题,但一以贯之的是实事求是的精神,是马克思主义的立场、观点和方法。例如,关于道德本质的问题,《纲要》不仅分析了中外伦理思想史上的唯心主义和机械唯物主义的错误,而且客观地分析了当前国内伦理学研究中的错误倾向,旗帜鲜明地坚持历史唯物主义关于社会经济关系决定道德的基本观点,同时又指出一定道德形成和发展的多种因素作用,并结合我国社会主义初级阶段的社会条件,论述了我国社会主义道德发展与经济基础和各种文化因素的关系。在道德的基础和价值根据问题上,《纲要》肯定了提出道德主体性的积极意义,同时明确地批评了把道德建立在抽象人性和人的需要基础上所谓"主体性伦理学"的错误,明确指出道德的本质不是取决于人性,而是取决于一定的社会存在;道德价值的根据不在于人自身,而在于决定道德的社会关系,归根到底决定于一定社会的经济关系,并由此合理地解释了道德的特殊规范性本质和约束性问题。

关于道德的基本原则问题,《纲要》追述了自马克思和恩格斯开始的关于共产主义道德的思想,论述了各类道德的历史发展和演变,指出社会主义道德的集体主义原则产生的必然性和合理性,全面阐述了集体主义原则的伦理内容。《纲要》提出正确理解个人与社会的关系是正确把握集体主义原则的关键,同时强调在集体主义原则中,个人从属于社会,个人利益应当从属于国家利益和人民利益,社会要尊重个人,重视个人利益、个人权利和价值,真正实现个人与社会、个人利益与社会利益的统一。《纲要》尖锐地批评了忽视个人利益、个人权利和价值的错误观点,同时也批判了认为社会主义集体主义原则就是扼杀个人的集权主义的错误倾向。在"集体主义抹杀了人的个性吗?"这个标题下,揭示了集体主义与个人主义的对立,批了个人中心主义、利己主义和拜金主义思想，正确地指出，个性的完善离不开集体的发展，个人利益的实现也离不开集体共同利益的实现，正是社会集体为个人的全面自由发展创造了条件和广阔天地。伦理哲学篇，以道德本质的论述为根基，以道德原则的阐释为主干，还分述了"爱国与务实""为自己与为社会"，以及公正、良心、义务、荣誉、幸福等范畴。凡诸论述，都本着严肃的态度，不走极端，不随风摇摆，也不故弄玄虚、耍花架子。在这里，《纲要》最后对我国伦理学研究中的不正之风的批评，是很值得注意的。

《纲要》一书的再一个突出特点是重视实践和伦理学的应用，不仅立篇专论道德建设和伦理学学科建设，而且全书始终贯彻理论与实际相结合、思辨与实证相结合的原则。《纲要》把实施道德教育提到具有战略意义的地位，强调指出建设社会主义精神文明是建设有中国特色社会主义的一项根本任务。没有社会主义精神文明、道德文明，社会主义现代化方向和动力就没有保证，物质文明建设也搞不好。这个思想是很重要的。正是在这个思想指导下，《纲要》在道德建设篇，从广阔的层面上，探讨了社会主义道德建设问题。

首先是通过坚持不懈的道德教育和科学知识教育，普遍提高人们的道德素质和精神境界，特别是通过爱国主义、集体主义和社会主义教育，使人们正确理解和处理个人利益与社会利益的关系，实现人际关系的最佳协调；并通过社会风尚的综合治理和社会主义生活方式的建设体现出来。

其次，要注意商品经济新秩序的深层因素，也就是在建设商品经济、市场经济新秩序的同时，加强对人们的经济行为的规范调控，不仅要强化外在行为规范和价值导向，而且要在人们内心信念和行为价值取向上，提高人们的自律能力。也可以说，就是要把道德规范的约束力和道德原则的导向作用，转化为人们内心自觉遵行的行为准则、精神动力，变为人们的道德良心。

再次，要把道德建设同法制建设结合起来，把德治与法治结合起来。法律注重行为的后果，带有外部行为的强制性和制裁力量。道德则不仅注重外部行为的合法性，而且注重行为内在精神方面的正确性和正当性；不仅有社会舆论的督导作用，而且还有内心深处的道德良心的制裁力量。只有把法制与道德结合起来，导之以德、齐之以法，才能真正有效地治理社会，打击犯罪活动，把人们的经济、政治和伦理生活纳入社会主义新秩序的轨道上。法治和德治这两大工程，相辅相成。

最后，道德建设必须同廉政建设同步进行，以道德建设促廉政，同时又以廉政建设带动道德建设。廉政建设属于政德，本身就是道德建设的现实课题，是领导取信于民，建立政德威信的关键。社会管理和人群领导固然需要权威，但榜样的力量不是靠权威形成的，而是靠廉洁奉公的美德和政绩形成的。"政者、正也"，道德建设与廉政建设是一致的。所谓"新权威主义"脱离中国国情和德政谈权威，是与社会主义道德建设背道而驰的。

《纲要》的第三个特点，就是它的知识性和朴实无华的风格。这也可以说是两个特点，这里归到一起来说。通读全书之后你会感到，书中无论是阐述理论问题，还是叙述事实或陈述意见，都本着实实在在的态度，力求给人以确切、科学的知识，有针对性地提出问题、回答问题。这种特点在各篇各题中都能体现出来。特别是第三篇"人伦思想论"，更是从中外古今伦理思想史的内容上，展现了人伦思想和人生哲学的丰富知识，融知识、经验与哲理于一体，读来深受启迪。这一篇的巧妙在于，从人生观的理论和实践入手，摆出当今世界在人生观上的矛盾和对立，接着用相当的篇幅阐述马克思主义人生哲学的基本观点，回答了关于人的本质、人生价值、人生原则、人生态度、人生目的等问题，并且具体地回答了当前大学生在人生观方面出现的一新问题。值得称道的是，在回答有关问题时，都是以现实的调查材料和数据为根据的，不设虚妄之词，不做主观武断。这正是实事求是的科学态度和朴实无华的写作风格。

在论述了人生问题之后，《纲要》这棵伦理学知识之树，像石头城的梧桐一样，展开了它的繁茂顶冠，从古今中外伦理思想史上，有分析、有批判地介绍了主要的人伦思想。这里用较大的篇幅系统地阐释了中国儒家的传统人伦思想，并从古今生活比较上，深入剖析了孔子的处世原则，很有特色。随后又重点地阐述了中国古代道家的人伦思想，为传统道家人伦思想更增添了智慧和哲理。在西方人伦思想方面，《纲要》重点论述了存在主义人生哲学和实用主义人生哲学。其特点是述其全，解其要；既有完整体系的析理，又有重点难点的剖析。分析重说理，批判中要害；无华众取宠之心，也无折中躲闪之意。值得注意的是，书中对存在主义"虚无价值观"的评析和对实用主义"实用价值观"的评析，恰好点出了现代西方价值哲学中的人本主义价值论的两种典型倾向。这对于识别近十多年来我们国内流行的人本主义、个人主义、相对主义价值论，批判西方人本主义价值哲学的影响，是有重要启发意义的。

清末文论家刘熙载说过，君子之文无欲，小人之文多欲。多欲者美胜信，无欲者信胜美。这里说的就是文论的风格，亦是文人的作风是尚华？还是崇实？文如其人，读文章虽不见其人，但仍可从其所欲，识别是君子还是小人。君不见前些年学术界泛起的那种华而不实的作风：脱离实际，空论玄想，夸夸其谈者有之；贩运外国陈货，推为新作，冒充新启蒙者有之；急功近利，做表面文章，以致抄抄拼拼者有之；生造怪词、晦句，故弄玄虚者有之。还有以情绪代理智，以嘲讽谩骂代替科学分析的东西，也流行于市。与这种种华而不实的作风相对照，王小锡同志的《纲要》不是更显得既信又美，充实而有光辉吗？它真似一株未加装点的树，向下扎根，向上生长，根深叶茂，自在自然。讲观点，旗帜鲜明；叙事实，诚实不虚；用词语，平直不娇。这正是搞理论、做学问应有的风格。

当然，《纲要》这部书还有其他方面的优点或特点，这里不能赘述。这里也还有个"仁者见仁，智者见智"的问题。从这样的思考来说，我倒觉得，在注意这部书的人的哲学和人的知识的同时，更注重它关于道德建设和伦理学学科建设的议论，似乎对我国伦理学的发展和道德文明的建设更有价值。这不只是因为后一方面的内容占据了相当大的篇幅，主要是因为它明确提出了一些中肯的、有价值的建设性意见和建议。有些批评也很尖锐，但它饱含着对真理的追求和事业的忠诚。批评有两种，一种是积极的、建设性的，另一种是消极的、破坏性的。对于伦理学学科建设来说，积极的、建设性的批评，是要改掉它的缺点、错误，使它健康的发展；而消极的、破坏性的批评，则是要根本毁掉它，实现所谓"价值重估"、"伦理转型"和"道德重建"，根本抛弃社会主义、共产主义道德价值观，改变社会主义伦理关系的性质和道德价值导向。我们赞成和接受哪一种批评呢？当然是前者。对于后者，当然也要听，也要注意它之所以产生的缘由和条件，有合理之处也要接纳，但不能与前者一概而论，更要警惕它的破坏作用。从这样的背景思考问题，我觉得王小锡同志在《纲要》最后所提出的"中国伦理学向何处去"那个问题，就应当成为伦理学界的警示，无论说得深浅、偏全，对于加强伦理学理论研究和社会主义道德建设，都是有益的。

"精神文明重在建设"，邓小平同志在南方谈话中，江泽民同志在党的十四大报告中，都强调了在建设有中国特色的社会主义的全过程中，必须既抓物质文明建设，又抓精神文明建设，坚持"两手抓"，两手都要硬。这里当然也包括道德文明建设。当前，我国社会随着经济结构和体制的改革，社会主义的市场经济和相应的社会建构正在迅速发展。在新的形势下，如何围绕经济建设这个中心，使社会主义精神文明建设、道德建设，服从和服务于这个中心，同时坚持改革开放和四项基本原则，使两个文明建设沿着社会主义的方向和轨道，健康、顺利地发展，这里有许多新问题，需要从理论与实践的结合上加以研究。在如何弘扬中华民族优秀传统文化和汲取世界各民族优秀文化方面，还有许多工作要做。作为伦理学理论工作者和道德教育工作者，我们应当以积极的态度，帮助人们认清形势，认清社会主义现代化建设的大局，包括经济形势、政治形势和道德态势；帮助人们解放思想，改变不适应现代化建设和市场经济需要的旧观念；指导人们正确对待和处理新的利益关系、人际关系和生活方式；引导人们科学地调节自己的心理、情绪，培养健康的理智、情感、人格，学会自尊、自重、自立、自强，同时又能善于处人处事，顾大局、识大体，为社会主义现代化建设事业多作贡献；还要通过各种方式，批评各种不正当的、腐败的行为和风气，克服各种败德违法的现象，等等。所有这些都离不开理论的研究或理论建设。应当说，理论建设是道德文明建设的先导，没有正确的有远见的理论，就不会有正确的久长的道德建设。在今天，我们的道德理论研究，无疑应该面向现实、面向世界、面向改革，向实践学习、向群众学习，在现代化建设的大潮中，与经济建设密切配合。有许多问题，坐在书斋里看与站到建设大潮中去看，是不同的；站在理论家、道德家的立场看与站在实践家、实业家和普通老百姓的立场上看，也会有不同。我们不能像德国古典哲学家那样，只在讲台上论道，而应当关心现实，联系实际，特别是要到蓬勃发展着的经济建设中去，观察新情况，研究新问题，不断地丰富和发展我们的伦理学理论，推进道德建设。这样，有些若明若暗的情况很快就会明了，有些长期争论不休的问题就会迎刃而解。

理论研究是重要的，但在当前还要注重应用的研究。道德建设要有理论指导，终归还在于应用。理论要有用，不是实用主义的"有用就是真理"，而是把真理应用于实践，把理论的东西转化为实际的建设成效，并在实践中发展理论。在这方面，特别急需的是加强职业道德研究、各类企业道德的研究、党政干部道德研究、公共场合文明规范研究、家庭道德研究、学校道德研究，以及环境伦理、生命伦理、消费伦理、管理伦理、性伦理等的研究。不仅要区分这些领域的善恶，研究善恶发生和斗争的规律，建设抑恶扬善的行为规范体系，而且还要研究和设计可操作性的手段、方法、方式。中国几千年道德生活传统中，有一个值得注意的经验，就是把玄虚高远的道，变成可循的纲，再变成较为具体的规范即所谓"常"，再把规范变成更具体的礼。所谓"礼仪三千"，未免烦琐，但有了具体可行的礼，就使抽象的道德理论、原则、规范，变成可操作的东西了。所以，古人把礼看作"道德之极"，正是注重于应用和操作的经验。目前，许多企业在总结提炼本企业的企业精神的同时，都在力求把它变为具体的行为规范和更具体的礼仪规定，并且把它同经济的、法律的、纪律的等手段结合起来，进行企业道德建设，这是十分可喜的现象。我相信，只要我们坚持不懈地努力加强道德建设，中华文明古国、礼仪之邦，必将在社会主义新中国焕发光彩。

（作者系中国人民大学教授，博士生导师）

《中国经济伦理学
——历史与现实的理论初探》* 序

孙伯鍨

我与王小锡同志过去一直未曾谋面，但却很早便知道他是专治伦理学的。许久以来，我不断地从朋友的口中得知他是目前国内年轻学者中研究马克思主义伦理学颇有成就的一位，同时，也有幸读到过他的一些文章和著作。因而，对于他我是素怀敬意的。没有料到的是，这次他把他的新著作《中国经济伦理学——历史与现实的理论初探》的书稿送给我看，并嘱咐我为它写篇序言，这倒真使我有些为难。素来慕名而又初次见面的朋友，我不好却了他的盛情。但真要答应着来做，却又感到十分愧疚。这些年来，由于许多方面的原因，我和所有热心的人们一样，对于当前社会中的伦理状况总带有几分惶惑不安的感觉，是耶，非耶，莫衷一是。欲待做些认真的研究，但急切间也难完全抽出手来。因此，原来糊涂的，目前依然糊涂。现在面对小锡同志的这部新著，我能够说出什么中肯而有用的东西呢？所以就很自然地感到愧疚和不安了！

记得我曾在一篇文章中说到，从当今中国社会生活的表面看，经济和道德似乎是互相对立的两极，一方的进步必然要以牺牲另一方面为代价才能取得。联想到中国自古以来就有义利之争，并且一争就延续了两千多年。改革开放以来，这个争论又被重新提起，实在是有它的现实的根据和理由，在几千年的中国封建社会里，重义轻利的儒家伦理观念几乎构成了中国传统文化的独特的色调，与此

---

* 王小锡著，中国商业出版社 1994 年出版。

相应的则是中国的经济发展长期处于滞后状态，于是有人认为，儒家伦理正是长期制约中国经济发展的根本原因。其实，这是把伦理观念的作用过分地夸大了。把儒家伦理奉为正统观念的旧中国的统治者们，大都是"阴居而阳为"的，就是表面上讲仁修德，骨子里却无不揣着一颗"寇盗心"。事实上，越是纯粹的道德教化，它的欺骗成分就越大，它的真正的历史作用就越小。康德的纯粹的善良意志，曾为无数的道德学家所交口称赞，至今不绝，但真正深刻的思想家却一眼就看出它是极端虚弱无力的，黑格尔有感于康德的道德理性无力，首先认识到了"恶"的历史作用。对黑格尔来说，恶是历史发展的动力借以表现出来的形式。这在一定意义上就把利和义、贪欲和道德统一起来放在历史中加以考察。马克思肯定了黑格尔这一思想的合理性，早在他年轻时期的著作中曾尖锐地指出过：不要把思想和利益对立起来。他说，思想一旦离开利益就一定会使自己出丑。对于马克思来说，问题不在于把利益纳入道德的轨道，而在于认清什么样的利益是"得到历史承认的"。这就是说，历史发展的客观要求和现实需要，既为经济的发展开辟了道路，也为道德的进步提供尺度。

近代资产阶级的功利主义者也是把道德经济统一起来加以考察的。和单纯的道德学家不同，他们是站在经济的立场上来论证道德问题的。在他们看来，凡符合功利原则的也都符合公益原则。所以他们倡导功利论也就是倡导公益论。这个观点多少符合属于上升时期的资产阶级的性质。因为在那个时候，在法国大革命和刚刚兴起的大工业发展起来之后，资产阶级俨然就成为社会公共利益的代表者。于是，在边沁等人看来，资产阶级的生存条件（普遍发展的分工、交换和竞争）也就是整个社会的生存条件。在这样的条件下，作为资产者的单个人的私人活动直接地变成了社会的公益活动。这种理论最明显不过地带有为现存制度辩护的性质。这就等于说，现存的资产阶级经济关系是最能为整个社会增进福利的。马克思主义肯定功利主义的优点，即它把经济关系当作考察伦理关系的现实基础，同时又批评它的资产阶级局限性和方法论上的非历史主义态度。

一切在历史上仍有其存在理由的东西都不可能人为地加以取消。因此，我国的社会主义计划经济体制在初期取得了有限的成功以后，便日益暴露出各种缺点和弊端。于是，一度被视为资产阶级经济旧模式而受到严格限制的商品生产、市场竞争等，便又重新得到了大力的促进和发展。这就引发了一个受到广泛关注的重大伦理问题：社会主义价值观念和市场经济的发展取向是否存在着尖锐的对立和矛盾？二者能否在我国今后的历史进程中得到协调一致的发展？这是当今我国伦理学界直接面对的重大研究课题。在正从事社会主义现代化建设的中国，人们必须从我国的现状和实际出发，在经济和伦理之间的内在关联上做一番彻底的探讨。在这一方面，王小锡同志的这部新作，真可以说是捷足先登，它的出版一定会受到广大理论界同行的欢迎。我上面说的几句话，仅聊以表示庆贺之意！

（原载《道德与文明》1996 年第 5 期，作者系南京大学教授、博士生导师）

经济与伦理关系之现代透析
——评《中国经济伦理学——历史与现实的理论初探》*

刘旺洪　林　海

在当代中国,"市场经济乃是法制经济"已成为人们的普遍共识。但是,对社会经济现象与伦理现象之间的关系问题,人们却较少关注。实际上,经济和伦理的关系问题和经济与法的关系问题一样,也是社会关系体系中十分重要而无法回避的问题。从伦理学的角度而论,市场经济不仅是法制经济,而且也是伦理经济。正如川岛武宜所说:"商品的等价交换自身就是一个伦理过程,这对人类历史中伦理世界的成立有着根本性的意义。"[①] 但是社会经济系统与伦理体系的关系到底是怎样的呢?社会主义市场经济的伦理品格是什么?它对于社会主义市场经济的发展和社会整体进步有什么样的意义?它确乎是当代中国伦理学研究所面临的重要的时代课题。我们欣喜地看到,王小锡教授新著的《中国经济伦理学——历史与现实的理论初探》大胆回应了这一时代的呼唤,将历史研究与现实的思考相结合,理论探讨与实证分析相统一,宏观把握与个案解剖相配合,对这一具有重大时代意义的课题展开了多视角、全方位的深入研讨,既富有重要的理论创新,又具有重要的伦理工具价值,对创建具有中国特色的经济伦理学体系具有重要意义。全书共分上下两篇,上篇对中国历史上不同伦理思想体系的经济伦理思想及其对当代中国的启迪意义进行了较为深入而系统的概括和研讨,下篇则从

---

* 王小锡著,中国商业出版社1994年出版。
① [日] 川岛武宜:《现代化与法》,王志安等译,中国政法大学出版社1994年版,第36页。

建立当代中国社会主义市场经济体制的时代条件出发，深入探讨了现代市场经济的内在伦理精神，对作为现代市场经济最重要的主体——企业的伦理文化品格进行了既具有伦理哲学的思辨理性又具有坚实的实证基础的研究，最后对具有典型意义的三个企业的伦理文化特质和功用的分析，向我们展示了现代伦理文化的工具性价值，从而为建立具有中国特色的经济伦理学体系奠定了基础，创造了条件。本文着重对以下三个方面的问题做一简要的述评。

一　经济现象的伦理分析

《中国经济伦理学——历史与现实的理论初探》认为，经济伦理学是经济学与伦理学之间的一门交叉性的边缘性学科，它既注重于"以道德哲学的眼光审视社会经济现象，揭示其深刻的伦理内涵。同时以独特的视角探讨道德的经济意义和经济运行过程中的道德内涵和道德规律，展示理性经济和经济理性的基本状态和基本内容"[①]。

关于经济现象的多角度透视，包括伦理审视的问题，首先是由马克思、马克斯·韦伯等经典作家提出并展开深入研究的。马克思在其政治经济学巨著《资本论》中不仅系统分析和科学揭示了资本主义商品经济的本质特征、内在规律、运行机制及其未来命运，而且对这种经济系统的社会文化学乃至人类文化学意义进行了深刻的研究，做出了科学的阐述。正是在这个意义上，《资本论》成为马克思主义的百科全书。马克斯·韦伯目光深邃，思想深刻，基于他对资本主义经济和社会现象的深刻把握，他关于资本主义生产方式与新教伦理之间内在关联的理性思考，对资本主义的伦理形式主义和工具主义的论述，颇有批判现实主义的理论意味。《中国经济伦理学——历史与现实的理论初探》正是沿着马克思等经典作家开辟的理论道路，对社会经济现象做了颇有伦理哲学和伦理文化学意味的概括。它认为："随着社会化大生产的发展，人们对经济及其运行过程的认识和把握已经在更广的层面和更深的内涵上展开。经济及其运行过程已不再简单地理解

[①] 王小锡：《中国经济伦理学——历史与现实的理论初探》，中国商业出版社1994年出版，第142页。

为物质改造和物质实现的过程，它同时也是人类理性实现和理性完美的过程。即是说，经济及其行为过程是物质活动和理性精神的统一体，也是人们科技水平和伦理觉悟的统一体。不包括理性、伦理的经济行为是不存在的，也是不可理解的。"[1]

如何理解经济系统的伦理内涵？《中国经济伦理学——历史与现实的理论初探》从经济与伦理现象的分离和耦合关系的角度进行了系统的阐释。在它看来，经济运行过程本身就内含着政治的、法律的、伦理道德的和其他方面的因素，而从伦理道德的角度而论，第一，由于社会经济系统中，尤其是生产力系统中人的因素是最重要的因素，特别是在社会主义条件下，人真正成了社会和自然的主宰，人的素质直接决定了人们的创造性劳动的积极性和经济发展的速度；同时，劳动者与劳动资料的结合也是在人的自主、自由状态下进行的。因而，生产力的发展既取决于人的素质的提高，同时又是人的素质提高的体现。从这个意义上而论，"社会主义物质资料生产的发展，同时又体现不断促进着人的完美性"[2]。因而，经济发展问题同时就是人的发展问题，是伦理问题；经济关系的运行过程同时就是社会伦理机制的实现问题。因此，"生产力内部各结构要素的协调，并不是简单的人与物的关系的协调。物是归人所有并被人掌握的，因此，人与物的关系实质上是人与人之间的生产关系、权利关系、地位关系的协调。故生产力内部各结构要素之间的关系说到底是一个伦理道德关系。"[3]

第二，从社会主义经济建设的目的来看，社会主义经济建设的直接目的是物质利益的实现，其根本目的是最大限度地满足人民物质、文化生活的需要，实现全国人民的共同富裕。显然，社会主义生产的根本目的是包蕴着十分丰富的伦理内涵的。因为满足人民不断丰富的物质文化生活的需要，说到底是人格内涵的不断丰富和人

---

[1] 王小锡：《中国经济伦理学——历史与现实的理论初探》，中国商业出版社1994年版，第127页。

[2] 王小锡：《中国经济伦理学——历史与现实的理论初探》，中国商业出版社1994年版，第129页。

[3] 王小锡：《中国经济伦理学——历史与现实的理论初探》，中国商业出版社1994年版，第129—130页。

的全面发展。因此，伦理目的是社会主义经济建设的目标体系中的构成部分，它是生产的直接经济目的的价值基础，比经济目的更为深刻，从这个意义上来说，物质资料的生产和经营活动作为人类生存和发展的基础性工程乃是实现人类幸福和人的全面发展、塑造人的完美人格的机制和手段，伦理目的才是人类生产乃至全部人类活动的终极目的和精神依归。

第三，从社会主义生产力发展的动力机制来看，伦理道德建设是经济发展的驱动力。"只有具备崇高的道德精神和正确价值取向的人，才有可能以饱满的热情投入社会主义经济建设中去，没有进取精神，缺乏道德觉悟，人的行为的着眼点就只能是满足基本生存需求，其行为的指向性就必然是短视的和短期的，人就会对工作和事业缺乏感情和兴趣，也就谈不上推动经济发展。"① 因之，从社会生产力系统看，伦理道德是经济发展的重要动力源之一。从这个意义上而论，"我们可以得出结论，道德是生产力，而且是'动力'生产力"②。

从上述理论观点出发，《中国经济伦理学——历史与现实的理论初探》进一步论述了社会主义市场经济的伦理本性，指出"社会主义市场经济就其本质来说是理性经济、伦理经济，它是我国社会经济发展至今最完美的境界"③，并具体分析了社会主义伦理道德和现代理性精神对社会主义市场经济的目标实现和市场竞争的正常进行的深刻的推动和制约作用，指出："社会主义市场经济体制的完善是一项系统工程，而社会主义道德建设是其基础性工程和'软件'工程"④，并进一步探讨了在当代中国建构社会主义市场经济体制的时代条件下，利益与道德、公平与效率、经济人与道德人等方面的相互关系以及正确处理这些关系的理论模式，寻求经济与道德的相互

---

① 王小锡：《中国经济伦理学——历史与现实的理论初探》，中国商业出版社1994年出版，第130页。
② 王小锡：《中国经济伦理学——历史与现实的理论初探》，中国商业出版社1994年出版，第130页。
③ 王小锡：《中国经济伦理学——历史与现实的理论初探》，中国商业出版社1994年版，第127页。
④ 王小锡：《中国经济伦理学——历史与现实的理论初探》，中国商业出版社1994年版，第147页。

耦合和系统整合的现实途径，读来颇有启发意义。

二 社会伦理的经济意义

如前所述，《中国经济伦理学——历史与现实的理论初探》不仅关注于从伦理的独特视角来考察社会经济现象，同时也从经济的角度来探讨伦理道德现象的经济意义和经济运行过程中的道德内涵和道德规律，以展示经济的理性色彩，奠定理性的经济基础。为此作者具体从三个方面分析了社会伦理现象的经济意义。

第一，从伦理哲学本体论的意义而论，社会伦理道德属于社会意识的范畴，是社会物质生活条件的主观反映和理性显现。一定社会的伦理品格是社会经济关系所决定的社会应有秩序的理性化形态。因此"道德不是空中楼阁，它根植于经济建设和社会生活中，我们不能设想在一个贫穷的国度里能建设高度的精神文明，不能设想当人们还不富裕，甚至连生计都成问题的情况下，整个社会的精神状态能有持久而良好的发展——整个社会的道德风貌的改变确实有赖于全体人民的物质生活条件的普遍改善"[1]。由于伦理道德对社会经济结构和生产方式的派生性、依附性。"所以，我们今天的道德教育和道德建设在本质上应该指向社会主义经济建设。"[2]

第二，经济伦理学作为"研究人们在社会经济活动中完善人生和协调各种利益关系的基本规律以及明确善恶价值取向及其应该不应该行为规定的学问"[3]。在坚持伦理的经济物质制约性的同时，又十分注重伦理作为实践理性的工具性价值。因之，在作者看来，伦理道德的经济意义在于它对于社会经济的发展不是可有可无的，相反，它是社会经济活动得以正常进行、社会主义市场经济顺利发展的社会文化条件和工具手段。"伦理道德在建立、巩固和完善社

---

[1] 王小锡：《中国经济伦理学——历史与现实的理论初探》，中国商业出版社1994年版，第131—132页。

[2] 王小锡：《中国经济伦理学——历史与现实的理论初探》，中国商业出版社1994年版，第132页。

[3] 王小锡：《中国经济伦理学——历史与现实的理论初探》，中国商业出版社1994年版，第137页。

会主义市场经济新秩序中有着举足轻重的作用。尽管政策、法规必不可少，但在保证市场经济正常运行的过程中，伦理道德与政策、法规相比，前者意义更重大。这是因为，单凭政策和法规手段还不能从社会心理的深层结构上为完善市场经济新秩序提供坚强的保证，对于社会腐败现象来说往往只能是治标不治本。"[①] 因此必须"通过对逻辑和事实力量的宣传教育，逐步使人们在价值取向和道德责任上产生情感上的共鸣，并由此延伸到市场经济活动中取得目标和手段上的共识，在真正实现由内心自觉的基础上，共同创造社会主义市场经济发展的稳定、有序、高效的局面。这才是真正的治本之举"[②]。

伦理道德的上述经济意义，不仅具有重要的理论意义，而且作为实践理性的伦理道德，其经济功能体现于社会生活的各个方面。为此，《中国经济伦理学——历史与现实的理论初探》侧重在企业伦理层面展开了较为深入的探讨。为什么特别注重企业伦理的研究呢？德国学者格贝尔在划分经济伦理学的类型时认为，"根据经济范畴的三分法，经济伦理学也被分为宏观、中观和微观三个层次。宏观层次探讨的是'正确的'经济秩序问题，即对市场经济和中央计划经济作伦理上的评判。微观层次探讨的是作为经济主体的个人的正确行为（管理者伦理学、消费伦理学）。中观层次探讨的是企业方面的道德行为（企业伦理学）"。基于这种对经济伦理学的类型划分，《中国经济伦理学——历史与现实的理论初探》认为，"企业经济是国民经济发展的重要支柱。发展企业是我国社会主义市场经济建设的基本经济手段或目标。因此，研究经济伦理学应该从研究企业伦理入手，从而为经济伦理学的创立和发展提供实践依据"[③]。进一步论之，企业伦理在整个经济伦理体系中之所以具有特殊重要的地位，是因为在现代市场经济的时代条件下，企业是最重要的经济主体，

[①] 王小锡：《中国经济伦理学——历史与现实的理论初探》，中国商业出版社1994年版，第146页。

[②] 王小锡：《中国经济伦理学——历史与现实的理论初探》，中国商业出版社1994年版，第147页。

[③] 王小锡：《中国经济伦理学——历史与现实的理论初探》，中国商业出版社1994年版，第150页。

是现代经济关系体系中的"网上纽结",基本的经济交往关系是在企业之间进行的。因此,伦理道德的经济分析首先是企业伦理的经济分析,此外,企业伦理本身又具有两个层面的内涵,一是企业外部关系中的伦理问题,二是企业内部关系中的伦理问题。企业外部关系中的伦理问题就是社会的经济伦理中的主要问题,而企业内部的伦理关系则是微观伦理的重要内容。因之,企业伦理是研究宏观伦理和微观伦理问题的中介。如何理解企业伦理的经济意义呢?在《中国经济伦理学——历史与现实的理论初探》看来,企业伦理即企业道德,它是指在企业活动中完善企业员工素质和协调企业内外部关系的善恶价值取向及其应该不应该的行为规范。它的经济意义在于:首先,企业伦理作为企业协调内外部关系的规范体系和企业行为的基本准则,其实质是调整在经济活动中的各种经济利益关系;其次,企业伦理作为企业的道德规范的体现是与企业的内在特质、经济活动的本质及其目标和功能紧密联系并由它所决定的;再次,企业伦理作为一种理性精神,既内含在经济活动过程中,又指导着经济活动的发展。

三 作为工具性实践理性的经济伦理

从应用伦理学的层面来看,社会伦理道德现象不仅是经济理性的,道德提炼和经济运行机理的主观把握,而且作为一种实践理性,它还具有很强的实践性和操作性。也就是说,它不仅是一种精神体系,而且还是一种工具系统;不仅取决于社会经济关系,而且反作用于社会经济关系,对社会经济的顺利运作和高效发展产生积极或消极的影响。关于经济伦理的工具价值,《中国经济伦理学——历史与现实的理论初探》除了从经济伦理学的一般理论和基本理念的角度进行了伦理哲学的分析探讨以外,主要是从企业伦理这一中观层面上来展开论述的。它的理论框架具有两个明显的理论特色。

其一,从企业伦理学的一般理论层面上论证企业伦理对于企业生存和发展的价值和功能,认为"企业伦理在企业发展进程中作为'无形的手'在起着举足轻重的作用",这就是说,企业伦理是企业之灵魂，是企业发展之动力。"我们始终认为，企业的伦理形象、道德面貌是企业扩大知名度的直接的介绍信，企业的道德素质和职员的道德觉悟是企业发展的看不见的助推力。企业伦理不佳就像人浑身乏力一样，企业发展没有耐力、没有后劲。"① 从这个意义上来说，企业伦理、企业精神是企业的一笔无形资产。一方面，企业的信誉和诚意，使企业能获得广大消费者和合作者的信任与赞许，从而产生直接竞争优势和物质效益；另一方面，企业员工崇高的精神境界和良好的道德风貌，使企业将经济建设与全面实现职工的生存价值高度统一起来，从而激发职工高昂的生产积极性，实现经济生产的高效率。"所以，道德能使金钱增值，道德与赚钱并不矛盾。"② 为此，它进一步具体探讨了企业管理伦理、企业促销伦理等企业伦理分支领域的基本观念和功能意义。

其二，《中国经济伦理学——历史与现实的理论初探》的重要性之一是它的个案分析。它不仅从理论上分析伦理的经济功能，而且在大量的个案调查的基础上选择了三个具有不同伦理精神模式、充分发挥企业伦理的经济功能的企业进行个案分析，即"以人为本"的臧盛东经营伦理思想及其经济价值，"以诚为本"的李扬企业管理伦理思想和"以德为本"的陈广安企业伦理思想。通过个案分析，《中国经济伦理学——历史与现实的理论初探》得出下列重要结论："十多年来我国经济发展的实践提示了一个基本定律，即企业建设、企业管理一味地强调物质力量和科技因素是片面的企业发展观，只有注重职工的素质培养，重视道德建设和思想政治工作，才能真正实现企业的全面发展，造成企业的极强的生命力。"③

应该说，对社会主义市场经济的伦理问题进行系统探讨，是理论上的一种尝试。《中国经济伦理学——历史与现实的理论初探》作为这种理论尝试的成果，尽管是初步的，但无疑是成功的，这不是

---

① 王小锡：《中国经济伦理学——历史与现实的理论初探》，中国商业出版社1994年版，第153页。

② 王小锡：《中国经济伦理学——历史与现实的理论初探》，中国商业出版社1994年版，第153—154页。

③ 王小锡：《中国经济伦理学——历史与现实的理论初探》，中国商业出版社1994年版，第223页。

说它没有任何的瑕疵，相反在我们看来，与它具有诸多方面的理论创新一样，它的缺憾也是明显的，诸如作为一个完整科学体系的经济伦理学的逻辑体系尚未完全形成，某些问题还有待进一步深入拓展。但总的来说，瑕不掩瑜，读来颇有启迪意义也就足够了。

（原载《学海》1997 年第 5 期）

从伦理学的角度透视经济
——读《中国经济伦理学——历史与现实的理论初探》《经济伦理与企业发展》

李志祥

经济与伦理、市场经济与道德建设之间的关系问题，是我国进行社会主义市场经济建设和社会主义道德建设过程中必须关注和解决的重要课题。南京师范大学王小锡教授近几年来著、主编的《中国经济伦理学——历史与现实的理论初探》（中国商业出版社，1994年版）和《经济伦理与企业发展》（南京师范大学出版社，1998年版），力图从理论与实践相结合、历史与现实相结合、思辨与实证相结合的角度回答这一现实问题，"建立了一个比较合理的经济伦理学体系"（中国人民大学教授宋希仁语）。

我国在进行社会主义建设的过程中出现了这样一个社会现象：一方面是经济的巨大成功；另一方面是道德的停滞不前，甚至是不断滑坡。这一现象在20世纪80年代后期引起了我国伦理学界、经济学界的广泛关注和热烈讨论，一门新兴的边缘应用学科——经济伦理学就此应运而生。王小锡教授及其他课题参与者始终关注着经济伦理学的开创和发展，并对于现实的社会经济问题进行了深层次的哲学探讨，上述两部著作便是作者多年来思考和探索的结晶。

在对经济伦理学的理论探讨中，作者至少在三个方面有了理论上的突破。

第一，在确定伦理道德在经济发展中的地位问题上，作者超越了"目的论"与"手段论"的对立，发现了经济与伦理的内在统一，提出了"完善意义上的经济应该是理性经济"①的新思想。

当人们以伦理学的目光注视经济现象时，一个主要的问题是，如何看待伦理在经济建设中的地位。对此，理论界一开始就形成了两种不同的认识：一种是"道德目的论"，这种观点认为伦理是经济发展的目的，经济是实现伦理目标的手段；另一种是"道德手段论"，这种观点认为经济是伦理的目的，伦理是经济发展的手段。与伦理在经济发展中居何地位的不同观点相应，人们对如何确立社会主义市场经济的道德规范也产生了不同的认识，持"道德目的论"者认为，既然伦理道德是经济发展的目的，就应该强调伦理的规范导向作用，由社会发展的伦理目标来制约经济发展，经济发展的道德规范应该从一般社会领域中引进（即"外灌说"）；持"道德手段论"者认为，既然经济是伦理的目的，就应该强调经济发展的优先性，经济发展中的道德规范应该由经济发展自身所提供（即"内引说"）。

王小锡教授则超越了这种一元目的论，超越了经济目的与伦理目的的对立，认为经济发展与伦理发展之间不存在谁是目的谁是手段的问题，二者是互为目的、互为手段的，从本质上来讲是一致的，经济发展本身也具有一定的伦理内涵。

从这个角度看，经济与伦理不再是两个对立的目的，而是同一事物的两个方面，即一方面是"物质生活条件改善的经济目的"，另一方面是"实现着人的完美性的伦理道德目的"。② 这一理论的意义在于，它一方面说明了经济发展的合伦理性，另一方面又指明了伦理道德的可实现性，为经济和伦理的发展扫清了认识障碍，也为经济伦理学这一学科的建立打下了坚实的基础。

第二，在伦理道德对经济发展的作用上，作者突破了不顾经济本身的发展规律、将伦理道德的社会作用直接套入经济领域的做法，提出"道德是动力生产力"的科学论断。

王小锡教授著的这两部著作所开创的新思路是从伦理道德与生

---

① 王小锡主编：《经济伦理与企业发展》，南京师范大学出版社1998年版，第18页。
② 王小锡：《中国经济伦理学——历史与现实的理论初探》，中国商业出版社1994年版，第132页。

产力的关系来探讨伦理道德在经济发展中的作用。他通过对生产力的分析发现，生产力中有两个重要的方面：其一"人的素质是生产力发展的决定性因素"①；其二，生产力内部各结构要素之间的关系主要是人与物的关系。而伦理道德正是从这两个方面融入生产力的。作者得出的结论是，道德是生产力，而且是"动力"生产力。这一理论的意义在于它真正揭示了伦理道德在经济发展中不可或缺的作用。

第三，在伦理对经济的透视方面，这两部著作突破了原先的狭隘视野，将经济运行的各个环节纳入了伦理分析的范围。

当伦理的目光转入经济领域时，一个重要的问题是确定自己的研究对象，即经济领域中的哪些东西可以为伦理所分析。在《经济伦理与企业发展》一书中，作者对经济的分析就不再是一种表面的分析，而是深入经济内部，对经济运行的各个环节都进行了分析。这种对经济运行环节的伦理探讨，使伦理真正走进了经济领域，发挥其应有的作用。正是这种视角，才使得伦理分析真正步入了经济领域。

《中国经济伦理学——历史与现实的理论初探》与《经济伦理与企业发展》两书在研究思路上也独具特色。首先，在研究对象上，这两部著作在我国经济伦理学研究的起步阶段，创立了一个比较完善的理论体系。中国人民大学伦理学教授宋希仁先生把《经济伦理与企业发展》一书称为："它是我国经济伦理学学科建设的奠基之作。"其次，在研究方法上，作者抓住了经济伦理的实践理性特征，采取了理性思辨与实证分析相结合的方法。

经济伦理不是纯粹理性的对象，而是实践性的对象。它不仅需要形而上学的思辨，更需要对现实经济生活的调查分析。王小锡教授著、主编的这两部书，在经济伦理的研究方面迈出了走进经济生活的一大步，实现了理性思辨与实证分析的结合、基础理论研究与应用研究的结合。在经济伦理、企业伦理基本理论的探讨方面，作者体现了极其高明的哲学思辨水平；在对经济伦理、企业伦理具体

---

① 王小锡：《中国经济伦理学——历史与现实的理论初探》，中国商业出版社1994年版，第129页。

规范的探讨方面，作者又表现了极其强烈的实证精神。

当然，这两部著作也有一定的不足之处，如对中国传统的经济伦理思想研究较多，但对西方的经济伦理思想则研究不够；涉及经济、管理问题时，在对经济学、管理学知识的把握上还有欠缺。但是，这些问题并不影响该书对于社会主义经济建设和伦理道德建设的指导意义。相信这两部著作的出版，对于我国经济伦理学的发展必将起到巨大的推动作用。

（原载《江苏社会科学》2000 年第 2 期）

加强经济伦理学研究
——为《经济的德性》* 序

罗国杰

王小锡同志多年来致力于经济伦理学的研究，先后撰写、主编了四部经济伦理学的著作，主持了两项关于经济伦理学研究的国家社会科学规划课题，并发表了一系列有关经济伦理学的研究论文，为发展我国经济伦理学研究作出了杰出贡献，受到了学术界的关注。今天，王小锡同志的《经济的德性》一书出版，我很高兴，乐意为之作序。

经济伦理学是我国近年来崛起的新兴学科，作为研究经济领域中道德发展规律社会功用的一门交叉学科，有着十分重要的理论意义和实践意义。

我国正在建立和实行社会主义市场经济，人们的思想和行为都必然要受到其运行规律的影响和制约。在经济领域中，人们既要按照等价交换，又必须遵守爱国守法、明礼诚信、团结友善、勤俭自强和敬业奉献的公民基本道德规范。这里需要特别强调的是，我们是社会主义国家，我们国家的一切经济活动，不是也不应当仅由"一只看不见的手"来引导，而必须是在由"一只看不见的手"引导的同时，还要有国家的"看得见的手"来导向，这种导向就是要有利于"解放生产力、发展生产力、消灭剥削、消除两极分化、最终达到共同富裕"。为了正确引导我国的经济发展，不但在法律、政治、政策上要规范我们的经济生活，而且要在政治思想和文化道德

---

* 王小锡著，人民出版社 2002 年版。

上对一切经济行为加以规范和导向。

　　为此，我国经济伦理学的建立，绝不能照抄、照搬西方的经济伦理学的理论。西方经济伦理学的起步和发展较我国要早，它们在这方面所取得的成果，也值得我们吸取和借鉴，但这只能是为了更好地建立我国马克思主义的经济伦理学，为了创建与社会主义市场经济相适应的、有中国特色的经济伦理学。在吸取和借鉴西方的经济伦理学的成果时，"洋为中用""以我为主"和"为我所用"的原则，是我们所必须坚持的。王小锡同志在本书中，一方面注意吸取西方经济伦理学方面已经做出的可以利用的成果，同时，也力求用马克思主义的立场、观点和方法进行梳理和分析，并在此基础上做出自己的一些概括。尽管这些论断和概括，还需要在今后的研究和讨论中逐步完善，但他的这种努力是值得肯定的。

　　中国古代的政治家和思想家们，也十分注意经济中的伦理道德问题，其中确有许多有价值的内容，这是中国古代优良传统道德的一个重要组成部分，是应当予以继承的。王小锡同志在本书中，以较大的篇幅，研究了中国传统的经济伦理思想，较为全面地展示了我国历史上的经济伦理思想及其发展过程，这也是本书的一个特点。在这方面，我们还需要广大的伦理学工作者做更多的工作。对中国古代传统的经济伦理思想，要坚持"取其精华、弃其糟粕"的原则，坚持"古为今用"，力求在社会主义市场经济条件下赋予它新的时代精神。

　　保持经济伦理学的良好发展势头，这是伦理学研究工作者的责任，我们应当以马克思主义的立场、观点及方法去观察经济现实和道德现实，发扬马克思主义与时俱进的品质，不断地完善和发展经济伦理学理论体系。要密切联系社会主义市场经济的现实，并从伦理道德的角度去分析社会主义市场经济的方方面面，建立与社会主义市场经济相适应的经济道德规范体系。随着我国社会主义市场经济的不断发展，大量的关于经济伦理学方面的问题，已经摆在我们的面前，需要我们创造性地加以分析、探索和解决。我们还应该加强学科合作，实现学科交叉，把我国经济伦理学建立在基础理论和实践研究基础上。

　　王小锡同志善于思考，勇于创新，在本书中提出了一些有价值的观点。希望小锡同志在经济伦理学领域继续探索,以取得更多学术研究成果。

(作者系我国著名伦理学家,中国人民大学教授、博士生导师)

研究中国经济伦理学的创新之作
——评《经济的德性》*

龙静云

经济伦理学是介乎经济学和伦理学之间的一门交叉学科。近十年来，无论是在欧美等西方发达国家，还是在市场经济尚比较年轻的中国，经济伦理学的研究都获得了长足的发展。王小锡教授在连续推出《中国经济伦理学——历史与现实的理论初探》等 4 部著作之后，又于 2002 年出版了《经济的德性》（人民出版社）一书，这是作者的又一部探寻经济伦理问题的上乘之作。

该著的优点主要体现在四个方面。首先，力图揭示有中国特色的经济伦理学的研究对象和研究内容，从而为中国经济伦理学学科体系建设作出了开创性的贡献。作者认为，市场经济的一个最基本的目标是实现资源的合理配置，而资源的合理配置，就是要使人的素质得到全面的培养和发展，这其中也包括人的伦理道德素质的全面发展和提升。就物质资源来说，它的合理配置不光是一个纯经济的过程，人的素质尤其是伦理道德素质也会对其产生重要影响。因此，道德是生产力，而且是"动力生产力"。经济伦理学的研究对象就是揭示伦理道德在经济运行过程中的动力机制、协调机制、评判机制和束导机制，促进人的全面自由发展。而经济伦理学的研究内容就是围绕生产、交换、分配、消费四大环节，探寻和揭示其基本伦理规范和要求。这一对经济伦理学研究对象和研究内容的阐释，对于经济伦理学学科体系建设具有基础性的指导意义。

---

* 王小锡著，人民出版社 2002 年版。

其次，对社会主义市场经济伦理的内涵和作用进行了深入细致的系统论述，为社会主义市场经济的伦理特质做出了科学的界定。作者认为，社会主义市场经济除了应当具有市场经济的一般伦理特质以外，还应当具有社会主义制度所决定的独特伦理特质。社会主义制度决定了其市场经济的发展目标是实现"共同富裕"，是人作为社会的主人的全面自由发展。因此，社会主义市场经济最基本的特点是经济人和道德人的有机统一，是"自利"与"利他"的有机统一，是个人利益与国家利益、集体利益共同增进的有机统一。由这一特质所决定，社会主义市场经济不仅受"一只看不见的手"所引导，还应受"看得见的手"的引导。这"看得见的手"不仅包括国家通过政策法规对宏观经济进行规范，也包括国家和社会在伦理道德上对一切经济行为加以规范和导向，即"在社会主义市场经济条件下，应该通过道德教育和道德规范来实现经济运作中的客观的道德'应该'"。

再次，不只是简单地用伦理学的基础理论去解释经济现象，而是深入经济现象、经济生活的内在层面分析经济的伦理内涵和经济伦理的经济价值，提出了许多富有独创性的经济伦理概念和观点。例如，道德资本、道德生产力的概念就属作者的首创。在该著中，作者指出："科学的伦理道德就其功能来说，它不仅要求人们不断地完善自身，而且要求人们珍惜和完善相互之间的生存关系，以理性生存样式不断地创造和完善人类的生存条件和环境，推动社会的不断进步。这种功能应用到生产领域，必然会因人的素质尤其是道德水平的提高，而形成一种不断进取的精神和人际和谐协作的合力，并因此促使有形资产最大限度地发挥作用和产生效益，促进劳动生产率的提高。因此，道德也是资本。"道德资本的特点是，它是人力资本的精神层面和实物资本的精神内涵；是渗透型、导向型和制约型资本；其形成有一个缓慢而艰巨的过程。在对道德资本进行科学界定和特征分析的基础上，作者重点研究了道德资本的二重性，以及道德资本的运作机制和价值实现过程，提出了许多独到的见解。在道德与精神生产力之间关系的分析和论述中，作者从分析马克思精神生产力的概念入手，又提出了道德生产力的概念，并认为道德生产力就是马克思所讲的精神生产力的内涵之一，道德生产力作为劳动者的综合道德素质蕴含于生产力本身，其对经济和社会的推动作用是巨大的。这些新概念、新观点反映了作者对经济伦理问题的深层思考和理论创新，令人深受启发并从中获益。

最后，对我国传统经济伦理思想的发展演变进行了系统研究，并以与时俱进的科学态度分析评价了传统经济伦理思想对于我国建设社会主义市场经济的现代价值。作者经过科学的归纳整理，将我国古代经济伦理思想划分为德性主义、功利主义、理想主义、三民主义和新民主主义五大派系，准确地勾画出各派系的主要特点、代表人物和基本观点，分析评价了各派系经济伦理思想的积极合理内容和消极成分。其中，尤其是对于影响我国当代社会最为密切的先秦儒家经济伦理思想和近代三民主义、新民主主义经济伦理思想的内涵和现代价值，进行了富有特色的创新性研究。研究结论对于我们正确认识传统经济伦理思想的现代价值，对实现中国传统经济伦理思想进行创造性再造以适应当今时代的发展要求等，都作出了积极贡献。

诚然，由于经济伦理学本身的年轻、复杂和繁难，要想在一部著作中把所有问题都研究得十分周密和完备，这对任何人来说都是不可能的。王小锡教授也概莫能外。但《经济的德性》一书对构建中国特色经济伦理学所具有的重大理论价值和实践价值，将随着时间的推移而日渐彰显。

（原载《伦理学研究》2003 年第 1 期，作者系华中师范大学教授、博士生导师）

面向"小康社会"的经济伦理学
——读《经济的德性》

陈泽环

在我国建立和完善社会主义市场经济体制的目标确立后,市场经济和道德建设的关系问题便引起人们的重视。20世纪80年代末期,我国就有一些学者着重研究经济伦理问题;尤其是90年代中期以来,由于受国外当代经济伦理学和企业伦理学理论的推动,更是涌现出一些重要成果。据此,本文拟以王小锡的《经济的德性》为例做些分析,并对当代经济伦理学在全面建设小康社会进程中的发展提些建议。

一 高度重视解放和发展生产力

经济伦理指人们在经济活动中的伦理精神或伦理气质,是人们从道德上对经济活动的根本看法;经济伦理学则是这种精神、气质和看法的理论化形态,是从道德上对经济活动的理论化理解、评价和规范。经济伦理学的根本任务在于提出适宜的规范原则,发挥其对现实经济活动的辩护、规范和反思功能,以帮助人们正确处理经济生活中的各种矛盾。由于经济生活本身的变动不居,经济伦理原则也应该不断发展、深化,特别是在我国进入"全面建设小康社会"的历史条件下更是如此。那么,经济伦理学如何能够及时地提出这种适宜的规范原则呢?

这里的关键就是要能够准确把握时代主题。当前,我国经济伦理学面对着许多复杂的经济伦理问题,例如与解放和发展生产力相关的经济效率、体制改革、科技创新、诚信交易；与达到共同富裕相关的经济民主、分配公正、社会和谐；与实现生态平衡相关的防治污染、绿色消费、保护环境；与实现人的全面发展相关的商业和文化、科技和人文的关系，劳动和生活的意义；等等。显而易见，这些问题构成一个密切联系的整体。一方面，其中任何一个问题的合理解决，都与其他问题得到相应解决相关；但另一方面，在这些问题中，有一个基础性的、最紧迫的，从而也是最重要的问题：解放和发展生产力。

解放和发展生产力，是党的十六大报告的主题，"全面建设小康社会，开创中国特色社会主义事业新局面"[①]，实际上也是我们时代的主题。因此，对于我们来说，发展仍然是硬道理，必须始终高度重视解放和发展生产力的问题，这应该也必须成为我国当代经济伦理学的主题。从这一视角来看，《经济的德性》提出"道德是生产力""道德资本"等观点，应该说是一个适宜的值得重视的观点。王小锡认为：解放生产力既是改革的目的，亦是一切工作的着眼点。但生产力的解放和生产水平的提高不是纯物质活动现象，它取决于人本身的素质，而道德素质是人的核心素质。从而，道德是生产力，而且是"动力"生产力。并由此得出这样一些命题："道德是经济的本质内涵""道德是实现资源合理配置的重要保证""道德是经济运行中的无形资产""道德是经济运行中的重要法则和依靠"等，充分肯定了社会主义道德的经济意义，并由此发展出关于"道德资本"的观点：科学的伦理道德"应用到生产领域，必然会因人的素质尤其是道德水平的提高，而形成一种不断进取的精神和人际和谐协作的合力，并因此促使有形资产最大限度地发挥作用和产生效益，促进劳动生产率的提高。因此，道德是资本"[②]。这实际上是王小锡应用现代理论社会学和经济学的"资本"范畴，对其"道德是生产力"的基本观点的进一步论证和拓展。从经济伦理学发展史的角度来看，亚当·斯密的"看不见的手"的命题为自由竞争资本主义做了充分的伦理辩护；马克斯·韦伯对"新教伦理和资本主义精神"

[①] 江泽民：《全面建设小康社会，开创中国特色社会主义事业新局面》，人民出版社2002年版。
[②] 王小锡：《经济的德性》，人民出版社2002年版，第84—85页。

问题的研究,则成为关于经济问题的伦理学描述的典范。而我国传统社会中的"重农轻商""重义轻利"等观念,"文革"中所谓"宁要社会主义的草,不要资本主义的苗"的极"左"思潮,对于生产力发展的抑制和破坏作用,也是众所周知的。因此,道德对生产力发展的作用并非可有可无,而是十分重要的。当代中国经济伦理学要成为一门有生命力的学科,一定要关注对道德的经济意义的研究,一定要把解放和发展生产力放在首位。

应该指出,王小锡对道德的经济意义的强调,是在"解放和发展生产力"已经成为整个社会的基本目标和主导观念的条件下进行的,因此他的任务不是为"解放和发展生产力"做出伦理辩护,而是指出道德是生产力发展的一个必要的、重要的因素,探讨道德如何发挥"解放和发展生产力"作用的问题。这样做确实有利于发挥经济伦理学在现代化建设中的积极作用。例如,当前成为经济伦理学研究焦点的"诚信"问题,对它的研究,在理论上已经达到了相当的广度和深度,在实践上也有利于"诚信"观念在经济生活中的传播、普及和强化,这必将有利于我国经济秩序健康、有序地发展。当然,经济伦理学高度重视解放和发展生产力的问题,它的视野应该是宽广的、全面的,不仅应研究经济生活中的微观个人、中观企业问题,而且也应该研究宏观制度和体制、世界经济等问题,在这方面,《经济的德性》似乎还要给予更多的关注。

二 引导人们树立正确的经济伦理观

经济伦理学应该如何为研究解放和发展生产力问题作出贡献呢?这就涉及对经济伦理学本身的学科界定和使命的理解。对此,王小锡认为,经济伦理学应该揭示经济现象中道德形成、发展及其作用的规律,揭示经济活动中人的全面发展的体现和作用,而其本质特点既是经济活动的道德及其价值论证的理论体系构建,又是经济行为规范与行为方式之构架。总之,"经济伦理学是研究人们在社会经济活动中完善人生和协调各种利益关系的基本规律以及明确善恶价值取向及其应该不应该行为规定的学问。"① 其实质在于强调"伦理是经济的要素和德性，这就是所谓的经济伦理"②，并由此规定了经济伦理学的任务和使命。

为了分析和把握王小锡对经济伦理学的上述学科界定和使命的理解，我们这里首先把它和美国经济伦理学家理查德·T. 狄·乔治（Richard T. De George）的经济伦理学观念做一比较。狄·乔治认为："伦理学首先是规范的概念被用以描述那些绝大多数人认为正确或错误的行为，还包括对这些行为进行调整与控制的规则，以及这些行为中所体现的、所包含的、所追寻的价值理念的总结"③，并由此强调："伦理学理论的最大贡献在于它为对道德课题进行个人或社会的理性分析提供了必要的有效工具"④，"经济伦理学为人们解决发生在经济活动中的道德问题提供了更加系统的方法以及更为有效的工具"⑤，它能帮助人们认清道德生活中最有可能忽略的问题。这就明确地规定了经济伦理学的"方法"和"工具"的地位。而回过头再来看王小锡的经济伦理学观念，他强调的显然是经济伦理学的"世界观"和"价值观"地位。

从西方的角度来看，从古代、中世纪到近代，伦理学基本上都是世界观理论，现代则出现了元伦理学，以及上述包括狄·乔治的观点在内的"方法论"和"工具论"。但是，即使在当代西方，也有不少伦理学家仍然明确地坚持伦理学的世界观理论性质。例如，德国经济伦理学家彼得·科斯洛夫斯基（Peter Koslowski）就认为，"人们需要一种正确的社会与文化的总体图景，即使正确的社会理论相信理性是有限的，并认为应该为个体发展、个体责任提供更多空间的可能性，也依然如此"⑥。与此相反，狄·乔治突出的是伦理学作为人们道德行为中的分析工具和方法的意义，而不强调其世界观

---

① 王小锡：《经济的德性》，人民出版社2002年版，第19页。
② 王小锡：《经济的德性》，人民出版社2002年版，第43页。
③ ［美］理查德·T. 狄·乔治：《经济伦理学》，李布译，北京大学出版社2002年版，第26页。
④ ［美］理查德·T. 狄·乔治：《经济伦理学》，李布译，北京大学出版社2002年版，第30页。
⑤ ［美］理查德·T. 狄·乔治：《经济伦理学》，李布译，北京大学出版社2002年版，第33页。
⑥ ［德］彼得·科斯洛夫斯基：《后现代文化》，毛怡红译，中央编译出版社1999年版，第188页。

和价值观的意义。比较起来，这种经济伦理学观念虽然也有合理之处：它在以公认的基本伦理原则作为道德生活出发点的基础上，可以避免固执于某种道德理论和方法的片面性；推而广之，这样做还可能有助于实现全球化道德生活中的相互尊重和宽容，消解道德争论中强势意识形态的霸权地位。但从组织一个社会和共同体的道德生活的角度来看，它缺乏一种自觉的、强烈的世界观和价值观的定向（导向）意识和意愿，可能使人陷入道德实用主义和多元论，有不能把握社会和文化的整体意义的局限。我们既要抛弃传统道德和伦理学中的权威主义和独断论的弊端，肯定西方近代以来道德和伦理学中的民主和开放因素，对其他民族和文明的伦理和道德采取尊重和宽容的态度；但是，我们也不能因此否认或忽视作为世界观理论的伦理学的价值定向功能，忽视确立社会的共同理想和共同道德的重要性，否认社会生活和文化教养的客观目的和终极意义。特别是随着社会主义市场经济体制的建立、全球化道德交往的日益深化，以及它对我国社会生活的持续的和不可逆转的影响，我们也要十分注意各种道德相对主义和多元论对我们文化、对社会的共同理想和共同道德的淡化和消解。因此，笔者认为，在建构当代中国特色经济伦理学时，我们首先应该发挥一种作为世界观和价值观的经济伦理学理论，然后才考虑它作为人们经济活动中的分析方法和工具的维度，探讨它在各个经济领域中的具体应用。

　　这样来考察王小锡的经济伦理学定义，可以说比较合理：体现了一种坚持和传播正确的经济伦理观的自觉意识和强烈愿望。这就是说，在当代社会的条件下，就确立一种比较合理的伦理学观念而言，我们既要看到伦理学的"方法"和"工具"性质，反对权威主义和独断论；同时又要强调伦理学的世界观理论性质，反对伦理相对主义和极端化的道德多元论，把坚持本民族的道德定向和对其他文明的道德的尊重和宽容结合起来，把各社会成员的道德差异和整个社会的共同道德和理想结合起来，引导人们树立正确的经济伦理观，并由此为引导人们树立中国特色社会主义共同理想，树立正确的世界观、人生观和价值观作出贡献。

三　建立民族特色的经济伦理学

党的十六大报告指出:"要建立与社会主义市场经济相适应、与社会主义法律规范相协调、与中华民族传统美德相承接的社会主义思想道德体系。"① 如果说,为落实前两点要求,我们的目光应该更多地关注现实经济生活;那么,为落实第三点要求,我们则应该转向悠久的历史,从博大精深的中国传统经济伦理中吸取有益的思想资源。只有这样建立起来的经济伦理学,才不仅能够体现时代精神,而且也会富有民族特色;才不仅能够有益于"全面建设小康社会"的目标,而且也会为丰富和完善当代人类的经济伦理观作出中华民族应有的贡献。正是在这一意义上,我们应该对《经济的德性》中"我国经济伦理观的历史回眸",给予更多的注意。

王小锡对我国经济伦理观的历史回眸,立足于我国建立和完善社会主义市场经济体制的实践,按照德性主义、功利主义、理想主义、三民主义、新民主主义的线索,对我国从古代到现代的经济伦理思想,进行了相对完整的梳理。从当前国内相关研究的情况来看,虽然已有不少探讨中国经济伦理思想的成果,但这些论著主要是针对某一专题,例如唐凯麟与罗能生的《契合与升华——传统儒商精神和现代中国市场理性的建构》、国际儒学联合会学术委员会编的《儒学与工商文明》,还没有出现通史性的论著。因此,王小锡的研究,虽然还比较简单,但其开拓性应该得到充分肯定。

值得注意的是,王小锡在对我国传统经济伦理观做概括性分析的同时,还重点地研究了一些问题,如对孟子"劳心者治人,劳力者治于人"的观点、对功利主义经济伦理观、对法家经济伦理思想,都提出了自己独特的看法。特别是对先秦儒家经济伦理思想的概括:利以义取的经济观,以人为本、以仁为主的管理观,俭以养德的经济生活观,国家利益优先的经济发展观,以及对近代经济伦理思想的概括:主张德利一致,强调民众的经济的目的,确认权利平等是

---

① 江泽民:《全面建设小康社会　开创中国特色社会主义事业新局面》,人民出版社2002年版第39页。

经济发展的先决条件，坚持管理与伦理的融通，等等，这些都是传统经济伦理观中有益于社会主义现代化建设的积极因素。近代以来，由于面对资本主义文化的挑战，由于摆脱落后、早日赶超的迫切愿望，人们对我国传统文化的消极因素强调较多，而对其积极因素肯定较少。这是可以理解的。但是，人类社会现在已经进入21世纪，中华民族也正面临伟大复兴，而发达国家又已进入后现代社会，生态问题成为突出的时代问题。在这样的条件下，我们就有必要更重视发掘传统经济伦理观中的积极因素，使我国当代经济伦理观在充分体现时代精神的同时，具有人们喜闻乐见、深入人心的民族特色。因此，王小锡密切联系当代经济生活的实际，着重发挥传统经济伦理观积极因素的做法值得提倡。要做到这一点，在广度和深度上，我们对传统经济伦理思想的研究还要扩展和深化。对于传统经济伦理观积极因素的吸取，除了通常的义利关系、经营管理等视角之外，我们特别需要从人与自然关系的视角出发，探讨它对当代人类经济生活的积极意义，并由此使这种研究和借鉴更具有哲学世界观和价值观的意义。例如，蒙培元在《张载天人合一说的生态意义》中指出：张载的"天人合一说"的最大特点是承认自然界有内在价值，而自然界的内在价值是靠人类实现的。他的"乾坤父母""民胞物与"以及"大其心以体天下之物"的学说，强调人类要尊重自然，爱护自然界的万物，对于保护生态平衡与人类可持续发展具有极其重要的现实意义。[①] 笔者认为，从吸取传统经济伦理观积极因素的角度来看，和以往相比，这一研究具有明显的启发性，值得我们学习和参考。

《经济的德性》在我国当代经济伦理学的形成和发展过程中有其鲜明的个性特色和开拓意义，反映了王小锡为建立时代精神和民族特色相结合的经济伦理学的努力。当然，20世纪90年代以来问世的包括《经济的德性》等在内的一系列论著，作为当代经济伦理学兴起阶段的代表性成果，只是一种起步，还没有形成成熟的理论和有代表性的学派。在充分肯定其成绩的同时，我们还要看到它的缺点和弱点，促使其抓住理论和实践中的关键问题。只

---

① 参见蒙培元《张载天人合一说的生态意义》，《人文杂志》2002年第5期。

有这样，当代经济伦理学才能在已有成绩的基础上，在新世纪得到进一步的发展。

（原载《毛泽东邓小平理论研究》2003年第1期，作者系上海社会科学院研究员）

研究思路的突破带来理论观点的创新
——读《经济的德性》

朱辉宇　姜晶花

前不久,南京师范大学王小锡教授所著的《经济的德性》(人民出版社2002年版)一书正式出版,著者所提的众多理论观点及全书字里行间流露出的理论创新的勇气给人留下了深刻的印象。通阅全书,在研究思路上的突破主要表现在四个方面。

首先,关注社会发展的热点,注重解决现实问题的急需点。随着我国社会主义市场经济体系的建立和完善,经济伦理问题即经济领域中道德发展规律、道德社会功能及道德发展现状等问题已日益成为人们关心的焦点。著者敏锐地觉察到这一社会发展的热点,于多年以前就率先进入经济伦理学的研究,为发展我国经济伦理学学科做了大量的工作。值得一提的是,著者并没有因此留恋于登高后所见的风景,而是时刻关注社会发展过程中出现的众多热点问题,从伦理的视角对社会主义市场经济的发展进行伦理的透视和研究。另外,著者在关注社会发展热点问题的同时,注重从理论研究的角度,解决现实环境中出现的急需问题。在本书中,著者对中国面对经济全球化的趋势及加入世贸组织后面临的伦理挑战,进行了颇为深入的研究,提出了很多解决当前问题的应对之策。

其次,聚焦多学科的结合点,抓住经济与道德的耦合点。从本书内容来看,著者显然是站在多学科的结合点上,对经济伦理学的相关问题进行了多学科背景下的研究和思考。事实上,这种研究思路的扩展必然带来创新思维的活跃和创新观点的提出。书中关于"道德资本"的探讨就反映了著者进行多学科研究的特色。

再次，把握经济伦理具备的实践理性特质，将哲学思辨与实证分析相结合。著者突破旧式的纯理论推导的思维模式，从宏观和微观两个角度于哲学高度，对经济和伦理的逻辑关联（价值同构）进行了审视，并在此基础上深入地阐释社会经济活动的伦理蕴涵和伦理道德的经济意义。同时，他还深刻地认识到经济伦理现象所具备的实践理性的特质，强调经济伦理学的研究必须务实，指出当务之急是深入经济活动中开展广泛、有效的实证调查研究。

最后，注重经典理论的现代阐释，与时俱进。著者在扩展理论研究的过程中，并不拘泥于对马克思主义理论的固有解释，而是在坚持其原则立场的基础上，有所创新，阐释新意。实际上，将经典理论作为自己立论的依据，同时又加以自己的认识和研究，这本身就是一种创新。书中对于马克思关于精神生产力相关论述的引用和阐发，以及由此引申出"道德生产力"的命题就反映了著者的研究思路、研究视角与时俱进的特性。

著者在理论观点上的创新至少有四个方面。第一，在阐发经济与伦理的逻辑关联时，抛弃了种种将经济与伦理相脱离的观点，揭示了经济的伦理内涵和伦理的经济意义，创造性地提出"完善意义上的经济是理性经济或道德经济"[1] 的观点，同时著者又基于对社会主义市场经济的分析，阐释了"社会主义市场经济是道德经济"[2] 的命题。本书完全抛弃了学界存在的将经济与伦理割裂开来研究的做法，将经济与道德有机地统一起来。著者从经济与道德的耦合点出发，发掘两者的动力点，强调经济与道德互为目的、手段，确立了道德标准与经济目的的一致点。为了能够充分展示两者的有机统一，著者特别提出了"道德是经济运行之无形资产"[3]，"名牌产品既是物质实体也是伦理实体"，"伦理协调也是管理"[4] 等诸多观点。同时，针对社会主义市场经济同时具备"看不见的手"和"看得见的手"的特点，从展示社会主义市场经济的优越性的角度出发，提出了

---

[1] 王小锡：《经济的德性》，人民出版社2002年版，第28页。
[2] 王小锡：《经济的德性》，人民出版社2002年版，第21页。
[3] 王小锡：《经济的德性》，人民出版社2002年版，第21页。
[4] 王小锡：《经济的德性》，人民出版社2002年版，第22页。

"社会主义市场经济是道德经济"① 的命题。

第二,理解"资本"概念时,突破禁锢,从更广阔的视角来理解道德的力量,开拓性地将资本理解为一种力,一种能够投入生产并增进社会财富的能力,由此而提出道德资本的概念。厉以宁教授曾将道德力量作为超越市场和政府之外的第三种协调经济运行的力量。② 而这种道德力量在何种意义上发挥作用呢?究竟如何发挥作用呢?这就需要寻找一个道德力量在市场经济中发挥作用的基点。著者开拓性地将资本理解为一种力,指出"凡是能创造新价值的有用物均可构成资本",将道德因素引入资本的概念之中,并具体从内涵上、外延上、表现形式上、功能发挥上对道德资本的概念进行了科学的界定。对于道德资本的特有属性,著者则主要从道德资本与有形资本的关系入手,着重从道德资本的两重性出发,阐述了道德资本有别于有形资本的具体属性及其独特的经济功能。同时,著者还对道德资本的运作机制及价值实现进行了探讨,详细说明了道德资本在生产、交换、分配、消费四环节中所具备的价值形态和作用机制。"道德资本"概念的提出及相关问题的论述,超越了以往人们就理论谈道德作用,就伦理学谈道德作用的局限,更为直观地、具体地、科学地向人们展示了道德力量的作用,为经济伦理学的发展开辟了新的领域。

第三,在对经济与伦理的价值同构性及马克思关于精神生产力的论述进行系统研究之后,创造性地理解和界定了道德生产力的概念,强调了道德生产力是动力生产力、精神生产力的特质。在分析经济与伦理的价值同构性时,著者提出,"人的素质是生产力发展的决定因素",而在人的多方面素质中,"人的道德素质是基础性的、核心的素质"③。同时,生产力内部各结构要素的协调不仅是人与物之间的协调,还是人与人之间的协调,"生产力内部各结构要素之间的关系,说到底是一个伦理道德关系"④。这样,在分析了道德之于生产力要素及生产力内部各要素关系的意义之后,著者就鲜明地提

---

① 王小锡:《经济的德性》,人民出版社 2002 年版,第 21 页。
② 参见厉以宁《超越市场与超越政府——论道德力量在经济中的作用》,经济科学出版社 1999 年版。
③ 王小锡:《经济的德性》,人民出版社 2002 年版,第 21 页。
④ 王小锡:《经济的德性》,人民出版社 2002 年版,第 21 页。

出了"道德是动力生产力""道德也出生产力"的思想。

道德生产力的提出，其突破性意义在于：首先，将道德理解为精神生产力，是将道德作为包含于一般生产力之中的，而不是独立于生产力之外的因素来考虑，由此而拓展了人们关于生产力研究的视野；其次，指出道德作为精神生产力，是生产力中的重要内容或因素，从而为我们更深刻地理解市场经济环境中道德的作用奠定了基础；最后，指出作为精神生产力的道德是适应时代要求、具备科学性的道德，这就为道德建设的方向和内容提供了借鉴。

第四，探讨市场经济环境下，道德作用发挥的机制、途径问题时，联系经济活动的具体环节，充分说明了伦理道德在市场经济生产、交换、分配、消费四环节中的作用及作用发挥的机制。本书从社会主义市场经济运行机制的视角出发，将道德的作用和功能融入经济活动的生产、交换、分配、消费四环节中，充分展现了道德的支撑、激励、协调、平衡、规范、引导、制约等作用。值得一提的是，在对道德资本的运作机制及价值实现进行探讨时，著者同样注意到了道德资本之于生产、交换、分配、消费四环节的功能和作用[1]，不仅清晰地阐释了道德资本价值实现及其作用机制，而且深化了对经济运行四环节的认识。此创新观点的意义在于：一方面它为人们进行经济伦理学的研究提供了具体化的平台，使得经济与伦理道德的结合展现得更为直观；另一方面它翔实地展示了伦理道德在经济运行过程中的功能和作用，使伦理道德作为理性手段的作用更为突显。

当然，这部著作也有不尽完美之处。比如对某些经济伦理问题的研究缺乏实证数据的佐证，对于西方经济学、管理学、心理学知识的运用还不够充分。但瑕不掩瑜，相信该书的出版将给读者以巨大的启示，并将极大地推动我国经济伦理学的发展。

（原载《南京社会科学》2003 年第 2 期）

---

[1] 参见王小锡《经济的德性》，人民出版社 2002 年版。

经济伦理学研究贵在创新
——《经济的德性》评介

王泽应

当代中国伦理学已发展成为一门"显学",而经济伦理学在伦理学这一显学中又可称为"显学中的显学"。大量经济伦理学会议的召开、实践活动的推进以及大量经济伦理学学术著作、论文的问世在伦理学界和学术界刮起了一阵阵经济伦理学的旋风,以致从某种意义上说不熟悉经济伦理学的研究状况就很难对整个伦理学的研究状况做出正确的评价。经济伦理学的发展有着非常深刻的社会制度和历史背景。就我国来说,以经济建设为中心的基本路线和以发展作为执政兴国第一要务的战略方针的确立,以及社会主义市场经济体制的建立和健全,无不要求伦理学的研究对此做出反应,把发展和加强经济伦理学的研究提到应有的高度来认识和对待。伦理学作为实践理性的产物和表现的哲学学科,本质上必然也应当是社会实践的产物并同社会实践的发展密切相关。说得具体点,它必然受到经济关系的制约,也应当为其所产生的经济关系服务并做出伦理价值的论证。经济伦理学是我国改革开放和发展社会主义市场经济的结晶,与改革开放和市场经济的发展及其需要有机地联系在一起。改革开放和市场经济孕育和催生着经济伦理学,经济伦理学也必然要随着改革开放的深入和市场经济建设的发展而与时俱进。甚至可以说经济伦理学的生命贵在创新,因为创新是改革开放和市场经济建设的内在要求。近读王小锡同志的新著——《经济的德性》(人民出版社2002年版)一书,深为其创新精神所感动,觉得这是一部在创新意识指导下执着于理论创新的经济伦理学专著,集中了小锡同志二十年特别是近十年来对经济伦理学研究的一些有代表性的成果，也表征出小锡同志在经济伦理学领域耕耘的智慧业绩。品读该书，我们发现它至少具有三大特色。

一 强烈的继往开来意识

小锡同志作为我国较早从事经济伦理学研究的学者，面对着世界范围内的经济伦理学运动和经济伦理学热潮，思忖的是如何建构有中国特色的经济伦理学学科及其体系，并把发掘中国经济伦理思想资源视为自己神圣的学术使命。该书的第四部分集中论述中国经济伦理思想史，从浩如烟海的典籍文献中将中国经济伦理思想按其理论主张划分为德性主义、功利主义、理想主义、三民主义等派别，在纵横交错的追溯游弋中进行理论上的求索，比较全面、公正、客观地展示了中国古代、近代经济伦理思想的主要内容及其发展历程，为建构有中国特色的社会主义经济伦理学学科提供了丰厚的思想史资源。该书把传统史学的"六经注我"和"我注六经"辩证地统一起来，既考源溯流，忠于原著，又推陈出新，激浊扬清，在一般性地介绍诸流派经济伦理思想的基础上，深入考察了其对当代中国经济伦理学研究的借鉴意义和启迪作用，认为德性主义以人为本的管理思想和俭以养德的消费观可以成为现代社会实行人性化管理和提倡勤俭节约的思想源泉，功利主义德利一致的观点对于我们理解当代中国"以经济建设为中心"的基本路线不无启示，理想主义重视农业生产的思想与国家现行"三农"政策的基本原理几乎一脉相承，三民主义关于民众是经济的目的的观点对于中国共产党以民为本、执政为民的治国理念不无启迪。这些观点和认识，虽然可以商榷，但却启人心智，有助于人们更好地去研究中国经济伦理思想，开拓中国经济伦理思想的新领域。这种继往开来式的经济伦理学研究，使经济伦理学的创新具有浓烈的历史感和深刻感。洋溢于该书中的这种历史感和深刻感，使每一个品读该书的读者都能获得一种对中国经济伦理思想史的整体洞观和高瞻智慧。

二　突出的求实求新精神

20世纪90年代中后期以来，小锡同志在经济伦理学领域里大胆思索，勇于创新，提出了不少令学界同仁耳目一新的命题和观点。这些命题和观点，虽然至今还在讨论和争鸣过程中，但足以反映出小锡同志的学术勇气和求新精神。其中最重要的是关于道德是资本和动力生产力的观点，在中国经济伦理学界甚至在整个伦理学界产生了强大的冲击波。在小锡同志看来，道德资本从内涵来看是存在于经济运行过程中，以传统习俗、内心信念和社会舆论为主要手段，能够实现经济物品保值增值的伦理价值符号，从外延来看，道德资本是明文规定的道德规范、制度条例和非明文规定的价值观念、道德精神、民风民俗等。道德资本是人力资本的精神层面和实物资本的精神内涵，是精神资本或知识资本的一种，道德资本具有无形性、渗透性、导向性、制约性、寄生性和独立性等基本特征。道德资本的价值实现在于提高生产力水平，增强企业活力，改进产品质量，扩大市场份额，其运作机制表现在生产、分配、交换和消费四大环节之中。关于"道德是动力生产力"，小锡同志认为"道德是动力生产力"仅仅是指道德是生产力中的重要内容或因素，在生产力的发展过程中起着独特的精神功能的作用。道德要素影响着劳动者，决定劳动者以什么样的姿态投入生产过程，以何种精神状态使得"死的生产力"变成社会劳动生产力。道德既是经济的精神要素和经济发展的驱动力量，也是经济运行的重要法则和基本依靠，更是经济运作的无形资产和理性杠杆。社会主义道德是社会主义市场经济中"看得见的手"，市场资源的合理配置要受道德素质的影响，市场经济体制的完善需要道德手段的运用，市场竞争的规范呼吁理性精神的支撑。这种观点和认识，你尽可以不同意，但你无法否认这是一些颇有创新性的理论命题和观点，对我们的思想认识不无震撼。诚然，富有创新性的理论命题和观点肯定会有这样那样的缺陷和不足，但致力于推动经济伦理学发展的人们不会不对此持一种欣赏和重视的态度。

三 执着的社会主义经济伦理学建设品质

小锡同志怀着一种"立足现在,面向未来,扎根中国,服务现实"的学术使命感,站在社会主义市场经济与社会主义道德的结合点上,试图构建一种融思想性、学术性和现实性于一体的有中国特色的经济伦理学体系,以期通过科学的经济伦理学推动社会主义道德的进步,促进社会主义市场经济的发展。有中国特色的经济伦理学之所以可能,是因为我国以公有制为主体的社会主义经济制度为经济伦理学的创建提供了坚实的根基和制度的保障,是因为我国改革开放和社会主义市场经济的建设为经济伦理学的形成与发展提供了现实的条件和客观的需要,是因为我国源远流长的经济伦理思想传统为现代经济伦理学的建设提供了肥沃的土壤和丰厚的资源。我国公民平等的政治权利、经济权利和社会权利能够促进自我价值的实现,以理性竞争和互利协作为中心的社会主义经济体制有利于对弱肉强食、尔虞我诈的不道德行为的抑止,以全心全意为人民服务为核心,以集体主义为原则的社会主义道德以及以德治国的基本战略有助于社会主义市场经济的发展。构建有中国特色的经济伦理学,关键在于从当代中国国情出发,认真探讨经济与伦理之间的内在关联,揭示经济伦理的内在结构。该书第二部分深入探讨经济与伦理的关系,认为经济与伦理相互依存、彼此渗透,经济中的"自利"和"利他"是最基本的道德矛盾,经济发展的目的与道德进步的目的是一致的,"经济人"与"道德人"是统一的,名牌产品既是物质实体也是伦理资本,伦理协调作为管理既包括价值追求又包括利益调整。科学的伦理道德能够促进市场经济的发展。经济伦理一般包括宏观、中观和微观三大层面的伦理问题。宏观层面的伦理问题主要包括经济制度、经济体制和经济政策的伦理评价以及整个社会经济活动的价值导向;中观层面的伦理问题实质上是企业伦理,即企业的社会责任、企业内部管理以及企业外部关系的伦理问题;微观层面的伦理问题是指个体的道德素质对经济运行的影响,个体在社会经济活动中承担的职业角色以及个体对消费的伦理评价和消费道德规范等。就社会生产环节而言,该书论及了社会经济运行的四大环节即生产、分配、交换和消费的相关伦理问题，阐述了道德对完善社会主义市场经济运行机制的积极作用。就经济伦理学的学科体系而言，该书对经济伦理学的三大子系统即经济伦理史学、理论经济伦理学和应用经济伦理学都做了专门探讨。就经济伦理学的理论体系而言，该书对经济伦理学的三大板块即经济伦理意识、经济伦理关系和经济伦理活动多有考究，比较好地揭示经济伦理意识、经济伦理关系和经济伦理活动的辩证统一。该书还深入探究了我国经济伦理学研究的理论成就和未来展望，认真分析了 21 世纪经济全球化趋势下的伦理挑战，积极提出了当代中国经济发展尤其是企业发展的伦理学使命和"道德应对"方案。

当然，该书也存在一些不足之处，但瑕不掩瑜，它总体上是一部立意于创新又多有创新的经济伦理学研究的力作，堪称经济伦理学领域一枝悄然绽放的奇葩！在全国上下致力于理论创新、制度创新和观念更新的情势下，该书的问世无疑有助于我国经济伦理学的新发展和新突破。我们衷心地渴盼小锡同志能够在经济伦理学研究领域里不断推出新作，以造福于学界同仁。

（原载《伦理学研究》2003 年第 4 期，作者系湖南师范大学教授、博士生导师）

道德是精神生产力
——对一种批"泛生产力论"的反批判

郭建新 张 霄

"道德是精神生产力"① 这一论断的提出绝非偶然，却也并非如一些人所认为之必然，即作为时代的产物，其无非是现代性的道德危机凸显了道德的上镜率，或是在当今经济显学时代，学科话语联姻的"马太效应"。显然，判断的提出自然有利于对问题本身的探究。然而理论界对此判断的孰是孰非还尘埃未定，一股"泛化"风潮又拂尘再起。有不少学者认为，此判断有"泛生产力论"之嫌，在理论逻辑或是现实实践中都存在着负面影响。照此看来，这一判断至今尚未在理论和实际中穷尽其自身存在的价值。因此，作为该论断的支持者，出于伦理道义的立场，理应履行这样的理论责任：即在新的时代形势中诠释该判断的本真含义，以正视听。

如果说"道德是精神生产力"这一论断隶属于"泛生产力论"

---

① "道德是精神生产力"这一论断是王小锡教授经济伦理思想的核心内容。该判断凸显了在现代性的经济社会中，经济和伦理关系的实质性耦合。从伦理的两大本质即人的完善和人际关系的和谐出发，该论断集中阐发了作为投入生产领域内的科学化形态的道德在生产力中的价值内涵和实际意义，指出作为生产力中的要素构成，道德协调着生产力内部要素间的关系，决定着劳动者的价值取向和劳动态度，并作为人的核心素质成为生产力发展的动力源。"道德生产力"的提出旨在彰显生产力自身的价值要求和理性发展，在现实中，道德进而构成了一种资本，即"道德资本"，实际体现和作用在社会经济生活的多重维度中。相关内容请参见王小锡《经济伦理学论纲》，《江苏社会科学》1994 年第 1 期；王小锡《再谈"道德是动力生产力"》，《江苏社会科学》1998 年第 3 期；王小锡《道德与精神生产力》，《江苏社会科学》2001 年第 2 期；王小锡《论道德资本》，《江苏社会科学》2000 年第 3 期；王小锡、杨文兵《再论道德资本》，《江苏社会科学》2002 年第 1 期；王小锡、朱辉宇《三论道德资本》，《江苏社会科学》2002 年第 6 期；王小锡《经济的德性》，人民出版社 2002 年版。

范畴，那么，首先就必然要对"泛生产力"这一提法有着明确地界定。在此基础之上，才可能进一步回答"道德是精神生产力"这一论断是否在"泛生产力论"的序列之中。由此，在思维嬗变的路径中，弄清什么是所谓的"泛化"，以及生产力的本质含义和它们之间的关系是关键。首先，我们来概而论及"泛化"的问题。

"泛化"（generalization）是现代认知科学体系内提出的一个有关学习理论的概念。作为一种有效的归纳学习方式，它是用来扩展某一假设的语义信息，以便其能够包含更多的正例，应用于更多的情况。① 作为一种语义信息的扩展方法，它在价值立场上是中性的，旨在满足于归纳逻辑的思维要求。从思维的逻辑方式来看，它试图从个别事物中发现并揭示事物的一般性规则。从思维所要达到的目的来看，它试图从不断包含的正例中完善和发展事物自身，创立新的规则、发现新的理论。这样看来，如果把"泛化"方式运用于对生产力概念的认知，其本身蕴含着生产力发展的内在要求，思维的"泛化"反而会有利于理论的创新。然而，"泛生产力论"的批判者们显然不具有这样的价值立场，他们显然是在持某种否定性的理论态度来对待"泛生产力"这一范畴的。因此，针对生产力的"泛化"问题就存在着这样两种问题，其一，"泛化"方式是否可以与对生产力概念的认知相结合，其二，如果可以结合，"泛化"方式只能在多大的程度上来使用。面对第一个问题，如前所述，如果把"泛化"在对生产力概念的认知中的应用仅仅看作某种否定性的负面事物，那未免有把"孩子和脏水"一起泼掉的危险；而如果以目前有些学者对"泛生产力"的描述（即"把什么都看作生产力"就是"泛生产力"）来看，明显缺乏严谨的理性态度，并且从一般常识性意义上来理解"泛"或"泛化"也易于走向"自然主义的谬误"。而面对第二个问题，如果一定要把"泛化"用于对"泛生产力"范畴的解读，那么按照现在流行的观点和现有学科语言，"泛生产力"中的"泛化"概念只能被理解为"过度泛化"（overgeneralization）。科学地对待一个判断，在推理论证的过程中，正确的学科定位和精确的术语表达是应有的论证前提。这就需要那些对批"泛生产力论"

---

① 参见史忠植《高级人工智能》，科学出版社 1998 年版。

的学者们为所谓的"泛生产力"这一提法提供科学的概念界定,把握其内涵,厘清其外延。因此,我们认为把"泛化"用在对"泛生产力"的概念描述中是不严谨的。其实,许多对所谓"泛生产力"的批判,本身都预设自身对生产力问题固有的理解维度,是对生产力概念的"特化"(specialization)[①]性理解。在厘清了"泛化""过度泛化""特化"三者之间的关系之后,我们理应遵循着现象学的方法——回到生产力本身。只有通过对生产力概念本质意义上的把握,才能在根本上理解"道德是精神生产力"这一命题,以及该命题是否属于所谓的"泛生产力论"。

一 现代性伦理视阈中生产力概念的范式转换

生产力的概念表述是试图对生产力本质的规律性把握。社会生产力是辩证发展着的,作为生产力的概念伴随着现实生产力的发展,也是在不断自我更新的。正如列宁所说:"人的概念并不是不动的,而是永恒运动的,相互转化的,往返流动的;否则,它们就不能反映活生生的生活。"[②] 当然,概念的发展并不是盲目的和无条件的,它不但要遵循思维逻辑地发展规律,关键还在于它从现实生活本身出发对变化着的某一事物在本真意义上的映像性反映。生产力概念的发展同样遵循着这一原则。从生产力这一术语的提出,一直到如今在生产力经济学中对生产力概念的把握,人们对生产力概念的认知在不断丰富和相对完善,而这种发展的过程是在具体的现实的社会历史的变迁中逐步展开的。有学者认为,马克思对生产力概念的本质把握是对古典经济学家们以"财富"为核心解读生产力概念的超越,是在唯物史观的高度使生产力概念从经济学语境向哲学语境的范式转换,并强调生产力概念应在现代协同论的语境中进行解读。[③] 我们认为,生产力概念在现代语境的范式转换实质是向伦理学

[①] "特化"是"泛化"的相反操作,用于限制概念描述的应用范围。相关内容请参见史忠植《高级人工智能》,科学出版社1998年版。
[②] 《列宁全集》第38卷,人民出版社1959年版,第277页。
[③] 参见焦坤《论生产力概念嬗变的不同语境》,《求是学刊》2003年第6期。

范式的转换，这不但是现代哲学从认识论向价值论转变的趋势要求，也是伦理学本身作为一种文化价值人学所反映出的时代精神的需要。并且这种范式转换使得生产力本身蕴含着伦理内涵。

一方面，从生产力范畴的本身来看，生产力并不是一个纯粹的经济学概念。在马克思看来，作为一种历史的既得力量，它是全部人类社会历史存在的基础，是人类社会发展的决定性力量。古典经济学派无法看到这一点，因为他们总是在以资本主义的生产方式作为先在背景的基础上看待生产力，因而只能是把生产力看作经济行为的某种技术性手段。马克思从唯物史观的高度出发，在其政治经济学体系的框架内构建了科学的生产力理论，完成了生产力范畴从经济学语境向历史哲学语境的范式转换。现代生产力经济学也把生产力看作一个社会经济范畴，并实现了从传统的"生产力因素论"向"生产力系统论"的理论过渡。由此看来，生产力范畴理应包括更丰富的知识内容。

生产力并不单纯地体现着某种物质力量的简单复合，而是物质性因素和精神性因素有机统一的系统性实体，科学技术就是作为某种精神性因素体现在生产力范畴中的。早在马克思所在的年代，科学技术的应用在资本主义大机器工业时代中的地位就已经日益凸显。马克思洞悉到这种在前工业时代所不曾具有且在大机器工业时代所相对独立出来并发挥显著作用的因素。他辩证地分析了劳动力领域内的分工，揭示了脑力劳动和体力劳动的分离，强调了作为脑力劳动产品的科学技术在生产力中的关键性作用。[1] 他在《资本论》中指出："一个生产部门，例如铁、煤、机器的生产或建筑业等等的劳动生产力的发展，——这种发展部分地又可以和精神生产领域内的进步，特别是和自然科学及其应用方面的进步联系在一起……"[2] 当今，科学技术在现代社会生产领域内愈发起着决定性作用，结合理论的发展和时代背景，邓小平提出了"科学技术是第一生产力"[3] 的论断，并明确指出科学理应包含社会科学。

---

[1] 参见马仲良、韩长霞《马克思论精神生产力与物质生产力》，《哲学研究》1998年第8期。
[2] 《马克思恩格斯全集》第25卷，人民出版社1974年版，第97页。
[3] 《邓小平文选》第3卷，人民出版社1993年版，第274页。

有学者始终认为，生产力只能是一种物质力量，是作为劳动者的人使用劳动资料作用于劳动对象的一种物质力量。① 精神性因素的作用再大也必须通过这些物质性的要素发挥作用，其本身并不具备生产力三要素的物质性特征，因而不能作为生产力的要素存在。② 其实这样的说法是对生产力范畴的偏狭性理解，是经济学语境中传统生产力观的延续。生产力当然是以一定的物质力量得以体现的，但生产力不仅仅体现为一种物质力量，因为物质力量并不是自发的，没有精神力量的激发，"没有人的作为'主观生产力'及其观念导向，生产力将是'死的生产力'，不能成为'劳动的社会生产力'"③。而这种精神力量或主观生产力是生产力得以运行的内在力量，它并不游离于物质力量而独存，且物化为物质力量才有意义。因此，科学的生产力范畴理应包括其自身内在实有的物质力量和精神力量。在这个意义上，"一切生产力即物质生产力和精神生产力"④ 这一表述才能被理解，也正是在这个意义上"道德是精神生产力"这一判断才能得以成立。

另一方面，现代性社会经济生活的失范现象，使部分经济学语境中的知识的合法性受到质疑。1998年诺贝尔经济学奖获得者阿马蒂亚·森在《伦理学与经济学》一书中指出："随着现代经济学与伦理学之间隔阂的不断加深，现代经济学已经出现了严重的贫困化现象。""经济学研究与伦理学和政治哲学的分离，使它失去了用武之地。"⑤ 虽然经济学的贫困并不注定使其接受伦理的历史审判，但伦理或道德科学的两大本质指向即人的完善和人际和谐始终是经济发展的圭臬，因为人们始终都必须面对这样一个苏格拉底式的问题，即"人应该怎样地活着"。并且这一终极性的追问并不游离于事物之外，而是作为或构成事物本身所内含的价值性要求。经济学语境中的生产力范畴尚是如此，更何况马克思主义的生产力范畴呢？

---

① 参见武高寿《评"泛生产力"》，《生产力研究》1997年第2期。
② 参见李怀《泛生产力论和经济理论与实践中的思维缺陷》，《生产力研究》1996年第2期。
③ 王小锡：《再谈"道德是动力生产力"》，《江苏社会科学》1998年第3期。
④ 《马克思恩格斯全集》第46卷（上册），人民出版社1979年版，第173页。
⑤ ［印］阿马蒂亚·森：《伦理学与经济学》，王宇、王文玉译，商务印书馆2000年版，第10—13页。

从生产力中作为核心要素的实践着的劳动者来看，首先，"生产力中的劳动者是一个群体，所有劳动行为都是人的群体行为。生产力水平及其生产力的发展离不开劳动者之间关系的协调和协作"①。此种关系并不是生产力之外的生产关系，而是作为生产力内部要素劳动者内部的结合性关系，这种客观性的关系存在是以一定的伦理道德关系作为基础展开的。其次，面对这种展开性的关系，为什么说它是一种伦理道德关系呢？因为无论劳动者自身是否自觉地意识到，他们之间都是以一定的价值性目的要求相互联系的，它作为劳动者群体的价值取向宰制着劳动者的劳动态度使其投入生产，从这个意义上说，人的素质，尤其是道德素质是生产力发展的决定性因素。再次，从劳动者和物的关系来看，物只是劳动者的一种对象性存在，它只有被纳入劳动主体的对象性视野才有意义，才能发挥作用。事实上，"生产力内部人与物的结合方式就是一定意义上的人与人关系的生存和协调方式"②。因此，在生产力中，物是作为物背后的关系性存在，人和物的关系只是人和人之间关系的外显。如果仔细领悟马克思在《资本论》中向我们昭示的有关商品这个物质范畴背后的真实内容，或许会对这一问题的理解有所启发。

从生产力的社会性意义来看，传统的生产力被理解为人类的一种征服和改造自然的能力。对生产力范畴的这一理解容易造成人和自然的对立姿态，这必然使生产力这一具有人类进步意义的范畴成为人类中心主义堂而皇之的有力佐证。当代全球的生态问题和经济自身盲目发展的问题越来越受到人们的重视，消解人和自然的主客二分，迈向"非人类中心主义"走可持续发展的道路已成为人们的普遍共识。有学者指出："必须在当代生态学语境中重新理解并确定生产力的本质，即把它理解为人在生产活动中与自然界和谐相处的一种能力。"③ 不难看出，这一伦理式的语境要求给人们提供了一个

---

① 王小锡：《经济的德性》，人民出版社2002年版，第137页。
② 王小锡：《经济的德性》，人民出版社2002年版，第136页。
③ 俞吾金教授从科学技术的双重功能出发，强调确立历史唯物主义的当代叙述方式，并认为历史唯物主义的当代叙述方式必须对生产力、现代科学技术的本质和历史作用做出客观、辩证、合理的叙述。相关内容参见俞吾金《从科学技术的双重功能看历史唯物主义叙述方式的改变》，《中国社会科学》2004年第1期。

新的思考生产力范畴的伦理范式，它已经成为生产力本身发展的内在要求，体现着自身的伦理内涵。

其实，马克思主义的生产力理论以及生产力理论本身有着丰富的内容和深刻的内涵，文章中所论及的有关生产力的内容无疑只是在生产力范畴中和道德因素有关的部分内容，我们的目的正是论述和阐释"道德是精神生产力"。

二　道德生产力范畴认知的逻辑图式

上文已经提及了在伦理语境中对生产力概念的把握，它构成了对道德生产力理论认知的知识结构和一定的范式图景。这种认知的过程是思维展开的有效形式，它在逻辑的延伸中逐步展开，形成了对该范畴认知的逻辑图式。这里的逻辑不光指在思维过程中的形式逻辑，更重要的是一种哲学意义上的辩证逻辑。

大多数驳斥"道德是精神生产力"这一论断的学者，遵循着这样一种思维路径，即由物质生产方式所决定的经济基础是社会发展的决定性存在，经济基础决定上层建筑或意识形态，而道德属于上层建筑的意识形态内容，因此道德是被内含在物质生产方式中的内核——生产力所决定的（如图1）。道德作为一种精神性因素对生产力的发展有促进和推动作用，但道德的这种作用并不能作为道德是属于生产力范畴的合法性根据。有学者就认为，把道德说成生产力颠倒了物质和意识的关系，动摇了历史唯物主义的基石和唯物辩证法的内容。①

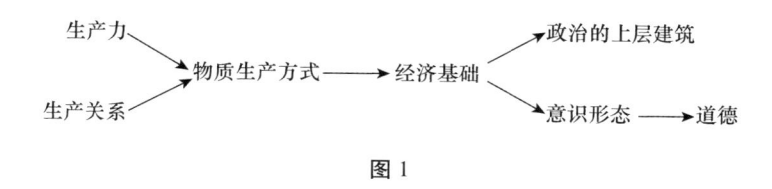

```
生产力 ↘
         物质生产方式 → 经济基础 → 政治的上层建筑
生产关系 ↗                      ↘ 意识形态 → 道德
```

图1

---

① 参见武高寿《评"泛生产力"》，《生产力研究》1997年第2期。

不难看出，这一线型的思维模式是大多数学者批判"道德是精神生产力"这一论断的思维方式。我们认为这是有悖马克思主义哲学的辩证的历史的逻辑思维方式的。形式逻辑和辩证逻辑是认识同一事物的不同方法，它们两者同时存在于对事物本身把握的思维图式中。在认识事物的过程中，两者可以并行不悖，然而辩证的哲学逻辑在对事物本质的把握上比形式逻辑更有发言权，因为形式逻辑和辩证逻辑之间的关系本身也是辩证着的。批所谓"泛生产力"的部分论者们过分强调了形式逻辑而忽视了辩证逻辑。

首先，从上图的线性思维方式来看，虽然它在逻辑的推理形式中是自洽的，然而它忽视了在现实社会中，生产力与道德相结合的时空关系和实际序列。它能够说明两者之间的相互关系，但这种说明是狭隘的。社会在时空结构中并不是以生产力为发生源逐一衍生的线性序列，而是作为共生共存的综合性关系序列。这就是说，只要是有一定关系存在的地方，作为构成关系的内容两极（至少是两极）事物既在关系外，又在关系中，关系构成了事物的部分，事物也构成关系的部分。（如图2）由此可见，生产力和道德显然存在着某种交叉叠性关系。作为科学的进入生产领域内的道德就是它们的交叠内容。并且这些内容是两者共有并构成两者一部分的实质。至于怎样构成，上文已提及，这里不赘述，因为它并不关涉思维的逻辑形式。图中的 E（伦理，ethics）表示生产力三要素间的伦理关系，其居于中心也反映着在生产力中的道德的核心作用，并体现着生产力自身的伦理内涵。图中虚实相间的圆圈反映着生产力是一个开放性的系统。

其次，按照上文的推断，似乎会得出这样的结论，既然两者共生共存，那么道德是否会丧失其独立性呢？有学者就认为，如果我们把科学技术等归入生产力范畴，就无法解释其作为独特要素在社会各方面的渗透与导向作用。[①] 我们认为围绕着每一个事物域，在事物域中，受事物的本质所宰制的各要素构成，并不意味着他们在该事物域外的独立性被剥夺。例如作为生产力中的核心要素的劳动者，无疑是由人组成的，人在生产力范畴中受生产力本质规律的制约，

---

① 参见李怀《泛生产力论和经济理论与实践中的思维缺陷》，《生产力研究》1996年第2期。

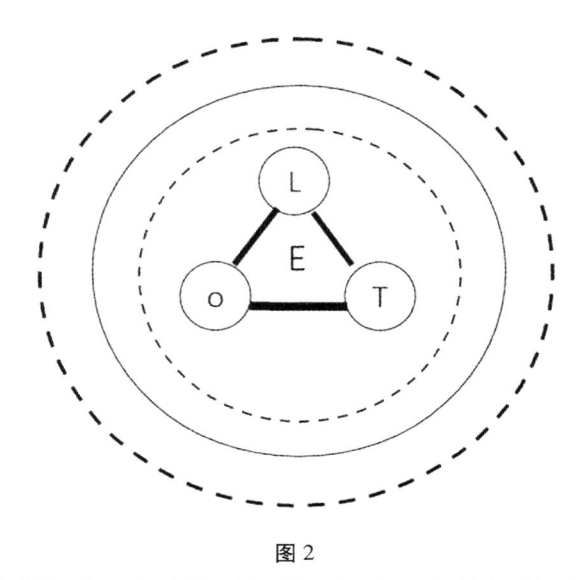

图 2

注：L：劳动者（laborer）　O：劳动对象（labor object）　T：劳动工具（labor tool）

然而人在生产力范畴之外有其独立性的体现。道德（作为科学的道德）同样如此。因此说把科学技术等纳入生产力范畴会使其丧失独立性在逻辑上显然是说不通的。其实，科学技术、道德等在生产力范畴内也是有它的独立性的，它的独立性体现在它作为实体所具有的独特的主观能动性上。

再次，逻辑演绎至此，有学者认为，如果科学技术、道德等归入生产力，那么照此推论，一切社会因素都可以被归入生产力范畴，因为社会结构的任何因素都直接和间接地和生产力发生关系。[1] 这一观点也是批判所谓"泛生产力论"的要旨所在。我们的观点是，就形式而言，把一切归入生产力范畴是对生产力概念的"过度泛化"，这显然是不科学的，然而以此作为论据来驳斥科学技术、道德等因素不应包含在生产力范畴中显然缺乏在逻辑上的解释力度。要解决这一问题，无疑牵涉一个生产力"因素资格"的问题，也就是某种因素是否有资格成为生产力的要素问题。法国哲学家、科学家冈奎

---

[1] 参见李怀《泛生产力论和经济理论与实践中的思维缺陷》，《生产力研究》1996 年第 2 期。

莱姆认为,"某种概念的历史……是这个概念的多种多样的构成和有效范围的历史"①。随着社会历史的变化和发展,概念的自身也在不断更新代谢。生产力要素的资格无疑会随着社会的变迁在其有效范围内变动其内容。道德作为精神生产力的要素资格体现在生产力要素中,就是时代和社会要求的集中体现。其原因上文已论及。

最后,"科学技术是第一生产力"这一论断目前在学界已经达成普遍共识,然而对于科学的理解维度却各不相同。不少学者只承认自然科学是该论断中的表义而拒斥社会科学的合法性地位。由于文题所限,在此不予论及。但需要指出的是,我们认为,社会科学是构成生产力的一部分,并且这也是"道德生产力"这一范畴的一个理论来源。

就道德和生产力的关系来看,许多学者承认道德和生产力有着密切的联系,对生产力的发展起着推动的作用,但认为这并不能为道德作为生产力的要素存在提供理论依据。我们认为,这种辩驳的方式在逻辑上是存在着问题的。且不论道德成为生产力要素的内容性知识,单就形式而言,虽然对生产力的发展起推动作用的不一定是生产力要素,然而构成了生产力的要素却一定对生产力的发展起推动作用。也就是说,是否推动生产力发展这一标准并不能成为是否构成生产力要素"因素资格"的标准,有些因素起着推动作用不构成要素,而有些因素既起着推动作用也构成要素,道德就是这样一个例子。

综上所述,辩证地把握生产力范畴,合理地推理论证是正确认识生产力范畴的理论前提。对生产力范畴的理解应该跳出偏狭的物质本体论,走出单调的线性思维方式,看到物背后所实际包含着的且客观存在着的精神性因素。唯物只是体现在它的归根到底的意义上才有发言权,而这并不代表事物单纯的物质性。尤其是面对生产力这一"活体"范畴,则更应该深入地分析,而不应走这样的道路,即马克思在《关于费尔巴哈的提纲》中所言:"对事物、现实、感性,只是从客体的或者直观的形式去理解,而不是把它们当作人的

---

① 转引自[法]米歇尔·福柯《知识考古学》,谢强、马月译,生活·读书·新知三联书店2003年版,第3页。

感性活动，当作实践去理解，不是从主观方面去理解。"①

三　面向现实的道德生产力

"道德是精神生产力"这一论断并不能仅仅从理论上穷尽其自身的价值，更重要的是，它必须面对现实生活本身的实践性检验。这是该论断作为合理性存在的现实性依据，同时这也是面对诸多对该论断提出现实性质疑以及推论其在现实生活中的负面影响所做出的应有辩驳。

作为精神生产力的道德必须物化才有意义，在具体的现实的社会生产领域内，其实质是转化为社会劳动生产力。伦理的两大本质问题即人的完善和人际关系的和谐直接为我们研究在经济领域内的道德问题提供了方法论指导，"它在客观上必须把握人类经济活动的立体结构，并在此基础上把握人类经济伦理观念及其基本样式；同时在微观上需要认识人的经济活动的出发点和基本目的以及行为特质，弄清楚人的经济伦理情感和伦理观念的形成过程及其规律"②。我们称之为主体及价值关系分析法，它为我们在具体分析面向现实的社会生产力时提供了道德的价值视野，让我们能够在生产力的内涵中，发现作为主体存在的价值取向和劳动态度；发现生产力内部的各种关系，如劳动者群体的伦理关系，人与物的实质伦理关系，生产力要素间的伦理关系等。这些方法论成了道德作为精神生产力面向现实的实质性指导并凸显着现实性意义。

第一，道德作为精神生产力为社会生产力提供了合理性的价值内涵，为社会主义市场经济建设提供了精神动力和理性精神。完整意义上的市场经济是"理性经济"，市场经济的完善离不开道德手段。一方面，道德作为一种精神生产力实现着价值主体的自我完善，形成着劳动者的道德素质。人的素质，尤其是道德素质是生产力发展的决定性因素，它制约着人们以何种目的性要求配置资源，进入

---

① 《马克思恩格斯全集》第3卷，人民出版社1960年版，第3页。
② 王小锡：《经济伦理学的学科依据》，《华东师范大学学报》（哲学社会科学版）2001年第2期。

生产。在这个意义上，道德构成了生产力运行的动力源，是动力生产力。另一方面，道德的共享性价值资源为社会主义市场经济秩序的构建提供了理性精神的有效支持，促使社会主义市场经济体制不断地完善且良性运行。①

有学者认为，人的科学素质是人的核心素质而非道德素质，因此，道德素质在生产力发展中不起决定性因素作用，不具备动力生产力的资格。② 其实，当我们在生产力中看待人的道德素质和科学素质时，都是以人的存在为前提的，人的合理性价值存在是人作为完整意义上的人存在的先在性条件，因此，当我们用人这一范畴来透视生产力概念时，这本身就是以一定的伦理语境为基础和前提的。在这个意义上，我们把道德素质看作人的最基本最核心的素质，从而构成生产力的动力源。当然，我们这里所说的作为精神生产力的道德是进入生产领域并体现为科学形态的道德。

第二，"道德是精神生产力"这一论断，并不属于所谓的"泛生产力论"，也并不构成批所谓"泛生产力"者们所推测的种种负面结果。有学者认为，把道德等纳入生产力而造成所谓的生产力"泛化"必然会导致所谓的"泛经济化""泛市场化"。③ 其理由是，"泛化"自然会把市场机制推广到社会的各个领域。其实在现实中，市场机制不用推广，自身也会随着资本的蔓延进入社会的各个领域，过分的市场化和经济化是市场经济自身的盲目性所致，从这个意义上来讲，道德更应该发挥它在市场机制和经济生活中的作用而和市场经济相结合，并且道德也理应作为一种可以培育的资本即"道德资本"作用于社会经济生活。

还有学者认为把科学技术、道德等看作由生产力是发展科学技术或重视道德的急切心情所致，并认为这样会导致"中心工作"的紊乱和"重点工作"的无序。④ 实际中的紊乱和无序是否为所谓的"泛生产力"所致，这牵涉许多现实问题，我们认为这样的推测是粗

---

① 参阅王小锡《经济的德性》，人民出版社2002年版。
② 参阅周荣华《论道德在生产力发展中的作用——与王小锡同志商榷》，《南京理工大学学报》（哲学社会科学版）1997年第4期。
③ 参见武高寿《评"泛生产力"》，《生产力研究》1997年第2期。
④ 参见李怀《泛生产力论和经济理论与实践中的思维缺陷》，《生产力研究》1996年第2期。

糙的。并不是因为要重视才强调,而是由于含有而彰显。至于急切的心情,如果它不构成一种动力的话,那么或许我们今天甚至还不知道何为所谓的生产力。

第三,批判所谓"泛生产力论"的学者们,局限于偏狭的生产力观,拘泥于物质本体论的哲学范式,从而未能把握生产力范畴的丰富内涵和全面内容。而在批判的同时,对"泛化"概念的非精确性把握以及对所谓"泛生产力论"的贬义立场反而流露出其拒斥、非议的情绪化倾向和思维逻辑上的有限伸展。由于生产力的物质本体论割裂了生产力范畴中原有的各种关系,对生产力物质性的偏执易使市场经济的发展缺乏健康和活力。在现实的经济活动中,经济规则往往都是以"自利最大化"为前提的,过分地强调经济规则而忽视道德规范和伦理精神在经济生活中的实际效用,无疑是不明智的。我国在近几年的经济发展中,已经意识到这一问题,提出不能完全以 GDP 的增长来衡量一个社会的进步,并提倡"绿色 GDP"的概念。我们看到,无论在国内还是在国际上,更多的经济问题和道德问题融贯在一起,使得人们愈发地关注经济伦理问题。经济伦理正在构建自己的学科体系,试图对这一系列问题提供科学的、合理的解答。

正如任何一个命题都会被提出与其相反的命题一样,"道德是精神生产力"这一论断的提出也必然会招致质疑。我们欢迎各种积极对话式的讨论,因为,作为一个范畴,如果它具有科学内涵,那么其本身就应该在不断地证伪中证实自身的生命力。并且理论的价值不但来源于实践,同时也构成了价值的实践部分。

(原载《江苏社会科学》2005 年第 1 期,
作者郭建新系南京审计学院教授,张霄系中国人民大学哲学博士)

一部经济伦理学研究的创新之作
——评王小锡教授等著的《道德资本论》

王泽应　贺志敏

2005年2月,由王小锡、华桂宏、郭建新三位教授领衔完成的《道德资本论》由人民出版社出版。拜读之后,笔者感觉这本以建构道德资本理论体系为主要内容的经济伦理学著作,选题立意深远、叙述结构宏大、内容博大精深、资料翔实全面,不仅对古今中外的道德资本理论进行了精当的梳理总结,而且结合当今时代的社会经济实践来创造性地发掘道德资本的价值,提出了一些颇具创新性的理论,是中国经济伦理研究领域的一部力作。

从整体上看,该书与一般的经济伦理学理论著作比较,具有三个方面的特点。

首先,它是一本视角独特的经济伦理学著作。该书运用马克思主义政治经济学的分析范式,融合了经济学、管理学、伦理学等学科对道德资本的研究成果,从广义资本论的角度来考察道德价值,使得该书的研究视角与一般经济伦理学研究迥然不同。该书通过三个不同视角的考察揭示了经济伦理学语境下的资本的实质与内涵,做到了理论与实践、历史与逻辑、本土化与全球化这三重维度的统一与结合,使得该书融形式上的逻辑严密与内容上的博大精深于一体。第一,作者从资本的一般属性来考察,认为资本的实质就是投资主体能够使投入的商品和服务增值以创造财富的能力的具体体现,资本的外延不仅包括传统理论所认为的物化或货币化的物质资本与货币资本,而且包括非物化的存在即无形资本,这无疑是对传统物化资本理念认识的进一步深化。第二,它摆脱了人们长期以来所熟知和接受的生产关系层次上的狭隘的资本观念，引入现代人力资本中对人力资本的研究，将人看成能提供经济价值的生产性服务的主体存在。值得关注的是，作者还特别提出马克思主义资本观并不只有生产关系层面的考察视角，并引用马克思所说的"固定资本就是人本身"的论断来佐证人力资本作为资本的一种形态的合理性。作者从制度经济学派的交易费用理论出发，独具慧眼地提出道德之成为资本，是因为其构成了对交易各方的有效约束，认为作为人的内在本质属性的道德能够使交易双方在规范和有序的条件下实现各自的利益，节约了交易费用。第三，作者还从制度伦理的角度来解读道德资本，认为道德作为社会的价值规范和行为准则共识，具有统摄与驱动的双重制度功能。道德不仅能以规范、习俗等形式参与社会经济运行，而且能规范经济活动主体的具体经济行为，在利益博弈中驱使主体能平衡个人利益与他人利益，实现功利与道义的统一。道德作为制度的价值还体现在它能减少交易费用，增加经济信用，推进整个社会的经济运行趋向零交易费用，从而提高经济绩效。以上对道德资本独特的解读视角和分析路径，在该书的各个章节的内容中都有具体的演绎，特别是对马克思主义经典作家们的道德资本思想，对现代西方和中国传统社会的道德资本思想的鞭辟入里地分析和概括，以及最后一章的经济全球化视野下的道德资本等，都无不体现了作者的宽阔的理论胸怀和开放的理论视野，以及对当代经济伦理实践的深切关怀与深思熟虑。

其次，《道德资本论》是一本综合创新的经济伦理学著作。该书不仅在理论构建的形式上有独特的创见，而且内容十分丰富、博大精深。作为一本专门探讨道德资本的伦理学著作，该书旨在构建一个完整的道德资本论体系，从宏观整体来看，该书亦初步完成了这样宏大的理论框架，全书分十一章。第一章是道德资本概说，主要是从经济伦理的角度对道德资本的含义、特性、功能等进行了详细的论证，回答了道德是一种怎样的资本、道德何以能成为资本等一系列重要的经济伦理学问题，对道德资本的价值实现及其作用、制约条件等进行了广泛而深入的探讨。第二、三、四章主要探讨了各个具体的理论视域对道德资本的研究和理论，分别从马克思主义经典作家、当代西方社会、中国传统伦理三个方面来探讨不同时期和地域的道德资本论,为构建中国的道德资本论体系奠定多元视角和理论依据,在此基础上解构传统的马克思主义的道德资本观念,汲取西方现代社会和传统中国社会的道德资本思想,其中将西方社会的道德资本论划分为个人道德资本、社会道德资本以及介于两者之间的企业道德资本,将中国传统伦理中的道德资本思想分为德性主义的、功利主义的、自然主义的三种,都体现了作者对中西方伦理文化的内在脉络的准确把握和精巧提炼,无不闪烁着作者的独特智慧和真知灼见。第五章从道德制度与道德资本的关系角度切入来分析制度的伦理特性及其与资本的互动关系,准确把握住了道德资本价值实现的运行路径。第六、七、八、九章则是对道德资本在社会生产过程中的每个环节包括生产、交换、分配、消费中的运行及其与经济运行各个环节的关系进行实证分析,对存在于各个环节中的道德问题,以及道德资本在这些环节的运行所应具备的条件和应起的作用都进行了有力的论证,在读者面前呈现出一幅生动形象的道德资本与经济运行各个环节的互动关联的复杂画面,将实证研究与价值构造有机结合起来,令人对作者的严谨学风和超人才识佩服不已。第十、十一章主要探讨了道德资本与企业发展的内在关系,从企业文化和企业家精神等角度探讨道德资本对企业发展的巨大价值,并着重研究了在经济全球化背景下的企业应当如何经营道德资本,实现企业的价值目标,书中洋溢的那种高远的理论旨趣和对中国企业发展的深切关怀,也充分体现了作者作为当代学人所具有的入世精神和爱国情怀。综观该书的内容,我们可以看到,该书的写作几乎囊括了道德资本理论的所有重要内容,对其中的经济伦理学重大问题都做出了精辟的回答和独到的解答。虽然内容庞大,但立论严谨、阐述有力,能做到要言不烦、一丝不苟,足见作者的深厚学养和真知卓识,实在是令人感佩。

　　再次,《道德资本论》是一本面向实践的经济伦理学著作。笔者以为,学者的职责并不仅仅在于生产知识,更应当服务现实,将自己的理性知识转化实践智慧,为社会经济的发展提供强大的智力支持和精神动力。通过揭示道德所具有的资本特性,不仅厘清了道德与经济的悖论问题,而且能更好地使人们认识到道德与经济的内在关系,从企业发展的高度认识道德资本对企业的重要价值,在生产、交换、消费、分配领域充分发挥道德资本的作用，最大限度地降低管理成本和减少交易费用，实现资源配置的最大绩效，使社会经济向和谐良性的方向发展。该书还立足于服务不断发展变化的社会经济实践，把握时代发展的脉搏，为未来的经济发展指引方向。在论述道德资本与生产的关系时，作者站在当代新科技革命的时代浪潮前，从生产对道德资本的生成价值、道德资本在生产中的价值实现等方面揭示道德资本与生产的内在联系，并把生产中的重要要素——科技发展单独列出来探讨，从人与自然的关系协调角度、成本与收益的角度以及自然资源的利用角度来分析道德资本在未来的高科技经济发展中应当扮演的重要角色和应起到的重要作用，对于我们为当代社会经济发展选择正确的价值取向和路径有重要的启示。

《道德资本论》逻辑清晰，论证有力，资料丰富翔实，语言平实生动且极富现实气息，读后使人启发良多，感觉实在是一本不可多得的学习、研究中国经济伦理学的著作，一部具有创新性的经济伦理学力作，值得读者细细研磨，开卷一读定会获益匪浅。

（原载《伦理学研究》2005 年第 4 期，作者系湖南师范大学教授、博士生导师）

伦理学园一新葩
——读《道德资本论》

龙静云

长期以来，人们所接受的"资本"概念是生产关系层次上的。按照马克思的观点，资本是带来剩余价值的价值。资本的本质不是物，而是在物质的外壳掩盖下的一种社会生产关系，即资本家与工人之间的剥削与被剥削的关系。但是，我们所认识的这种生产关系层次上的"资本"并不是马克思主义资本观的全部。除了"物质资本""货币资本"以及当代西方经济学家舒尔茨提出的"人力资本"这些被公认的并且显形存在的资本范畴以外，资本还有所谓的无形资本。无形资本包括"知识资本""社会资本"及"道德资本"。这些无形资本都是符合资本的一般属性的。

道德无处不在并以其独特的方式影响和规范着人们的生活。在改革开放、建立和完善社会主义市场经济体制的今天，道德在经济生活中的作用更是日益彰显，经济中充满了"德性"。因而在资本理论中，道德资本理论应该占有十分重要的位置。但是同人们所熟悉的物质资本、货币资本等有形资本相比，各种无形资本尤其是道德资本则不为人们所了解。系统论述道德资本范畴及其理论体系，充分发挥道德资本在经济建设中的作用，乃是伦理学工作者义不容辞的社会责任之一。由王小锡、华桂宏、郭建新等著的《道德资本论》（人民出版社2005年版）一书正是在这种情况下出版的。作为一部探索性的学术著作，该书的出版弥补了目前国内学术界在此方面的理论空白。

《道德资本论》一书可分为四个部分。第一部分对道德资本进行了一般理论的分析,力图构建关于道德资本理论的一个"论纲"。第二部分分别对中西方伦理思想史和马克思主义经典作家伦理思想中关于道德资本的观点、理论和思想进行了归纳总结,展示出道德资本思想的演化过程。第三部分即从第六章到第九章,按照马克思主义政治经济学的一般分析框架,分别就社会生产总过程的生产、交换、分配与消费四个环节来论证道德资本的存在性及其独特作用,构成了初步的道德资本运行过程。最后一部分,就经济全球化浪潮对中国传统企业道德精神提出的挑战做了分析并提出应对之策。在经济全球化条件下,对企业道德资本的形成、企业伦理文化与企业经营机制的完善和企业道德精神的培育等问题,提出了指导性的建议。通读全书,优点十分突出。

首先,该书充分借鉴其他学科的方法尤其是经济学的方法对道德资本进行阐释,从而提出了一种新的理论——道德资本论。著者在借鉴和学习马克思主义政治经济学和现代西方经济学理论及其分析方法的基础上指出,所谓道德资本,从内涵上讲是指投入经济运行过程,以传统习俗、内心信念、社会舆论为主要手段,能够有助于带来剩余价值或创造新价值,从而实现经济物品保值、增值的一切伦理价值符号;从外延上讲,它既包括一切有明文规定的各种道德行为规范体系和制度条例,又包括一切无明文规定的价值观念、道德精神、民风民俗等。道德资本具有寄生性、独立性、投入的广泛性、运作的优化性、在资本市场上运作的规范性和引导性等。在对道德制度的分析中,著者又把当代西方经济学的基本分析方法——成本收益分析法运用到道德行为的分析中,对一般道德行为进行实证与规范分析,使本来无法精确计算和衡量的道德行为的重要价值能更加清晰地展现在人们面前,也使伦理学对于为什么要选择合道德行为的论证和劝导更具说服力。应该说,就该著对"道德资本"概念及其特征、作用的提出和分析本身而言,它所体现的学术创新精神无疑是其突出的优点和特点;就该著对经济学方法的借鉴和运用而言,它也是比较娴熟和运用自如的。

其次,该书从历史的视角展示了古今中外乃至马克思关于道德资本思想的长篇画卷,同时也为自己所提出的道德资本理论提供了坚实的理论源泉。著者大量引用古今中外的思想家,特别是马克思主义经典作家的论述，使读者对于道德资本的整个思想史有了一个十分明晰的轮廓和了解。在第二章中，作者通过对马克思经典著作如《资本论》《1857—1858年经济学手稿》等的研究后认为，虽然马克思、恩格斯并没有明确提出道德资本的概念，但他们的观点和立场为我们今天看待伦理道德在经济生活以及整个社会生活中的作用提供了重要的理论指导和启示。在第四章"中国传统伦理"这一部分中，作者介绍了作为德性主义道德资本思想代表的儒家，其主要特点是注重仁义、理性在经济运行中的作用，反对"恶利"和"足欲"，认可"当仁不让"之利；而功利主义的道德资本思想是与德性主义的道德资本思想相对立而存在的。在义利关系上，功利主义者重利轻义，强调"兼相爱，交相利"乃"圣王之法""天下之治道"；在求利致富问题上，功利主义者从阶级利益出发，提出了国家利益优先，兼顾人民利益的原则；在消费伦理观念上，提倡节俭反对奢侈。而随着道家学派的发展而产生的自然主义的道德资本思想的核心是"贵己""为我"，在分配方面主张"不积""均富"，在消费方面提倡"寡欲""节俭"。另外，该书还有对近现代一些政治经济学家，如亚当·斯密、凯恩斯、马克斯·韦伯等的观点的分析和论述。而研究道德资本思想史的目的就是论证道德资本的必要性和重要性，用作者自己的话来说就是，道德资本理论的提出绝不是一时的心血来潮，而是有其较为深厚的思想史作为积淀。

再次，突出体现了理论观点的时代性和关注现实的理论品格。作者立足现实、回顾历史、面向未来，把道德资本问题放在经济全球化的大环境和国内改革开放、建立和完善社会主义市场经济体制、以人为本、坚持科学发展观的新的历史条件下进行深层思考，对不为人们了解或足够重视的道德资本理论问题，对人们感到困惑或亟待解决的诸如我国国内市场缺乏诚信等问题进行了广泛而深入的分析论证。文中所举实例也是人们所熟知的最新的、具有相当说服力的，如在说明漠视道德资本对企业的危害时，列举了2001年美国安然公司的例子；在论述经济全球化背景下企业强烈的民族精神时，列举了我国海尔的例子等。

最后，该书坚持了党的十六届三中全会提出的以人为本、全面、协调、可持续的发展观。以人为本是科学发展观的核心和本质。本书充分体现了这一点。如，在论述企业管理中的道德资本时，比较了现代管理思想中的科学管理理论和行为科学管理理论。作者指出，科学管理完全把人视为活的机器，从而呈现出更多的非道德色彩，甚至是不道德色彩；行为科学管理则较多地考虑了人的内在需求，人不再是"物"，而是又重新恢复的"人"，人的行为成了管理者关心的核心对象。很明显，作者是同意行为科学管理理论的。再如，在分析企业道德资本的形成时，作者认为产品设计的人性化追求是企业道德资本形成的前提；产品安全性能的追求是企业道德资本形成的基础；产品的人性化功能开发与渗透是企业道德资本形成的价值内涵；产品审美功能的塑造是形成企业道德资本的时代要求。此外，书中关于科技发展中的道德资本、人与自然关系的协调等的论述，都很好地体现了以人为本的科学发展观。

诚然，作为一部探索性的学术著作，该书还存在着一些尚待解决的问题。例如，对于道德资本及其运行所引出的各个概念的分析和论证有的尚值得商榷和完善；书中提到的"毗邻效应""柠檬效应""豌豆问题""以太之光""惊险的跳跃""扒粪运动"以及"莫文隋现象"等经济学词汇或管理学词汇可否考虑读者水平的差异性，给予注释和说明。但瑕不掩瑜，由该著所提出的道德资本论犹如一朵新葩，将在我国伦理学的百花园中争芳斗艳，并结出更加丰硕的果实。

（原载《道德与文明》2006年第1期，作者系华中师范大学政法学院教授、博士生导师）

"道德资本"研究的意义及其学科定位
——王小锡教授"道德资本"研究述评

钱广荣

"道德资本"这一概念，是王小锡教授在其《论道德资本》(《江苏社会科学》2000年第3期) 一文中首次明确提出来的。此后，王教授及其他学者围绕"道德资本"相继发表了一个系列的专题研究论文，并出版了学术专著《道德资本论》(人民出版社2005年版)。这期间，一些关注和议论"道德资本"的短文也时而见诸报刊。综合起来看，这一具有拓荒性质的研究已经初见成效，但尚未形成应有的发展态势，在诸如"道德资本"研究的意义、概念的界说及学科定位等重要的问题上，尚需通过总结和阐发取得广泛的认同。本文试就这些重要问题对王小锡教授的"道德资本"研究发表一些述评性意见，意在引发话题，促使"道德资本"研究得到进一步深入。

一 "道德资本"研究的意义

不断发展变化的道德现象世界是伦理学研究与建设的永不枯竭的源泉和永不消退的主题，"道德资本"问题的研究从根本上来说顺应当代中国社会发展变化对道德进步提出的要求。众所周知，中国经济改革起步不久就出现了经济增长与道德滑坡的悖论问题，围绕这一问题生发的关于"代价论"是否合理的旷日持久的争论至20世纪末才出现偃旗息鼓之势，但与此同时却把当代中国人投进一个灰暗的"奇异的循环"之中，引发了似乎永不可解的困惑和惆怅情绪：

想要凭借"资本"发家致富、过上富裕的生活吗？那就牺牲我们的道德吧！"道德资本"问题的研究正是在这样的背景下提出来的，它以一个耀眼的新话题不仅"凸显了经济运作中道德因素的地位与作用"①，更重要的是为我们最终走出"二律背反"的困扰指出了一个有益的思维路向：在生产和经营活动乃至整个社会生活中，道德本来也是一种"资本"，资本（物质财富）和"道德资本"（精神财富）本来是可以通过我们的认识和建构实现逻辑与历史的统一的。概言之，"道德资本"研究问题的提出，对帮助当代中国人破解经济与道德"二元对立"的时代难题，无疑具有方法论的启迪意义。

"道德资本"是一个创新性的概念，体现了研究者对时代呼唤的理性自觉。这种自觉精神，我们可以从王小锡教授与他的合作者在《五论道德资本》所做的感言性叙述中看得很清楚："'道德资本'概念确实是创新性的概念，这种创新并不是以空想为基础的文字游戏，而是对社会实践发展的自觉的、理论的把握。在概念创新的背后，是社会实践发展的强烈要求。"② 这种感言，也透射出研究者们敢于探索真理的理论勇气。我们知道，资本这一概念在传统中国人的认识和理解中多是贬义的，因为"资本来到世间，从头到脚，每个毛孔都滴着血和肮脏的东西"③。改革开放后，资本的概念虽然渐渐地为国人所接受，甚至被越来越多的人青睐，但它的"名声"总是不那么好，视资本和财富为"阿堵物"的人至今依然大有人在。不难想见，在这种情势下，作为知名的学者没有相当的理论勇气是难以响亮地提出"道德资本"这一新概念的。在我看来，对于理论研究者来说，这种勇气也是一种"资本"，张扬这种"资本"也是很有意义的，因为没有这种"资本"就难以有真知灼见，承担起理论研究者的历史使命和社会责任，在社会发展处于变革时期尤其是这样，这已经为人类文明发展史所反复证明。中国近三十年来的经济和整个社会发展走的是创新之路，其间伦理关系和道德观念的变

---

① 郑根成、罗剑成：《试论道德的资本性特点——兼论道德资本》，《株洲工学院学报》2002年第5期。
② 王小锡、李志祥：《五论道德资本》，《江苏社会科学》2006年第5期。
③ 《马克思恩格斯全集》第23卷，人民出版社1972年版，第829页。

化带有"翻天覆地"的性质,而我们的伦理学研究者对此反映至今仍然显得有些迟钝和滞后,这与我们在理论上缺乏创新意识和勇气是很有关系的。

作为一种开拓和创新,"道德资本"研究发展了道德价值学说,因而也丰富了伦理学的知识体系。在生产和经营活动中,资本一般是作为增值的工具价值而存在的,本身不是目的价值而只是实现目的价值的工具价值。在伦理学体系中,道德价值的情况恰恰相反,一般只是作为目的价值而不是作为工具价值,讲道德、做有道德的人不能"为了什么",即不能带有任何功利意图,否则就是伪善作风——假讲道德,这是中国的传统。实行改革开放后,这种传统范式在悄悄发生着变化,道德在现实生活中实际上已经被广泛地当作手段使用,但是,人们在感情上还是不能堂而皇之地接受和宣示。把道德作为一种"资本"看待,打破了这一传统的价值理解范式,给人们的第一意象就是道德首先是一种工具价值。王小锡教授注意到这样的心态,他在《五论道德资本》中,对此进行了专门的分析。他认为,道德对于人来说应当是"目的性功能"与"工具性功能"的统一。"道德资本"概念是传统"道德"概念和"资本"概念在现代化过程中的产物,它一方面总结了道德功能格局的历史变迁结果,即从道德的目的性功能居于主导地位,到道德的目的性功能与工具性功能相分离,再到道德的工具性功能异军突起。另一方面体现了从"实物资本"发展到"人力资本",再到"文化资本"这一"资本"概念发展的时代趋势。提出"道德资本"概念,研究作为资本的道德,从而强调道德的工具性功能及在经济建设中的作用,既有利于动员一切能够促进经济发展的元素,也有利于推动经济生活中的道德建设。当然,我们不能因此就认为,道德作为"资本"在生产经营过程中的价值只是赚钱的手段和工具。

其实,只要我们不是在绝对的意义上理解道德价值的目的与手段的区别,就会发现手段在特定的情景下也是可以转化为目的的。不难想见,一个注重用"道德资本"赚钱的企业,它在为社会和消费者提供优质产品的物质消费的过程中,不也同时为企业职工和消费者提供优良道德的精神消费吗?在企业主那里道德主要表现为手段价值,在职工和消费者那里则主要表现为目的价值。这种情况,正是道德的目的价值和手段价值常见的"统一"方式。须知，绝对的目的价值和手段价值实际上是不存在的。

"道德资本"研究在拓展道德价值学说的边界的同时，也丰富了经济学尤其是应用经济学的理论内涵，为后者提供了某种方法论的支持。这种意义可以沿着这样的思维逻辑去解读：道德不是自然生成的，而是人类创造的——人类创造道德是为了运用道德、让道德为自己服务——这种运用和服务既有目的意义上的，也有手段意义上的——目的意义上的价值取向多反映在精神活动和精神生活方面，手段意义上的价值取向多活跃在生产和经营活动（包括精神生产和精神传播活动）之中。正如王小锡教授所指出的，改革开放以来经济学家和经济活动家们"不再关心经济生活的道德目的，但很关心经济生活中的道德工具，即哪些道德对于经济发展具有重要意义。对经济学家来说，一种品质或行为为什么是道德的，这不属于他们的研究范围，他们只关心一件事：从有利于经济发展的角度看，什么样的道德才是应该提倡的"[①]。这种变化，一般来说应视其为一种进步，这种进步与道德作为一种"资本"介入生产和经营过程的思想转变，是直接相关的。在这个转变过程中，"道德资本"研究无疑起到了推波助澜的作用，它为相关经济学的学科建设和发展提供了一种历史性的机遇。

二 "道德资本"的内涵界说

界说"道德资本"的内涵及在此基础上给其进行学科定位是一项相当复杂又极为重要的研究工作，因为它是整个研究工作的逻辑前提。这项工作实际上要回答的问题是：应当在什么意义上言说"道德资本"？或道德在什么样的情况下才能成为资本？作为一个独特的概念，它在学科定位上究竟应当归于伦理学还是经济学？

在"道德资本"概念正式提出之前，王小锡教授就曾追问道德为什么能够成为一种资本，亦即"道德资本"何以可能的问题。他在《21世纪经济全球化趋势下的伦理学使命》一文中作过这样的逻

---

① 王小锡、李志祥：《五论道德资本》，《江苏社会科学》2006 年第 5 期。

辑推理："科学的伦理道德就其功能来说，它不仅要求人们不断地完善自身，而且要求人们珍惜和完善相互之间的生存关系，以理性生存样式不断地创造和完善人类的生存条件和环境，推动社会的不断进步。这种功能应用到生产领域，必然会因人的素质尤其是道德水平的提高，而形成一种不断进取的精神和人际和谐协作的合力，并因此促使有形资产最大限度地发挥作用和产生效益，促进劳动生产率提高。"[1] 他在此后发表的专论中，大体上遵循的也是这种分析路向。

他对"道德资本"概念的总的看法是："道德资本"是一种"无形资产"和"创造社会财富的能力"。由此出发，他沿着两个思维路径阐述他对"道德资本"内涵的具体看法。一个路径是狭义的理解，沿着经济活动获利的一般规律将"道德资本"归结为一种具体的资本形式：科学的道德作为理性无形资产，它能在投入生产过程中以其特有的功能促使生产力水平的提高；在加强管理伦理意识和手段中增强企业活力；在提高产品质量的同时降低产品成本；在培养和树立企业信誉的基础上提高产品的市场占有率。因此，道德也是资本。他在《六论道德资本》中进一步明确指出："道德资本是指道德投入生产并增进社会财富的能力，是能带来利润和效益的道德理念及其行为。"[2] 这表明，狭义理解是他一以贯之的思想。另一个路径借用别的研究者的意见，进行广义的理解，从分析一般"资本"概念入手推论出"道德资本"的普遍形式，认为"所谓道德资本，从内涵上，它是指投入经济运行过程，以传统习俗、内心信念、社会舆论为主要手段，能够有助于带来剩余价值或创造新价值，从而实现经济物品保值、增值的一切伦理价值符号；从外延上，它既包括一切有明文规定的各种道德行为规范体系和制度条例，又包括一切无明文规定的价值观念、道德精神、民风民俗等。从表现形态来看，道德资本在微观个体层面，体现为一种人力资本；在中观企业层面，体现为一种无形资产；在宏观社会层面，体现为一种

---

[1] 王小锡：《21世纪经济全球化趋势下的伦理学使命》，《道德与文明》1999年第3期。
[2] 王小锡：《六论道德资本》，《道德与文明》2006年第5期。

社会资本"①。广义的理解，虽然没有一以贯之，但也坚持到最后，说明王教授试图要将"道德资本"由经济活动的个别形态推向社会生活的普遍形式。广义理解和界说方式扩充了"道德资本"的内涵，但同时也使"道德资本"的内涵在"外延"中变得模糊起来。不过，王教授似乎注意到了这一点，如他在《三论道德资本》和《四论道德资本》（《江苏社会科学》2002 年第 6 期、2004 年第 6 期）两篇专论中，就紧扣"道德资本与有形资本"的比较关系和"广义资本观"阐述"道德资本"的特性。概念内涵的统一性是概念的生命，也是确立科学研究命题和学科建设的第一要义。

然而，"道德资本"究竟是什么的问题似乎依然存在，似乎需要进一步探讨。在一般伦理学的视阈里，"道德资本"属于道德价值范畴，就是一种道德价值，是道德价值的一种"经济形式"，因此，关于"道德资本的价值"的命题是不合语言逻辑的。由于道德价值历来可以分为事实形式和可能形式两种基本类型，因此道德资本也可以分为事实与可能两种基本类型。这是由道德价值实现及其发展进步的规律决定的。所谓道德的事实价值，在社会指的是实际存在的合乎"实践理性"的伦理关系，在个人指的是合乎"实践理性"的道德品质，前者即人们常说的"风尚"（包括人际关系即所谓"人气"），后者即人们常说的"德行"（德性），两者是相辅相成的关系。在生产经营活动中，道德之所以能够推动经济发展和获得最大效益，简要地说来就在于它是由"同心同德"的伦理关系和"爱岗敬业"的个人品质整合起来的"无形资产"和精神资源。科学的道德理论、道德规范、道德教育、道德活动，都是有道德价值的，但都是道德价值的可能形式，它们的价值旨归并不在于其自身，而在于为建设"同心同德"的伦理关系和培养"爱岗敬业"的个人品质提供"质料"。不作如是观，道德理论、道德规范、道德教育、道德活动等就可能流于形式，成为假说和说教，不仅难以产生"道德资本"之"力"，相反甚至还会产生对"有形资本"的破坏力。

如此看来，所谓"道德资本"，简言之就是生产经营活动中实际存在的合乎社会道德理性的职业风尚和执业品质。

---

① 王小锡、杨文兵：《再论道德资本》，《江苏社会科学》2002 年第 1 期。

三 "道德资本"研究的学科定位

如果对"道德资本"可以做如上所述的界说,那么关于"道德资本"的学科定位问题也就迎刃而解了。"道德资本"既不是一般伦理学范畴,也不是一般经济学范畴,不应归于一般经济学或伦理学的范畴体系。作为一个特定范畴,"道德资本"应归于应用经济学和应用伦理学的范畴体系,再具体一些,应归于企业经济学和企业伦理学的范畴体系。

要确立这样的学科定位,重要的是要厘清学科定位的认知路向。我以为,这样的认知路向应当从三个方面来理解和把握。

其一,赋予"道德资本"以特定的内涵和边界及普遍适用的价值形式,防止将其做绝对化和神圣化的理解。这应是为"道德资本"研究进行学科定位的首要问题。西班牙的西松在其《领导者的道德资本》中将"道德资本"界定为"卓越优秀的品格"和"适合人类的各种美德",这种界说方法就将"道德资本"神圣化了,显然是欠妥的。[①] 优秀和成功的企业领导,就他们的个人而言不一定非得或已经具备"卓越优秀的品格",在他们的身上他一定非得聚集或已经聚集"适合人类的各种美德",才算掌握了"道德资本"。西松正确地指出,诚信是一种重要的"道德资本",同时又将其与"卓越优秀的品格"和"适合人类的各种美德"相提并论,这就又不合适了。在我看来,诚信是一切道德的基础,在某种意义上可称为"底线伦理",即如古人所说的"诚者万善之本,伪者万恶之基","道德资本"作为合乎"实践理性"的伦理关系和道德品质,是任何一个生产经营企业最重要也是最基本的"无形资产"。这样说,并不是说优秀或成功的企业领导非要具备"卓越优秀的品格"或"适合人类的各种美德",才算拥有"道德资本"。也不是要否认"道德资本"研究追问这样的"道德资本"的必要性和意义,而是主张在学科方法上不要把"道德资本"绝对化、神圣化。就是说,在界说"道德资本"问题上,我们同样需要运用"广泛性与先进性相统一"

[①] 参见王小锡《六论道德资本》,《道德与文明》2006年第5期。

的结构方法。

其二，改变固有的学科理念，创设新的学科，对于"道德资本"研究的学科定位也是十分重要的。在科学研究中，一个学科的某个概念由于与其他学科某种尚未经过抽象的对象领域存在内在的"相似性"而具有"普适性"的特点，资本就属于这样的概念。由此看来，从一般"资本"概念来考察和抽象道德资本的概念，不失为一种可取的方法。但是，概念的内涵总是稳定的、滞后的，学科人维护或排斥固有概念的学科地位总是带有某种"思维定式"的倾向，这是"道德资本"概念的提出及其研究迟迟不能获得应有进展的一个重要原因——经济学人不愿把固有的"资本"让给伦理学，伦理学人不愿让"道德资本"取代固有的道德价值概念，结果自然就会出现两个方面的学人都不愿关心"道德资本"的情况。"道德资本"研究不应固守一般经济学和伦理学的方法。一般伦理学应参与"道德资本"研究，但它对于"道德资本"研究来说，只具有方法论的意义。如同哲学关涉文学、心理学、物理学、化学等学科一样，所持的是方法论态度，而不是要把文学、心理学、物理学、化学等学科的范畴收进自己的范畴体系。同样之理，一般经济学对于"道德资本"来说也只具有方法论意义。如此看来，伦理学和经济学都不应把"道德资本"作为自己的特定范畴。在我国，目前企业经济学和企业伦理学都没有建立起相对独立的学科形态，"道德资本"研究的发展无疑会推动企业经济学和企业伦理学的建设与发展（这也可以视作"道德资本"研究的另一种意义），而这两个"边缘学科"的创建又在根本上为"道德资本"找到了自己的学科位置。

其三，坚持揭示和阐释"道德资本"的实践性特质。这也是为"道德资本"研究进行学科定位的重要方法。企业经济学和企业伦理学，本质上都是实践性很强的学科。严格说来，"道德资本"是一个反映经济活动和道德水准的实践范畴，它的性状及生成和变化的规律主要不在研究者的思辨之中，而是在企业生气勃勃的活动之中，用"经院哲学"式的研究方式其实是很难真实、真正把握它的面貌的。"道德资本"研究的学科定位及其拓展，依赖对它的"实践性状"的不断认识和把握。因此，要开展实证研究，这也应是创建企业经济学和企业伦理学新学科的逻辑起点和基本方法。因为，无论是从企业经济学还是从企业伦理学的角度看,"道德资本"都不应是学科的"元概念",而是学科"元概念"演绎出来的一般概念,换言之,"道德资本"不可作为研究"道德资本"范畴体系的逻辑起点,即使是创建企业伦理学也不应当作如是观。"道德资本"研究本质上属于实证研究,属于经验科学的范畴,它的重心应当是研究"道德资本"的转化过程和规律、转化的经验与教训。因此,在"道德资本"研究中,一切轻视"经验科学"的看法都是不正确的。为了拓展"道德资本"研究,我们应当在认知路向上自觉克服"书生意气",改变惯于做"书斋文章"的思维定式,走出书斋,走进企业,把开展关于"道德资本"的调查研究与实验研究结合起来。

综上所述,王小锡教授的"道德资本"研究时代感很强,是一种开拓性、创新性研究,具有十分明显的理论意义和实践意义,我们应当在科学地界说"道德资本"的内涵并对其进行学科定位的基础上,拓展这一重要的研究课题。

(原载《道德与文明》2008年第1期,作者系安徽师范大学教授、博士生导师)

多重视阈中的道德生产力
——兼驳"泛生产力论"的观点

张志丹

道德生产力概念自从 20 世纪 90 年代中期提出并加以论证以来，至今已有近十五年的历史了。① 这一概念一经提出，就迅速成为伦理学、经济学、管理学等多门学科共同关注和争议的焦点。实际上，伴随着我国社会主义市场经济逐渐趋向更加理性、有序、和谐的态势，这一概念及其相关理论的阐发，对我国社会主义市场经济过程发生的影响也越来越扎实、深刻、广泛和持久，这一点已经为越来越多的实例所证实。

一 知识社会学视阈中的道德生产力 及对道德生产力的误读

如果从知识社会学的角度，来审视道德生产力概念诞生的历史过程的话，我们就会将研究中的情绪主义和"先入之见"尽可能地悬置起来，平心静气地做出客观而科学的判断。

从学术的层面看，在 20 世纪八九十年代国内马克思主义研究中兴起的"返本开新"热潮的推动下，道德生产力概念实际上是对传统的"道德反作用力"观点背后有意无意地忽视或贬低道德价值的

---

① 道德生产力概念最早是由我国学者王小锡教授在 1994 年率先提出并加以阐述的。请参见《经济伦理学论纲》(《江苏社会科学》1994 年第 1 期) 和《社会主义市场经济的伦理分析》(《南京社会科学》1994 年第 6 期)。

化约主义研究路径的一种反思和批判，同时也是对国内自改革开放以来伦理学研究中所倡导的一种学科交叉、综合创新趋势的积极响应。① 学术研究的生命是创新，但问题不在于创新与否，而在于怎样创新。为此，在坚持马克思主义基本原理的基础上，如何依循马克思的基本精神推进对于伦理道德问题的研究，成为新的历史境遇中摆在广大学人面前的时代课题。而要创新，首先是研究视阈和方法论的先行澄明和创新，唯此，才可能研究和阐释在马克思主义"原本理论"指导下的"发展理论"，真正赋予社会主义伦理学以现代意义。② 从实践的层面看，我国改革开放和市场经济发展过程中所出现的"道德滑坡""道德失范""价值扭曲""诚信危机"等现象，既贻害于经济建设和生产力发展，又给伦理学和经济学带来了挑战。迫在眉睫的问题和实践的呼唤，要求我们必须对伦理与经济、道德与生产力之间的关系进行重思和定位。正是在这样的境遇中，实践的吁求和理论开新的需要就成为道德生产力概念的"催生婆"，使得这一概念应运而生。可见，道德生产力概念的诞生实在是有其必然性。

真理与谬误、理解与误解总是相伴而生的。虽然道德生产力概念日益受到越来越多的赞同和支持，但是，令人不无遗憾的是，这一概念从产生到逐步完善的历程，一直遭受着来自不同领域和学科的一些论者的质疑、误读乃至一口封杀。不管其间就具体论点而言有多少差异性，对这一概念的"否定性宣判"则是其共同特征。反对道德生产力的"说辞"主要有五：其一是认为道德生产力概念是对马克思主义唯物史观关于物质和意识关系原理的一大挑衅和背叛；其二认为道德生产力概念不符合马克思的文本，是一种"六经注我"的非法解读；其三是认为道德生产力概念是一个"两极对立"的概

---

① 回溯西方经济学史，西方经济学理论经历了一个重视人的精神因素（如西尼尔和边沁），忽略或抛弃人的精神因素，转而重视人的精神思想因素的否定之否定的过程。如新制度经济学的代表人物道斯·C. 诺思强调，要把诸如利他主义、意识形态和自愿负担约束等其他非财富最大化行为引入经济理论（芝加哥学派贝克尔之后更是在这方面作出了开拓性贡献）。比较起来，道德生产力概念实际上与西方经济学的转向有着殊途同归之妙。请参见道格拉斯·C. 诺思《经济史上的结构和变革》（商务印书馆1992年版）和《制度、制度变迁与经济绩效》（上海三联书店出版社1994年版）。

② 《江苏社科界跨世纪学人（九）——王小锡》，《江苏社会科学》1996年第3期。

念，应予放弃；其四是认为道德生产力概念贬低了作为形而上的道德的崇高性、把道德"庸俗化""工具化"，是"道德堕落"的表征；其五是认为道德生产力概念走向了"泛生产力化"的边缘。有人愤而诘问：如果道德是生产力，那世界上还有什么东西（物质层面的东西自不消说）不能成为生产力？进而甚至认为，"吹牛是生产力""拍马屁是生产力"，等等。凡此种种，不一而足。从哲学倾向上看，诸种批判道德生产力的说辞的共同点，通常是站在过去的基地上来批判现在、面向过去，而不是站在现实的基地上以发展的眼光来批判现实、面向未来。此类批判只是把眼睛紧盯着别人，而不先行澄明自己批判的方法论前提，其实，这样批判的越多，导致的混乱就越多。

科学概念所带来的不幸和尴尬，不停地敲打着我们必须反思、夯实自己的理论基地。就第一种"说辞"而言，应该说，赞同道德生产力概念并不能就此认为道德等同于生产力，更不能认为道德从根本上决定着生产力，也绝不是要颠覆物质和意识关系的这一唯物史观的根基。因为物质决定意识是从归根结底的意义上讲的，否则，抽象地谈论两者的关系没有任何价值。正如列宁深刻地指出："就是物质和意识的对立，也只是在非常有限的范围内才有绝对的意义，在这里，仅仅在承认什么是第一性的和什么是第二性的这个认识论的基本问题的范围内才有绝对的意义。超出这个范围，这种对立无疑是相对的。"① 此其一。实际上，道德生产力是在坚持物质决定意识的逻辑前提下，更多地将注意力转移到作为意识的道德对于生产力的渗透、作用以及两者之间的复杂关联，恰如马克思所言："思维和存在虽有区别，但同时彼此处于统一中。"② 此其二。而简单地把思维和存在、道德和生产力对立起来必然会陷入形而上学的泥潭。因此，与其说道德生产力概念肢解了唯物史观的物质决定意识的观点，还不如说它是反对把两者之间的关系简单化约的"经济决定论"。换言之，如果说道德生产力概念背叛了唯物史观关于物质决定意识的基本原理，那么，马克思所明确提出的"精神生产力"概念

---

① 《列宁选集》第2卷，人民出版社1995年版，第108—109页。
② 马克思：《1844年经济学哲学手稿》，人民出版社2000年版，第84页。

又何尝不是如此？而批判后几种"说辞"，找到"戡乱"的突破口，关键在于如何从新的视角去审视和切入这一论辩的"混局"。

二 马克思基本精神视阈中的道德生产力

关于道德是否能成为精神生产力的争论首先是在马克思文本解读的歧义上。通常论争的焦点集中于马克思在《1857—1858年经济学手稿》中的一段话，即："货币的简单规定本身表明，货币作为发达的生产要素，只能存在于雇佣劳动存在的地方；因此，只能存在于这样的地方，在那里，货币不但决不会使社会形式瓦解，反而是社会形式发展的条件和发展一切生产力即物质生产力和精神生产力的主动轮。"[1] 有论者认为，马克思精神生产力语境中的精神并不是和物质对立的概念，它不包含道德，而仅指科学知识、智力、技能等形态。[2] 此外，其实在其他文本中马克思对精神生产力也多有论述，其中隐含着道德生产力的命题，他指出："一般社会知识，已经在多么大的程度上变成了直接的生产力。"[3] 再如，"宗教、家庭、国家、法、道德、科学、艺术等等，都不过是生产的一些特殊的方式，并且受生产的普遍规律的支配"[4]。综观这些文本论述，我们不难看出，马克思思想中的确蕴含道德生产力的思想。

众所周知，文本解读是把握马克思思想的"不二法门"，但文本解读如果脱离了马克思基本精神的统摄，往往会陷入于支离破碎之中。因此，破解这宗学术悬案的关键要以马克思基本精神的视角来审视，这样我们就会更加肯定道德生产力概念符合马克思的本意。

首先，我们来看马克思哲学的创新。"正是由于把经济事实和经济关系作为人类生存的根本性的维度引入哲学思考之中，马克思扬弃了传统哲学，创立了历史唯物主义学说。"[5] 正如恩格斯在马克思墓前的演说中，指明了这种学说的基本特征："人们首先必须吃、

---

[1] 《马克思恩格斯全集》第46卷（上册），人民出版社1979年版，第173页。
[2] 参见高兆明《对"道德生产力"的诘问》，《哲学动态》1999年第1期。
[3] 《马克思恩格斯全集》第46卷（下册），人民出版社1980年版，第219—220页。
[4] 马克思：《1844年经济学哲学手稿》，人民出版社2000年版，第82页。
[5] 俞吾金：《经济哲学的三个概念》，《中国社会科学》1999年第2期。

喝、住、穿，然后才能从事政治、科学、艺术、宗教等等；所以，直接的物质的生活资料的生产，从而一个民族或一个时代的一定的经济发展阶段，便构为基础，人们的国家设施、法的观点、艺术以至于宗教观念，就是从这个基础上发展起来的，因而，也必须由这个基础来解释，而不是像过去那样做得相反。"① 从恩格斯的论述可以看出，正是由于经济事实的引入，导致了哲学（伦理学）领域的一场划时代的革命。反过来说，马克思将这种新的哲学（伦理学）引入经济事实和经济现象的考量中，同样引发了经济学领域的一场划时代的革命。这两场"划时代的革命"在马克思那里实际上是一个不可分割的统一过程，它使得马克思哲学（伦理学）获得了新视野，马克思的经济学和哲学水乳交融、密不可分，正是在这个意义上，马克思哲学可以说是经济哲学，而马克思的经济学也是马克思的哲学。

其次，马克思哲学的出发点是现实的个人，现实的个人观是经济和伦理、道德和生产力"联姻"的深层理论根据。马克思的现实的个人观直接摧毁西方主流经济学的理论根基——所谓"经济人"假设（实际上是抽象的个人）。在马克思看来，现实的个人是丰富的活生生的本真的人，它不仅是理性的人，而且是有意志、情感和冲动等非理性的人，它既是"经济人"，又是"道德人"，是"经济人"和"道德人"的合体。② 在这种个人观的关照下，经济学自然要考量个人的本质的丰富性，把非理性因素引入经济学研究。这样一来，马克思的视阈中既没有纯粹的经济学、孤零零的物，也没有纯粹的哲学—伦理学，抽象的自我设定、自我吸收和自我圆融的道德，马克思实现了经济和伦理的有机耦合，因此，"马克思主义的政治经济学在一定意义上也是一部政治经济伦理学或称政治伦理经济学"③。

---

① 《马克思恩格斯选集》第3卷，人民出版社1995年版，第776页。
② 亚当·斯密那里其实并不存在"经济人"和"道德人"的对立，相反，两者是统一的。"经济人"离不开"道德人"，"道德人"也离不开"经济人"。如果我们把斯密的《国富论》和《道德情操论》放在一起读就不难看出这一点。
③ 王小锡：《经济伦理学的学科依据》，《华东师范大学学报》（哲学社会科学）2001年第2期。

最后，在马克思哲学精神之光映照下的概念也具有全新的综合性。马克思的一个突出的理论特征是理论（概念）内在的紧张、异质性的统一、综合式的视阈，他的概念是在动态的联系发展中来把握事物的。比如，马克思经济研究中不论是商品、货币还是资本，都不是纯粹的自然物，而是凝聚了一定社会关系，具有特殊社会属性的客观存在。马克思指出："资本不是一种物，而是一种以物为中介的人和人之间的社会关系。"① 再如，关于产权问题，马克思从生产力和生产关系的矛盾运动中阐明产权的发生和本质，并把产权看成一个与生产力、经济和文化发展环境相连的历史性范畴。"马克思所强调的所有权在有效率的组织中的重要作用以及现存所有权体系与新技术的生产潜力之间紧张关系在发展的观点，堪称一项重大的贡献。"② 可以说，马克思的概念的综合性使得马克思的概念具有不竭的生命力和深厚的历史感，更能实现对事物的深层本质的把握。

由是观之，如果按照马克思哲学的基本精神来进行逻辑推论的话，我们不难得出结论：道德和生产力、经济和伦理不是形同冰炭、无法融合的，而是一种异质统一的关系。退一步讲，即便马克思没有做出道德是精神生产力的判断，也丝毫不会妨碍我们根据马克思的本真精神来解读马克思文本，并且根据"实践还原"的原则进行必要的阐发和创新。

三 精神生产力的内核：作为知识形态的"精神"

当然，认为道德是精神生产力和"动力生产力"进而提出道德生产力范畴，是否就必然导致把一切精神现象都看作生产力的"泛化论"倾向呢？这里面其实有一个原则的界限，主要区别有四。

其一，就性质而言，精神不同于日常意识，它是一种知识形态的精神。我们知道，在许多自发的日常意识之中的确存在着对于现实的真切感受、有很强的"实践感"（布尔迪厄语），不可否

---

① 《资本论》第1卷，人民出版社2004年版，第877—878页。
② ［美］道格拉斯·C.诺思：《经济史上的结构和变革》，厉以平译，商务印书馆1992年版，第61页。

认，其中也不乏真理颗粒的闪光。但是说到底，日常意识并非真知。即是说，日常意识具有自发性、感性、情绪性和肤浅性，往往无法实现对于复杂事物的洞察和对事物发展动向的把握，因此，不管它多么丰富多样、敏感生动，顶多只具有"症候"的意义与价值，而不可当作实践知识来践行。与此不同，知识性的精神是在丰富生动的日常意识的基础上，对事物的内在本质与规律的深刻洞见，它是人类长久酝酿的理性与智慧的晶体。故而，它应该也能够做到感悟历史、审视现在、展望未来，发挥对于现实实践和经济发展的巨大驱动力和助推力。从这个意义上看，道德尤其是科学道德作为一种知、情、意、信、行的有机融合体，成为一种精神生产力则是逻辑之必然。

其二，就创造者而言，知识形态的精神不是由普通大众而是由知识分子、政治精英提炼和创造出来的（这其实就是精神生产活动）。日常意识的产生不是有计划、有针对性、有系统的，它一般是由人们在日常生活中自然生发出来的，根本谈不上真正意义上的创新。作为精神生产力的精神，从根本上说，它毫无疑问是时代和实践的产物，正如黑格尔所谓的"哲学是时代精神的精华"一样。然而，时代绝不会自动地分娩出自己的意识、知识和"精神的精华"，它们的诞生必须依赖知识分子、思想家、政治精英来助产、催生和创造。从这个意义上讲，时代只是提供了精神、知识产生的契机和平台，而精神创造者则敏锐地抓住契机、利用平台进行了精神分娩的活动。同样，道德也是由历史上思想家独立创造出来的（而不是经济过程自发产生的），这是道德相对独立性的一个重要表现。

其三，就内容而言，这种知识形态的精神不是自闭的系统，它反映了实践的要求，顺应了时代的趋势。精神生产由物质生产趋势所决定，这种精神不是自我圆融的宇宙精神，而是面向实践、反应和把握时代诉求的知识形态。精神生产力的"精神"之所以能够成为一种生产力，很大程度上在于它不是日常意识而是一种"客观化"的精神和实践理性。因此，它根本不同于黑格尔的自闭的绝对精神。黑格尔把绝对精神作为全部哲学的终点和全部历史的终点，"这就是把历史的终点设想成人类达到对这个绝对观念的认识，并宣布对绝对观念的这种认识已经在黑格尔的哲学中达到了"①。与此相反，知识形态的精神要变为生产力，要反映实践和时代的要求，必须"屈尊"自己，从"天国"下降到"人间"，要敢于挑战自我、批判自我，甚至是"炸毁"自己，然后以全新的时代精神来引领时代。这就是所谓精神的"死而后生"。就此而论，一般日常意识实在难登大雅之堂，比较而言，道德因其具有更多的形而下的特质，常常成为时代变化的感应器，反映或符合社会发展要求和动向。

其四，就实践效应而言，知识形态的精神已经并正在国内外发挥其对于生产力的积极功能。如果说，日常意识的感性和肤浅性决定着其不可能成为实践的指导，那么，作为精神生产力的精神以其特有的实践本性，则必然成为经济运转的动力加速器，最终会给生产力的发展带来效率、和谐、以人为本。此种情况国内外不胜枚举。例如：罗尔斯在《正义论》中提出"正义即公平"，主张自由权优先以及正义优先于效率和福利的观点②，给西方的经济发展带来极大的影响，客观上促进了战后西方经济较平稳的发展。新时期我国所提出的科学发展观、社会主义荣辱观不仅反映了我国经济发展和社会进步的现实需要，而且已经成为新阶段的发展指针，发挥着对于社会发展和经济发展水平升级的积极效应。正因为如此，有学者指出，社会主义荣辱观是社会主义市场经济发展的精神动力。③ 通过上述比较分析，我们可以看到，作为知识形态的精神由于其独特性而构成精神生产力的内核。如此看来，我们不仅廓清了精神生产力之"精神"的必要理论边界，同时再次证明了道德生产力概念的合理性，并可有力地回击那种认为这一概念会滑向"泛生产力化"的不实之词。

四 精神生产力的三要素：理性、逻辑与价值

概念的创新是人文社会科学创新的根本。有人却认为，道德生

---

① 《马克思恩格斯选集》第4卷，人民出版社1995年版，第218页。
② [美]约翰·罗尔斯：《正义论》，中国社会科学出版社1988年版。
③ 参见王小锡、王露璐《社会主义荣辱观是市场经济发展的精神动力》，《南京社会科学》2006年第6期。

产力不算什么学术创新，是一个应该放弃的"两极对立"概念，与其如此，还不如直接表述为"道德的经济功能""道德对生产力的作用（或反作用）"贴切精当，此论有失公允。彼得·科斯洛夫斯基在谈到伦理经济学（或经济伦理学）的学科特质时指出："伦理经济学的含义肯定超过'经济学＋伦理学'。"① 同样道理，道德生产力不同于"道德＋生产力""道德的经济功能""道德的生产力"等。作为一个经济伦理学的全新范畴，道德生产力是一个具有创新性、包容性和概括性的概念，而那种冗长而宽泛的、如"障眼的云雾"般的表述，根本无法达及对于事物本真层面的把握。因此，通常认为，唯有概念才能作为理性思维的基础和逻辑起点。而且，概念的创新为廓清新的理论边界、剥离出不同的学术层面奠立基础，在此基础上还可以开辟出一片崭新的理论空间。仅就此而论，道德生产力概念恐怕就不失为一大学术创见。

与物质生产力具有自己不可或缺的三要素一样，精神生产力也包含自己的三要素，即理性、逻辑和价值，这对精神生产力也是不可或缺的。如前所述，道德和生产力是可以结合的，要结合就要找到"结合点"。实际上，这三大要素就是道德和生产力耦合、交融的结合点，也是构建道德生产力的基础和前提；没有这些契合点，道德和生产力就会分道扬镳，道德生产力概念大厦必然会轰然坍塌，不复存在。

精神生产力的第一大要素是理性。这一点关涉的是主体问题。作为经济活动中现实的人，是物质力和精神力的相统一的主体。实际上，物质力就是物质生产力中劳动者的抽象，或者说是劳动者作为物质力量，作为工具、手段在起作用；而精神力则是精神生产力中劳动者的抽象，是对物质生产过程的精神作用力。而精神力的核心是道德，道德是一种对于人的生存关怀，是经济活动中的"应该之应该"。因此，"道德是精神生产力命题的思考前提"②。经济活动中作为主体的人具有工具理性和价值理性两重理性，道德作为实践

---

① ［德］彼得·科斯洛夫斯基：《伦理经济学原理》，孙瑜译，中国社会科学出版社1977年版，第3页。
② 王小锡：《道德与精神生产力》，《江苏社会科学》2001年第2期。

理性尤其是其中蕴含的价值理性，不仅是生产者的动力之源和价值依托，而且为经济活动确定方向，也为经济发展营造和谐的环境。当然，我们在此将生产主体作为一个理性的主体、道德的主体，并不排斥它也充满着非理性甚至是激情，但须知，非理性的知识靠理性来理解，非理性要靠理性来规驯与驾驭。因此，对经济活动而言，需要的不是无理性的激情（因为它只能给经济带来损害和破坏），而是理性的激情和激情的理性的有机统一。这样的人才是符合精神生产力和道德生产力要求的理性主体，这样的主体才会成为真正具有开拓性、创造性的人力资源。

精神生产力的第二大要素是逻辑。这里实际上讲的是规则和实践问题。作为精神生产力必须符合逻辑，这里的逻辑包括形式逻辑和辩证逻辑。作为精神生产力的道德，符合形式逻辑是起码的要求，而符合辩证逻辑的要求才是最为根本之点。符合辩证逻辑就是要符合生活的、实践的逻辑。然而，我们应该看到，道德规约过程中出现的创新与守旧、传统与现代、价值与利益、眼前实惠和长远大计之间的矛盾与冲突，这其实是生活的真实和真实的生活。如果看不到这些，要么会陷入对现实的浪漫主义批判，幻想回到过去，其必然的价值取向是"厚古薄今"；要么会陷入对现实的完美主义的描绘，天真幼稚，讳疾忌医，其必然的价值取向是"褒今贬古"。两者的共同弱点是不能直面现实、解决现实问题的。扩而言之，精神生产力内在的精神的冲突与整合就显得更加复杂，比如，科学知识、劳动技能、经营管理理念、道德素养如何有机统一，如何实现社会效益和企业经济效益的统一。这些矛盾和对立首先是理论所面对的现实任务，而要解决它，仅仅在理论的靴子里打转是不行的。正如马克思指出："理论的对立本身的解决，只有通过实践方式，只有借助于人的实践力量，才是可能的；因此，这种对立的解决绝对不只是认识的任务，而是现实生活的任务。"① 由此可见，精神生产力内部问题最终只能靠实践的逻辑、生活的辩证法去解决，从而开掘历史发展的道路。因此，作为精神生产力要素的逻辑无论怎样地形而上，它也不能变成脱离实践和生活的纯粹逻辑；无论怎样地形而下，

---

① 马克思：《1844年经济学哲学手稿》，人民出版社2000年版，第88页。

它也不能失去理性的批判精神，这一点对道德来讲尤甚。以此来看，那种认为道德生产力概念将道德"庸俗化""工具化"的观点就是典型的误读。正如著名经济伦理学家彼得·科斯洛夫斯基指出："在道德和经济的决策中，不存在不可逾越的鸿沟，道德不是其他观点之外的一种观点，而是在经济伦理学，首先是在经济理论的情况下获悉、整理、评价科学观点，并使之用于实践的一种形式。"①

精神生产力的第三大要素是价值。这一要素实际上是为物质生产力和精神生产力确定方向。物质生产力是生产力的物质基础和存在载体，是创造劳动成果的物质动力，其价值不容低估。看不到或忽视这点，就可能会走向唯心主义和虚无主义。但是，我们更应该看到，物质生产力再重要也不能替代精神生产力，如果没有精神生产力，它同样就无法成立或者形成。"没有人的作为'主观生产力'及其观念导向，生产力将是'死的生产力'，不能成为'劳动的社会生产力'。"② 因此，精神生产力不仅具有激活乃至催生物质生产力的工具价值、同时实现自身的工具价值的属性，而且具有统御物质生产力的实现过程中"为谁生产、怎样生产"的理性的人文价值，实质是为生产力和经济发展指明航向的"大是大非"问题。正因为道德生产力所具有的双重价值，尤其是它所包含的生存关怀和独特的人文价值，决定它成为生产力系统中当仁不让的价值皈依，并居于核心地位。而一般的日常意识由于无法达到精神生产力的理性、逻辑和价值三要素的高度，因而不能将其纳入精神生产力范畴。

综上所述，道德生产力概念的确具有自己的合理性根据和合法性要求。但是，并不能由此宣告此领域理论的终结。今天，尽管仍然存在对这一概念及其相关概念（如道德资本）和理论抱有怀疑和否定的态度，令人欣慰的是，这些概念和理论已经或隐或显地被学界和商界越来越广泛地运用。在一定的意义上，一部三十年改革开放和市场经济的发展史，就是一部人们从忽视、贬低道德作用，在经济生活中把道德"边缘化"到逐渐重视、恢复道德的应有价值，

---

① ［德］彼得·科斯洛夫斯基：《伦理经济学原理》，孙瑜译，中国社会科学出版社1977年版，第259页。
② 王小锡：《再谈"道德是动力生产力"》，《江苏社会科学》1998年第3期。

将道德"核心化"的历史。道德生产力及其相关理论已然成为中国社会主义经济伦理学的核心范畴的组成部分，对于中国社会主义经济伦理学的开创发挥了重要作用，而且，已经产生了"溢出效应"，启发和影响其他学科领域的研究；与此同时，它还有力促进了社会主义市场经济的发展，创造出越来越多的"伦理实体"的、以人为本的产品，大大提升了人们的物质和文化生活水平，促进了科学发展、社会和谐目标的实现。

（原载《伦理学研究》2008年第4期，作者时为南京大学博士，现为南京师范大学博士后）

论道德作为一种生产力
——兼评王小锡教授的"道德生产力"概念

钱广荣

笔者曾在《"道德资本"研究的意义及其学科定位——王小锡教授"道德资本"研究述评》[1]一文中谈到研读王小锡教授关于"道德资本"研究的感受和认识,近来读识他的关于"道德生产力"的研究成果,又生新的感触。"道德生产力"是在"道德资本"之前提出来的[2],之后不久就受到学界的批评,批评所指是"道德生产力"这一命题不能成立,当时王教授及他的追随者们也进行了反批评式的回应。反批评文章认为,"泛生产力论"和"道德生产力"之间存在明确的划界,因而"道德生产力"与泛化论无涉。[3] 然而,在我看来这一问题至今依然存在,尚有从理论上厘清之必要。关于"道德资本"的研究是"道德生产力"研究逻辑推进的结果,"道德生产力"的命题究竟能不能成立关系到"道德资本"研究的可信度及其发展方向,以至于关乎我国经济伦理学研究和建设的发展前景。因此,探讨"道德作为一种生产力"的问题是很有必要的。

---

[1] 参见钱广荣《"道德资本"研究的意义及其学科定位——王小锡教授"道德资本"研究述评》,《道德与文明》2008年第1期。

[2] 参见王小锡《经济伦理学论纲》,《江苏社会科学》1994年第1期。

[3] 参见郭建新、张霄《道德是精神生产力——对一种批"泛生产力论"的反批判》(《江苏社会科学》2005年第1期)以及张志丹《多重视域中的道德生产力——兼驳"泛生产力论"的观点》(《伦理学研究》2008年第4期)。

一 道德作为生产力的道德阈限

反对"道德生产力"这一命题的人曾发出这样的责问：难道那些"旧的腐朽的道德""不利于经济发展的道德"能够成为生产力吗？[①] 这就提出了一个关于道德生产力的道德阈限的问题。我以为，说明这个阈限问题是从理论上研究"道德生产力"的逻辑前提，也是不同意见的对话平台。

从语言逻辑和语言习惯来看，"道德生产力"的命题实际上就是"道德作为生产力"的命题，其"道德"已经被指称在"新的进步的道德""有利于经济发展的道德"的阈限之内，这是无须加以特别说明的。这就如同"做人要讲道德""道德教育""道德榜样"等话语中的"道德"一样，指的无疑都是"新"的"进步"的道德。至于所指"新"的"进步"的道德是不是有利于经济发展的"新"的"进步"的道德，那是另一话题，与"道德生产力"即"道德作为一种生产力"的命题无关。

道德作为一种特殊的社会意识形态、社会价值形态和人的一种特殊的精神生活方式，以其广泛渗透的方式存在于社会生活的一切领域，无处不在，无时不有。这使得道德现象世界非常复杂，人们可以依据不同的分类方法将其划分为不同的具体形态，如可以依据主体类型将道德划分为社会道德和个体道德，社会道德又可以被划分为社会道德心理、道德规范、道德风尚，个体道德可以被划分为道德认识、道德情感、道德意志、道德理想和道德行为；根据存在领域可以将道德划分为公民道德、社会公德、职业道德、婚姻家庭道德；依据文明属性又可以将道德划分为历史道德与现实道德、先进道德与落后道德；如此等等。而所有依据不同方法划分的道德又都是相互联系、相互依存的，人们只能在相对的意义上将它们区分开来。

在历史唯物主义的视野里，道德根源于一定社会的经济关系并

---

① 参见周荣华《论道德在生产力发展中的作用》，《南京理工大学学报》（社会科学版）1997年第4期。

受"竖立"在经济关系基础之上的上层建筑包括其他观念形态的上层建筑的深刻影响,同时又对决定和深刻影响它的经济关系和上层建筑诸形态具有巨大的"反作用",这就是道德的社会作用——"社会作用力"。不难理解,(依据不同方法划分的)不同的道德具有不同的"社会作用力",经济生产活动中的道德所表现出来的"社会作用力"就是"生产力"。因此,从逻辑分析的角度看,"道德生产力"这一概念的科学性是毋庸置疑的,否认"道德生产力"命题的科学性就等于否认道德在生产活动中的"社会作用力"。实际上,这里的关键问题不是"道德生产力"存在的真实性,而是作为"生产力"的"道德"所指应是什么意义上的道德,也就是"道德作为一种生产力"的道德阈限问题。对此,研究者们至今并没有展开过认真的讨论。

作为"生产力"的"道德"只能是与生产有关的道德,亦即生产领域中的职业道德。具体来说,一是生产活动中的道德规范,二是认同和体现道德规范的从业人员的道德品质,三是由前两者整合而成的生产企业的职业风尚。

生产活动中的道德规范作为一种"生产力"要素,是由道德规范的本性决定的。恩格斯说:"人们自觉地或不自觉地,归根到底总是从他们阶级地位所依据的实际关系中——从他们进行生产和交换的经济关系中,获得自己的伦理观念。"[①] 一定的"伦理观念"经过理论特别是职业伦理学理论的"社会加工",便形成一定的职业道德规范。在社会主义市场经济体制下,所有生产领域的"生产和交换的经济关系"都势必要以公平占有资源和市场的生命法则,由此而在自发的意义上势必会使得所有"经济人"产生崇尚公平的"伦理观念",直接体现这种生命法则的"伦理观念"是自发的、感性的,经过理论的"社会加工"而被提炼为相应的职业道德规范,具有社会意识形态和价值形态的属性,就成为能够反映市场经济客观要求的合理的道德规范,从而可以充当调整生产企业的一种"生产力"了。道德规范之所以能够成为一种生产力或生产力的要素,全在于其"规范"的特性,在于其以合乎道义的特定的规则将"经济人"

[①] 《马克思恩格斯选集》第 3 卷,人民出版社 1995 年版,第 434 页。

可能出现或事实存在的不规则的行为"整体划一"到"实践理性"的轨道上来，使之产生"团结就是力量"的经济效益。应当注意的是，职业道德规范体现的"团结就是力量"的"生产力"内涵和意义，不仅表现为对"经济人"违背道义行为的约束力量，也表现为对"经济人"合乎道义的行为的激励力量。

生产活动中从业人员的道德品质是认同和践履职业道德规范的结晶，其"生产力"意义是无须多加证明的，因为从业人员是生产力的第一要素，而其道德品质作为非智力因素无疑是从业人员素质结构中的第一要素，亦即"第一要素的第一要素"。从业人员具备了职业道德品质也就实现了"道德人"与"经济人"的统一，使职业活动中的道德价值与科技价值集中于从业人员之一身。不过应当注意的是，只有作为"从业人员"的道德品质才具有生产力的性质，人离开生产领域，融汇到公共生活领域或回到家庭生活中，其道德品质就不具有生产力的特性了，虽然一个人在公共生活和家庭生活中的道德品质对其在生产领域中所表现出的道德品质会具有一定的影响。正是在这种意义上，王小锡教授精到地指出："道德不是游离于生产之外来推动生产力发展的一种力量，而是生产力内部的动力因素。"①

在任何社会，职业道德风尚都是社会道德风尚的主要组成部分。社会道德风尚一般也就是人们平常所说的社会风尚，在职业活动中也就是所谓的"行风"。社会风尚的实质是道德关系，属于"思想的社会关系"范畴，是"思想的社会关系"的主体和价值核心，正因如此，社会风尚（党风、政风、民风、行风等）是评判一定时代的道德现实及其文明状态和水准的主要标尺，其评价的标识性用语是和谐。生产企业中的职业道德风尚作为企业活动中的道德关系的表征，一方面反映的是生产企业内部各种道德关系的实际状态，另一方面反映的是生产企业与其外部环境（主要是资源和市场）的道德关系状态，"行风"正则表明企业内外部的道德关系正常，处于和谐状态，这自然会是一种"生产力"，因为"和气生财"。

概言之，作为"生产力"的"道德"是由社会之"道"——职

---

① 王小锡：《再谈"道德是动力生产力"》，《江苏社会科学》1998 年第 3 期。

业道德规范、个体之"德"——职业道德品质和职业之"风"构成的职业道德总和,对此理解既不可偏弃,也不可"泛化",否则就会在基本概念上发生混乱,引发关于"道德生产力"研究的不必要的论争。

二 道德作为生产力的生产力特性

上文说到,人是生产力诸因素中的第一要素,作为生产力的道德是人的素质结构中的第一要素,因此也就成了"第一要素的第一要素"。既如此,分析道德作为生产力的生产力特性就是一个必须面对的重要理论视阈。我们可以从三个方面来探讨道德作为生产力的生产力特性。

首先,道德作为一种生产力属于"精神生产力"范畴,这是道德生产力的本质特性。对此,王小锡教授依据马克思关于生产力包括"物质生产力和精神生产力"及"物质生产力"为"精神生产力"所"生产出来"的思想,在多篇文章中做了多次分析和阐述,读后让人颇受启发。但与此同时,王教授没有进一步明确指出道德作为"精神生产力"并不是"精神生产力"的全部,即使可以证明它是"精神生产力"的"核心"也不能等同和替代"精神生产力",因为除了道德因素,"精神生产力"显然还包含科学技术和生产者智能结构中的诸因素。

道德生产力所具有的"精神生产力"的本质特性,是生产力诸要素中最具活力的精神力量。有人或许会问:既然如此,为什么不用"精神力量""精神动力"之类的老话来表达道德在生产活动中的积极作用,而要创造一个新概念呢?不能不说这样发问没有道理,但是,用"精神力量""精神动力"这类老话显然都不如"道德生产力"更能生动地表达道德在生产活动中的道义力量。在科学尤其是人文社会科学发展史上,原生学科的最初概念渐渐被其他学科和特别是后发学科"借用"的现象是司空见惯的,如物质、人格、价值、生态等,这种普遍现象表明科学研究视阈在不断拓展和深入,是应当给予肯定的。难道我们能因马克思主义哲学"借用"物理学的"物质"、心理学"借用"伦理学的"人格"、伦理学(包括人生哲学)"借用"经济学的"价值"、思想政治教育学(包括德育学)"借用"生物学的"生态",而指责它们侵犯了原生学科的领地、犯了概念混淆的逻辑错误吗?是的,这样的"借用"在一定的时期内会造成概念混乱,也给研究者的工作带来一些不便,但这正是原生学科建设和发展所面临的机遇,也是纵向意义上孕育着的新学科的生长点。在这种情况下,研究者的使命是沿着拓荒者的足迹继续往前走的,而不是阻拦拓荒者探索的脚步。

其次,道德生产力也是一种发展型的生产力,在社会经济变革时期同样会表现出变革和飞跃的特点。众所周知,物质生产力总是处在不断发展变化之中,其变化与发展引发和带动生产关系的变化,呼唤和推动整个社会的变革,以蒸汽机的发明和创造为表征的物质生产力的发展和变革创造了近代以来的人类文明史。道德与经济及其物质生产方式的本质联系,决定了道德也是一种发展的乃至变革的精神生产力,这是毋庸置疑的。这就注定了生产活动中的道德作为一种生产力的先决条件必须是能够真实反映生产活动中的客观关系及由此而形成的生产者的"伦理观念",实现"应当"与"是"的有机统一。从人类社会文明的发展规律看,在由原始共产主义走向未来共产主义过程中的道德都不具有"共产主义"的特征,都是不那么合乎道德的,但这却是一个不断走向进步的发展过程。专制社会的整体主义相对于原始共产主义来说是一种"倒退"却更是一个进步,个人主义相对于整体主义来说是一种"倒退"却更是一种进步,同样之理,集体主义相对于个人主义来说也是一种"倒退"却更是一种进步。① 依此逻辑推论,前文提及的社会主义公平和正义原则,相对于以往具有"义务论"倾向的道德来看不能不说是一种"倒退",但它更是一种极为重要的进步,因为它体现和倡导的是道德义务与道德权利相应的对等性,能够与社会主义市场经济相适应,与社会主义法律规范相协调,因而能够充分发挥自己。就是说,道

---

① 这里所说的倒退与进步现象是同时发生的,实际上是人类道德文明发展和演进过程中存在的一种道德悖论现象。集体主义对于个人主义的"倒退"表现为其降低了个人本位和个人中心的价值地位,而将个人与集体的关系解读为个人与集体相互依存、共同发展的关系,这显然是一种历史性的进步。

德作为一种生产力具有非常明显的发展特性，这一特性决定道德只有适应经济关系及"竖立其上"的上层建筑的要求，才可能成为生产力。

最后，道德作为一种生产力具有支配和整合其他"精神生产力"的功能。用人才学和心理学的方法来分析，人的智能素质结构总体上可以分解为智力因素和非智力因素两个基本层次和结构序列，前者主要包含感觉、知觉、思维、想象等因素，后者主要包含兴趣、情感、意志、气质等因素。智力因素表现为人的知识和技能方面的水平，其功能评判用语为"会不会"，非智力因素主要表现为道德（人生）价值观，其功能评判用语为"愿不愿"。① 在人参与社会活动的实际过程中，智力因素是受非智力因素支配的，亦即"会不会"是受"愿不愿"支配的：虽"会"却不"愿"，"会"也无用或用处不大，反之，虽"不会"却"愿意"学习和行动，"不会"就能变"会"，就能由少"会"变为多"会"。经验也证明，一个人的感觉是否灵敏、知觉是否准确、思维是否活跃、想象是否丰富，都受到非智力因素的"愿不愿"的价值取向的深刻影响。在这种意义上我们完全可以说，非智力因素中的主体部分即道德（人生）价值观在人的社会活动过程中起着决定性的支配作用。在生产活动中，"经济人"参与生产活动中的智力因素主要是与生产相关的知识和经验、专门的生产知识和技能，非智力因素主要是与生产相关的职业认知、职业情感、职业意志及其显现的坚持精神等。经验证明，后一序列对前一序列具有支配和整合的影响力，从而在根本上影响着企业的生产效益。

道德作为一种生产力的上述特性，使得职业道德在生产力诸要素中成为最活跃的生产力因素，也是最重要的生产力因素。现代企业在建设和发展生产力的过程中，应当始终把建设和发展职业道德文化、推动职业道德文化进步放在重要的位置。

---

① 人的兴趣和情感从来都不是"无缘无故"的，它们总是与向善或向恶的某种"动机"和"目的"相联系。意志，作为人的一种坚定性和坚持精神的心理品质，具有"情操"和"人格"的特性，本来就多与人的道德品质相通。至于气质，虽然一般并不直接与善或恶相关，但因其与人的"文明素养"相联系而在许多情况下具有善或恶的倾向。

三　道德生产力研究的意义及应有理路

从以上分析和阐述不难看出，道德生产力研究具有重要的理论与实践意义，不仅有助于拓展经济学和经济伦理学的理论视阈，丰富和发展生产力理论，而且有助于在企业生产过程中实现"经济人"与"道德人"的有机统一，从根本上加强现代企业建设，提高现代企业的生产力和竞争力，进而从根本上提高公民的道德素养，加强和促进社会主义精神文明和道德建设。然而这一研究目前并不景气，尚处在举步艰难的阶段，要改变这种状况就需要探讨其深入发展的应有理路。

其一，应坚持历史唯物主义的方法论原则，改变"冷战思维"方式。众所周知，在道德与经济的逻辑关系问题上，历史唯物主义认为经济关系决定道德，道德对经济关系具有反作用。所谓"道德生产力"不过是关于"反作用"的一种特殊的语言形式而已。在过去"左"的思潮盛行的年代，我们片面强调"反作用"，脱离物质生产力的发展水平和人们可能达到的道德觉悟鼓吹"抓革命，促生产"，由于违背了经济和生产力发展的规律，结果"革命"没有"抓"起来，"生产"也没"促"上去。党的十一届三中全会胜利召开之后，经过拨乱反正和解放思想，我们纠正了这种形而上学的错误，但有些人却走上另一个极端，片面强调经济对道德的"决定作用"，轻视以至于诋毁道德对经济的"反作用"。有的人公开说："道德作为意识形态和上层建筑，其变化的根源是社会经济关系，其最终的根源是生产力，因此，应该说生产力是道德进步的根本动力。如果说道德是生产力，那正好是颠倒了道德与生产力的关系。"[①] 这种思维和表达方式实际上是一种"冷战思维"，表面看来是在坚持历史唯物主义，其实是肢解了历史唯物主义的方法论原理，其危害在于给人以一种有关唯物史观的似是而非的认知满足，动摇人们对包括道德在内的社会意识形态的巨大"社会作用力"的信念和信心。

---

① 周荣华：《论道德在生产力发展中的作用》，《南京理工大学学报》（社会科学版）1997年第4期。

正如有论者指出:"实际上,道德生产力是在坚持物质决定意识的逻辑前提下,更多地将注意力转移到作为意识的道德对于生产力的渗透、作用以及两者之间的复杂关联。"①

其二,应给"道德生产力"研究进行科学定位,将其纳入"道德资本"的研究视阈。多年来,王小锡教授及其追随者在这两个方面进行了积极的探讨,取得了不少令人注目的有益成果。现在需要厘清的问题是:"道德生产力"与"道德资本"这两个概念及其研究之间究竟是什么关系?对此,我的基本看法是不应当将这两个领域的问题截然分开,因为它们都属于经济伦理学的范畴,都是经济活动中的"道德动力",区别仅在于"道德生产力"只关涉生产活动中的道德问题,"道德资本"关涉的除了生产活动中的"道德动力"之外尚有经营活动中的"道德动力",两者之间是部分与整体的关系("道德生产力"也可以说是一种"道德资本")。因此,试图创建一个道德生产力学科或道德生产力的学科领域的努力,是不必要的。如同道德资本研究需要在经济学和伦理学的交叉地带拓展和深入一样,道德生产力研究的拓展和深入也离不开经济学和伦理学的视野交汇,需要在这种交汇的视野里将其纳入现代企业生产力建设的研究工程之内,以伦理文化软实力的价值形式丰富和发展现代企业的生产力和竞争力的内涵。须知,强调开展"道德生产力"研究工作的必要性和意义旨在引起更多学科的重视,吸引更多的人参与,以取得应有的成果,而不在于突兀其问题域,使其单兵突进、孤军深入。

其三,运用多学科的方法。道德作为一种生产力,显然既不是经济学的概念,也不是伦理学的概念,而是经济学和伦理学的交叉学科——经济伦理学的概念,因此,研究道德生产力与研究道德资本一样需要运用经济学和伦理学的学科方法。但仅作如是观是不够的,研究道德生产力还需要运用经济学和伦理学以外的其他学科的方法。比如文化学尤其是企业文化学的方法,在构建和提升道德生产力的过程就应当给予特别的关注。道德广泛渗透的生态特点决定

---

① 张志丹:《多重视域中的道德生产力——兼驳"泛生产力论"的观点》,《伦理学研究》2008 年第 4 期。

其一切价值存在和实现方式需要"寄生"和"借用"其他社会现象（活动），在生产活动中则需要"寄生"和"借用"企业的文化建设，通过企业文化建设构建协调和谐的人际关系，营造崇尚公平正义的行业之风，在这个过程中培育"经济人"的"道德人"品格，由此而提高企业的道德生产力。再比如人才学和组织行为学的方法，由于其关乎"经济人"和"道德人"的培育及其相互关系的建构原理，也是应当给予高度重视的。总之，道德作为一种生产力，其形成和发展的研究涉及多种学科的方法，不能仅仅游弋在经济学和伦理学的交叉学科——经济伦理学的视界之内。

（原载《道德与文明》2009 年第 2 期，作者系安徽师范大学教授、博士生导师）

《道德资本与经济伦理——王小锡自选集》序一

罗国杰

小锡同志多年来潜心研究伦理学尤其是经济伦理学理论问题，发表了系列具有创新意义的研究成果。他兼职于中国人民大学教育部人文社会科学百所重点研究基地伦理学与道德建设研究中心经济伦理学研究所所长，以自己的特色研究，为中心增添了学术亮色。获悉他《道德资本与经济伦理——王小锡自选集》一书即将出版，内心感到十分高兴。

20世纪80年代以来的我国经济伦理学的发展与成就，在一定意义上可以说是时代的要求。社会主义市场经济的实施，呼唤经济伦理学的发展；经济伦理学的研究能够较快地发展，也正是适应了社会主义市场经济的需要。

改革开放30多年来，我国经济发展的成就举世瞩目。面对2008年发生的世界性金融危机的冲击，尽管我国经济也不可避免受到影响，但总的来说，却保持着稳定发展的良好态势。这就极有说服力地表明，社会主义市场经济比资本主义的市场经济，有着更加强大的生命力。在中国特色社会主义理论指导下，加强思想道德建设，加强经济伦理的研究，对社会主义市场经济的健康运行，有着极端重要的引导和制约作用。我国经济之所以能够取得如此成果，其中原因固然很多，但加强社会主义核心价值体系的教育、加强市场经济条件下的公民道德教育，也是其中的一个重要因素。经济伦理的重视和发展，对促使社会主义市场经济沿着正确的道路健康有序地向前发展起到了一定的作用。这也有力地证明，社会主义市场经济不仅仅是一种法制经济，而且也必然是一种重视社会主义道德的经济。

在经济活动中，道德的力量是不可低估的，忽视、漠视和淡化道德在经济活动中的作用，或迟或早地必然要受到惩罚。尽管主观的动机是希望经济快速发展，如果不重视道德的作用，其结果必然是事与愿违，反而使经济发展遭到这样那样的挫折。在经济活动中，只有那坚持不渝地强调经济伦理的重要性的人，才能使社会走向和谐、有序的道路，才能使经济的发展，在健康的氛围中，顺利地达到预期的目的。

在市场经济的条件下，经济活动是人们活动中的一个重要组成部分。在经济活动的全过程中，包括经济活动以前的动机、经济活动进行中的意图和对经济活动后果的估计，都伴随着必然的、潜在的、不以人的意志为转移的道德思考。这里所说的道德思考，既包含着道德的内在德性素质和道德自律的要求，更包括对他人、对整体、对社会和对国家的道德责任。概括来说，就是任何个人、群体、企业和社会，在从事任何经济活动的全部过程中，一时一刻都离不开道德的干预、影响和制约。一般来说，经济伦理学就是研究关于经济活动中的伦理道德问题的一门学科。

资本主义的市场经济在社会伦理道德上的最根本的特点，就是因追求最大利润所诱发的极端的利己主义的动机、意图和目的，归结到一点，就是一切为了赚钱。最大限度地获取最多、最高的利润。正是在这种动机、意图和目的的诱导下，资本主义市场经济必然地形成一种带有普遍性的、为多数人所认同并实施的"金钱至上"价值观。在追求金钱的过程中，为了花费最少的成本而获取最多的利润，欺骗、虚假、坑蒙拐骗、尔虞我诈，也就成为常见的手段，社会伦理道德的缺失，也就成为不可避免的现象了。

我国改革开放以来，一些人更多关心的是经济的效率、利润、速度和生产力的提高，因而较少关心经济活动中的伦理道德的问题，认为人们在追求私利的同时，就可以由"看不见的手"引导到对所有的人都有利的境地，一些人把"效率优先"奉作永恒不变的"金科玉律"，对于社会分配中的公平问题和伦理道德现象，较少关心。一些人不注意资本主义市场经济和社会主义市场经济的区别，把我国市场经济条件下因片面追求"效率"和"利润"而带来的种种消极影响，归结为实行市场经济发展的必然结果。现实生活已经证明，这些理论和思想对社会主义市场经济的发展是不利的。我们应当着重强调，在社会主义市场经济运行的全部过程中，应当更加强调和突出经济活动中的伦理道德的重要作用。

市场经济必须是一种法制的经济，这是近代社会发展史已经证明了的事实。加强法制建设，坚定地奉行"依法治国"，对我国市场经济的正确运转，有着不可忽视的重要意义。同时，我们也应当看到，在我们实施"依法治国"的过程中，不能忽视道德教育和"以德治国"的重要性。如果没有道德作为法律的基础和保证，法律的作用和效果，就会大打折扣。一个不可否认的事实是，一些人在学会守法的同时，也学会了逃避法律惩罚的知识和本领。在遵守法律的同时，只要有可能，一些人就会想方设法地钻法律的空子，逃避法律的惩罚。一些人总是要在合法和违法之间，寻找缝隙，如果没有道德的约束，这个缝隙就可能越捅越大，法律的约束，也就受到限制了。

更值得注意的是，一些人往往把实施"以德治国"、加强道德教育同实施"依法治国"对立起来，认为实施"以德治国"、加强道德教育，就可能妨碍"依法治国"的全面贯彻。这种认识也是不符合实际的。法律是绝对不能自己发生作用的，缺乏有道德素质的执法者，不但法律不能发挥作用，而且社会的公平与和谐也就更不可能实现了。

在社会的经济活动中，加强经济伦理的建设，改善社会经济活动中的道德缺失，扭转不良的社会道德风尚，提高全体人民的道德素质，有着十分突出的现实意义。实行法制也好，贯彻科学发展观也好，构建和谐社会也好，如果没有人的素质，特别是思想道德素质的提高，这一切都不可能真正、有效地落到实处。当前，加强社会主义的公民道德教育，加强社会主义核心价值体系的教育，加强"八荣八耻"的教育，已经成为摆在我们面前的一项极其重要的任务。

大量实践证明，只有在社会主义制度下，只有在社会主义市场经济的条件下，社会的道德要求才能在人们的经济活动中，发挥引导和保证经济活动的正确方向。中国特色社会主义现代化事业需要社会主义伦理精神的强大支撑。随着我国经济社会又好又快的发展，伦理道德在经济社会发展中的巨大促进作用日益彰显，经济发展需要道德，道德具有经济意义的理念不断深入人心，从而为我国经济伦理学的研究和发展提供了客观依据。经过广大经济伦理学者的不懈努力和辛勤笔耕，我国经济伦理学适应时代的呼唤应运而生，伴随社会主义市场经济的发展而发展，对于增强人们的主体意识、合作意识、竞争意识、和谐意识，不断提升公民的思想道德境界，已经产生了重要而深远的影响。目前，我国改革开放进入攻坚时期，我国发展呈现一系列新的阶段性特征。新的发展阶段和新的时代条件，为经济伦理学研究和发展提供了难得的机遇，对广大伦理学者提出了新的要求。同时，我们还应该看到，我国经济伦理学尚处在初创阶段，有许多深层理论问题和重大实践问题需要深入探讨。我们只有继续解放思想、大胆探索、勇于创新，才能破解难题，不断实现理论和实践的"双重"突破，在积极推进经济伦理学学科建设的过程中，不断促进我国社会主义思想道德体系的完善发展。

机遇偏爱有准备的头脑。20多年来，小锡同志致力于经济伦理学理论研究，致力于建设经济伦理学的学术信息库和我国企业伦理的"镜像"调查，为我国经济伦理学的创建和发展作出了重要贡献，得到了学界同行的认同和赞誉。《道德资本与经济伦理——王小锡自选集》一书，充分体现了他在经济伦理研究领域取得的可喜成就，在一定程度上也反映了我国经济伦理学的发展历程。当然，就小锡同志的研究成果来看，有一些理论问题还需进一步深化，有一些观点还需有更具说服力的论证。希望小锡同志继续努力，不断创新理论，充分发挥经济伦理在服务社会、咨政育民方面的重要社会功能和作用。

（作者系我国著名伦理学家，中国人民大学教授、博士生导师，撰于2009年6月3日）

《道德资本与经济伦理——王小锡自选集》序二

唐凯麟

我和王小锡教授是多年的朋友，结下了深厚的学术友谊。几年前他又考取我的博士研究生，更为我们增添了一个彼此深入交流的渠道。我对他的学问人品是很了解的，他的为人为学也早已为学界所称道。近日他要出版文集《道德资本与经济伦理——王小锡自选集》，这是一件喜事。他邀我为之作序，我在由衷祝贺他文集出版之际写点感想。

小锡教授于 1982 年至 1983 年在中国人民大学哲学系参加高校教师伦理学专业研修班，在我国现在伦理学界中年同仁中，他属于较早地步入伦理学研究领域的一位。他在潜心研究伦理学基础理论的同时，20 世纪 80 年代末开始又重点主攻经济伦理学方向。在他所涉及的研究领域，形成了特色鲜明的研究风格，发表了一批有影响的研究成果。

对于一个研究者，如果遇到了一个好时代，那是人生之幸。而抓住机遇、敢于创新，需要的不仅是我们"别无选择"的好时代，还需要学术素养和眼光，需要"幻想"，更需要敢为天下先的"冒"的胆识、"闯"的精神和抗拒风险与压力的勇气。就此来说，回首三十年中国经济伦理学的发展历程，小锡教授可以说是其中的敢为人先的拓荒者。从他的研究成果可以看出，他研究涉猎广泛、视野开阔、方法多样，特别值得一提的是，他发表了研究经济伦理学体系的我国第一本学术著作《中国经济伦理学——历史与现实的理论初探》和第一篇学术论文"经济伦理学论纲"，创造性地提出并论证了"道德生产力""道德资本"等范畴，在学界产生了较为广泛的影响，形成了小锡教授的学术特色。可以说，单就这些学术特色而言，他给中国经济伦理学乃至伦理学的发展添上了值得重视的一笔。

从经济伦理学研究发展历程来看，它是伴随着我国在 20 世纪 70 年代末启动的改革开放过程而不断受到学界的关注的。我们从事伦理学教学与研究工作，最终目的是服务社会，促进社会朝着健康的方向前进。我一直认为，要真正发挥伦理学的学科作用，增强伦理道德的积极功能，就不能闭门造车，"自我独白"，脱离实际地去做什么为学术而学术的形上之思。那种研究中国伦理思想史满足于素材的重新组合，不去挖掘它的现代价值及其应用资源；研究国外伦理思想，满足于囫囵吞枣甚至一知半解、断章取义的传播，不能真正做到结合我国国情批判的吸收；研究基础理论满足于抽象晦涩的概念推演，不考虑实际应用；等等，这些都无助于中国伦理学学科建设和发展。在这个意义上说，伦理学需要回归社会、关注现实、指导实践、需要具有全球眼光，关注全球热点和难点问题；伦理学工作者需要走出书斋、深入生活、关注社会民生。事实上经济伦理学的诞生和发展，既是伦理学研究向纵深推进的学术开新的必由之路，又是社会实践的呼唤和时代的需要。

实践永无止境，理论需要与时俱进，探索创新尤为重要。随着中国与世界的融合程度的不断加深，随着社会主义市场经济建设的要求提高，我们的知识需要更新、研究需要"升级"、眼光需要拓展、境界需要升华，只有这样，伦理学和伦理学界的同仁才能在当今异彩纷呈、变化万千的现实中，不落后于时代，能够站在时代和社会潮流的前面，做些有益的事情并期望做得更好一点。小锡教授的《道德资本与经济伦理——王小锡自选集》及其治学精神给学界同仁的启发，我以为这不仅在于他"已经取得的"，更在于他是"何以取得的"。我相信小锡教授会沿着这个既定的方向走下去，不断充实和完善既有的学术观点，拿出更多富有启发性和说服力的学术研究的成果来。

是为序。

（作者系中国伦理学会副会长，《伦理学研究》主编，湖南师范大学教授、博士生导师，撰于 2009 年 5 月 2 日）

论"道德资本"之依据

郭建新　尹明涛

由于现代经济学与伦理学之间隔阂的不断加深，而经济伦理学作为一门新兴的学科，自身体系尚未完善，这使得"道德资本"①这一范畴一经提出便面临各种质疑和诘问：一是在事实层面上，道德是否"是"一种资本？二是在价值层面上，道德是否"应该"成为一种资本？本文主要围绕这两个问题展开论述。

道德"是"一种资本

虽然"道德资本"一词已经被时下学界广泛传用，但是在"道德资本"这一概念的解释上，显然没有达成共识。很多人把"道德资本"单纯地等同于"道德的资本"加以使用。事实上，这是一种误解，"道德资本"这一范畴的原意是相对于"资本一般"而言的，它暗含着这样一个事实判断：道德是一种资本形态。但对此有些学者提出了自己的质疑。郑根成先生在《试论道德的资本性特点——兼论道德资本》一文中观点鲜明地指出：虽然"道德因素本身在某种意义上也具有促成资本增值的作用。但是，我们认为，这只是说明道德在特定的环境中——经济运行的环境中具有了资本的某些特点"，它"不是一种资本实体"，因此，"道德并不是

---

① "道德资本"概念由南京师范大学王小锡教授提出并论证，他的一论道德资本到六论道德资本，以及在《道德资本论》（人民出版社2005年版）一书中的观点是本文立论的基础。

一种资本"。① 很显然，在这里我们必须要厘清以下两个问题：一是资本是否仅仅局限于"实体资本"，二是资本到底是什么。

那么，资本是否就仅仅局限于"实体资本"呢？对此，人力资本论者曾做过如下论述：如果资本主要是指以自然资源为基础的实物资本，并且资本是推动社会经济发展的主要力量，那么一个必然成立的推论是：拥有自然资源最多的国家就应该是经济发展最快、生产利润最多的国家，但这个推论显然与事实情况不符。实际上，人类的认识总是随着社会实践的不断深入而日益扩展的，即使早前认为资本是一种实体资本，也并不能证明它永远只能局限于实体资本。历史证明，从人力资本的出现破除了资本的总体性特征、有形性特征和独立性特征后，文化资本的出现，又揭示了文化观念可以具有资本的性质。在现代社会中，资本的形式和内容早已趋于多样化，已经不再仅仅局限于传统理论所认为的物化的或货币化的物质资本与货币资本，它还包括非物质的存在，比如，早已被理论界接受并且没有异议的"人力资本"范畴以及"文化资本""道德资本"等。正如有学者所指出的，如果对资本的理解仅仅局限于传统的物质概念，那么，"人力资本""社会资本""文化资本"等一系列概念都不能成立。可以这么说，仅仅把资本局限在"实体资本"，不仅早已经不能适应现时代的发展，并且对目前的经济发展也缺乏应有的解释力。正是基于此，舒尔茨才认为，一种客观存在，"假若它能够提供一种有经济价值的生产性服务，它就成了一种资本"②。换句话说，凡是能创造新价值的有用物均可构成资本。"资本（就）是一种力，一种能够投入生产并增进社会财富的能力。它既包括资金、房产、机器设备、劳动力、能源等一切实物形态的价值实体，也包括科学技术、管理制度、社会意识形态等非实物形态的价值符号。"③ 很显然，伦理道德自然也应当被纳入其中。

由上而知，道德可以成为资本。然而，这只是"道德资本"的

---

① 郑根成、罗剑成：《试论道德的资本性特点——兼论道德资本》，《株洲工学院学报》2002年第5期。

② [美] 西奥多·W. 舒尔茨：《论人力资本投资》，吴珠华等译，北京经济学院出版社1990年版，第68页。

③ 王小锡、华桂宏、郭建新：《道德资本论》，人民出版社2005年版，第6—8页。

必要条件而非充分条件，那么充分条件又是什么呢？按照前文舒尔茨的理解，资本就是一种客观存在的有用物，只要在参与经济运行的过程中能够创造新价值，提供一种有经济价值的生产性服务，那么它就是一种资本。如果这种理解没错的话，"道德资本"这一范畴显然是成立的，理由主要基于两点。

首先，道德要而且必然要参与经济运行过程。关于这一点，马克思早在其经典著作中就做出过阐述。他在《1857—1858年经济学手稿》中指出，生产力包括物质生产力和精神生产力，精神生产力就是指生产力中的科学因素和科学力量。显而易见，包括道德科学在内的社会科学是这种科学因素和科学力量。举例来说，假若科技是作为第一生产力教会人们如何把"电流转化成光能"的话，那么道德科学则是"动力生产力"和"最终生产力"，它确定了"人类为何要"和"如何为人类所要"的问题。前者的价值需求是人类之所以探求"电流转化成光能"这种科技的原动力，后者则是决定这种转化如何才能被人们利用的生产实践的"最后一步"，即避免使这种电流的转化成为无用的生产从而使整个生产成为无用的生产，而这两者恰恰就是由人的伦理道德因素所构成的。试想，假若把"人"抽象出来而仅仅作为一种实物资本投入生产过程的话，那整个生产过程必定无法运行，同样，一切的"资本"也就无所谓资本了，至多只是作为一种资产与资源而存在。因而，就经济运行过程来看，道德是而且必然会是投入生产过程的重要资本。从其本质上来看，作为人力资本内涵的知识、能力的使用是一种道德现象，它的使用直接取决于人的人生价值取向、对社会和他人的责任感以及劳动态度等道德觉悟。

其次，在相同的条件下，道德因素一旦渗透进资本运行过程中，资本在周转中所实现的价值增值比道德缺席的情况所实现的增值要大得多，并且这种增值的可持续性也同样要大得多。这一点在经济伦理学的研究中，学者和投资者也早已达成共识。"科学的伦理道德就其功能来说，它不仅要求人们不断地完善自身，而且要求人们珍惜和完善相互之间的生存关系，以理性生存样式不断地创造和完善人类的生存条件和环境，推动社会的不断进步。这种功能应用到生产领域，必然会因人的素质尤其是道德水平的提高，而形成一种不断进取的精神和人际和谐协作的合力，并因此促使有形资产最大限度地发挥作用和产生效益，促进劳动生产率的提高。"① 它能在投入生产过程中以其特有的功能促使生产力水平提高；在加强管理伦理意识和手段中增强企业活力；在提高产品质量的同时降低产品成本；在培养和树立企业信誉的基础上提高产品的市场占有率。难怪马克斯·韦伯在《新教伦理与资本主义精神》一书中引用本杰明·富兰克林的话说："切记，信用就是金钱。"② 除此之外，历史实践也同样证明了：在现代社会中，经济增长早已经不再仅仅取决于财、物等有形资本的发展，而更加取决于人力资本、道德资本等无形资本的发展，并且这些无形的资本的影响正在日益加强。为此，美国著名学者、诺贝尔经济学奖获得者舒尔茨指出："设想某一经济体系拥有土地和可进行再生产的物质资本，包括如同美国现在所可能拥有的生产技术，但是他的运转却受到下列的各种约束：不可能有人取得任何职业经验；没有受过任何的学校教育；除了所居住地区的信息之外，谁也不拥有任何别的经济信息；每个人都受其所在环境的巨大约束；人的平均寿命仅仅为 40 岁。在这样的情况下，经济生产肯定会悲剧性地大大下跌。除非通过人力投资使人的能力显著的提高，（否则）低水平的产出必定会与极其僵硬的经济组织同时并存。"③ 虽然舒尔茨的这段论述主要是为了论证人力资本在社会经济发展中的重要作用，但不能否认的是：伦理道德作为人力资本的核心内容，它直接影响和制约着人力资本效益的获得，没有人的伦理道德的参与，人力资本也只是一种"死的资本"。人力资本具有能动性，是人力资本与物质资本的最大不同。人力资本的有效投入程度不像物质资本那样具有恒定性，它物化于人本身，它的开发、利用取决于人自身的活动，是通过自觉意识——尤其是伦理道德素质——的驱使而在生产过程中发挥功效的。因而，就其本质上来看，作为人力资本内涵的知识、能力的使用是一种道德现象，而它的使用则直接取决于人的人生价值取向、对社会和他人的责任感以及劳动态度等道德觉悟。显

---

① 王小锡、华桂宏、郭建新：《道德资本论》，人民出版社 2005 年版，第 6—8 页。
② ［德］马克斯·韦伯：《新教伦理与资本主义精神》，于晓、陈维纲译，生活·读书·新知三联书店 1987 年版，第 33 页。
③ ［美］西奥多·W. 舒尔茨：《论人力资本投资》，吴珠华等译，北京经济学院出版社 1990 年版，第 19 页。

然，道德才是人力资本得以实现和提升的力量之源，只有提高了人的伦理道德素质才能提高人力资本本身，才能更快更好地促进社会经济的发展。道德对经济的影响由此可见一斑。

综上而言，道德不仅是一种资本，而且必然以一种资本的形态参与到经济的运行过程中来，它对于经济的运行发展具有重要的促进作用。

道德作为资本的目的性与工具性之统一

18世纪的英国哲学家休谟首先注意到，人们经常在进行事实判断后会继而做出价值判断，而实际上从前者中并不能推导出后者。那么，假若道德"是"一种资本的话，它是否又"应该"成为一种资本呢？对于后者的否定回答必然会造成对"道德资本"这一范畴的质疑，目前质疑主要集中于以下两种：一种是凭着感情而发的质疑："在西方古代神学家和东方古代儒家的眼里，道德是何等神圣和至高无上的人类品性，然而，古今中外的圣贤们大概怎么也不会料到，到了21世纪，道德竟然被污秽到与铜臭为伍的俗不可耐的地步。"[①] 另一种是在学理上提出的质疑："把道德解读为一种资本，强调的是道德因素的工具性，这可能使道德陷入一种'工具化'的危险境地，道德也因此可能沦落为经济合理性的附庸，成为经济目标的一种简单工具。"[②] 那么，"道德资本"的提出，是否真地会贬低道德，从而损害道德的纯洁性，把道德本身推向不道德呢？

其实无论在感情上，还是在学理上，对于这种"道德意义危机"的担心都是多余的，尤其是试图通过掩盖道德的工具性功能而突出道德的价值意义，这更是一种不明智的选择。任何一种形式的规范和社会道德都是来源于人的利益及利益实现的需求，"它们（道德准则或道德正义）是人类实践经验的结果，而且在漫长的时间检验过程中，唯一的考量就是每一项道德规则是否能够为增进人类福祉起

---

① 此种质疑主要流行于一些普通民众和不了解道德资本论的学者之中，他们想当然地认为，把道德与钱相提并论，就是贬低了道德。

② 郑根成：《论道德的资本逻辑》，《湖南工业大学学报》（社会科学版）2007年第1期。

到有益的作用"①。正如马克思所说:"人们奋斗所争取的一切,都同他们的利益有关。"② 并且,"'思想'一旦离开'利益',就一定会使自己出丑"③。因而,从道德发生学上看,道德规范在其原初首先一定是以一种工具理性的状态而存在的,直到这种工具理性不断地得到加强,以至于毋庸置疑,从而才以其目的性价值出现在人类面前。正如有学者所指出的:"道德不是自然生成的,而是人类创造的——人类创造道德是为了运用道德、让道德为自己服务——这种运用和服务既有目的意义上的,也有手段意义上的。"④

可以这么说,道德的目的性功能与工具性功能从来就不是截然对立的,没有目的性功能所提供的目的、责任和约束,道德就不能称其为道德;反过来,没有工具性功能所提供的现实意义,道德就难以显示其现实价值。道德"从一开始就预定了一种价值分类和价值秩序,即认为人的经济行为仅仅具有纯工具性的价值和意义,它必须服从某种更高的道德目的和原则。这样,在道德和经济之间便设定了一种先验的道德优先性秩序,不仅人为地割裂和化约了两者间内在互动的复杂关系,也架空了道德本身,使之不可避免地成为某种道德乌托邦"⑤。事实上,在现代经济势力日益强大以后,道德的地位和功能开始发生了改变,尽管它依然肩负着赋予世界意义的崇高地位,但是,在过去一度被掩盖了的道德的工具性功能和作用也逐渐地显露出来,它开始像其他事物一样,为社会的经济发展而服务。只要我们不在绝对的意义上理解目的和手段,我们就不难发现,道德的手段和目的在不同的情况下及相对于不同的对象都是可以相互转化的。

首先,道德作为一种资本服务于经济生活时,它是以一种手段而存在的;但是,"道德资本"在参与经济生活后,道德又将成为经济生活的目的。因为"道德资本"在肯定和加强道德工具性功能的

---

① [英]哈耶克:《哈耶克文集》,邓正来译,首都经济贸易大学出版社2001年版,第74页。
② 《马克思恩格斯全集》第1卷,人民出版社1956年版,第82页。
③ 《马克思恩格斯全集》第2卷,人民出版社1956年版,第103页。
④ 钱广荣:《"道德资本"研究的意义及其学科定位——王小锡教授"道德资本"研究述评》,《道德与文明》2008年第1期。
⑤ 万俊人:《现代性的伦理话语》,黑龙江人民出版社2002年版,第280页。

同时，还预先限定了这样一个前提：即这种"道德资本"本身必须是而且一定是道德的。这就意味着，道德在其成为一种"道德资本"而参与经济生活的同时就已经为经济生活确立了一个"善"的目的、而且也只能是为了这个"善"的目的。"道德资本是精神资本，其作为资本存在时就意味着作为经济活动主体的人已经具备优秀的品德，同时也表明实物资本或货币资本已经在按照人的一定的价值取向和善的目标在运作。否则，道德资本就不能成立。"[①] 因此，"道德资本不能像其他形式的资本那样具有善恶二重性或者同等的效用"，"它永远都不会被用于罪恶的目的"。[②]

其次，一个注重用"道德资本"赚钱的企业，它在为社会和消费者生产优质产品的过程中，也同时为企业职工和消费者提供优良道德的精神消费。在企业主那里道德主要表现为手段价值（虽然烤出好面包是出于赚钱的目的，但事实上，也并不能因此就否认其中也具有目的性价值，因为只有当目的性价值得以实现的时候，其手段性价值才具有意义），而在职工和消费者那里则主要表现为目的性价值。

因此，认为道德在成为一种资本后将使道德成为经济目标的一种简单工具，并使之沦为经济合理性的附庸，甚至直接将自身推向不道德的质疑显然是难以成立的。"道德资本"这一范畴的提出，并不是也不会否认道德的目的性功能；相反，正视和承认道德的工具性功能，可以加强道德的目的性功能。

"道德资本"在破解经济与道德"二元对立"上的方法论意蕴

"道德资本"范畴的提出，在破解经济与道德"二元对立"上敢于正视社会经济生活中的客观变化，并坦然接受这种变化，承担起理论研究者的历史使命和社会责任，尤其是在社会发展处于变革的时期更是有着敢于打破一般偏见探索真理的勇气。"道德

---

① 王小锡：《六论道德资本》，《道德与文明》2006 年第 5 期。
② ［西班牙］阿莱霍·何塞·G. 西松：《领导者的道德资本》，于文轩、丁敏译，中央编译出版社 2005 年版，第 46 页。

资本"的研究"以一个耀眼的新话题不仅'凸显了经济运作中道德因素的地位与作用',更重要的是为我们最终走出'二律背反'的困扰指出了一个有益的思维路向：在生产和经营活动乃至整个社会生活中，道德本来也是一种'资本'，资本（物质财富）和'道德资本'（精神财富）本来是可以通过我们的认识和建构实现逻辑与历史的统一的。概言之，'道德资本'研究问题的提出，对帮助当代中国人破解经济与道德'二元对立'的时代难题，无疑具有方法论的启迪意义"①。

首先，"道德资本"的提出，不仅规定了经济活动"善"的目的，而且也使经济建设获得更多、更全面的资源，从而摆脱了市场经济的低效困境。道德资本的逻辑并不是把道德"当成"一种资本参与经济活动，而是道德事实上就"是"一种资本，它实实在在地促进着经济的发展。而且"道德资本之道德，是投入生产过程并能增进社会财富的有用的道德或称科学的道德，这样的道德一定是一定社会生活中道德'应然'的体现，作为资本的道德也就是经济活动中的'应该'"②。因此，它在成为一种资本而参与经济生活的过程中显然已经为经济生活确立了一个目的——"道德资本"服务的经济生活是为了而且只能是为了另一个"善"的目的。同时，"道德资本"的介入也将使经济建设获得更多、更全面的资源。假若说市场经济起物欲激励的作用，从而使市场经济本身陷入困境的话，那么引入道德资本，则是对物欲加以理性的规约和提升，促使其摆脱困境，从而实现市场经济的健康发展和高效化。道德资本作为"精神资本"或"知识资本"中的一种，其"特殊性就在于道德具有超前性（理想性）或导向性，它作为资本投入生产过程必然会形成一种其他资本无法替代的'力'。它作为一种看不见的理性之手或理性力量，能促使所有投入生产过程的资本实现理性化运作，牵引着人们实现利润的最大化"③。而且，"道德资本

---

① 钱广荣：《"道德资本"研究的意义及其学科定位——王小锡教授"道德资本"研究述评》，《道德与文明》2008年第1期。
② 王小锡：《六论道德资本》，《道德与文明》2006年第5期。
③ 王小锡、华桂宏、郭建新：《道德资本论》，人民出版社2005年版，第6—8页。

在经济运行过程中，不存在随着利润和效益的增加或减少而增加投入或撤出投入的问题。……它永远只会起促进经济发展的作用。尽管有时实物资本或货币资本投入后的效益不明显，甚至会亏本，但这不可能是道德资本的原因。倒是道德资本会因高尚的经济活动主体及其价值取向，努力改变实物资本或货币资本的投资方式或投资去向，进而获得效益和利润的增值。而且，有时实物资本或货币资本因经济不景气、经营不善撤出原投资渠道时，此举动本身往往是道德资本在发挥着引导、协调作用"[1]。

其次，道德建设同样也将由于经济的发展而获得更加坚实的伦理基础，同时，运用经济学的概念——资本来分析道德，也将使道德自身变得更具有说服力和解释力。道德之为道德，不只在于主张什么，更在于其特殊功能的发挥获得了什么。"人类社会相信最能促进他们整体幸福的那种思想品质才被称为'道德的'。"[2] 可以说，不论是道德情感主义还是道德虚无主义，道德含义中所隐含的规则或准则可以增进个人或社会的福利都是没有任何疑义的。因此只有个人的自我利益和社会的集体利益相一致的道德，才是真正的道德，才会最终被人们接受，即使这一接受过程可能是艰难的、漫长的；而与个人的自我利益和社会的集体利益相脱节的道德，就如同把房子建在沙滩上，最终必将坍塌，即使这一道德可能在某一时期得到了纵容，但最终必将因经不起实践的检验而消亡。正是基于此，道德资本所要求的道德必须能起到资本作用，必须能够促进经济的发展，因而它也是社会经济生活所要求的道德，是与现实利益相一致的道德。倡导这种道德不会产生"说一套、做一套"的局面，从而更有利于促进道德真正走向生活化。因此，在现实中正视道德的工具性，还道德"是"一种资本形态之本来面目，以探求能够促进经济发展的道德，这是推动经济与道德内在相结合的一条最为有效的途径。

（原载《江海学刊》2009 年第 3 期，作者系南京审计学院教授）

---

[1] 王小锡：《六论道德资本》，《道德与文明》2006 年第 5 期。
[2] ［德］莫里茨·石里克：《伦理学问题》，孙美堂译，华夏出版社 2001 年版，第 149 页。

"道德资本"概念的本体论澄明
——驳对道德资本的误读

张志丹

郑根成副教授最近撰文（下称"郑文"），对"道德资本"概念表达了自己的不同见解和隐忧，甚至认为它是"道德工具化、功利化"的又一版本。的确，学术讨论与对话是必要的，但其前提是建立在对概念本真含义的理解之上，否则，学术讨论与对话势必将走向歧路。

误读一："道德资本是资本的泛化"
"道德资本是纯粹的概念化运动"

"郑文"认为，"道德资本是资本的泛化"。文章写道，当前，国内外学界中有些学者将道德解读为一种资本，并且大多是在"资本"概念"泛化"运动的维度上作道德资本的合理性论证。在一定程度上，这个观点是有道理的，至少它隐含地道出了"道德资本"概念与马克思的经典"资本"概念、与一般"资本"概念的不同。尽管如此，这里有两个问题必须澄清：一是道德资本并非等同于把"道德解读为资本"（尽管道德资本并不否定"生产要素意义上的"道德作为可以成为资本），一是道德资本并非等同于资本的"泛化"。

王小锡教授系统全面地从作为精神性生产要素的道德的视角来阐述"道德资本"概念，认为："科学的伦理道德就其功能来说，它不仅要求人们不断地完善自身，而且要求人们珍惜和完善相互之间的生存关系，以理性生存样式不断地创造和完善人类的生存条件和环境，推动社会的不断进步。这种功能应用到生产领域，必然会因人的素质尤其是道德水平的提高，而形成一种不断进取的精神和人际和谐协作的合力，并因此促使有形资产最大限度地发挥作用和产生效益，促进劳动生产率的提高。"这一段话是从王小锡教授的《论道德资本》一文中引用的。同样，在此之前，他为了揭示生产过程中的精神因素所独创"道德生产力"概念时，也援引了马克思的经典论述作为佐证。这也说明，就连马克思也是十分关注生产、资本的精神层面的。马克思在《资本论》中更明确地指出："一个生产部门……这种发展部分地又可以和精神生产领域内的进步，特别是和自然科学及其应用方面的进步联系在一起。"[1] 显然，马克思此处的"一般社会知识""智力""精神生产"等词语表明了生产中的精神要素的价值作用。在此基础上，我们不难引申出道德资本的概念。

不仅如此，王小锡教授同时进一步指出，并非所有的道德，而只有"科学的道德"才能可以构成道德资本，只是那些投入经济运行过程，能创造价值、获得利润的一切道德价值理念及其价值符号才能称为道德资本。可见，道德资本并非资本的简单粗率地"泛化"，并非认为一切东西都是资本。在此意义上，道德资本绝非资本的"泛化"。

误读二："把经济活动狭隘为道德活动，用社会伦理原则、道德规范等取代经济规则"

实际上，这个观点似乎可以看作对道德资本的"道德万能论"（僭越论）的解读。王小锡教授认为："现代市场经济的启动与运作过程，不仅仅是生产销售、资金运转、风险投资、经营策划等纯经济行为的操作过程，而且是一个十分繁杂的、蕴含着政治、法律、道德等多种因素相互作用、交叉影响的社会性行为的整合过程。"同

---

[1] 《资本论》第3卷，人民出版社1975年版，第97页。

样，美国著名学者福山在《信任》一书中曾集中表达了一个观点，认为："人类的经济生活其实是根植于他们的社会生活之上，不能将经济活动从它所发生的社会里抽离出来，和该社会的风俗、道德、习惯分别处理。简言之，经济无法脱离文化的背景。"由此推论，我们的思维触角必然会指向或者延伸到经济的道德内涵与伦理价值。

实际上，道德作为一种社会意识形态，绝非一种与现实生活无干的"形而上学的幻想""幽灵""观念"。在社会存在论的意义上，道德本质上是一种实践理性、实践精神或者人的理性存在方式。道德渗透介入经济生活、政治生活和文化生活不仅是人的需要及人性的必需，更是道德本性及其发挥现实作用的唯一途径。这样，我们思维逻辑必然会指向并延伸到道德的经济存在方式，推出道德的经济价值与经济功能的判断就不言而喻了。

误读三："强调道德因素之于经济活动的工具性价值，从而导致道德的工具化"

"郑文"认为，强调道德因素之于经济活动的工具性价值，就会导致"道德的工具化"。我们知道，道德具有内在价值和工具价值，正如人具有内在价值和工具价值，这也是学界的基本共识。做这样两种价值的区分之所以必须，是因为理解与发挥道德的作用所提出的要求；它之所以可能，是因为两者相对的思维参照点与涉及的层面不同。

王小锡、李志祥在《五论道德资本》一文中对发挥道德的工具性价值、目的性价值以及防范拒斥道德的工具化进行了必要的澄清。道德资本包括功利性的道德资本和超越性、导引性、价值性的道德资本。前者是指直接转换为经济利益、功利价值和物质回报，后一种价值是指起着引导、规约经济活动的作用，本身并不直接创造经济利益和价值，但是它却可以间接地带来物质利益与经济回报。殊不知，两者进路不同、殊途同归，均可以构成道德资本，这是道德发挥作用的复杂而微妙的机制使然。

"郑文"对"道德资本的道德工具化解读"提醒我们，澄清道德资本的理论旨归即道德的经济价值及其合理性边界，反对将道德无条件地"归结""换算""化约"为功利、金钱、利润、资本的极端功利主义、道德实用主义。然而，从根本上来说，这种解读就是典型的"过度的诠释"，就是把道德的工具性价值阐释成超越任何目的性价值制约的绝对的东西。

误读四："道德资本"就是"道德的资本化"，"道德工具化的倡扬，导致道德意义的危机"

"道德资本"与"道德的资本化"从本质上来说是不同的。所谓道德资本，王小锡教授认为，它"是指投入经济运行过程，能创造价值、获得利润的一切道德价值理念及其价值符号。"道德资本化即道德工具化、功利化。它是指无条件地、非辩证地张扬道德的工具价值、功利价值。大体上说，道德意义危机的根源不在道德资本，道德资本对破解经济伦理混乱的现实能起到积极推动作用，一定程度上有助于道德危机的缓解。

我们承认在当今社会中存在道德的功利化、工具化的偏向，这反映了道德生活世界的两难和困境。在社会经济行为中，道德的功利价值和超功利价值并非完全统一，有时甚至存在激烈的对抗、冲突，道德彻底地功利化。事实上，道德资本的理论旨归恰恰是基于反对经济生活的过分物化、单质化以及意义的迷失，彰显道德的经济价值。在此意义上可以说，道德资本并非意味着道德资本化而成为资本的简单工具，而是"化资本"，改变资本盲目趋利、不义而取的纯粹经济逻辑，使得资本趋于理性化、伦理化和人性化。

（原载《社会科学报》2012 年 11 月 29 日）

王小锡与他的经济伦理思想研究

武东生

王小锡，哲学博士，享受国务院政府特殊津贴专家，中国伦理学会副会长，中国经济伦理学会会长，中共中央马克思主义理论研究和建设工程重大项目和国家社会科学规划重大招标项目首席专家，中国校友会网发布的《2011中国杰出人文社会科学家研究报告》中入选第三届中国杰出人文社会科学家。30年的学术磨砺，铸就了王小锡的创新学术之路和特色学术人生。

在20世纪80年代我国伦理学恢复建设初期，王小锡就涉足伦理学的学习、教学和研究。他先是较为系统地钻研和探究伦理思想史、伦理学基础理论、应用伦理学及相关领域的理论和方法，打下了扎实的学科基础。大约从20世纪90年代初开始，确定经济伦理学的主攻方向。1994年出版的《中国经济伦理学——历史与现实的理论初探》，如专家所论，"从历史与现实、理论与实践诸方面探讨经济伦理问题，初步建立了一个经济伦理学的研究框架……不仅对中国历史上德性主义、功利主义、理想主义、三民主义和新民主主义的经济伦理思想做了较为全面的介绍和科学的评析，而且关注中国社会现实生活中的经济伦理问题，对企业伦理及其应用做了重点阐述。该书是我国经济伦理学研究进程中一本重要的学术著作，标志着中国经济伦理学学科的正式形成"[1]。1993年王小锡在《经济伦理学论纲》中明确提出了"经济伦理学"的概念，并勾画了这门学

---

[1] 王泽应：《道莫盛于趋时——新中国伦理学研究50年的回溯与前瞻》，光明日报出版社2003年版，第12页。

科的研究对象、研究方法和研究框架。他认为,"经济伦理学研究人们在社会经济活动中协调各种利益关系的善恶取向及其应该不应该的经济行为规定","应该从实践—精神的视角上把握经济运行过程与伦理道德的关联,以及经济伦理的内涵、作用、规则等",经济伦理学研究"劳动伦理、企业管理伦理、经营伦理、分配伦理、消费伦理"。尽管当时王小锡的研究还不够充分,但他的观点"具有开拓性的意义"。①

伴随当代中国改革开放的发展进程,伦理学学科发展迅猛。在应用伦理学的"家族谱系"中,经济伦理学可谓起步较早、广受关注且成就不俗的少数伦理学分支学科之一。中国经济伦理学之所以取得令人艳羡的成就,除了良好的时代环境之外,一批开拓创新、敢为人先的学术"拓荒者"功不可没。王小锡就是其中广受关注的一位学者。他以难能可贵的学术创新的胆识和魄力、切合实际的学术方法和独到新颖的学术理念彰显了自己的"特色学术"。这些构成了王小锡经济伦理思想的发生学"密码",也是他的学术思想将会在我国经济伦理学发展乃至伦理学演进史上留下一笔的重要缘由。

在2009年出版的《道德资本与经济伦理——王小锡自选集》一书所做的序中,罗国杰先生说:"机遇偏爱有准备的头脑。20多年来,小锡同志致力于经济伦理学理论研究,致力于建设经济伦理学的学术信息库和我国企业伦理的'镜像'调查,为我国经济伦理学的创建和发展作出了重要贡献,得到了学界同行的认同和赞誉。"②这的确是十分中肯的评价。本文循此思路初步梳理和分析王小锡经济伦理思想,从学术方法、学术创新及学术心路历程等方面来揭示其学术价值和理论贡献,希望能对启发学界的经济伦理学和伦理学研究乃至人文社会科学研究有一定的借鉴意义。

一

从知识发生学的视角看,任何知识都离不开一定的时代背景。

---

① 周中之、高惠珠:《经济伦理学》,华东师范大学出版社2002年版,第15页。
② 王小锡:《道德资本与经济伦理——王小锡自选集》,人民出版社2009年版,"序一"第4页。

这对于伦理学、经济伦理学的理论创新来讲尤其如此。中华人民共和国成立后，我国伦理学要在一个新的历史平台上另起炉灶，在批判继承古今中外伦理思想资源的基础上，力图铸成一个具有中国特色的伦理学体系。特别是在改革开放之后，中国步入一个崭新的历史阶段，形成了社会利益及其观念的多元化、挑战的多样化、变易的经常化的时代特点。伦理学在人文社会科学中的地位恢复后，如果还停留在简单地重复过去单调式的思维范式，它就必将会在日益多元、多样、多变的新时代伦理问题的挑战面前成为"失语者"，甚或变成"落伍者"。

基于此，在20世纪90年代初，王小锡认为，伦理学要变革既有的学科理念和学术理路，直面现实，关照社会，重构发展自己。为此，正如王小锡自己曾经在学术会议上提到过的，他在专治伦理学的同时，又专注于经济学和对马克思《资本论》的研读，再加上可以依托发达的江苏经济，他选择了经济伦理学的研究方向。在他和理论界诸多学者的推动下，经济伦理学成为应用伦理学中起步最早、发展最快的应用伦理学学科之一。事实上这是时代的产物。在改革开放特别是经济改革过程中，人们打交道最多的、与人们生活密切相关的经济领域，也是问题、争议和挑战丛生之处。比如，"发展是硬道理"这一正确的思想本来无可厚非，可许多人却由此走向对金钱的顶礼膜拜，整个社会中享乐主义、利己主义、拜金主义沉渣泛起、兴风作浪，蛊惑人心，影响社会和谐。这些人之所以人性物化，在金钱和物欲中迷失了自我，从思想方法来看，其原因在于，他们自觉不自觉地感到：发展经济、挣钱的唯一动力是人的贪欲和利己之心，与伦理道德无关，因为伦理道德只会影响和拖累经济发展、发家致富。表面看来，这是一种"自然的"社会生活现象，无须大惊小怪，其实它背后折射的都是急需我们解答的经济和伦理道德是何关系等哲学伦理学问题。对此，伦理学必须做出自己的回应和解答，否则就有被开除"学科籍"的危险。王小锡和理论界诸多学者顺应了这一历史要求，开拓了经济伦理学学科领域。

在当时要正确回答经济和伦理道德是何种关系问题并不容易，主要是因为，从理论上看，在思想理论上的形而上学使得我国伦理学背上了沉重的枷锁，这种枷锁来自它所受到的双重不良影响：其一是我国传统伦理思想中的重义轻利、过分强调义务论的伦理思想；其二是苏联教科书对于生产力和经济的片面性的曲解。前者形而上地把伦理道德架空，所谓"君子耻言利"；后者形而下地把生产力、经济庸俗化，把伦理道德逐出经济领域之外。如果按照这种观点，伦理道德与经济和市场经济形同冰炭难以相融，我们确实也无法回答现实中的诸多问题。然而，学界有胆识的王小锡等学者开始论证和阐发道德的经济功能和价值以及道德建设与市场经的关联等问题。实际上，这些原发性的学术理念构成了中国经济伦理最为基本的学科理念。应该说，经济伦理早期的思考尽管充满睿智，弥足珍贵，但还是不成系统、比较浅显稚嫩的，一些问题还有待深入探讨，具体表现在：一是经济伦理学的学科体系尚未建立，如果建立，如何圆满地论证其合法性？以怎样的方法来建构？又如何合理地批判发掘古今中外伦理思想资源？二是道德的经济价值问题的研究已经发表了诸多文章，但道德的经济价值在社会层面、经济领域的宏观层面的落脚点和切入点是什么？在经济领域的中观（企业）和微观层面（个人）落脚点和切入点又是什么？等等。

在实践和理论问题面前，在世纪之交关于"经济建设和道德生活"关系问题的持续讨论中，一部分理论界人士开始有意识地从各学科的视角出发建构我国的当代经济伦理学（此时西方影响基本缺席），王小锡就是其中一位突出的学者。王小锡在革新学术理念和研究路径的基础上，多年披荆斩棘，进行了破旧立新、剖因析理、树帜立学的研究工作，终于为经济伦理学学科的创立作出了贡献，并提出了中国经济伦理学发展中具有开创性意义的洞见。

二

当学术研究出现"瓶颈"和低谷时，若没有研究理念和研究方法的创新，研究必然会陷入进退维谷之中。研究理念和方法在学术研究中决定着研究的深度与广度，也会影响研究成果的质量和水平。从某种意义上说，研究理念和研究方法是学术创新的发动机。王小锡深谙此点，他非常重视研究理念和研究方法的创新，提出了一些颇有新意的经济伦理学的研究理念和分析方法，并有效地应用于研究。

其一，坚持唯物辩证法，同时独创道德分析法。唯物辩证法是世界观，又是认识论和方法论。没有唯物辩证法，我们无法认识"历史之谜"，也无法认识清楚经济现象和道德现象。王小锡曾经撰文指出，研究资本主义经济及其发展规律的马克思的《资本论》始终坚持从抽象到具体的辩证研究方法，资本主义的本质也因此才得以完整地科学地被揭示出来。但他同时指出，马克思在《资本论》第一版序言中说："不过这里涉及的人，只是经济范畴的人格化，是一定的阶级关系和利益的承担者。我的观点是把经济的社会形态的发展理解为一种自然史的过程。不管个人在主观上怎样超脱各种关系，他在社会意义上总是这些关系的产物。"① 这就说明了马克思在探讨资本主义经济现象及其规律的过程中，不是就经济谈经济，就人谈人或就关系谈关系，而是把经济看作人的经济，人的关系之经济，是人化了的自然经济过程，是把人和人际关系看作经济范畴的人格化。正因为《资本论》所研究的不是物，而是人和人之间的关系，尤其是资产阶级和工人阶级之间的关系，才有可能发现剩余价值理论，也才有可能使面对资本主义的政治经济学成为科学。他认为，这就是马克思分析资本主义经济的道德视角。既然道德视角如此重要，马克思学说不能忽视道德分析法。

为此，王小锡不同意简单轻视道德分析法的偏向。他深刻指出，唯物辩证法是马克思的基本或根本分析方法，而主体性与价值关系分析法即道德分析法是建立在唯物辩证法基础上的"经典"分析方法。道德分析法在马克思所有时期的著作中都一直存在，可以说它与马克思主义发展同行。为此，王小锡认为，道德分析法始终是理论研究的不可缺少的基本方法。在他的研究过程中也始终坚持了这一方法论理念。譬如，他在《先秦儒家经济伦理思想及其现代经济意义》一文中认为："强调仁义、理性和国家利益优先原则的经济意义是十分有价值的。但认为仁义、理性和国家利益优先原则是经济运行的目的，那将最终失去其应有的经济意义和利益价值。经济运行的目的是功利性和道义性的统一。"这显然体现了唯物辩证法和道

---

① 《资本论》第 1 卷，人民出版社 2004 年版，第 10 页。

德分析法的结合。此外，他在《〈资本论〉的经济伦理学解读》《简论马克思恩格斯经济伦理思想》《〈1844年经济学哲学手稿〉的经济伦理学解读》等文章中，不蹈故常、独辟蹊径地采用了自己的道德分析法，而且他还在经济伦理研究其他领域运用了道德分析法来分析社会经济现象和经济行为，取得了具有重要学术"含量"的成果。

其二，坚持形而上和形而下相结合的学术理路。学界的两种偏向：一是"象牙塔式"的形而上研究不关注现实，一是"田野调查式"的形而下研究不关注理论，其结果终陷一偏之失。其实，真正的学术不仅需要宽广的学术视野，更需要形而上与形而下、理论与实践的结合，这对于以"实践—精神"为特质的伦理学尤其如此。正如萨特所言，理论和实践分离的结果，是把实践变成一种无原则的经验论，把理论变成一种纯粹的、固定不变的知识。

王小锡一直坚持形而上和形而下研究结合的学术理念。他在其《道德资本与经济伦理——王小锡自选集》一书"后记"中指出，"学术的生命在于创新，而创新绝不只是'形而上'之思维，也不只是对'应用'的探讨，而且，独取前者或后者，恐怕要么是某种缺乏依据或根基的'垃圾思维''理论谎言'，甚或是'伪命题''伪科学'；要么是缺失'灵魂'之表象罗列与堆积，甚至是'盲动''蠢动'，而这些却没有被当局者清醒地洞见……以'形而下'为支撑的'形而上'研究，其理论境界将会更加高远；以'形而上'为指导的'形而下'研究，其应用的普适性将会进一步加强"[①]。事实也证明了这点。他的经济伦理学研究既有学科基本理念的探讨的特色学术、创新理论，还融应用路径探索于一体，且结构完整，自成体系。尤其是关于经济伦理、经济德性、道德资本、道德生产力等范畴的阐释，更是彰显了形而上与形而下之结合的中国经济伦理学的学科基本理念。

其三，坚持古为今用、洋为中用、以我为主、为我所用的原则，合理地批判吸收中外学术营养。有人研究学问，停留于拿中外学术资源来进行学术"忽悠"，进行低层次的资料搬弄，而不去积极发掘其当代意义和应用资源。其必然的偏向是，终日不问世事，满足

---

① 王小锡：《道德资本与经济伦理——王小锡自选集》，人民出版社2009年版，第576页。

"自恋""雅玩"式的自我陶醉。尽管"体用之争"尚未有定论,恐怕任何学问,无论古今中外,唯以问题为要。而在今天中国的语境中,学问的首要旨归应当是中国问题。而要研究和解决中国问题,必须要挖掘古今中外的学术理论资源,为我所用。换言之,研究古代和西方伦理思想必须要有现实关切的学术情怀。事实上,王小锡很早在研究中国传统经济伦理思想时很注意挖掘其现实价值和当代意义。例如,他在《中国近代经济伦理思想的转型及其现代性》一文中认为,中国近代经济伦理思想既有中国传统经济伦理思想的痕迹,又有近代特殊社会形态的印证;既有外国近代经济伦理思想的影响,又有自身特有的经济伦理的范畴和命题。而且,作为历史转折时期的思想形态,中国近代经济伦理思想有许多历史的进步意义,以至于在社会主义市场经济运行机制处在逐步完善的今天仍有重要的启迪意义。他提出了三点启迪意义。首先,在经济(企业)管理中,注重提高人的思想素质。其次,诚实经营,扩展企业无形资产。最后,经济(企业)管理首要的是管人,管人的根本是实现人服和服人。另外,他还很注意挖掘和汲取西方经济伦理思想的合理因素和研究马克思主义经济伦理思想,比如,亚当·斯密、卡尔·马克思、恩格斯、邓小平、阿马蒂亚·森、科斯洛夫斯基、乔治·恩德勒等,借鉴他们的经济伦理思想为中国经济伦理学发展注入强劲活力。正如罗国杰在为王小锡的《经济的德性》所做的序中评价道,王小锡"一方面注意吸取西方经济伦理学方面已经做出的可以利用的成果,同时,也力求用马克思主义的立场、观点和方法进行梳理和分析,并在此基础上做出了自己的一些概括"①。章海山认为,王小锡等主编的《邓小平经济伦理思想研究》一书"具有填补研究空白之功"。这些评价可谓中肯地道。

三

　　创新的理论不是天上掉下来的,也不是人脑中固有的。学术理

---

① 王小锡:《经济的德性》,人民出版社 2002 年出版,"加强经济伦理学研究——为《经济的德性》序",第 2 页。

论的创新离不开时代背景和实践呼求。王小锡经济伦理思想的创新也是如此。他的经济伦理思想的核心命意强调在现实关切基础上形而上与形而下结合之学术理路，主张道德功用，尤其是强调道德的经济价值。王小锡的经济伦理运思理路和心路历程与中国改革开放的发展历程同步，王小锡不失时机地提出了自己独到的学术观点。

在经济体制改革至认同社会主义商品经济时，他提出道德是商品经济发展的深层要素的观点。在20世纪90年代初我国明确提出经济体制改革的目的是建立社会主义市场经济体制后，他先后提出"道德生产力"和"道德资本"的观点。近年来面对国际国内激烈的经济竞争态势，他又极富预见性地提出了道德经营理念、道德是经济或企业的核心竞争力的观点。正如唐凯麟指出："可以说，单就这些学术特色而言，他给中国经济伦理学乃至伦理学的发展添上了值得重视的一笔。"[①] 说实话，早期他提出这些观点，面对的风险和压力毋庸置疑。因而做到这点，不仅需要锐利的眼光，而且需要过人的胆识和魄力。下面我们对王小锡经济理论学研究的主要学术成就进行一个简要的述析。

其一，从学科理论体系创立来看，他在国内捷足先登，创制了"两个第一"，即早在1994年就发表了我国研究经济伦理学学科体系的第一篇论文《经济伦理学论纲》和第一本著作《中国经济伦理学——历史与现实的理论初探》，初步构建（或首创）了中国经济伦理学的理论体系。从世界范围来看，经济伦理学肇始于20世纪七八十年代的欧美，而在我国则要更晚。当然，1949年以来我国学界也有过经济伦理的思想探讨，但是主要包含在领导人讲话、政府文件和经济学著作之中，尽管在80年代有些学者探讨一些经济伦理问题，发表了一些有学术分量的论文，但是，尚没有比较明确的学科理论体系意识或学科理念。因此，王小锡的"两个第一"不在于其自身的理论深度和全面系统性如何，更重要的是他一定程度上是经济伦理学学科的"创制性导言"。具体说来，在《经济伦理学论纲》一文中，他简明扼要地勾勒了经济伦理学的立论依据、研究对

---

① 王小锡：《道德资本与经济伦理——王小锡自选集》，人民出版社2009年版，"序二"第5页。

象及研究主题、研究方法和研究门类四个层面；而在《中国经济伦理学——历史与现实的理论初探》中他尝试性地比较系统地探讨了经济伦理学学科的基本问题、经济伦理思想史和经济伦理的实践等问题。这是我国对经济伦理学理论体系的最早概括和架构。陆晓禾认为，"在西方经济伦理学的影响进来之前，中国伦理学研究者已试图将经济与伦理关系的研究朝学科方向发展。如1994年王小锡的《经济伦理学论纲》一文可说是这方面的最早努力"①。周中之、高惠珠也认为，1994年王小锡在《经济伦理学论纲》中明确提出了"经济伦理学"的概念，并勾画了这门学科的研究对象、研究方法和研究框架。他的观点具有开拓性的意义。② 王泽应认为："王小锡的《中国经济伦理学——历史与现实的理论初探》不仅对中国历史上德性主义、功利主义、理想主义、三民主义和新民主主义的经济伦理思想做了较为全面的介绍和科学的评析，而且关注中国社会现实生活中的经济伦理问题，对企业伦理及其应用做了重点阐述。该书是我国经济伦理学研究进程中一本重要的学术著作，标志着中国经济伦理学学科的正式形成。"③ 也正因为上述这些成就，他为经济伦理学的开创性和奠基性贡献的确令人"素怀敬意"④。

其二，从学科理论创新来看，他着力研究经济的伦理道德内涵和伦理道德的经济价值等问题，开创性地提出并系统论证了"道德资本""道德生产力"⑤ 和"经济德性"等学术观点。在此，我们不能不承认，尤其是"道德资本""道德生产力"是王小锡的"两个独创"。可是，当时他提出这些概念范式的时候，可谓"一石激起千层浪"，遭到不少学者的怀疑和批评。这倒扩大了该学术观点影响，引起了有价值的学术争论，产生了良好的学术风气。为此，王小锡的"两个独创"引起了学界的广泛关注，有几位学者还专门撰写了

---

① 陆晓禾：《走出"丛林"——当代经济伦理学漫话》，湖北教育出版社1999年版，第83页。
② 参见周中之、高惠珠《经济伦理学》，华东师范大学出版社2002年版。
③ 王泽应：《道莫盛于趋时——新中国伦理学研究50年的回溯与前瞻》，光明日报出版社2003年版，第294页。
④ 孙伯鍨：《〈中国经济伦理学〉序》，《道德与文明》1996年第5期。
⑤ 现已有7篇论文和1本著作《道德资本论》专论"道德资本"理论，已有3篇论文专门研究"道德生产力"理论。

研究他学术观点的文章。比如，钱广荣专门写了两篇关于王小锡系统论证的"道德资本"和"道德生产力"概念的文章，对他的两个概念进行了比较深入的研究和分析。① 另有论者认为，学者王小锡在《经济的德性》中就提出"道德是生产力""道德资本"等观点，这应该是一个适宜的具有开创性的观点。正由于王小锡的"两个独创"，形塑了中国经济伦理学的重要学术特色。

其三，从实践路径来看，他重视应用研究，明确了企业资产应该包括"道德资产"，并正在做我国企业道德的"镜像"调查。注重理论与实践的结合，形而上与形而下的结合，是王小锡经济伦理研究的基本理念和方法，通过企业的典型经营案例的分析，他深刻指出，企业资产不应仅仅包括"死"的物质资产，而且包括道德资产在内的"活"的人力资产。而且没有包括道德资产在内的"活"的人力资产，作为物质资产的"死"的资产就"运转"不起来，自然也就无法"赚"钱。比如，在"号准"现实企业的"脉搏"之后，他曾撰文睿智地指出，经济发展高效益的实现，往往取决于作为无形资产的企业及员工的道德觉悟，取决于企业的道德水平及其道德管理手段。同时，作为道德资产的企业信誉和企业形象，也是企业生命力之重要源泉。企业丧失了信誉将会丧失一切活力。因此，企业伦理道德作为无形资产，往往比有形资产更重要。

其四，从理论根基来看，他初步厘清了我国传统经济伦理思想，为我国经济伦理学的创立提供了思想史视角的学术资源。王小锡本来是从事伦理学研究较早的一位。他在《中国经济伦理学——历史与现实的理论初探》等著作和系列文章中对中国传统经济伦理思想重新进行了条分缕析的梳理，他敏锐地发现，不是所有的儒家的思想家的思想都是德性主义，也不是所有的墨家的思想家的思想都是功利主义，在有的思想家那里，自觉不自觉地认识到德性与功利是互为交叉或互为存在的。这是对我们经济伦理思想史的重要的创见。它可以启发我们在从事传统经济伦理思想研究时，要具体地、历史

---

① 参见钱广荣《"道德资本"研究的意义及其学科定位——王小锡教授"道德资本"研究述评》，《道德与文明》2008年第1期；《论道德作为一种生产力——兼评王小锡教授的"道德生产力"概念》，《道德与文明》2009年第2期。

地分析不同思想家的思想倾向，同一思想家在不同时期的不同倾向，防止简单粗率的"粗线条"勾勒。再则，中国经济伦理学不能建立在"真空"中，也不能主观臆造出来，而只能在实践经验中去总结，在传统思想的宝库中去搜寻和挖掘。因此，王小锡早在1994年就初步梳理了我国传统经济伦理思想，为我国经济伦理学的创立提供了思想史视角的学术资源。今天看来，他当时的那些思想和研究成果也许并不全面系统，但它们已经发挥了其历史作用，这是毋庸置疑的客观事实。

四

王小锡在经济伦理研究方面的探索，包括已经创获的诸多重要成果，也包括深入系统研究的过程，都弥足珍贵并能给人以重要而启示。马克思曾说，一切发展着的事物都是不完善的，经济伦理学在当代中国的发展进步和王小锡所作出的贡献亦复如是。人们的社会实践不会停滞，而学术研究的生命则在于不断创新，王小锡经济伦理思想的"不完善"处，恰应成为他进一步理论创新的探索方向和发展空间。我们以为，这主要体现在两个方面。

其一，进一步推进应用研究，面向经济和企业的现实。王小锡提出的关于"道德资本""道德生产力"等一些原创性的观点，主要地还是较为深刻的学理分析，其实现机制究竟是什么，目前尚有待进一步探索，并逐步弄清楚这些问题，不断认识和把握它们的"实践性状"。事实上开展实证研究是进一步增强企业经济学和企业伦理学的说服力和可信度的重要路径。因此，进一步广泛深入地开展企业道德"镜像"调查和企业道德管理实践，不仅给中国经济伦理学发展提供学术理念，而且能够指导现实实践活动的展开，推进中国企业的道德化，推动中国经济走向伦理化，这应是王小锡及其团队未来着力解决的重要课题。

其二，需要分类分层研究经济伦理学的分支学科。王小锡的确开创性地研究了诸多经济伦理问题，为经济伦理学的创立做了许多奠基性的学术工作。但是，作为伦理学子学科的经济伦理学学科建设，需要进一步拓展学术研究领域，要有进一步的宏观视阈和微观视阈、历史性分析和共时性分析,以多种视阈共同介入分支学科的研究。具体说来,经济伦理学"三层次"(宏观、中观和微观)和"四环节"(生产、分配、交换、消费)还存在大量的空场存在,比如劳动伦理、企业伦理、经营管理伦理、跨国公司伦理等问题,需要王小锡及其团队积极探究和进一步深入下去,这不仅将丰富经济伦理学的学科理论,而且为世界经济伦理研究提供某种可资借鉴的"中国经验"。相信随着上述问题的解决和完善,一个体系完备、论证周密,并且融特色学术、创新理念和应用价值为一体的王小锡经济伦理学的理论大厦就会屹立在我们面前。

综上所述,尽管王小锡的经济伦理学研究存在一些研究"空场"与不足,但仅凭他的"两个第一""两个独创",他的深入研究和创新成果为中国经济伦理学的创立和发展提供了独特的理论贡献。我也真心希望王小锡能够不断拿出更多的具创新意义的学术作品来,奉献给经济伦理学乃至伦理学界,并服务于改革开放大业和经济建设事业。

(原载《社会科学战线》2013年第2期,作者系南开大学哲学系教授、博士生导师)

王小锡的道德经

郑晋鸣

深秋的午后,法国梧桐叶纷纷飘落,南京师范大学校园内仿佛铺上了一层金沙。南京师范大学公共管理学院教授王小锡的办公室就在这里。作为中共中央马克思主义理论研究和建设工程重大项目首席专家、江苏省高校哲学社会科学重点研究基地南京师范大学马克思主义研究院院长、中国伦理学会副会长,王小锡与"道德"二字有着不解之缘。

1951年,王小锡出生于江苏溧阳。"小时候家中贫困,6口人挤在仅有20平方米的茅草屋里,我只能长期借宿在隔壁马姓人家。"王小锡说,马姓人家的善良真诚、关爱同情,点亮了他心中最早的道德烛光,让他变得豁达、感恩,对道德之于生命的意义也有了深刻的理解。

1980年年初,王小锡从南京师范大学毕业后留校任教。1982年至1983年,他被派往中国人民大学哲学系高校教师进修班进修伦理学专业。王小锡说:"这是我人生的转折点。当时我国正处在经济体制转轨时期,面对经济发展的现实,返校后,我开始不断反思道德与经济的关系,并将目光投射到经济伦理学领域。"

从发表我国第一本研究经济伦理学体系的学术著作《中国经济伦理学——历史与现实的理论初探》到在德国出版江苏省首批外译著作《道德资本研究》,王小锡在学术道路上已砥砺前行30余载。南京师范大学公共管理学院哲学系主任曹孟勤教授说:"如果说鲁迅把别人喝咖啡的工夫用在工作上,王小锡就是把别人休息的时间用在了学术研究上。"凭着这份执着,王小锡先后编著《伦理学》《经济伦理学》《道德资本与经济伦理——王小锡自选集》等著作 20 多部，在《光明日报》《中国社会科学》等报刊上发表学术论文 120 多篇。

在王小锡看来，为学和为人是一体的，成才和成人是统一的。"以德待人的人生一定是顺畅的、不败的人生。王老师经常在课堂上和我们讨论为人处世的道理，教我们以德立世的行为准则"，南京师范大学博士后陶涛告诉记者。记者了解到，在学界，有人曾对"道德资本"这一概念提出质疑，但王小锡总以谦逊、恭谨、自信的态度与之讨论。在日常生活中，王小锡用乐观豁达的精神面貌笑对人生，用他自己的话来说就是"尽到努力，顺其自然，修炼德性，善待人生"。

聊起即将在江苏淮安举行的核心价值观百场讲坛活动，王小锡精神奕奕地告诉记者："我此次讲课的内容与'道德'有关，希望通过对道德力与社会进步关系的阐释，能在培育和践行社会主义核心价值观、全面提高公民的道德素养、构建和谐的社会风尚等方面对听众有所启迪。"

（原载《光明日报》2015 年 11 月 5 日，作者系该报记者）

道德资本理论的开创性研究
——读王小锡教授著《道德资本研究》

张 露

王小锡教授所著的《道德资本研究》（译林出版社）一书于2014年出版。拜读此书，深感其是一部反映时代精神的开创性学术力作。该书是王小锡教授研究道德资本理论以来的阶段性总结，彰显了独特的学术理念、开阔的理论视野和立足于实践的理论关怀。概而言之，该书至少具有三个特色。

其一，把握时代脉搏。毋庸讳言，肇始于20世纪末的经济体制改革奠定了当代中国发展的基本态势。道德资本理论正是吻合于这一时代发展的自觉理论审思，反映了我国学者对这个时代的深刻学术关切。

通过建立社会主义市场经济体制，我国的经济发展进程和人民生活水平都在快速提高。然而，尽管经济发展在总体上推动了社会道德的进步，但是社会道德建设滞后于经济发展并在一定意义上影响甚至阻碍了经济的正常发展，以至于食品安全问题、生产事故等不断出现，削弱了人们对经济社会发展的信心。针对这些经济社会发展的现实，王小锡教授以独特的理论视角创造性地提出并系统论证了道德资本理念，试图以中国自己的学术语言，从根源上把握经济与伦理的内在逻辑关系，在理论与实践的结合上说明：唯有坚持道德视角才能正确地认识和解释经济，唯有把道德作为生产性要素自觉地纳入生产过程，才有可能真正实现"帕累托最优"。

其二，独具特色的理论创新。一是王小锡教授以马克思主义政治经济学为理论源泉，创造性地从精神生产力中引申出"道德生产力"的范畴,认为道德在经济发展进程中能发挥独特的不可替代的作用力。二是他提出道德是资本形成过程中不可缺少的精神因素,而且人们的道德觉悟直接影响了产品的质量和市场占有率,进而影响资金的流转速度和利润获得的多寡。当然,道德往往容易被人们冠以所谓的"神圣化"或"物化",但王小锡教授自信地将道德与资本逻辑地联系起来,指出道德的崇高在于道德在经济社会发展进程中有其独到的不可替代的精神力量。唯有人的完善和经济社会的发展才能体现道德的作用和价值。三是在此基础上,他创造性地建立了道德资本理论体系,在对"道德资本"概念及其内涵与外延做合乎逻辑的界定和阐释的同时,对道德资本特点、道德资本作用形式、道德资本作用的逻辑边界以及道德资本评估指标等,做出了系统的研究和阐释。

其三,着眼实践的现实关怀。具有原创性价值的道德资本理论,是上明哲理、下接地气的顶天立地的理论研究范式。道德资本理论正是以其深刻的经济哲学思维旗帜鲜明地反对和批判那些目光短浅、为了赚钱而忽视道德的不合理现象。在王小锡教授看来,为了赚钱而无视道德本身便是一种难以理解的、非理性的"短视"行为,因为趋善意义上的道德能够以其特殊功能帮助经济活动获得更高效率或更多利润。

当然,作为一个具有时代特色的创新理论,道德资本仍然有着需要进一步阐释的空间。假如在本质上,经济与道德是辩证统一的关系,那么在偶性上,经济与道德之间的断裂该如何理解?假如道德在长期的经济活动中可以并且应当承担资本的功效,那么在一个可能不讲道德与法制的环境中,我们该如何处理在短期内忽视道德而只着眼于盈利的现象?作为工具理性的道德资本又如何区别于把所谓的"道德"仅仅当作获利的手段或工具?总而言之,道德资本理论自诞生以来,已经引起了许多争论与探讨,确实有许多理论和实践问题需要深入地研究和探讨,或许这恰恰说明道德资本研究的理论魅力。

(原载《道德与文明》2015年第6期,作者系哲学博士)

道德是一种资本
——读王小锡教授著《道德资本研究》

范渊凯

中国伦理学会副会长、南京师范大学教授王小锡于 2014 年出版了《道德资本研究》一书。拜读再三，深感此书不仅是对于经济伦理、伦理经济等理念的创新性阐释，更是对道德与经济关系从理论到实践的深刻探讨，尤其是道德资本理论的提出，观点独特，发人深省。

该书是一部开创性的学术力作。作者在率先提出道德资本的概念、开创性地提出并系统论证了"道德资本""道德生产力"和"经济德性"等学术观点后，通过该书以不同视角系统地论证了道德与经济、道德与获利之间的逻辑关联，说明"真正的经济"是内含道德的经济，坚持道德的理路和分析方法，才能真正认识和把握经济及其发展规律；现代企业发展要有作为物质资本的硬实力，但也离不开作为精神文化资本的软实力，而精神文化资本的核心内容是企业道德资本。作者认为，企业道德资本对于企业来说不是可有可无的问题，而是企业必须要培育和积累的。企业道德资本决定着企业发展的方向、速度和效益，道德资本缺失的企业很可能会造成灾难性的后果，许多企业生产毒奶粉、问题食品等的经营教训已证明这一点。进而，作者从五个方面论证了作为资本的道德在实现价值增值中的独特作用。其一，作者认为，道德是人性化产品设计的灵魂。经济发展速度或企业经营效益往往取决于企业的产品设计和产品质量。产品设计和产品质量决定了产品的市场占有率和销售速度，进而影响企业利润的实现及其增长。进一步而言，虽然企业的产品设计和产品质量至少受制于科学技术、社会文化和道德三个因素，其中道德决定产品的人性化程度和价值指向等，这是产品质量的灵魂，更是扩大市场占有率、实现更多利润的必不可少的精神要素。其二，作者认为，在信息化程度越来越高的今天，生产技术和生产工艺的趋同程度越来越高，趋同的时间越来越短。由此，如何缩短单位产品的个别劳动时间已成为企业间竞争的关键。可以说，在同类产品上，谁缩短了单位产品的个别劳动时间，即单位产品的个别劳动时间低于社会必要劳动时间，谁就降低了单位产品成本；同时，谁就会在单位时间内生产的商品使用价值量增大，那么，谁就能够在市场竞争中赢得主动、获得利润并最终成功。在此，单位产品个别劳动时间的缩短，很大程度上依赖于产品制造过程中的道德渗入。实践也说明，一些企业生产的产品成本增加，并不是技术等问题，而是企业内部管理不善、关系复杂、矛盾重重、内耗严重而导致的。其三，作者认为道德是市场信誉之源。企业在产品的制造、销售和服务过程中讲信誉，必然会不断扩大市场占有率。道德责任意识是企业的精神支柱，道德承诺和道德举动是企业获取市场信誉并获得更多利润和效益不可或缺的重要因素。其四，作者认为，道德是激活有形资本并提高资本增值能力的重要条件。资本的本质特征在于运动，资本只有不停地运动，才能实现价值增值，否则就不能称其为"资本"。在资本运动的过程中，道德能够通过激活人力资本和有形资本促使价值增值。其五，道德也是生产力。作为人的品质或品性的道德，在人进入生产过程并发挥作用时，也就直接转化成生产力。没有人的"主观生产力"的参与，"死的生产力"不可能成为社会劳动生产力。而缺失基本的道德素质，人作为生产力第一要素在进入生产过程中就将处在被动状态，在发挥劳动资料和劳动对象的能量时，往往也是没有动力、没有目标的，"死的生产力"不能最大限度或最好状态地被激活。因此，道德也是生产力，是企业获取更多效益和利润的精神生产力。由是观之，作者深刻地阐释了道德作为资本的理论逻辑。

该书是一部理论与实践密切结合、逻辑严谨的学术力作。该书首先对于"道德资本之理论依据"，做出了有说服力的理论分析。认为道德与经济、道德与利润之间有着密切的逻辑联系，道德与经济的联系本来就是一种社会现象。在此基础上，该书对道德资本的概念、形式和作用机理等基本原理等给出了详尽的论证与说明。认为资本是作为生产性资源投入生产过程并使价值增值的物质和精神的统一体。资本不只是传统理论所认为的物化的或货币化的物质资本与货币资本，也可以是非物化的思想观念的精神资本，或称无形资本。事实上，离开了精神资本，所谓的物质资本与货币资本就不能成立，也毫无意义，因为，资本之为资本，需要作为具有主观意识的人去激活才能体现或实现，否则，物质、货币只能是生产性资源而已。当然，作为精神资本，它包括思想、知识、文化、价值、道德等，这其中，道德是精神资本的基础的核心的要素，离开了一定的道德境界，其他精神资本要素必不能发挥正常的促使企业增值的作用，这也就必然影响物质资本与货币资本投入生产过程的效益。与此同时，该书富有新意地叙述了中国传统思想史上的经济道德观尤其是道德的经济作用的主要思想，以此展示道德资本思想的历史叙述，为企业道德资本理念的确立和道德资本的积累提供思想史资源。该书的难能可贵之处还在于，在理论探讨的基础上，面对企业经营的实践，探讨了道德特殊的经济作用力、企业道德资本形成的基本途径及其所表现的手段，并且富有建设性地建构了"道德资本及其评估指标体系"，为企业发展提供了独特的经营决策依据和实践操作模式。

该书还以其辩证的理路回应了学界对作者的理论质疑。"道德资本"这一概念提出后曾遭到了学术界的一些质疑，如有人认为，在马克思那里，资本的本质不是物，而是生产关系，资本的每一个毛孔都是肮脏的，在马克思的意义上，道德与资本的联姻不可想象。作者认为，如果把社会主义道德或趋善意义上的道德与马克思意义上的资本联姻，的确不可想象。但现在的问题是，"道德资本"概念并不是简单地把道德与资本联姻，道德的工具理性作用与道德工具化是不能等同的。如果把道德仅仅作为赚钱的工具，这时候的道德不是我们所指的趋善意义上的道德，而是趋恶意义上的道德，甚或是伪道德，是缺德。更何况，这里所说的"道德资本"概念中的资本并非马克思批判资本主义本质时使用和论述的经典"资本"概念，而是资本一般视阈下的范畴。社会道德能够以其特有的引导、规范、制约和协调功能作用于生产过程，促进经济价值增值。因此，从资本一般概念出发，道德作为影响价值形成与增值的精神因素具有资本属性。再如，与"道德资本"概念相关的"道德生产力"概念的提出也引起了个别学者的质疑，有人认为，道德是精神层面的东西，怎么能成为生产力。作者认为，道德是精神生产力或道德是生产力的提出，仅仅是指道德是生产力中的重要内容或因素，在生产力的发展过程中，它起着独特的精神功能的作用，同时，作为精神生产力在作用于物质生产力过程中又起着社会劳动生产力的作用。当然，作者强调指出，这里的道德是指科学的道德，它既是社会道德生活规律的正确反映，又应该符合社会历史的发展要求，过时了的不符合历史发展要求的道德甚或腐朽没落的道德不仅不能成为生产力的精神内涵或因素，反而必然地影响或阻碍生产力的发展。

诚然，作为极具时代特殊性的理论，"道德资本"仍然有需要进一步阐释的空间。譬如，道德在长期的经济活动中可以并且应当承担资本的功效，那么在一个可能不讲道德与法制的环境中，我们该如何处理在短期内忽视道德而只着眼于盈利的现象，等等。不过，还是要说，王小锡教授的这本力作，为我们开打了一扇窗。当阳光照射在暗香浮动的书页上，我们开始重新审视道德的理想性与现实性。伦理研究既要关注理论的元研究，也应关注生活实践。

（原载《伦理学研究》2016年第3期，作者系哲学博士）

经济与道德关系的哲学思考
——评王小锡教授的《经济伦理学——经济与道德关系之哲学分析》

王淑芹

经济与道德是人类社会两大支柱。人类产生后，满足人类生命需要的经济与协调人类共处的道德同生共存。伴随着市场经济体制在世界范围主导地位的确立，尤其是以市场导向为中心的经济资源商品化、经济关系货币化、市场价格自由化和经济系统开放化的纵深推进，经济与道德的关系问题已成为影响经济社会健康发展的世界性问题，经济伦理学成为当代社会的显学。进言之，经济与道德的关系问题，既是中国社会全面转型、叠加矛盾和社会风险亟须解决的理论与实践问题，又是世界各国遏制经济帝国主义扩展避免道德滑落的重要社会问题。

近期，南京师范大学王小锡教授的《经济伦理学——经济与道德关系之哲学分析》（人民出版社2015年版）出版，这是他多年专注于经济伦理学研究辛勤耕耘的又一部力作。本著作立足于历史与现实、宏观与微观、逻辑与实证，以全新的视角，对经济与道德的关系进行了哲学分析，提出了"经济德性""道德资本""道德生产力"等重要概念，提供了一种新的学术研究思路，构建了经济伦理学理论体系的新框架，深化了经济伦理学的理论研究。通观全书，扼要概之，本书在经济德性、道德资本及其评估指标体系、企业道德建设策略等方面具有突出的理论贡献。

一 经济伦理、经济道德与经济德性

经济是否具有道德性？这是经济伦理学本原的基础理论问题，关系着经济伦理学存在的合法性。在经济与道德的关系问题上，有两种倾向需要省思和注意：一是经济学领域中不同程度存在的经济与道德价值无涉论的思想，认为经济与道德分属两种不同的领域、代表两种不同的价值向度，二者应该划界，即经济活动只遵循经济规律、追求利益最大化，不关涉道德价值和道德评价。另一种是我国过去道德尺度独断化出现的经济领域的泛道德主义倾向。基于此，王小锡教授所撰写的《经济伦理学——经济与道德关系之哲学分析》著作，提出了"经济德性"概念，在遵循经济规律、紧扣经济运行环节、吸纳经济学理论、直入经济活动中，客观地分析和阐述了经济内蕴的道德禀性，纠正了经济与道德无涉论与经济泛道德主义的"粘贴论"。在他看来，任何经济形式，都内蕴一定的伦理秩序，即经济发展规律本身都蕴含着某种合理的秩序和条理，这种合理的秩序和条理就是存在于经济活动中的伦理。由此推之，经济伦理就是经济发展和活动中合乎规律性的合理秩序，基于经济发展的伦理秩序凝结和提炼出来的规范与约束经济主体行为的价值标准和原则，就是经济道德。为了深入阐释经济的这种内在道德性，作者从"关系共存""机制共建""实践共行""价值共享"四个维度，系统论述了经济与道德结合的内在性。经济个体和人格化的经济组织，在生产、交换、分配、消费等经济活动中，遵守经济道德要求，公平交易、诚实守信，就具有了经济德性。因此，"经济德性"是经济伦理客观性与经济道德内化性的统一。诚如作者在书中所言："经济与道德关系不是经济与道德的人为结合"，而是经济本身内含精神和道德问题。德国社会学家米歇尔·鲍曼在其《道德的市场》中明确指出："在市场上理性地追求个人目标恰恰同采取特定的道德行为方式与态度具有同等的意义：温和、正直、值得信赖、可靠、忠诚、诚信或愿于做出妥协便成为在市场上取得成功必不可缺的美德。"[1] 日

---

[1] ［德］米歇尔·鲍曼：《道德的市场》，肖君等译，中国社会科学出版社2003年版，第11页。

常生活中所说的经济道德的缺失，确切地说，是经济德性的缺失，而不是经济伦理和经济道德。因为作为客观秩序的经济伦理与作为规范要求的经济道德是一种不以人的意志为转移的客观实在。上述分析表明，经济德性是经济伦理学的核心范畴，是认识经济与道德关系的理论切入点，也是建构经济伦理学体系的基础性概念。

二 道德资本形态与评估指标体系

法国思想家皮埃尔·布尔迪厄在"解释社会世界的结构和作用"时，认为要"引进资本的所有形式"，并将资本分为"经济资本""文化资本""社会资本"。在他看来，道德从某种程度上包含在"文化资本""社会资本"之中。王小锡教授在书中对"道德资本"概念的含义、特点的概括及其道德在何种意义上成为资本的证成，不仅把道德从文化、社会资本中分化出来，体现了道德资本的依附性和相对独立性的依存关系，而且运用经济学的"道德股指""伦理性基金"等理论，进一步凸显了道德资本在社会经济增长、企业竞争中的不可或缺的地位和作用。它表明，企业的发展、企业间的经济竞争，不仅是科技创新的较量、金融资本的运作，更是无形道德资本的竞争。

本书不仅深化了道德资本的学理基础，而且专门立论了企业道德资本形态，构建了道德资本评估指标体系，在道德资本研究的薄弱环节方面进行了深化和拓展。作者深入企业的实际，不仅具有创见性地提出并论述了企业道德资本的四种形态，即道德制度形态、理性关系形态、主体觉悟形态、道德产品形态，而且在此基础上，把道德资本分解为各级各类应用与操作指标，建构了企业道德资本评估的一级与二级指标体系，一级指标包括道德理念与道德原则、道德性制度、道德环境、道德忠诚、产品道德含量、道德性销售、社会道德责任、道德领导与领导道德。经济伦理学既是伦理学与经济学的交叉学科，也是理论与实践相结合的应用学科，因此，经济伦理学的实践性，既需要理论深化，更需要理论接地气，与企业的实际经营活动密切结合，真正为企业的经营实践提供明确的价值指导。事实上，我国的经济伦理学研究，在很大程度上，较为偏重逻辑分析与理论构建，企业的实践方面尤其是指标体系的构建，是本学科研究的薄弱环节。王小锡教授基于我国企业道德资本的实际而创建的企业道德资本评估指标体系，应该说是我国经济伦理学实践探索的一项创举。

三 中国企业道德"镜像"与发展策略

市场经济运行形式所固有的运行机制、规律和特征，不能自己表现自己，必须通过其载体——企业的经济活动才能得到显现，换言之，市场经济的作用和效用是通过企业的经济活动体现的，企业是市场经济运行的具体承担者、活动者和显现者，所以，研究经济道德问题，除了对经济运行的宏观层面进行考察和研究外，还必须从市场经济实际运行的企业活动层面进行考察和研究。事实上，我国经济伦理学更加偏重对市场经济的宏观层面的理论建构，或企业经济活动的一般规程与规律的道德思考，深入企业实际，对企业道德现状进行全面调查研究的成果不多，以至于我国对企业道德现状的总体描述，较为笼统、模糊，缺乏具有广泛数据支持的定性定量分析。应该说，经济伦理学的发展，亟须实证研究，促进理论与实践相结合，真正把脉中国经济的道德问题，打破理论建构上的主观独断论和企业道德评价的感性臆断论。无疑，这是经济伦理学人的责任和使命。王小锡教授勇于担责，着力于经济伦理学研究的薄弱环节，带领其研究团队，走出"象牙塔"接触社会，深入企业，在全国范围内开展了对我国企业道德的"镜像"式调研。在调查研究与数据分析的基础上，把脉我国企业道德现状、分析企业道德缺失表征及其基本原因，提出企业道德经营方式，即发挥企业家的道德示范作用、执行SA8000国际社会责任标准、完善诚信机制、保护劳工权益、实施道德营销、建立企业道德委员会。

在当今世界经济的发展中，影响经济增长的变量已不再是单纯的资金、技术等物质资本形态，以道德为核心的人文资本愈益发挥着主导的作用，以致我国欺诈失信等大量的不道德现象，对经济秩序的破坏所产生的无效资本，已成为我国经济健康发展的制约瓶颈。因之，王小锡教授的《经济伦理学——经济与道德关系之哲学分析》

著作，不仅对学科发展具有奠基性作用，而且对我国经济社会的健康发展具有实践价值。在很大程度上，它为我国深化社会主义市场经济、重视道德文化的建设，提供了理论支撑；为企业自觉运用道德资本，增强我国经济的文化核心竞争力，提供了决策的依据。迄今为止，此研究成果无论在内容的广度上还是在分析的深度上，当属我国当代经济伦理学研究领域优秀的学术成果。

（原载《道德与文明》2016年第5期，作者系首都师范大学教授、博士生导师）

凡有经济必有道德

章海山

南京师范大学王小锡教授的新著《道德资本论》近日由译林出版社出版。该书是作者 20 年学术的结晶、具有中国话语的原创性著作。早在 20 世纪 90 年代末，王小锡教授就提出了"道德资本"概念，随后发表了九论道德资本的系列学术论文和《道德资本与经济伦理——王小锡自选集》等相关著作。

《道德资本论》创造性地提出并系统论证了"道德资本"概念。作者认为，道德资本是指作为生产性资源的道德理念、道德规范、价值取向及其善行习俗、崇德行为等投（进）入生产并促进价值增值的能力与价值。同时指出，道德资本或作为资本的道德具有自身的逻辑边界，提出和认同"道德资本"概念，既不是一种泛道德主义，也不是一种道德万能论，而是指在生产过程之中作为一种生产要素而客观存在的理念、价值取向、制度理性关系、道德行动等的道德形态，生产（经济）活动的场域就是道德资本发挥作用的实际边界。在此基础上，作者特别指出，"道德资本"概念中的"资本"并非马克思使用和论述的经典"资本"概念，而是"资本一般"视阈下的生产要素资本范畴。在马克思的政治经济学看来，在资本主义私有制条件下，资本不是物，资本是带剩余价值的价值；资本是经济范畴，更是经济关系范畴，它体现了资产阶级与工人阶级之间的压迫与被压迫、剥削与被剥削的雇佣劳动的关系。因此，马克思政治经济学中所论及的"资本"，是一定社会历史条件下的"资本特殊"，其本身就是"不道德"的代名词。

该书富有新意地论证了道德如何使价值增值，即道德何以成为资本。作者认为，作为资本或精神资本要素的道德，即作为资本的道德，在企业经营过程中有其不可替代的促使价值增值的作用。换句话说，企业要想获得更多的利润和更好的效益，不能忽视道德的独特作用。他认为，道德是提高资本增值能力的重要条件；是生产力精神要素之核心；是人性化产品设计和制造的灵魂；是缩短单位产品劳动时间的重要依据；是理性消费的引导或约束力量；是市场信誉之源；是互联网经济的生存和发展前提；是凝聚企业力量之关键等。而且，事实上，道德一方面充当资本的盈利手段，另一方面却是对资本做"内在批判"。前者强调在正当意义上获取更多的利润或剩余价值，后者指资本在追逐剩余价值的同时，也在客观上塑造着人本身，而这些由于人而被提升了的人类物质方面和精神方面反过来又会内在地成为约束资本负面效应的力量，也即对资本的"内向批判"。

该书作为世界独特的经济伦理或伦理经济理念，具有严密的逻辑理路。首先，作者以"道德本体""道德本样""道德本真"三个逻辑递进的学术理念说明道德既是科学理念、现实理想，更是具体行动，是意、形、行的统一，独到地探讨并回答了道德是什么的问题。进而作者抓住非常有代表性的"真正的经济""帕累托佳境""囚徒困境"等经济命题或经济典故，论证并说明经济与道德是一种社会现象的两个方面，是不可分割的经济活动，即凡有经济必有道德。在此基础上，书中理论联系实际地、有重点地探讨并阐释了道德何以成为资本的基本观点，作者十分重视案例分析和说明，使得道德资本理论在深入浅出中展示了它的说服力和感染力。

该书作者在围绕道德资本进行学理透视的基础上，深入我国各类企业，开展了较为广泛的社会调查，在道德资本理论的指导下，一是设计了很具实用性的企业道德资本实践与评估指标体系，以其为道德作为生产性资源进入生产过程提供操作性手段；二是提出了企业道德资本的培育与管理的基本理念和实施方案，为不断提升企业道德水平，增强企业"道德资本量"提供了富有参考和启迪意义的蓝本。

（原载《光明日报》2017年4月11日，作者系中山大学教授、博士生导师）

文以载道，美以彰德
——读王小锡教授著《德与美》

范渊凯

连雨不知春去，一晴方觉夏深。在这个温暖的日子里，我有幸成了我的老师王小锡教授的散文随笔集《德与美》的第一批读者。对于我的硕士、博士导师的此次"跨界"之举，我起初是颇为惊讶的。因王小锡教授在学界可谓声名卓著，前段时间又在"中国人文社会科学评价中心"发布的"中国哲学社会科学最有影响力学者排行榜（2015年）"中名列全国哲学学科第七位、伦理学学科第二位，在学术界的成就与地位自不必多言。而他平日醉心于理论研究，于散文之道似鲜有涉猎。带着疑问，回到家中，落座品读，书香随着纸张的翻动渐渐四溢，与曼妙的文字萦绕在一起，逐渐沉淀下来。暖风入帘，满室书香，一篇篇饱含深情、励志启迪的文章使我如痴如醉，恍惚间不知夜之将至。

冰寒彻骨闻梅香

记得在王小锡教授门下攻读硕士学位与博士学位期间，他有一句口头禅经常对我们这些弟子讲："每天（读书）十二点后睡觉，十年后必有成就。"我们这些年轻弟子，常将这句谆谆教诲视为笑言谈资。而当我翻到《一张贺卡》这篇文章时，顿时被其中一句话深深地震撼了："从穷孩到教授，不亚于从奴隶到将军。"诚然，王小锡教授今日的成就有目共睹，但是他过去所付出的辛劳却往往被我们忽视。

老师出身贫苦，小时候一家六口挤在仅二十平方米的茅草屋里，用他的话来讲便是时常"外面下大雨，屋里下小雨，外面不下雨，屋里还漏雨"。到了读书的年龄，他的母亲为了供他上学，挨家挨户地上门借钱。鉴于老师早年的生活经历，弟子们经常笑称他是"凤凰男"。是啊！这种生活环境，我想现在很多年轻人都难以想象，感觉似乎是电视剧中的画面一般。但就是在这样极端贫苦的条件下，王小锡教授从来都没有放弃过对未来的希望，以坚定卓绝的意志和持之以恒的努力，创造了人生的辉煌。他有一句话时常对我们说起，"天底下最头痛的事是头痛"。老师在年轻时伏案写作，为了让自己集中精力，常常一只手抓头发，一只手写字。这是多么难能可贵的精神！这是多么催人泪下的画面！

当下，我们的生活条件优越了，却缺乏了面对艰难困苦的勇气，不少人遇到困难便知难而退，甚至还有人把自己的不成功归结于父母的"不给力"、家庭的"无背景"等。《德与美》中有着诸多关于王小锡教授年幼时贫苦的生活经历、年轻时艰苦的奋斗历程。我相信，这些文章应当会让不少青年有所触动、有所感悟，使我们不再怨天尤人、自怨自艾，不再好高骛远、眼高手低。虽然家境不同、际遇不一、天资有异，但是只要我们认认真真、勤勤恳恳地做好每一件力所能及的事，终究会在不同的领域收获成就。

布道授业传德馨

作为中国伦理学会副会长、经济伦理学专业委员会会长、中共中央马克思主义理论研究和建设工程重大项目首席专家，王小锡教授是目前中国伦理学界当之无愧的巨匠。目前，有不少学者以专门研究他的思想及理论为荣，并发表了一系列研究文章，这也是目前学界的一大美谈。老师一生与德为缘、以德立言、布德传道，他不仅在学术上醉心于道德研究，还致力于将道德用于生活、推及实践。在《德与美》中，不仅有优美深情的散文，也有富含哲理的道德文章。《道德是什么》《何谓德性》《道德何以为资本》等文深刻地剖析了道德的本质、道德对社会与人生的作用以及他著名的"道德资本"理论。

依然记得我跟王小锡教授读研期间，在某节课上，他提出了一个观点，"在无人监督的情况下，一个人能做到不随地吐痰，那么他的德性可以说不低于那些助人为乐的人"。老师用大道至简的语言、通俗易懂的例子，深刻地揭示了中国传统伦理思想中的个人最高境界——"慎独"。而在本书中，《漫谈人生境界》等文也无不蕴含着王老师高尚的人生境界与巧妙的处事智慧，其中关于"名利"的富有哲理的见解更是发人深省。在茫茫的宇宙之中，人生短暂又短暂，只有追求伟大、追求永存、追求不朽，才能成为境界高尚的本真意义上的人！

王小锡教授不仅是道德的理论家，更是道德的实践者。在日常生活中，他身体力行，言传身教，讲学、走访的企事业单位有数百家之多，将他的"道德经"传布于世。王小锡教授迄今总共带了170多位硕士研究生、博士研究生，除了课堂上传道授业解惑外，他还经常在课外与我们讨论为人处世的道理，教我们以德立世的行为准则。他常语重心长地对我们说，做事首先是做人，要"厚道得人缘，真诚聚人气"。人生注定是要和人打交道的，而人与人之间的和谐关系是理想人生的重要资源。要积累这样的人缘和人气，就要厚道、要真诚。

我想，王小锡教授此书的"下篇"部分，正是希望通过对道德本质、起源、发展及道德力与社会进步关系的阐释，能在培育和践行社会主义核心价值观、全面提高公民的道德素养、构建和谐的社会风尚等方面对读者有所启迪。

乡恋情深意切切

平时，与王小锡教授参加一些国内的学术会议，学术界的大咖们都知道王老师是一个地地道道的溧阳人。这是因为他在外一直以"溧阳人"自居，以"溧阳人"为傲。每每谈及家乡，老师立马如数家珍，除自豪地炫耀溧阳悠久的历史、辉煌的今天外，甚至还不乏"添油加醋"一番，词间话里尽是浓浓的"耀乡"之意，往往教听者闻之羡慕不已。在王小锡教授的心目中，家乡是人类发祥之地，是历代重镇，是鱼米之乡、丝绸之府、旅游之都，是他的青春、他的回忆,更是让他魂牵梦绕之处。所以,他为家乡所写的《溧阳赋》中,字里行间无不涌动着拳拳恋乡之情。为写此赋,他可谓十年磨一剑,阅读了不下 200 万字的资料,孜孜不倦地征求辞赋专家、地方官员、文人墨客等社会各界人士的宝贵意见。

在《德与美》中,《感恩家乡》《石刻〈溧阳赋〉随想》等文,无不彰显着王小锡教授对家乡人、家乡事的思恋之情。在文中,他将自身获得的成功归结到家乡的养育与家乡人的支持:在孩提时代,他没有听过一个像样的、完整的故事,更不知道作为学前教育的幼儿园是什么样的,家乡对他精神层面的启蒙培育非常珍贵;在求学期间,班主任、校长等一群优秀质朴的教师对他的激励,激发了他对未来人生的憧憬,学校与老师们潜移默化的德性培育影响了他的成长;工作后,领导与同事对他生活的关心以及工作的认可使他坚定了信心,领导与同事优良的品质、作风也深深影响了他。这些平实的文字,记载着王小锡教授对家乡美妙、浓厚的记忆,流淌着他对家乡真诚、质朴的感恩之心。

平时,我对文学创作亦颇感兴趣,偶尔也喜欢舞文弄墨一番,曾在老师眼皮底下写了部四十多万字的小说,而面对十万多字的博士毕业论文时,我却是头大如斗、苦不堪言。理论文章讲究逻辑的严密性、思维的缜密性,与天马行空的文学作品的构建方式可谓大相径庭。所以,我深刻地觉得,王小锡教授所著《德与美》,从理论出发而着眼于文学、从思辨精神出发而表现为形象思维,就形式而言是从难至易、大道至简,就文字而言是信手拈来、驾轻就熟。他以散文随笔写人、写情、写道德,以真情实感话美、话景、话人生,抒发了美之道德乃世上难得之德、道德之美乃人间最美之美之情感,将苦涩难明的道德哲学融于通俗易懂的文学作品之中,使之相得益彰。

此外,《德与美》一书还启发了我对文学创作的重新思考。文学创作固然需要飞扬的文采与曼妙的辞藻,但作者所怀有的胸襟气度与他所投入的真情实感则更为重要。若无伟岸的胸襟,则断不能挥洒出"远纪瀛海奥区,沧桑兮悠悠万古"等大气磅礴的篇章;若无深厚的情感,亦绝不能凝练出"翘首尽诗情,举目皆画意"等精妙绝伦的诗句。而且,全书逻辑严密、条理清晰,我想这是理论学者做文学作品之优点，既有深度，又有意境，既富哲理性，又具可读性。全书将"道德是人类灵魂，是人立身处世之本"，"幸福的人生需要学习、磨炼、奋斗、阳光、豁达、感恩、诚信、友善"等道德理念彰显于优美的文字之中，将德与美完美地交织在了一起，正可谓美文载道德，道德书美文！优美的文笔、浓郁的乡愁、超凡的感悟、深刻的见地，相信对每一位阅读此书的人启迪人生乃至安身立命将不无裨益！

（原载《溧阳时报》2017年5月24日，作者系哲学博士）

打开道德资本的逻辑之门

李建华

多年来，我一直是王小锡教授经济伦理研究成果的学习者，对其研究及成果较为了解。他首次提出并论证了"道德资本"概念，形成了较为完整的道德资本理论。

《道德资本论》（译林出版社 2016 年版），集中了王小锡长期以来在道德资本问题研究中的观点，形成了相对完整的理论体系和面向实践的学术研究路径。

其一，关注道德与资本的关系问题，问题意识凸显。现代市场经济的发展及其所造就的"市场社会"，在日益主导人们生产与生活方式的同时，也必然产生与现代经济活动相对应的诸多伦理困惑与道德难题。资本作为现代市场经济发展中的核心要素，不仅是经济学关注和论证的问题，而且是哲学、政治学、社会学等众多学科探究的重要概念。如何看待道德与资本的关系问题，可谓当代中国经济伦理学研究绕不过去的问题和不可或缺的基本内容。该书作者自20 世纪 90 年代开始，敏锐地捕捉并锲而不舍地探索这一问题，体现了他作为一个伦理学研究者强烈的问题意识和学术责任感、使命感。

其二，提出并论证"道德资本"概念，体现独到的理论创制。此次出版的这本书，全面系统地阐述了作者的道德资本观。从对道德的阐释及分析经济与道德的关系出发，提出对"道德资本"概念的界定及其基本特征和形态，进而探讨在实践层面中道德资本何以可能以及如何评估与操作。可以说，这一结构不仅使"道德资本"概念的论证周密完整，也为经济伦理学乃至整个伦理学研究中的概念创制和论证提供了一种范式借鉴。

其三，坚持理论联系实际，彰显面向实践的学术路向。伦理学研究应当坚持理论联系实际的基本立场，脱离中国实际的理论研究或是单纯的现象描述，均无法对改革开放以来我国经济生活中不断出现的新的道德现象和问题，做出有说服力的解释和回答。通过对现实问题的学术思考和理论提升，形成中国伦理学自身的学术话语和概念范式，进而构建较为完善的理论体系和学科体系，以此指导实践，是当前我国伦理学研究应有的学术路向。在这一点上，该书所秉持的基本理念和研究进路值得推崇。作者围绕道德是什么、道德与经济的关系、"道德资本"概念的内涵进行了深入的学理分析，初步建立了企业道德资本的实践和评估指标，并融入一些企业道德资本的评估案例，提出加强企业道德资本培育与管理的实践路径。

如果说，该书作者于21世纪初提出"道德资本"概念，缘起于中国市场经济快速发展带来的对"道德与资本关系"问题的学术关注，那么，今天在市场化、全球化进程中快速发展的中国经济，仍然在不断改变着中国社会的生产和生活方式，并不断引发伦理关系和道德观念的新变化。在理论和实践层面，资本也在不断呈现其新的问题。由此，笔者认为，道德资本需要在符合逻辑地链接资本与道德或者是经济与伦理之间关系基础上，不断地寻找打开资本尤其是精神资本逻辑之门的钥匙。需要通过实践，让道德在规制和完备资本内涵及其运作过程中，发挥道德不可替代的作用，以避免仅仅是从主观愿望出发，使资本套上道德的光环，或者将道德等同于资本。

由上，资本有自身的逻辑，不能用道德逻辑代替资本逻辑，道德可以影响和规制资本，但道德不可以是独立资本。从这一意义上说，随着时代的发展，道德资本的相关研究仍有可以不断拓展与创新的"广阔天地"。

[原载《中国社会科学报》2017年6月15日，作者系教育部"长江学者"特聘教授（2009），浙江师范大学特聘教授，中南大学博士生导师]

道德资本研究引领经济伦理学科发展
——读王小锡教授的《道德资本论》[①]

刘　琳

伴随着我国改革开放事业而兴起的经济伦理学研究，在近三十年的学术史中，已经逐步形成了较为成熟的理论体系和概念范畴。其中王小锡教授提出的道德资本的核心概念，已成为引领经济伦理学科发展的卓越理论成果。当我们谈论道德资本的时候，我们在谈论什么？在《道德资本论》中，围绕着道德资本这一核心概念的经典演绎和精当阐释，王小锡教授以其深厚的理论根基和丰富的现实案例，构建了从理论到实践的经济伦理学理论大厦。道德资本这一核心概念对经济伦理学或伦理经济学学科发展的引领作用和奠基价值是不言而喻的。

一　核心概念的学科奠基地位

在当前构建中国哲学社会科学话语的大背景下，我国的经济伦理研究建构自身的核心概念体系显得日益迫切。但是，从我国三十多年的经济伦理研究学术史来看，从基本的"经济伦理"抑或是"伦理经济"的界定发端至今，虽然经历了诸多热点议题的广泛讨论，却仍然缺乏经济伦理研究的独特核心概念体系作为理论整体的基石。

"道德资本"概念是王小锡教授潜心深耕经济伦理研究而提出的

[①] 译林出版社2016年版。

原创性核心范畴。发端于 20 世纪最后二十年改革开放时代的中国经济伦理研究，以市场经济的伦理精神为主题，围绕着公平、效率、自由、平等、正义等范畴阐发了诸多市场经济改革要确立的伦理理念。当时的经济伦理研究方兴未艾，观点纷呈，为 21 世纪的经济伦理研究奠定了坚实理论基础。随着市场经济改革的深化和以中国加入世贸组织为标志的对外开放程度的加深，新时代面临的经济伦理问题呈现出不同于以往的新特点，突出表现在市场经济的中观层次也就是企业伦理方面，特别是频发的企业产品假冒伪劣以及信用缺失现象，直至 2008 年爆发了摧毁我国乳业信誉的"三鹿奶粉"事件，全社会呼吁企业应该承担社会责任，要以科学道德理念来经营企业。那么，在资本逐利特性统摄下的作为市场经济中观层次主体的企业，该如何处理好利润与道德的相互关系呢？早在 20 世纪末年，王小锡教授就已经率先界定了"道德资本"这个来源于现实问题的理论概念，并且长期结合实践问题对其进行论证和完善，可以说，这本《道德资本论》是他集多年研究之大成的精品力作。

  道德资本的提出填补了经济伦理研究在实践问题层面的理论支撑空白。市场经济机制中企业的道德维度匮乏，反映的不仅是我国长期缺乏市场经济伦理精神，更是说明我国在市场经济实践层面缺乏具有中国特色的阐释话语体系和实践应用手段。王小锡教授长期致力于道德生产力研究，高度重视作为意识现象的道德与物质生产的相互作用，他指出谈经济必须要讲道德，道德虽然是意识现象，但却对经济活动带来重要影响，起到推动经济效益增加的良好作用。

  从概念界定上来看，王小锡教授认为道德资本是包括道德理念、道德规范及价值特性的精神资本，它不是独立的资本形态，而是贯穿于经济体系的资本循环中的渗透型资本，它不能用具体的货币来衡量其存在，但它发挥的作用却可以体现在物质资本量的扩张上面。人们用是否讲诚信、讲公平等道德与不道德行为必然导致经济效益的多寡来感受到道德资本的具体存在；用物质资本、货币资本投资的理性、合理与否直接影响资本的存量与增量来体验道德资本必须伴随物质和货币资本的运作。因此，资本是物质资本与精神资本的统一体，用资本的本质是为了赚钱来排除资本的精神要素尤其是道德要素是理论逻辑理解上的错误和资本实践把握上的缺陷。所以，以道德资本是无形的资本从而否定它的存在，其实是与事实不符的。正如王小锡教授在本书中所言，有经济必有道德，道德对于经济来说不可或缺，更可以说，有资本必有道德，资本投资必须讲道德。对于改革开放以来我国经济实践领域缺失道德血液的情况，经济伦理研究往往缺乏有力的理论阐释实践指导，往往流于空谈。而道德资本的提出，为在理论上总结实践经验教训，为发挥指导企业经营活动的作用奠定了理论基础。

二　扎实的现实案例剖析特色

王小锡教授以九篇系列论文论证了道德资本，在《道德资本论》一书中又以更加丰富的经济伦理案例翔实论证了道德资本理论。他从多角度探讨道德作为生产性要素如何促使企业获得更多效益和利润，从而论证道德何以成为资本，以及如何在经济运行过程中发挥作用。

通过对诸多知名企业案例的深入剖析，《道德资本论》立足于市场经济主体即各类型企业，深入论证了道德资本在企业生产经营和管理中的作用，这反映了作者立足于长期的实证案例搜集和解剖，特别注重实证研究，在理论与实践结合研究这方面堪称典范。也正是在深度分析企业正反两方面现实案例的基础上，王小锡教授提出了诸多开创性的观点，有些"名言警句"经过长期在公众舆论领域中传播沉淀，甚至成为人们在评判现实重大经济案例时可资借鉴的理论资源。

发生在 2008 年众所周知的"三鹿奶粉"事件不但警示着某一行业企业因为违法和缺失道德约束从而被无情淘汰，而且此事件也应成为我国企业应承担道德资本责任的标志性事件。同年由于美国雷曼兄弟投资银行倒闭而引爆的全球金融危机，更加促进了全球性的资本道德性问题反思浪潮。多年来以系列道德资本研究论文蜚声学界的王小锡教授的相关观点，为合理解析 2008 年以来的资本道德性危机浪潮提供了恰当视角和理论工具。

三　突出的实践指导价值

正如王小锡教授在《道德资本论》中所指出，再好的理论也必须成为行动纲领，否则，就是"坐而论道式"的空谈。为了体现道德资本的实践功能，需要建构有效的企业道德资本实践与评估指标。[①] 体现在本书中的大量的实地调研数据，为我国企业道德资本的评估和建设奠定了坚实的数据基础，凸显了道德资本理论的实践指导价值。

王小锡教授认为道德资本尽管不可以度量，但可以依据企业道德行为及其道德现象进行评估。他结合我国企业实际的道德建设状况，把道德资本分解为 8 项一级指标，其中又可分解为 100 项具应用和操作性的二级指标，根据 100 项二级指标的评估打分并计算出得分。[②] 这些设计和评估都可以有效地为企业增加道德资本存量提供可操作性的指标、条例或行动方案，从而促进企业在经营实践中获得更好的业绩。

这样的道德资本评估指标设计及应用具有史无前例的开创性。创制这样的一套评估指标体系是建立在大量的对各类型企业的调查研究获得的一手珍贵资料基础上的。迄今为止，在经济实践领域，我们或许可以看到个别企业制定过自身的内部规章，甚至有自身的企业文化，但却缺乏把企业作为道德实体的整体规范设计。王小锡教授团队设计的这份指标体系，创新了我国企业的自我约束和外在规制相结合的行为规范，特别是其中体现出的全面性和实用性，为道德资本发挥作用，为企业领导层和管理层的决策提供必不可少的有价值的参考依据。

道德资本理论的系统论证和完善，倾注了王小锡教授的高度理论自觉和实践精神。无论是面对质疑还是误解，他始终不改初衷，一如既往地坚定着理论自信，展现了他的深厚理论学养和纯粹学术情怀。借此，我们可以深刻理解著名诗人歌德借浮士德之言而指出

[①] 参见王小锡《道德资本论》，译林出版社 2016 年版。
[②] 参见王小锡《道德资本论》，译林出版社 2016 年版。

的"理论是灰色的,而生命之树常青"这句话的言外之意,理论来源于现实并在实践中得到发展和检验,摒弃抱残守缺的成见,要让道德资本理论这种真正体现原创性精神的理论继续在实践中开拓创新,引领中国经济伦理学科研究,为中国学术话语体系的形成添砖加瓦。

相信《道德资本论》将成为经济伦理学、伦理经济学乃至伦理学、经济学等学科的影响深远的学术记忆。

(原载《伦理学研究》2018年第3期,作者系南京航空航天大学马克思主义学院教授、博士生导师)

乡愁式尺牍与时代的缩影
——读《德与美》

姜晶花

年少时，常听老人们说中华人民共和国成立后日子的艰辛，那物质匮乏的极致至今让我只能停留在想象中，无法还原于现实的生活状态。那段历史将逐渐成为人们的记忆，尤其是其内蕴的伦理叙事与审美趣味也将在人们的生活中消失。然而，历史总在不经意间回眸。当我闲暇时阅读南京师范大学王小锡教授的《德与美》（上海三联书店 2018 年版）散文集时，脑海里纯然涌现出记忆深处的模样，书中呈现的点滴正是那代人经历的真实写照。

书中所呈现的王教授与弟子门人交往的一面，正是那代人在艰难困苦中坚守的坦诚、率真与豁达；所记录的个人生活历程、与他人交往的细节，正是那代人在苦涩境遇中持有的情感特色，简单又趣味。这本集感性与理性、美与德一体的乡愁式尺牍，虽看到一个个体成长的历程，但却是一个时代的缩影。

饱含浓郁深厚的乡愁式道德情感

翻开这本封面颇具中华古典风韵的《德与美》，山水天地、丹青水墨即刻融入一种海德格尔式的天地人之境。用这"此在"式的存在类比此番"思"与"诗"的意境再恰当不过了。因为在海德格尔看来，透过这意境，存在者的真理已自行设置入作品，遂然进入其闪耀的恒定中。不妨据此细细体会下《德与美》中的一幅幅、一篇篇娓娓道来的图景文辞，它不仅散发出温润如玉的恬静，更呈现出王教授情感浓郁的乡愁及对当今社会道德的美好主张。

王教授是溧阳人，文辞中不乏其独特的地域性的文化乡愁。在《老屋与竹园》中"穷相"的童趣，再现出那物质匮乏年代溧阳民众生活的点滴，对比现在青少年生活的丰盈，作者以那个年代独一无二的方式表达了他小小的却十分珍贵的心趣，没有现代化却富含自然天趣的茅草屋、鸡舍、水沟、乡路与竹林。同样，在《年味》中，其将旧时溧阳年味通过猪头肉、肉圆、扎肝和红烧煮鸡蛋、炒米糖、实心汤圆、青菜烂面以及放鞭炮、贴春联、狮子舞等文化特色展现出来，然而这些在今天看似容易获得的东西，却被作者永远定格在他无比惦念的童年时代。

作者深藏对故土家园的赤诚热爱，用漂泊游子的特有情怀完成他对故园之承诺。在《感恩家乡》中，作者这样说"我一直怀揣着感恩之情"，实现"从穷孩到教授"的凤凰涅槃，这是"家乡溧阳这块土地养育了我，尤其是家乡民俗民风的熏陶"，可见，在作者精神世界中深刻着对故土浓郁的情感烙印。他将这份赤诚之心与学术完美结合，在感性之树上开出理性之花，如《长江老鳖》中作者基于道德敏感赋予老鳖以性灵与仁爱特征，呼吁人们保护生灵；又如《一块魅力无限的"情感磁铁"》中作者将自然山水情志与伦理理性浑然一体于文化情怀中，启发乡人愈加怀念故土。林林总总，宛若荀子在《儒效》中所言："不闻不若闻之，闻之不若见之，见之不若知之，知之不若行之。"我想，一个人是在生命旅程的诸多事件中将特殊的道德情感融入日常行为之中，从而实现生命的意义。

深蕴和风清洁的学理式审美情趣

一般而言，人类的道德主张中交织着自然人化、积淀和文化心理的诸多因素。在我看来，这种因素也是审美情趣产生的重要条件。当代学者李泽厚先生在《华夏美学·美学四讲》中将审美情趣分为三个层次，即悦耳悦目、悦心悦意、悦志悦神。无论是对于耳目、心意抑或志神这种精神层面的愉悦，作者在文中皆不同程度地深蕴着一种审美力，更为可贵的是，这种审美力深蕴在其和风清洁的学理中，以至于一种合目的性的生成。

美是具体的，作者对南京师范大学仙林校区的采月湖颇为欣赏，在《采月湖》中他说起曾夜游到此，被湖的气质和韵味深深打动，遂将皓月、湖镜和鱼儿全然囊括在他星空式的审美趣味中，甚至将此中的黑天鹅和情人坡赋予了浪漫雅致的拟人化诗意气质。作者笔下的《随园》勾勒出这座"东方最美丽的校园"四季山水的惊异与古雅，从某种意义上，这不亚于清代诗人袁枚的《随园记》。还有，《家乡白龙寺》中的"率真""同在""观自在"被其细腻地刻画在自然的趣味中，引得诸多乡人慕名去体验与观赏。当然，更值得一提的是《溧阳赋》和《天目湖颂》，其中《溧阳赋》被刻于青石、置于国家级名胜地天目湖山水园中供游人鉴赏，每当络绎不绝的游客游览至此都会驻足而品。文之审美趣味离不开图之优雅装池，一幅幅精心的美图实现了《德与美》在更高审美意义上的图文并茂。

　　王教授平日的"尽到努力，顺其自然"，在《德与美》中被上升到人生定律的高度，界定为人之安身立命的重要依据和应有的生存依据。

（原载《社会科学报》2019 年 5 月 30 日版，
作者系哲学博士，北京科技大学副教授）

王小锡：美之道德与道德之美

郑屹扬

一位学者学术人生成功的背后，是孜孜不倦的努力与日积月累的坚持。南京师范大学王小锡教授的座右铭正是"用奋斗写人生"，他曾收到一位校友的贺卡，贺词这样写道："从穷孩到教授，不亚于从奴隶到将军，这就是一个奇迹！"这既是对他取得成就的赞许，更是对其奋斗经历的敬叹。

学人小传

王小锡，1951年生，江苏溧阳人，哲学博士，教授，博士生导师。1980年毕业于南京师范学院（现南京师范大学）并留校工作至今。曾任南京师范大学公共管理学院院长、校学术委员会委员，中国伦理学会副会长。现为南京师范大学马克思主义研究院院长、南京师范大学重点研究机构经济伦理学研究所所长、"伦理学"和"思想政治教育"博士点带头人、"马克思主义理论"博士后流动站负责人，中国伦理学会名誉副会长、经济伦理学专业委员会会长，江苏省马克思主义理论研究会荣誉会长，江苏省伦理学会执行会长，中国人民大学伦理学与道德建设研究中心经济伦理学研究所所长，清华大学道德与宗教研究院学术委员会委员。著有《经济伦理学》《道德资本论》等20多部著作，有3部著作分别被翻译成英文、韩文、日文、塞尔维亚文、泰文等在海外出版发行。

奋斗

王小锡 1951 年出生于江苏溧阳的一个农村家庭。年少时，家里 6 口人挤在 20 多平方米的茅草屋里，过着"屋外下大雨、屋内漏小雨"，靠"预借粮"度日的艰难生活。尽管如此，王小锡仍在"穷读书"中年年保持着优良的学习成绩。高中毕业后，他在家乡溧阳县城西公社工作了 6 年，由此经历了许多社会实践的磨炼。

20 世纪 80 年代初，刚刚大学毕业的王小锡决定留在南京师范学院（现南京师范大学）任教。1982 年秋，他又被选派进入中国人民大学伦理学高校教师进修班学习，从此与伦理学结下不解之缘。"给我们上课的是罗国杰、许启贤、宋希仁等实力派学者，他们不仅在课堂上对学生进行启发式教学，在课余时间也给学生指导学术，讲解做人的道理，让我们受益匪浅。"

短短一年的进修时间，王小锡倍感压力，要掌握的知识太多，如何才能将有限的时间最大化？"我生在农村，欠缺学前教育和文化生活氛围，启蒙先天不足，唯有多奋斗、多勤奋。"本着笨鸟先飞的精神，他每天的任务就是学习、学习再学习，日积月累之中，不知不觉地写下了近 10 万字的读书笔记，撰写了 25 万字的备课笔记。

在随后的教学和科研中，王小锡一直保持"挤时间"的习惯。在他看来，时间并不能平白无故地被"挤"出来，正因如此，他经常整夜不眠不休。为了保持清醒的精神状态，他甚至边看书边吃辣椒、钢针发梳敲打大腿、冬天冷水洗脸……"每每遇到假期要经得起孤独，任凭山水风光秀美、特色餐饮味好，我独自坐家中阅读、思考、写作。"王小锡回忆，攻读博士学位时，经常来回往返于南京与长沙之间，列车上的时间，他都不忍浪费，"有时来回一趟就能看完一两本书，阅读已经成为我的生活常态"。

在担任南京师范大学公共管理学院院长的 12 年中，学术和学科平台建设始终是王小锡的业务主旋律，并取得了公认的"大满贯"成就。学院由原来 3 个学院共有 1 个二级学科博士学位授权点，发展到涵盖 15 个二级学科博士学位授权的 2 个二级学科博士授权点；由原来 4 个二级学科硕士学位授权点，发展到 26 个硕士学位授权点，国家重点学科和省级重点、优势学科、重点研究基地等应有尽有。近年来，他作为江苏省优势学科带头人的马克思主义理论学科在教育部评估中获得了"A"级。

创新

在学术上，王小锡一直坚持"形而上"和"形而下"的结合，力求有自己的理论思维和实践价值。

在伦理学学科建设上，王小锡善于独立思考，他在有关伦理学理论体系构建，尤其是道德概念理解和道德作用等许多问题上，有自己独创的观点，特别是关于经济伦理及其道德资本研究方面更是独树一帜。

20世纪90年代，在西方经济伦理学尚未影响我国之前，王小锡就试图将经济与伦理道德关系的研究朝学科方向发展。为此，他发表了我国第一本研究经济伦理学体系的学术著作《中国经济伦理学——历史与现实的理论初探》和第一篇学术论文《经济伦理学论纲》，创造性地提出并论证了"道德生产力""道德资本"等范畴，在学术界引起巨大反响。

"有经济必有道德，离开了道德视角，经济不可能被正确地理解和把握。"在王小锡看来，道德是真正认识经济、发展经济的必不可少的基础性甚至核心要素。为此，他多次深入全国各地企业进行调查研究，构建了受到企业界赞誉的"道德资本"的实践与评估指标体系，为企业培育"道德资本"提供了可操作的行动依据。

在强调"走进经典原著，才能弄懂马克思主义"的同时，王小锡始终坚持以马克思主义为指导，坚持从"形而上"到"形而下"的自觉结合，学术观点求新求精。他一直认为，科学的道德就其功能来说，不仅要求人们不断地完善自身，而且要求人们珍惜和完善相互之间的生存关系，促进社会和谐。这种功能应用到生产领域，必然会因人的素质尤其是道德水平的提高而形成一种不断进取的精神和人际和谐协作的合力，并因此促使货币和实物资本最大限度地发挥作用和产生效益，企业因此获得更多的利润。因此，道德也是资本。

多年来，王小锡的研究成果，具体回答了道德资本如何在企业经营过程中，作为不可或缺的重要精神资本发挥其价值增值作用的问题。

第一，道德是提高资本增值能力的重要条件。在资本科学运动的过程中，道德能够通过激活人力资本和有形资本促使价值增值。其一，道德能够通过组织制度的道德化设计以及对人的潜能的激发，盘活有形资产，实现资源的优化配置，从而提高生产效率；其二，道德还可以通过人的主观能动性，不断地物化并渗透在有形资本当中，进而获得企业信誉和核心竞争力，形成资本存量，提高有形资产的附加值；其三，道德能够通过对经济主体品质、素养和境界的提升而激活人力资本，从而成为企业利润增加乃至整个社会财富增长的资本性资源。

第二，道德是生产力精神要素之核心。道德能否成为资本，关键要看道德在经济运行和企业发展中能否产生应有的作用力，形成独特的经济价值。生产力中人的因素是能动的，也是最为积极和活跃的因素，生产劳动是人的活动和物的因素有机结合的过程，是作为"主观的生产力"和"社会生产力"的实现过程。这就是说，生产力内含人的精神因素，其中必然包含着人的道德素养和道德能力，这其实是生产力的核心精神要素。因此，道德也是生产力。

第三，道德是人性化产品设计和制造的灵魂。企业靠高质量的产品赢得市场，获取利润。然而，道德是高质量产品的重要保证，即是说，产品的特性，除了科技文化因素外，更重要的还取决于产品的道德性。在一定意义上说，道德是产品设计和制造的灵魂，道德对产品设计和产品质量起着决定性作用。忽视德性甚或缺少道德含量的产品最终会减少甚至失去市场占有率。

第四，道德是缩短单位产品劳动时间的重要依据。当今社会，缩短单位产品（制造某种使用价值）的社会必要劳动时间，实现价值增值，不能忽视道德的独特的重要作用。同样，企业要获得更多利润和效益，缩短单位产品的个别劳动时间是关键，其中，道德同样起着独特的重要作用。事实上，单位产品个别劳动时间的缩短，很大程度上依赖于产品制造过程中的道德渗入。企业完全可以因劳动的积极性的提高与和谐协作精神的加强而缩短单位产品的个别劳动时间，增强企业产品的市场竞争力。

第五，道德是市场信誉之源。信誉是企业的生命，是企业产品市场占有率不断提高、利润不断增加的重要依靠。然而，企业信誉的获得不仅要靠产品的技术含量和文化品位，更要靠以诚信、责任为核心的企业道德水准。对于企业来说，用户信任度的提高和信任感的持续，往往取决于产品的道德含量和产品售后服务承诺的兑现程度。而企业在赢得市场信誉的同时不断扩大市场占有率。

第六，道德是互联网经济的生存和发展前提。企业经营道德在今天互联网时代显得尤为重要。因为，今天的资本运作不只是实物资本和货币资本的专利，道德资本也不仅仅体现在实物资本和货币资本的精神要素或精神作用上，互联网把现实世界生产和销售中的各种利益关系"电子化"或"虚拟化"，互联网经济、物联网经济以及智能经济，改变着人际关系和人际利益关系的生存和发展模式，使得信誉、公正、平等、理性等道德要求成为利益和利润多寡的重要原因。在互联网和物联网时代，道德作为资本显得十分明显。可以说，不讲道德就不要想赚钱，要赚钱就必须讲道德。

第七，道德是凝聚企业力量之关键。企业效益和利润的高低取决于企业员工的认同度、忠诚度、劳动积极性和企业凝聚力，而企业员工的认同度、忠诚度、劳动积极性和企业凝聚力又取决于企业对员工的思想、情感、生活、交往等的关注度和关怀度，即决定于体现为人文关怀的企业道德管理水平。这就是说，企业发展并获得良好效益需要"道德基础"和"道德管理"，需要由此而形成的企业凝聚力。

综上所述，道德能够帮助企业获得更多的利润，也足以说明，道德也可以是资本。

当然，王小锡也指出，道德资本或作为资本的道德具有自身的逻辑边界。提出和认同"道德资本"概念，既不是一种泛道德主义，也不是一种道德万能论，而是指投入生产过程之中作为一种生产要素而客观存在的道德形态，生产活动的场域就是道德资本发挥作用的实际边界。所以，从社会发展的宏观意义上来看，说道德是一种资本，并不是要从道德上来粉饰资本、美化资本，甚或使道德沦为资本增值的伪善工具，而是强调道德可以而且应该为获得更多效益和利润发挥其独特的作用。而且事实上,道德一方面充当资本的盈利手段,另一方面却是对资本做"内向评判"。前者强调在正当意义上获取更多的利润,后者指资本在追逐利润的同时,也在客观上塑造着人本身,而这些由于人而被提升了的人类物质方面和精神方面反过来又会内在地成为约束资本负面效应的力量,也即对资本的"内向评判"。在这方面,道德资本的价值目的性较他类资本形态更为突出。这是因为,道德具有服务资本的工具理性,也具有约束资本的价值理性,从而可以促使资本运作趋于理性和正当,避免"资本逻辑"的无度扩张或者资本本性的非理性膨胀。

王小锡还指出,"道德资本"概念中的"资本"并非马克思使用和论述的经典"资本"概念,而是"资本一般"视阈下的生产要素资本范畴,即社会道德能够以其特有的引导、规范、制约和协调功能作用于生产过程,促进经济价值增值。因此,从资本一般概念出发,道德作为影响价值形成与增值的精神因素具有资本属性。换言之,道德资本是体现生产要素资本的概念,是广义资本观下的"资本"概念。它不同于马克思在政治经济学中作为反映或批判资本主义社会制度和经济关系的本质的"资本"概念。在马克思主义政治经济学看来,在资本主义私有制条件下,资本不是物,资本是带来剩余价值的价值;资本是经济范畴,更是经济关系范畴,它体现了资产阶级与工人阶级之间的压迫与被压迫、剥削与被剥削的雇佣劳动的关系。因此,马克思主义政治经济学中所论及的"资本",其本身就是"不道德"的代名词,王小锡所说的作为"资本一般"的道德资本与被马克思批判的作为"资本特殊"的"资本"概念并不是一回事。

交流

作为我国当代经济伦理学领域的开拓者和道德资本论的提出者,王小锡的诸多学术思想被学界同人跟踪研究,不管是赞赏、认同,还是商榷,他的学术研究不断给学界吹来新风,这是难能可贵的。

在几十年的学术生涯中,王小锡先后主持了"中国经济伦理思想通史"(重大)等 6 项国家社会科学基金项目,是中共中央马克思主义理论研究和建设工程重大项目"经典作家关于意识形态、先进文化和道德的基本观点研究"的首席专家之一，作为主要成员参与了中共中央马克思主义理论研究和建设工程项目《伦理学》《思想道德修养与法律基础》的教材编写。

已故的中国伦理学会名誉会长罗国杰曾说："从马克思主义出发，小锡同志研究伦理学尤其是经济伦理学理论的问题，是具有创新意义的。"中国伦理学会会长、清华大学人文学院院长万俊人说："经济伦理学是当代最为突显和重要的应用伦理学研究领域。王小锡教授躬身其中，耕耘有年，成果斐然，尤其是他提出并努力证成的'道德资本''道德生产力'等关键性经济伦理学概念，在国内外学界影响甚大。"[1] 中山大学章海山教授在发给王小锡的电子邮件中写道："在经济伦理学术上的成就和突破，你在伦理学界始终在最前沿，作出了重大的贡献，有力地推动了我国经济伦理的深入研究，无人能及的。这不是溢美之词，而是多年来关注的结论。"但在王小锡看来，这不仅是一种学界的鼓励，更是自己肩头沉甸甸的使命和责任。

"我们做学术，不仅要继承优秀的传统成果，也要吸纳外来的有益思想，更要有构建自身话语权的主动性。"随着我国现代化进程的不断加快，王小锡踏上了一条寻求中国话语体系的学术征程。1996年夏，他第一次出国，随中国伦理学代表团赴韩国开展学术交流。

第一次站在国际舞台上阐述自己的学术理论，王小锡不免有些顾虑。但让他没有想到的是，自己的发言引起不少学者的兴趣。"演讲结束后，学者们主动和我互动，纷纷希望加强交流。"那一刻，王小锡感受到经济伦理学巨大的研究前景，也彻底察觉到构建中国学术话语体系的重要性。

中国哲学社会科学话语体系的特色和优势在于，能在坚持马克思主义的基础上，植根于中国特色社会主义的中国实践。同时，在于对优秀传统文化进行创造性转化和创新性发展。对此，从先秦儒家经济伦理思想到如今市场经济的伦理道德体系，王小锡剖析出中国传统经济伦理思想现代化转变的整个脉络。在其《道德资本与经

---

[1] 王小锡：《道德资本论》（第 2 版），译林出版社 2021 年版，第 386 页。

济伦理——王小锡自选集》一书中，他这样写道："社会主义市场经济不仅仅是一种法制经济，而且也必然是一种重视社会主义道德的经济。"

2011年，伦敦举行国际经济伦理学学术大会，王小锡与众多国际学术大腕同台论道。在会议安排的学术演讲上，他用中国话语、中国风格展示出中国创造的独特的"道德资本观"，让世界目光再次聚焦。

在2016年召开的第六届ISBEE大会上，王小锡对其独创的"道德资本观"再次进行深入阐释，受到赞誉。2017年，领导行为学家西松、原日本经营伦理学会会长高桥浩夫等多位国际知名学者与中国学者再聚一堂，进行"道德资本与企业经营"的学术研讨，将道德资本研究推向了更高的学术平台。

在王小锡的学术生涯中，与国际知名学者的交流互动已逐渐成为习惯，美国哲学伦理学家艾伦·吉伯德和经济伦理学家乔治·恩德勒、德国经济伦理学家彼得·科斯各夫斯基等，都曾与他展开过细致深入的交流。

在学术交流中，王小锡的经济伦理与伦理经济研究，尤其是道德资本理论的探索逐步趋向完备与完善。他的《中国传统经济伦理思想》一书被翻译成韩文出版，《道德资本研究》作为江苏省哲学社会科学规划领导小组经专家评审批准的首批外译著作立项翻译出版，现已译成英文、日文、塞尔维亚文，在海外出版发行。更可喜的是，《道德资本研究》（英文版）获第十四届输出版优秀图书，《道德资本研究》（塞尔维亚文版）获第十六届输出版优秀图书，《道德资本研究》（英文版）获版权输出奖励计划。近期，英文版《道德资本论》正式出版，并向全球发行，《道德资本论》德文版和泰文版也即将在海外出版发行。

"让世界了解我们，让自己走出国门，这是学术交流乃至相互汲取学术营养的最好路径。"在王小锡看来，国际学术交流不仅在于学术信息的互换、学术理念的相互启发，更在于学术风格、学术境界的相互影响。"中国伦理学只有坚持'顶天立地'的学术战略思想，真正体现中国话语、中国风格、中国特色、中国气派，才能真正成为中国哲学社会科学之林的显学"。

责任

"我首先是一个老师,然后才是一个学者。"王小锡说,教师永远是他的"第一身份",他的"第一责任"就是将学生培养成人、成才,"只有把该传承的传承下去,把年轻人都培养出来,才算不辜负作为教师的使命"。

在王小锡看来,为学和为人是一体的,成才与成人更是一致的,他由此写下了许多"道德箴言":"道德之美乃人生最美之美。""自尊、自信、自强,理解、信任、互助乃立身处事法宝。"在学生们眼中,王小锡的伦理学课就如同人生哲学课,既传授知识,又润泽人心。

在王小锡的课堂上,说话最多的永远不会是他自己。"王老师经常在课堂上和我们讨论为人处世的道理,教我们以德立世的行为准则。"王小锡的学生、南京师范大学博士后陶涛感慨:"王老师的课堂有一种'魔力',总能激发我们的兴趣,以及研究的热情。"

在教学中,王小锡始终坚持"以问为导,寓教于学"。南京师范大学哲学系主任曹孟勤说:"他就像主持人一般构建出大的框架,然后让学生自己去填充内容。这种模式深受学生们的喜爱与欢迎"。

桃李不言,下自成蹊。在几十年的教学生涯中,王小锡始终保持着高昂的学习热情。因为责任,所以专注。他秉持着对学生负责、对学科负责、对社会负责的态度,已经或正在培养的研究生有178人,其中博士研究生51人,在这些弟子中,副教授、教授、博士研究生导师大有人在。

在学生们面前,王小锡从不摆架子,他信奉"三人行,必有我师",乐意与学生交流,学生思想观念的闪光点总会引起他的关注。基于此,年近古稀的王小锡在课堂上仍然面容和蔼、精神矍铄。

"美之道德乃世上难得之德,道德之美乃人间最美之美,美之德或德之美乃人生必备之生活要素,需要好好培育。"王小锡总是这样告诫自己。在日常生活中,他乐观豁达、宽厚仁慈,用他自己的话来说就是"尽到努力,顺其自然,修炼德性,善待人生"。

对待学术质疑,王小锡总以谦逊、恭谨、自信的态度与之讨论。

年近古稀，他更多了几分从容与镇定。他在《漫谈人生境界》一文中写道："人生境界高低不在事大事小之分。事大事小不是人生境界的分水岭，人生境界体现在对立身处事之应该的认识和践行程度。"

王小锡认为，做人的最高道德境界应是"慎独"，最完美表现是"诚善"。为人处事是一门学问，然"慎独"与"诚善"二者尤不可缺。他反复说，做事做学问与做人是一致的，在任何时候、任何情况下，首先要做一个厚道之人。

回想起自己的学术人生，王小锡欣慰地说，他这一辈子有两件幸事，一是培养了一批优秀的弟子，二是形成了在国内乃至国际有一定影响的学术研究成果。正是这两件幸事，王小锡道出了一名中国学者的使命和担当。

（原载《光明日报·"光明学人"》2019年8月19日第11版）

从《道德资本论》的国际传播
看中国学术"走出去"*

常延廷

中华文化的国际传播,作为集思想之精华、理论之创新并集中体现为当代哲学社会科学的中国学术不可或缺。必须承认,作为东方的学术大国,中国还不是学术强国。正如有学者所描述的:"与中国学术在中国本土所表现出的创获不断、成绩斐然的景象相比,中国学术的海外传播与发展总体上还比较寂寥,大量的中国学者及其著述,都还处于不为中国以外的学术界和一般读者所关注、研读和评价的状态。"② 然而与此不同的是,近年来,南京师范大学王小锡教授的学术著作却呈逆势上扬的态势:2015 年,他的《道德资本研究》(译林出版社 2014 年版)英文版由德国施普林格出版社出版,并获得中国第十四届输出版优秀图书;2016 年,此书的日本文版和塞尔维亚文版也分别由日本千仓书房和塞尔维亚出版社出版,后者还获得中国第十六届输出版优秀图书;2019 年,他的《道德资本论》(译林出版社 2016 年版)再次受到德国施普林格出版社的青睐,其英文版面向全球出版发行,而这部著作的德文版和泰文版也于 2020 年 7 月分别在这两个国家的书店上架。这意味着,从 2015 年至 2020 年的五年时间里,同一学者的两部学术著作不仅在同一品

---

* 国家社会科学基金项目"中华文化国际传播的规律及路径研究"(17BKS094)的阶段性成果。

② 姚建彬:《漫谈中国学术海外传播与中国国际形象建构》,《中国社会科学报》2019 年 10 月 25 日。

牌出版社梅开二度、走进英语世界，而且累计以五种语言文字在国际传播……

对王小锡学术成果展开研究者不少，这是由他的学术贡献决定的。然而，对他学术著作"走出去"的研究却十分罕见，这在提升中国学术的国际话语权任重道远的今天，不能不说是一个缺憾。基于此，本文以他的《道德资本论》为蓝本，兼顾三十年来他的经济伦理学学术研究成果，从国际传播的视角进行阐述分析，旨在为中国学术"走出去"总结经验，提供借鉴。

一 《道德资本论》国际传播的学术底蕴

所谓学术底蕴，不仅表现为选题之新颖、学理之严谨的学者创造力，还表现为这一学科所蕴含的发展潜力，它既发挥着对于实践的引领作用，也为后来学者继续探索开辟了一片蓝色的海域。《道德资本论》作为中国议题之所以在学界脱颖而出"走出去"，恰恰是学术底蕴为其充足了动能。

1. "道德也是资本"的命题为世界经济良序运行竖立了伦理坐标

道德何以成为资本？这是王小锡道德资本学说耐人寻味、引人入胜的一个学术命题，不要说研究伦理学或经济学的学者，一般读者也想一探究竟。《道德资本论》前四章通过对道德概念内涵及其功能与作用、经济与道德的相互依存关系、道德资本的基本特点及其表现形态、促进资本增值的道德所具有的能动性，以深入浅出、循序渐进的结构布局，令人信服地诠释了道德何以成为资本的来龙去脉："有经济必有道德，道德对于经济来说不可或缺。因此，理解经济不能没有道德视角，发展经济需要道德支撑。"[1] 同样的道理，"有资本必有道德"，"道德对于资本理性投资并实现价值增值来说不可或缺"[2]。如此这般，专著诠释了道德与资本二者的相辅相成、相互依托的关系：道德因融入经济而使其价值得到拓展与提升；经

---

[1] 王小锡：《道德资本论》，译林出版社2016年版，第21页。
[2] 王小锡：《道德资本论》，译林出版社2016年版，第89页。

济因有道德的衡量检测而促进它的提纯,也更趋于科学规范。这无论是在发达国家,还是在发展中国家,道德资本都无一例外、如此能动地发挥作用。由此,也使我们欣然地看到,在国际社会经济增长动能不足的当今时代,这一学说为世界经济发展走向竖立了伦理坐标,提供了良序发展的道德动能。

2. 道德资本的实践与评估指标体系传播了企业员工道德完善的中国样本

《道德资本论》的第五章"企业道德资本实践与评估指标",由宏观论述转入微观聚焦,将道德资本理论从实践层面融入企业发展。这一评估指标的构成逻辑和内在机理在于:着眼"企业员工的道德完善"和"企业各种关系的和谐协调",沿着"企业道德理念""企业主体道德觉悟""企业道德制度""企业生产经营的道德诉求"这样的实践维度(亦是评估视角),将道德资本分解为 8 个一级指标和 100 项引领实践应用的二级指标。[1] 其鲜明特点有三个。一是企业类型选择的多样性。即选择的类型着眼于国内的不同地区、不同产业和不同性质的企业。二是指标评估结论的可计量性。通过对企业道德生态的评分揭示了"看不见"的以道德资本为核心的精神资本是可以衡量的以及是如何衡量的。正如有学者所指出:"定量分析使定性研究更加科学、准确,它可以促使定性分析得出广泛而深入的结论。"[2] 三是反映了企业道德标准的"镜像"性。企业员工的道德是通过员工的行为凝结到企业的产品与服务中来,企业的产品与服务体现了企业员工的道德精神与道德风貌。从不同所有制类型企业中遴选案例做出分析,无疑是选取了企业道德标准的中国样本,这种"镜像"式的国际传播,反映了企业道德是如何完善的本真样态。

3. 企业道德资本培育与管理的基本策略为"走进去"创造了生长条件

《道德资本论》"走出去"固然可喜,而"走进去",生长条件不可缺失。在专著的第六章,也是最后一章,王小锡从"注重企业

---

[1] 王小锡:《道德资本论》,译林出版社 2016 年版,第 133—143 页。
[2] 李群:《当代中国马克思主义政治经济学应注重定量分析》,《中国社会科学报》2019 年 11 月 19 日。

道德建设""培育道德习惯""渗透企业道德精神""加强道德资本管理"四个方面,就道德资本的如何培育与积累、如何衡量与协调指出了应然的方向与路径。可以说,这为道德资本学说"走进去"在异域他乡落地创造了生长条件。我们必须承认,这一培育与管理的基本策略是基于中国企业的生产与经营、对道德的崇尚与认知而构建的。而它一经"走进去",还有一个水土适应的过程,即它的实然状态。从应然到实然,生长条件将土壤般地起到关键作用。专著就培育与管理这一生长条件的提供,隶属"方法论"范畴,作为《道德资本论》最后一章的完美收官,体现了道德资本学说普适性、应用性的学术价值。由此可见,这部专著所阐述的理论体系绝非"坐而论道式"的空谈,它源自中国社会变革的实践,即使在异域他乡,由普适性与应用性的特点所决定,也必将指导企业发展实践。

4."道德资本"的理论学说赢得了中外译者的学术认同

《道德资本论》在逻辑结构及其思想内容上,以"道德是什么"为开端,以"经济离不开道德"、道德是经济发展不可或缺的支撑力量为引导,诠释了道德资本的特点及其基本形态,并界说了"道德资本"之"资本"与马克思所揭露和批判的"资本"概念的区别;多视阈、全方位地"证成"了道德资本之成立以及道德对企业经济发展提质增效的作为与作用,成为全书的"主脑";确立了道德资本实践的衡量尺度,亦成为道德作为生产性资源作用于企业经营过程的实际样态;强调了"培育与管理"是积累"道德资本量"的根本路径。可见,专著脉络清晰,结构严谨,自成体系。由此,人们一定会问,这部专著"走出去"的传播效果如何?尽管目前这方面的反馈信息尚未搜集,但是,我们可以从中外译者以及海外出版人在翻译出版此书的"姊妹篇"、王小锡的《道德资本研究》时的"一路绿灯"窥见一斑了。据译林出版社对外合作部编辑王玉强披露:《道德资本论》的英文版译者姚虹晨的译文"经过了美国佛罗里达理工学院 Rene Morenski 教授的专业审校,确保被严苛的斯普林格出版社一次性通过"[1]。显然,这里的"专业审校",绝非一般性的语言文字把关,学理的构成、严谨与创新自然也蕴含其中。所以,"英

---

[1] 常延廷:《我国图书版权贸易存在的逆差现象及解决对策》,《学术交流》2003 年第 6 期。

文版一出版即引起了学术界的关注，一个月之内就销售了近八百册"①，以至于不得不加印。"日文版的译者刘庆红教授是经济伦理学专家，日本经济伦理学会理事"，日文版面世后，译者曾利用自己的"专业渠道"为发行宣传造势，收到良好的传播效果。不仅如此，塞尔维亚出版社总编辑在收到译林出版社的英文 PDF 版样稿时，"大为欣喜，赞誉这是一部具有国际水准的学术著作，随即购买了该书的版权"②。不难看出"道德也是资本"这一命题及其研究的学术价值。实践表明，无论发达国家还是发展中国家，译者的认同以及图书版权的引进，就如同图书市场的晴雨表，代表了、反映了译入国家受众的阅读需求。

二　《道德资本论》国际传播的时代意义

学术是思想之精华，也是学者智慧对现实观照的学理性表达。中国学术"走出去"，则开启了中外思想文化交流、促进文明发展、智者与智者之间的友好对话。《道德资本论》的国际传播，不仅具有中华文化"走出去"的一般意义，也在学科建树、丰富学术样态、确定学术方位和引领实践应用方面，实现了历史性的突破与跨越。

1. 开了中国当代经济伦理学国际传播的先河

据有资料可查，中国伦理思想的国际传播于 5 个世纪前就开始了。以"阳明心学"为例，"早在 16 世纪初就传播到了东亚，并对东亚思想文化的发展产生了广泛而深远的影响"③。19 世纪末，辜鸿铭曾把《论语》译入英语世界，他"以中华民族拥有《论语》而自豪，所以他要介绍给西方，展示给西方，并且首选对象是'受过教育的有头脑的英国人'"④，而所传播的伦理思想自然也蕴含在这部儒家典籍之中。自辜鸿铭之后的近百年，中国伦理思想对外传播几乎停滞下来。王小锡探索性地构建中国经济伦理学，并且随着研究

---

① 王玉强：《"三优"助力〈道德资本研究〉走向世界》，《中华读书报》2017 年 8 月 23 日。
② 王玉强：《"三优"助力〈道德资本研究〉走向世界》，《中华读书报》2017 年 8 月 23 日。
③ 曹雷雨：《西方王阳明思想译介与研究综述》，《清华大学学报》（哲学社会科学版）2018 年第 1 期。
④ 常延廷：《我国图书版权贸易存在的逆差现象及解决对策》，《学术交流》2003 年第 6 期。

的逐步深入，特别是对"道德也是资本"之发现，使这一新学科拥有了中流砥柱般的学术支撑。如此"成学科"地"走出去"，不仅使经济伦理学从伦理学的家族中"分枝"出来，更细化、更精准，发展方向更明确，而且它以完善的学术体系直接作用于企业的经济发展与经济效益，对这一近百年来学科发展和学术作为的突破与跨越的先河意义不容忽视。

2. 将中国经济伦理学的研究方位推向世界学科发展前沿

《道德资本研究》和《道德资本论》两部学术专著之所以能接踵走向国际，一个根本原因，是王小锡以道德资本为核心、为中枢的中国经济伦理学学术研究方位居于世界学科发展的前沿位置。这主要体现在，一方面，学说引发了中外学者的热切关注。早在1996年，王小锡随中国伦理学学术代表团赴韩开展学术交流，这期间他作了关于中国传统经济伦理学的演讲，引起了韩国学界的极大兴趣。乃至演讲结束后，与会学者们纷纷发言提问，并希望未来继续加强交流。由此，使他看到了中国经济伦理学广阔的发展前景，也切实体验到"自己的"、有别于他人的学术话语在国际学术界的重要位置。[①] 无独有偶，20年后的2016年，日文版《道德资本研究》由日本千仓书房出版发行后，"日本经营伦理学会"了解了他的学说，于同年3月邀请他到东京讲学。这再次证明了他学术研究方位的前沿性。另一方面，中国经济伦理学研究先于国外经济伦理学译介。中国经济伦理学的开山之作，当属王小锡发表在《江苏社会科学》1994年第1期的《经济伦理学论纲》，彼时，国外经济伦理学尚未译介到我国。恰恰是这原汁原味、土生土长的经济伦理学研究，以及6年之后，即2000年以《论道德资本》[②] 的发表为标志的"道德资本"学说的创立，将中国经济伦理学的学科发展乃至研究方位推向了世界学术前沿的位置，就国际社会经济伦理学的学术研究与建构，发出了中国声音，提出了中国方案。

3. 从伦理道德视域诠释了中国经济发展的密码

自2010年中国的经济发展总量首次超过日本、居于世界第二位，

---

① 郑屹扬、王小锡：《美之道德与道德之美》，《光明日报》2019年8月19日。
② 王小锡：《论道德资本》，《江苏社会科学》2000年第3期。

国际社会企盼了解中国经济是如何快速发展的需求也与日俱增。中国创造的经济辉煌是多种因素综合作用的结果，而体现在人民群众的思想意识层面，深入开展思想道德建设所迸发的道德生产力作用功不可没，当之无愧地成为中国经济发展的密码之一。《道德资本论》从伦理道德视阈对这一密码进行了具体、透彻而又令人信服的诠释。

一方面，这体现为"道德也是资本"的立论蕴含着道德生产力的积极作用。在《道德资本研究》《道德资本论》相继"走出去"之后，王小锡在《光明日报》上发表了《道德是经济不可或缺的支撑力量》，此文凝结着他的道德资本观："经济一定是内含道德的经济"，而"道德能以其特有的角度揭示经济活动的本质，道德是一定经济制度或一定经济力量兴盛的重要推动力量"[1]。这使中国经济发展的道德生产力作用获得学理性支持，中国经济的快速发展既是经济力量兴盛的外在表现，也是道德生产力作为"特殊力量"直接作用的结果。

另一方面，"企业道德资本评估案例"[2] 成为瞭望道德资本融入经济生态、发挥道德作用的实证性窗口。改革开放以来，中国的公民道德建设始终与经济建设并驾齐驱：贯彻落实物质文明与精神文明建设"两手抓、两手都要硬"；实施"依法治国与以德治国相结合"的治国方略；深入开展以"八荣八耻"为主要内容的社会主义荣辱观教育；"在落细、落小、落实上"践行社会主义核心价值观；等等。应该看到，全部"企业道德资本评估指标"的设计[3]，无不是基于不同性质、不同类型的企业"镜像式"调查研究得来，它既来自企业，进入评估阶段，又回归、聚焦企业。其全部指标的设计反映了企业员工道德建设的成绩；其评估又通过测量，或者说从道德习惯和道德力量对畸形经济起到矫正和鞭挞作用。概而言之，居于世界第二位的经济发展作为经济兴盛的外在表现，与中国持续实施"公民道德建设纲要"休戚相关。如果从伦理道德视阈解读中国

---

[1] 王小锡：《道德是经济发展不可或缺的支撑力量》，《光明日报》2018年11月26日。
[2] 王小锡：《道德资本论》，译林出版社2016年版，第146页。
[3] 王小锡：《道德资本论》，译林出版社2016年版，第133—146页。

经济发展的密码,那就是:"道德也是资本"①,"是经济发展不可或缺的支撑力量"②。并且这种支撑力量,作用于中国经济发展是毋庸置疑的,也是第一位的。

三 《道德资本论》国际传播对中国学术"走出去"的启示

《道德资本论》的国际传播,隶属于从学术上讲述中国故事的思想文化传播范畴,它较之文学传播、影视传播、书画传播等欣赏性艺术传播,无论是文化样态、传播渠道,还是受众群体、评价尺度,都有着显著不同。因此,《道德资本论》作为中国学术完整系统且鼓舞人心、提振士气地"走出去"的成功案例,它给予我们的有益启示也是实实在在、多方面的。

1. 中国学术"走出去"应阐述中国话语

所谓中国话语,是指运用中国人的世界观和方法论,对包括中国在内的当今世界所有国家与地区的社会现象做出的阐述,其言语构成反映了中国人民和中华民族的价值体认与价值追求。就中国学术话语而言,它是学者的理论创新,包括指导思想在内的学术思想与学术方法都是中国的。正如习近平总书记所指出:"解决中国的问题,提出解决人类问题的中国方案,要坚持中国人的世界观、方法论。如果不加分析把国外学术思想和学术方法奉为圭臬,一切以此为准绳,那就没有独创性可言了。如果用国外的方法得出与国外同样的结论,那也就没有独创性可言了。"③ 独创性,是中国学术话语的生命力之所在;也唯有独创性的中国学术话语,才能成为国际社会受众群体的需求与期待。

《道德资本论》的学术独创性,是从作者的独到发现开始的。因其独到、他人不曾有过、十分陌生,国内就有学人与他商榷甚至质疑,越是如此,越引发他的深入思考。进入新世纪以来,王小锡历时

---

① 郑屹扬、王小锡:《美之道德与道德之美》,《光明日报》2019 年 8 月 19 日。
② 王小锡:《道德是经济发展不可或缺的支撑力量》,《光明日报》2018 年 11 月 26 日。
③ 习近平:《在哲学社会科学工作座谈会上的讲话》,人民出版社 2016 年版,第 19 页。

15 年，以"九论道德资本"①的专题性研究，保证了学说的言之成理、论之有据，从而成为中国经济伦理价值取向富有学理性的世界表达。国际社会的经济伦理学学术界以及企业界恰恰需要的就是这种富有独创性的中国学术话语表达，以获得启示与教益。试想，倘若人云亦云、似曾相识，甚至迎合他国的学术思想，与异域本土并无二致，版权输出也就不存在了。所以，中国学术"走出去"，必须阐述以独创为旗帜的中国学术话语，唯有如此，才能提升中国学术在国际学界的话语权，才能满足发展中国家对中国发展经验的智囊性探求。

2. 中国学术"走出去"应为解决国际社会共同关注的问题提供思路或举措

习近平总书记在哲学社会科学工作座谈会上的讲话中指出："坚持问题导向是马克思主义的鲜明特点。问题是创新的起点，也是创新的动力源。"②这已被王小锡以道德资本研究为标志的经济伦理学学术生涯证明。20 世纪 90 年代初期，当社会主义市场经济体制确立后，王小锡敏锐地意识到道德与经济之间的矛盾冲突与对立，究竟道德和经济发展能不能有机地结合在一起，道德能否在经济生活领域发挥它不可或缺的作用③，二者能否有机结合的问题意识，成为他打开中国经济伦理学研究之门的金钥匙。由此出发，他发现了经济富有德性、道德也是生产力、道德蕴藏着资本价值。从而为企业的经营管理找到了最佳支撑点，亦为经济更好更快地发展提供了科学的逻辑理路和价值架构。

应该指出的是，王小锡所发现的经济与道德的矛盾冲突问题，

---

① 这"九论道德资本"分别为：《论道德资本》，《江苏社会科学》2000 年第 3 期；《再论道德资本——道德资本及其功能和作用》，《江苏社会科学》2002 年第 1 期；《三论道德资本——道德资本的依附性和独立性》，《江苏社会科学》2002 年第 6 期（与朱辉宇合著）；《四论道德资本——道德资本的经济学解读》，《江苏社会科学》2004 年第 6 期（与华桂宏合著）；《五论道德资本——道德资本概念与功能的历史界说与当代理念》，《江苏社会科学》2006 年第 5 期（与李志祥合著）；《六论道德资本——兼评西松〈领导者的道德资本〉》，《道德与文明》2006 年第 5 期；《七论道德资本——道德资本的基本形态研究》，《道德与文明》2009 年第 4 期；《八论道德资本——道德在何种意义上成为资本》，《道德与文明》2011 年第 6 期；《九论道德资本——企业道德资本类型及其评价指标》，《道德与文明》2014 年第 6 期。
② 习近平：《在哲学社会科学工作座谈会上的讲话》，人民出版社 2016 年版，第 14 页。
③ 郑晋鸣：《探寻"道德"和"生活"的支点——访经济伦理学家王小锡》，《光明日报》2007 年 1 月 6 日。

是中国的问题，在市场经济条件下，在全球的不同国家和地区也普遍存在着。而解决的最佳办法，即树立道德资本观，体察道德所拥有的资本内涵，将经济置于伦理的"法度"之下。正是从这个意义上说来，解决经济与道德的矛盾冲突问题也就有了世界意义。正如习近平总书记所做出的规律性揭示："解决好民族性问题，就有更强能力去解决世界性问题；把中国实践总结好，就有更强能力为解决世界性问题提供思路和办法。这是由特殊性到普遍性的发展规律。"① 践行这一发展规律，中国学术"走出去"才能行稳致远，为世界和平安宁、共同发展和文明交流互鉴作出新贡献。

3. 中国学术"走出去"应具有融通中外的学术品质

所谓学术品质，是学者的学术理念、学术探索、学术路径、学术能力和学术贡献荟萃式集合的本质性表现，并最终通过学术成果获得品鉴。所谓融通中外，即所传播的学术内容及其品质不仅为中国本土所透彻地领悟，亦能为国际上本学科研究领域的专家学者所认同与接受，换而言之，这种学术品质是具有世界价值的中国智慧、中国表达。如果说学术研究着眼解决世界性问题提供的思路或举措，为"走出去"提供了更多的机会，那么，融通中外的学术品质则为"走进去"、传得开创造了得天独厚的条件。

关于《道德资本论》的学术品质，从学界对王小锡构建的包括道德资本观在内的中国经济伦理学学说的述评中，不难获得答案。研究评论王小锡学术思想者众多，本文仅举三例。中国人民大学资深教授、著名伦理学家罗国杰先生在为王小锡的论文选《道德资本与经济伦理——王小锡自选集》作序时总结道：小锡同志"致力于经济伦理学的学术信息库和我国企业伦理的'镜像'调查，为我国经济伦理学的创建作出了重要贡献，得到了学界同行的认同和赞誉。本书充分体现了他在经济伦理研究领域取得的可喜成就，在一定程度上也反映了我国经济伦理学的发展历程"②。中国伦理学会副会长、湖南师范大学唐凯麟教授在回溯20世纪中国伦理学研究取得的成就时指出："应用伦理学方面……王小锡的《中国经济伦理学》……多具有创新

---

① 习近平：《在哲学社会科学工作座谈会上的讲话》，人民出版社2016年版，第18页。
② 王小锡：《道德资本与经济伦理——王小锡自选集》，人民出版社2009年版，序。

补白的意义。"① 中国伦理学会会长、清华大学人文学院院长、教育部"长江学者"特聘教授万俊人先生评价说：王小锡"提出并努力证成的'道德资本''道德生产力'等关键性经济伦理学概念，在国内外学界影响甚大。……作者从理论与实践相结合的学理路径，深入探讨了经济与道德的复杂关系、互动机理、辩证关联等重要课题，借此建构了他自己圆融自洽的经济伦理学理论体系"②。

在这里，罗国杰所说的"取得的可喜成就"、唐凯麟指出的"创新补白"、万俊人评价的"圆融自洽"，多方面地肯定了王小锡经济伦理学研究的学术品质。也正是凭借这种学术品质，使他多年来在国际学术论坛上与美、英、德、日、韩、巴西等国家的经济伦理学家游刃有余地进行对话与交流，并发挥着融通中外的桥梁与纽带作用；也正是拥有了通融中外的学术品质，如前所述，才有了学术专著以五种语言走向国际、五年内在英语世界"梅开二度"、塞尔维亚购买版权的"一路绿灯"以及《道德资本研究》英文版上架首月即"销售近八百册"的不凡业绩。

4．中国学术"走出去"学者应具备深厚的学术素养

罗国杰先生有一句至理名言："机遇偏爱有准备的头脑。"③ 作为学者"有准备的头脑"，表现为他的学术视野、学术思维、学术素养和学术创新。这其中，学术视野决定着学术创新的格局，学术思维作用于创新的全过程，而学术素养既决定着学术视野与学术思维，也是学术创新的本源。作为经过专家严格评审通过的江苏省社会科学规划领导小组的首批"外译著作翻译出版项目"，如果说《道德资本研究》《道德资本论》的"走出去"，是机遇对王小锡的偏爱，那么，能获得这种偏爱的头脑"准备"的过程，其素养的"修炼"已经融入他的学术生涯。

透视《道德资本论》这部著作，王小锡学术素养由此可见一斑。首先，马克思主义理论素养使之立论精当到位。从专著开篇第一章

---

① 唐凯麟、王泽应：《20世纪中国伦理学研究及其历史启示》，《江苏社会科学》2000年第4期。
② 王小锡：《经济伦理学——经济与道德关系之哲学分析》，人民出版社2015年版，封四。
③ 王小锡：《道德资本与经济伦理——王小锡自选集》，人民出版社2009年版，序。

"道德是什么"可见，他从"道德本体""道德本样""道德本真"三个方面论述了"科学的道德之'应该'及其规范"①，就是从马克思、恩格斯多卷本的"全集""文集"中汲取经典作家关于道德的论述作为立论支撑的。其次，优秀传统文化素养使学说尽显中国特色。且不说"义""利""天理""中庸""良知"等一系列传统儒学概念及其蕴涵为专著提供了丰厚的理论滋养，就"道德资本"的"道德"与"资本"之结合，就不难看出对传统文化的"创造性转化与创新性发展"。再次，对外来学术思想的品评鉴别素养使之批判吸收，绝非照搬照抄。例如，在第六章论述关于如何"培养道德习惯"时，引用了西班牙著名经济伦理学家阿莱霍·何塞·G. 西松的观点："习惯就是人类反复的自发行为所产生的道德资本。"王小锡就此专门做一脚注："这里的'自发行为'概念不清，会引起误解，假如把'自发行为'改成'自觉行为'或他前面所说的'自愿行为'观点表述就会更清楚。"②虽然是一字之改，却顺理成章、避免了谬误，也充分揭示了人类道德习惯养成的内在机理。最后，倾情实践的调查求证素养使之学说切中问题"接地气"。回溯他的"道德也是资本"之发现、经济伦理学术思想之形成，乃至企业伦理道德资本的检测评估与培育，善于发现问题、解决问题的调查求证素养成为他学术创新又一能量之源。

总之，中国学术"走出去"，学者必须拥有深厚的学术素养。作为日积月累的追求与存储，这是获取与海外学术研究成果竞相媲美的学术本源，也是与海外学者交流对话的资本平台。尽管这平台看不见、摸不着，但是，它却实实在在地存在着。

5. 中国学术"走出去"意识形态差异并非樊篱

我们必须承认，当前学界存在着一种思维定式：由中西方意识形态差异所决定，西方国家对于我们的学术著作不易接受。在阐述了上述四个方面的启示之后，在笔者看来，意识形态之差异是否阻碍中国学术"走出去"这个问题不容回避，也必须回答。王小锡作为中国当代经济伦理学的开拓者，包括他"走出去"的专著在内的

---

① 王小锡：《道德资本论》，译林出版社2016年版，第10页。
② 王小锡：《道德资本论》，译林出版社2016年版，第171页。

全部学术研究，或者说，中国当代经济伦理学学科之构建与构成，无不凝结着马克思主义理论的滋养。在马克思主义理论指导下聚焦国际社会共同关注的问题展开学术研究，不仅被西方学界接受了，且取得可喜的传播效果。由此，必须打破既有的思维定式，中国学术"走出去"，意识形态差异并非樊篱。这说明，不同国度、不同民族对真美善的追求是同一的，贵在在不同意识形态中找到共同的学术价值，造福于世界各国人民，如同"一带一路"建设、构建人类命运共同体那样，前者受到沿线国家的积极响应，后者成为不同国家和地区的美好向往与期盼。

那么，中国学术"走出去"，或者说在中外文化交流过程中，面对意识形态差异的矛盾，我们应该怎么办？科学的实施策略是"求同存异"。"求同"，并非为了"走出去"而"削足适履"式地适应别人，而是要"尊重世界文明多样性，以文明交流超越文明隔阂、文明互鉴超越文明冲突、文明共存超越文明优越"①。这是中国学者在国际学界开展学术对话与交流，让不同文明"和谐共生、相得益彰，共同为人类发展提供精神力量"②应奉行的基本准则，也唯有如此，中国学术才能"走出去"、走得远、步子实，也才能由学术大国走向学术强国。与此同时，"文明之间要对话，不要排斥；要交流，不要取代"③，即要"存异"。所谓存异，就是旗帜鲜明地坚持以马克思主义理论为指导，坚定"四个自信"，这是当代中国哲学社会科学区别于其他哲学社会科学的根本标志，也是中国学术"走出去"的价值所在，希望所在，光明所在。须知，实现互学互鉴，必须求同存异。对于海外学界以及受众而言，存异之"异"，恰恰是其可学之长，可鉴之镜。

（原载《求是学刊》2021年第2期）

---

① 习近平：《决胜全面建成小康社会　夺取新时代中国特色社会主义伟大胜利——在中国共产党第十九次全国代表大会上的报告》，人民出版社2017年版，第59页。
② 习近平：《携手建设更加美好的世界——在中国共产党与世界政党高层对话会上的主旨讲话》，《光明日报》2017年12月2日。
③ 习近平：《习近平谈治国理政》第二卷，外文出版社2017年版，第524页。

附 录

附录一 学术简况

一 历任行政、学术职务

南京师范大学教授、博士生导师
南京师范大学学术委员会委员
南京师范大学政教系副系主任
南京师范大学经济法政学院副院长、党总支书记
南京师范大学公共管理学院院长兼教授委员会主任
南京师范大学马克思主义学院教授委员会主任
江苏省高校重点研究基地南京师范大学马克思主义研究院院长
南京师范大学伦理学研究所所长
南京师范大学经济伦理学研究所所长
南京师范大学伦理学博士学位授权点带头人
南京师范大学思想政治教育博士学位授权点带头人
南京师范大学马克思主义理论博士后流动站负责人
江苏省高校优势学科南京师范大学"马克思主义理论"学科带头人（其间 2019 年教育部学科评估为"优"）
中共中央马克思主义理论研究和建设工程首席专家
国家社会科学基金重大项目"中国经济伦理思想通史研究"首席专家
国家"十五""211 工程"建设项目整体验收（湖南师范大学）专家组成员
中国伦理学会副会长（连续担任两届副会长，2017 年聘为中国伦理学会名誉副会长）

江苏省伦理学会执行会长

江苏省马克思主义研究会常务副会长（后聘为江苏省马克思主义研究会荣誉会长）

南京市社会科学界联合会副主席

江苏省哲学社会科学研究规划学科专家组成员

江苏省社会科学研究人员高级职务任职资格评审专家

江苏省高校高级职称评审专家

江苏省高校思想政治理论课教学指导委员会顾问

江苏省干部理论教育讲师团兼职教授

教育部人文社会科学百所重点研究基地中国人民大学伦理学与道德建设研究中心经济伦理学研究所所长、研究员

清华大学道德与宗教研究院学术委员会委员

淮阴师范学院兼职教授

首都师范大学兼职教授

上海师范大学兼职教授

湖南师范大学中国特色社会主义道德文化协同创新中心首席专家

中国社会科学杂志社外审专家

《中国社会科学文摘》特邀编委会委员

《中国哲学年鉴》编委

《道德与文明》编委

《伦理学研究》编委

《江苏社会科学》编委

《南京师大学报》编委

《伦理学》（人大复印报刊资料）编委

《马克思主义与伦理学》（集刊）编委

《中国经济伦理学年鉴》主编

二 主要研究方向和主持研究课题

1. 主要研究方向

（1）伦理学理论与实践

（2）经济伦理学

（3）马克思主义道德观

2. 主持研究课题

（1）"经济伦理与现代企业发展研究"，国家社会科学基金项目（1994—1997年）

（2）"中国企业管理伦理学"，国家教委人文社会科学"八五"规划项目（1994—1995年）

（3）"伦理学在思想政治教育中的作用及实施手段"，江苏省教委青年科研基金项目（1995—1996年）

（4）"经济伦理与企业发展"，江苏省教委人文社会科学"八五"规划项目（1996—1998年）

（5）"邓小平经济伦理思想研究"，国家教委人文社会科学规划项目（1996—1999年）

（6）"思想道德建设与社会主义市场经济运行机制的完善"，江苏省政府"九五"规划项目（1997—1998年）

（7）"经济伦理与经济运行制度现代化研究"，国家社会科学基金项目（00BZX035）（2000—2002年）

（8）"适应社会主义市场经济的思想道德体系研究"，江苏省改府"十五"哲学社会科学重点工程项目（2001—2003年）

（9）"当代中国经济伦理学体系研究"，国家社会科学基金项目（03BZX049）（2003—2005年）

（10）"高校教师师德建设现状与对策研究"，江苏省教育厅重大项目（苏教社政2004·15号）（2004—2006年）

（11）"经济伦理道德研究"，教育部人文社会科学重点研究基地重大招标项目（05JJD720013）（2004—2008年）

（12）"经典作家关于意识形态、先进文化和道德的基本观点研

究"（首席专家之一），国家社会科学基金重大项目（04MZD020）（2004—2009年）

（13）"商业伦理与企业核心竞争力研究"，国家社会科学基金重点项目（08AZX004）（2008—2010年）

（14）"中国经济伦理思想通史研究"（首席专家），国家社会科学基金重大项目（11&ZD084）（2011—2016年）

三　学术著作

《伦理学》（第2版，"马工程"重点教材，首席专家之一），高等教育出版社、人民出版社2021年版。

《道德资本论》（第2版），译林出版社2021年版

《中国伦理学70年》（合著），江苏人民出版社2020年版。

《道德资本论》（德文版），［德］Springer 2020年版。

《道德资本论》（泰文版），［泰国］红山出版社2019年版。

《道德资本论》（英文版），［德］Springer 2018年版。

《马克思主义经典作家论道德》（两主编之一），中国人民大学出版社2017年版。

《道德资本论》，译林出版社2016年版。

《道德资本研究》（日文版），［日］东京千仓书房2016年版。

《道德资本研究》（塞尔维亚文版），［塞尔维亚］Albatros Plus出版社2016年版。

《道德资本研究》（英文版），［德］Springer 2015年版。

《经济伦理学——经济与道德关系之哲学分析》，人民出版社2015年版。

《道德资本研究》，译林出版社2014年版。

《中国经济伦理学年鉴（2018）》（主编），南京师范大学出版社2019年版。

《中国经济伦理学年鉴（2017）》（主编），南京师范大学出版社2018年版。

《中国经济伦理学年鉴（2016）》（主编），中国社会科学出版社2017年版。

《中国经济伦理学年鉴（2015）》（主编），南京师范大学出版社2016年版。

《中国经济伦理学年鉴（2014）》（主编），中国社会科学出版社2015年版。

《思想道德修养与法律基础》（"马工程"重点教材，主要成员），高等教育出版社2015年第7版。

《底线思维》（主编），江苏人民出版社2015年版。

《社会主义核心价值观研究丛书·诚信篇》（主编），江苏人民出版社2015年版。

《中国经济伦理学年鉴（2013）》（主编），中国社会科学出版社2014年版。

《中国经济伦理学年鉴（2012）》（主编），南京师范大学出版社2013年版。

《思想道德修养与法律基础》（"马工程"重点教材，主要成员），高等教育出版社2013年第6版。

《中国经济伦理学年鉴（2011）》（主编），南京师范大学出版社2012年版。

《伦理学》（"马工程"重点教材，主要成员），高等教育出版社、人民出版社2012年版。

《中国经济伦理学年鉴（2010）》（主编），南京师范大学出版社2011年版。

《中国经济伦理学年鉴（2009）》（主编），南京师范大学出版社2010年版。

《中国经济伦理学年鉴（2008）》（主编），南京师范大学出版社2010年版。

《思想道德修养与法律基础》（"马工程"重点教材，主要成员），高等教育出版社2010年第5版。

《道德资本与经济伦理》，人民出版社2009年版。

《中国伦理学60年》（合著），上海人民出版社2009年版。

《中国经济伦理学年鉴（2007）》（主编），南京师范大学出版社2009年版。

《中国经济伦理学年鉴（2006）》（主编），南京师范大学出版社

2009年版。

《思想道德修养与法律基础》("马工程"重点教材,主要成员),高等教育出版社2009年第4版。

《思想道德修养与法律基础》("马工程"重点教材,主要成员),高等教育出版社2008年第3版。

《中国经济伦理学年鉴(2004—2005)》(主编),南京师范大学出版社2007年版。

《中国经济伦理学年鉴(2002—2003)》(主编),南京师范大学出版社2007年版。

《中国经济伦理学年鉴(2000—2001)》(主编),南京师范大学出版社2007年版。

《思想道德修养与法律基础》("马工程"重点教材,主要成员),高等教育出版社2007年第2版。

《高校德育工程论》(合著),南京师范大学出版社2006年版。

《当代中国思想道德体系研究》(合著),南京师范大学出版社2006年版。

《思想道德修养与法律基础》("马工程"重点教材,主要成员),高等教育出版社2006年第1版。

《中国经济伦理学20年》(三主编之一),南京师范大学出版社2005年版。

《道德资本论》(合著),人民出版社2005年版。

《思想品德修养》(主编),南京师范大学出版社2003年版。

《中国传统经济伦理思想》(韩文版),韩国:孝亨出版社2003年版。

《思想品德修养》(副主编),中国人民大学出版社2003年版。

《经济的德性》,人民出版社2002年版。

《以德治国读本》(主编),江苏人民出版社2001年版。

《邓小平经济伦理思想研究》(两主编之一),南京师范大学出版社2001年版。

《现代经济伦理学》 (两主编之一),江苏人民出版社2000年版。

《伦理与社会》(两主编之一),江苏人民出版社1998年版。

《经济伦理与企业发展》（主编），南京师范大学出版社 1998 年版。

《高校思想政治工作概论》（两人编著），南京大学出版社 1997 年版。

《中国经济伦理学》，中国商业出版社 1994 年版。

《人性与伦理》（两人合著），中国商业出版社 1994 年版。

《思想政治教育伦理学》（主编），中国商业出版社 1994 年版。

《伦理学研究纲要》，中国广播电视出版社 1992 年版。

《西方伦理学家辞典》（副主编），中国广播电视出版社 1992 年版。

《企业文化与道德建设研究》（副主编），中国广播电视出版社 1991 年版。

《伦理学通论》（两主编之一），中国广播电视出版社 1990 年版。

《当代西方人生哲学》（主编），鹭江出版社 1989 年版。

《伦理学学习与思索》（两主编之一），江苏教育出版社 1988 年版。

《伦理学》（两人合著），江苏教育出版社 1986 年版。

《伦理学》（合著），鹭江出版社 1986 年版。

《伦理学问答》（合著），江西人民出版社 1986 年版。

附录二　学术影响（专家短评）

孙伯鍨（南京大学教授、博士生导师）：

我与王小锡同志过去一直未曾谋面，但却很早便知道他是专治伦理学的。许久以来，我不断地从朋友的口中得知他是目前国内年轻学者中研究马克思主义伦理学颇有成就的一位，同时，也有幸读过他的一些文章和著作。因而，对于他我是素怀敬意的。……在正当从事社会主义现代化的中国，人们必须从我国的现状和实际出发，在经济和伦理之间的内在关联上做一番彻底的探讨。在这一方面，王小锡同志的这部新作，真可以说是捷足先登，它的出版一定会受到广大理论界同行的欢迎。

——摘自王小锡《中国经济伦理学——历史与现实的理论初探》（中国商业出版社1994年版）序，《道德与文明》1996年第5期

陆晓禾（上海社会科学院经济伦理学研究中心主任、研究员）：

在西方经济伦理学的影响进来之前，中国经济伦理学研究者已试图将经济与伦理关系的研究朝学科方向发展。如1994年王小锡的《经济伦理学纲要》一文可说是这方面的最早努力。这种学科努力在全面改革的强劲推动和外来经济伦理学的影响下，迅速地发展起来了。

——摘自陆晓禾《走出"丛林"——当代经济伦理学漫话》，湖北教育出版社1999年版

陈泽环（上海师范大学教授、博士生导师）：

自 20 世纪 80 年代中期以来，在关于"经济建设和道德生活"关系问题的持续讨论中，一部分理论界人士开始有意识地从各学科的视角出发建构我国的当代经济伦理学。诸如……王小锡的《中国经济伦理学》（伦理学）和其他学者大量相关论著的发表，可视作我国当代经济伦理学兴起的标志。

——摘自陈泽环《功利·奉献·生态·文化——经济伦理引论》，
上海社会科学院出版社 1999 年版

唐凯麟（中国伦理学会副会长，《伦理学研究》主编，湖南师范大学教授、博士生导师），**王泽应**（湖南师范大学伦理学研究所所长、教授、博士生导师）：

应用伦理学方面，王小锡的《中国经济伦理学》等著作，多具有创新补白的意义。

——摘自唐凯麟、王泽应《20 世纪中国伦理学研究及其
历史启示》，《江苏社会科学》2000 年第 4 期

欧阳润平（湖南大学教授、博士生导师）：

根据网上查询近三年国内各出版社的目录统计，由国内学者撰写出版的有关专著约 20 余种，其中王小锡教授的《经济伦理与企业发展》是一部受到广泛关注的著作。

——摘自欧阳润平《义利共生论——中国企业伦理研究》，
湖南教育出版社 2000 年版

章海山（中山大学教授、博士生导师）：

20世纪90年代以来，我国还出版了一些有影响的经济伦理方面的著作，如王小锡著的《中国经济伦理学——历史与现实的理论初探》《现代经济伦理学》等。这些论著对经济伦理做了有益的探索，推动了经济伦理的进程。

——摘自章海山《经济伦理论——马克思主义经济伦理
思想研究》，中山大学出版社2001年版

周中之、高惠珠（上海师范大学教授、博士生导师）：

1994年王小锡在《经济伦理学论纲》中明确提出了"经济伦理学"的概念，并勾画了这门学科的研究对象、研究方法和研究框架。他认为，"经济伦理学研究人们在社会经济活动中协调各种利益关系的善恶取向及其应该不应该的经济行为规定"，"应该从实践—精神的视角上把握经济运行过程与伦理道德的关联，以及经济伦理的内涵、作用、规则等"，经济伦理学研究"劳动伦理、企业管理伦理、经营伦理、分配伦理、消费伦理"。尽管当时王小锡的研究还不够充分，但他的观点具有开拓性的意义。

——摘自周中之、高惠珠《经济伦理学》，
华东师范大学出版社2002年版

王泽应（湖南师范大学伦理学研究所所长、教授、博士生导师）：

王小锡1994年出版的《中国经济伦理学——历史与现实的理论初探》从历史与现实、理论与实践诸方面探讨经济伦理问题，初步建立了一个经济伦理学的研究框架。1998年他在自己主编的《经济伦理与企业发展》中对之做了进一步的发展，该书分经济伦理、企业伦理、企业管理伦理三编，较好地论述了宏观、中观和微观方面的经济伦理问题……王小锡的《中国经济伦理学——历史与现实的理论初探》不仅对中国历史上德性主义、功利主义、理想主义、三民主义和新民主主义的经济伦理思想做了较为全面

的介绍和科学的评析,而且关注中国社会现实生活中的经济伦理问题,对企业伦理及其应用做了重点阐述。该书是我国经济伦理学研究进程中一本重要的学术著作,标志着中国经济伦理学学科的正式形成。

——摘自王泽应《道莫盛于趋时——新中国伦理学研究 50 年的回溯与前瞻》,光明日报出版社 2003 年版

钱广荣(安徽师范大学教授、博士生导师):
"道德资本"这一概念,是王小锡教授在其《论道德资本》(《江苏社会科学》2000 年第 3 期)一文中首次明确提出来的……"道德资本"是一个创新性的概念,体现了研究者对时代呼唤的理性自觉……作为一种开拓和创新,"道德资本"研究发展了道德价值学说,因而也丰富了伦理学的知识体系……也丰富了经济学尤其是应用经济学的理论内涵,为后者提供了某种方法论的支持……王小锡教授的"道德资本"研究时代感很强,是一种开拓性、创新性研究,具有十分明显的理论意义和实践意义。

——摘自钱广荣《"道德资本"研究的意义及其学科定位:
王小锡教授"道德资本"研究述评》,《道德与文明》
2008 年第 1 期

罗国杰(中国伦理学会名誉会长,中国人民大学教授、博士生导师):
小锡同志多年来潜心研究伦理学尤其是经济伦理学理论问题,发表了系列具有创新意义的研究成果。他作为兼职于中国人民大学教育部人文社会科学百所重点研究基地伦理学与道德建设研究中心经济伦理学研究所所长,以自己的特色研究,为中心增添了学术亮色。

——摘自王小锡《道德资本与经济伦理——王小锡自选集》,
人民出版社 2009 年版

唐凯麟（中国伦理学会副会长，《伦理学研究》主编，湖南师范大学教授、博士生导师）：

回首三十年中国经济伦理学的发展历程，小锡教授可以说是其中的敢为人先的拓荒者。从他的研究成果可以看出，他研究涉猎广泛，视野开阔，方法多样，特别值得一提的是，他发表了研究经济伦理学体系的我国第一本学术著作《中国经济伦理学——历史与现实的理论初探》和第一篇学术论文《经济伦理学论纲》，创造性地提出并论证了"道德生产力""道德资本"等范畴，在学界产生了较为广泛的影响，形成了小锡教授的学术特色。可以说，单就这些学术特色而言，他给中国经济伦理学乃至伦理学的发展添上了值得重视的一笔。

——摘自王小锡《道德资本与经济伦理——王小锡自选集》，
人民出版社 2009 年版"序二"

武东升（南开大学哲学系教授、博士生导师）：

王小锡在革新学术理念和研究路径的基础上，多年披荆斩棘，进行了破旧立新、剖因析理、树帜立学的研究工作，终于为经济伦理学学科的创立作出了贡献，并提出了中国经济伦理学发展中的具有开创性意义的洞见。

——摘自武东升《王小锡与他的经济伦理思想研究》，
《社会科学战线》2013 年第 2 期

万俊人（中国伦理学会会长，清华大学人文学院院长，教育部"长江学者"特聘教授，博士生导师）：

经济伦理学是当代最为突显和重要的应用伦理学研究领域。王小锡教授躬身其中，耕耘有年，成果斐然，尤其是他提出并努力证成的"道德资本""道德生产力"等关键性经济伦理学概念，在国内外学界影响甚大。其近著《经济伦理学——经济与道德关系之哲学分析》一书正是小锡教授基于上述新概念，对经济伦理学展开的具有新视野、运用新方法、检验新理念的阶段性理论总结。作者从理论与实践相结合的学理路径，深入探讨了经济与道德的复杂关系、互动机理、辩证关联等重要课题，借此建构了他自己圆融自洽的经济伦理学理论体系。这是继《道德资本与经济伦理——王小锡自选集》一书之后，他所推出的又一部具有学术代表性的经济伦理学力作。

——摘自王小锡《经济伦理学——经济与道德关系之哲学分析》，人民出版社2015年版封四短评

乔洪武（武汉大学经济与管理学院教授、博士生导师）：
本书是王小锡教授研究经济伦理学的又一部力作。在本书中，作者以阐释经济德性的内涵和功能为研究起点，从宏观层面高屋建瓴地对经济与道德之关系进行了哲学分析，辩证地论述了经济的道德与道德的经济之间的内生关联和互动机理。在此基础上，又从微观视角深入研究企业道德和企业责任等重大道德实践问题，并提出了促进企业道德发展的策略和建议。本书的特色是运用历史传统、实证调研以及周密而严谨的理论论证，展示了经济与道德共舞的旋律。可以相信，作者提出的道德资本和道德生产力理论，将在中国经济伦理学领域留下浓墨重彩之笔。

——摘自王小锡《经济伦理学——经济与道德关系之哲学分析》，人民出版社2015年版封四短评

在经济伦理学术上的成就和突破，你在伦理学界始终在最前沿，作出了重大的贡献，有力地推动了我国经济伦理学的深入研究，无人能及的。这不是溢美之词，而是多年来关注的结论。

——摘自章海山：2016年12月17日致王小锡电子邮件

王小锡的"《道德资本论》创造性地提出并系统论证了道德资本概念"。"该书富有新意地论证了道德如何使价值增值，即道德何以成为资本。""该书作为世界独特的经济伦理或伦理经济理念，具

有严密的逻辑理路。首先,作者以'道德本体''道德本样''道德本真'三个逻辑递进的学术理念说明道德既是科学理念、现实理想,更是具体行动,是意、形、行的统一,独到地探讨并回答了道德是什么的问题。进而作者抓住非常有代表性的'真正的经济''帕累托佳境''囚徒困境'等经济命题或经济典故,论证并说明经济与道德是一种社会现象的两个方面,是不可分割的经济活动,即凡有经济必有道德。在此基础上,书中理论联系实际地、有重点地探讨并阐释了道德何以成为资本的基本观点,难能可贵的是,作者十分重视案例分析和说明,使得道德资本理论在深入浅出中展示了它的说服力和感染力","为不断提升企业道德水平,增强企业'道德资本量'提供了富有参考和启迪意义的研究成果"。

——摘自章海山《凡有经济必有道德》,
《光明日报》2017 年 4 月 11 日

李建华(中国伦理学会副会长,教育部"长江学者"特聘教授,中南大学博士生导师):

中国经济伦理学的发展经历了从单一模仿日本经验到借鉴欧美多国特别是德国成果到形成中国特色经济伦理学的过程。在这一过程中,中国的伦理学家们逐渐形成了自己的经济伦理学理论,王小锡教授的道德资本理论就是其中杰出的代表。王小锡教授是我国最早研究经济伦理的学者之一,在他的带领下,从组建中国伦理学会经济伦理专业委员会、出版《中国经济伦理学年鉴》、完成国家重大招标项目《中国经济思想通史》,到原创性"道德资本"理论的提出等一系列工作,为中国经济伦理学的发展做出了许多重要工作。作为同道学人,我为小锡教授感到自豪与骄傲。

——摘自李建华《道德不是企业的装饰品》,2017 年 4 月 15 日
"道德资本与企业经营"国际学术研讨会开幕式致辞
(2017 年 4 月 30 日"李建华道德观察"微信公众号)

王小锡著《道德资本论》中"提出并论证道德资本概念,体现独到的理论创制"。"该书所秉持的基本理念和研究进路值得推崇",

"通过对现实问题的学术思考和理论提升，形成中国伦理学自身的学术话语和概念范式，进而构建较为完善的理论体系和学科体系，以此指导实践"。该书还"初步建立了企业道德资本的实践和评估指标，并融入一些企业道德资本的评估案例，提出加强企业道德资本培育与管理的实践路径"。

——摘自李建华《打开道德资本的逻辑之门》，
《中国社会科学报》2017年6月15日

对王小锡学术成果展开研究者不少，这是由他的学术贡献决定的……《道德资本论》的国际传播，不仅具有中华文化"走出去"的一般意义，也在学科建树、丰富学术样态、确定学术方位和引领实践应用方面，实现了历史性的突破上跨越。……王小锡作为中国当代经济伦理学的开拓者，包括他"走出去"的专著在内的全部学术研究，或者说，中国当代经济伦理学学科之建构与构成，无不凝结着马克思主义理论的滋养。

——摘自常延廷《从〈道德资本论〉的国际传播看中国学术
"走出去"》，《求是学刊》2021年第2期